U0216715

矿物加工工程卓越工程师培养·应用型本科规划教材

烧结球团理论与工艺

◎ 张汉泉　主　编
◎ 罗立群　副主编

SHAOJIE QIUTUAN
LILUN YU GONGYI

第二版

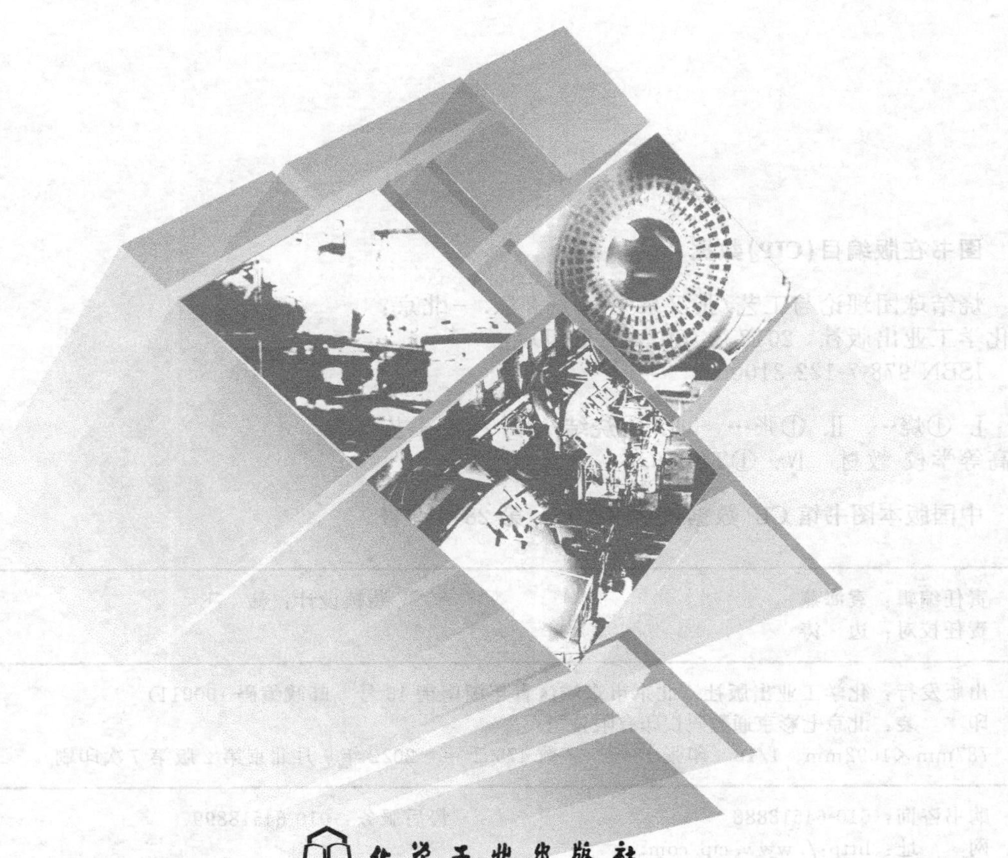

化学工业出版社
·北京·

《烧结球团理论与工艺》(第二版) 主要介绍了烧结球团的基本任务、铁矿原料基本知识、现代主要铁矿造块方法——烧结和球团基本理论、主要工艺及设备，具体包括烧结球团原料和燃料、铁矿烧结基本理论、烧结矿成矿机理及矿物组成、烧结工艺、铁矿球团生产现状、造球、球团焙烧固结、链箅机-回转窑球团工艺、带式焙烧机、压团造块与复合造块、烧结矿和球团矿质量评价。再版增加了近年来发展迅猛的带式机球团法和目前在粉状冶金废料中广泛使用的压团造块法。

本书可作为普通大专院校矿物加工工程专业本科生的教材，也可作为冶金、化工和材料等专业本科生的参考书和冶金企业工程技术人员、管理人员的培训教材。

图书在版编目(CIP)数据

烧结球团理论与工艺/张汉泉主编. —2 版. —北京：化学工业出版社，2018.1 (2022.9 重印)
ISBN 978-7-122-31005-7

Ⅰ. ①烧… Ⅱ. ①张… Ⅲ. ①烧结-球团-生产工艺-高等学校-教材 Ⅳ. ①TF046.6

中国版本图书馆 CIP 数据核字 (2017) 第 281059 号

责任编辑：袁海燕　　装帧设计：韩　飞
责任校对：边　涛

出版发行：化学工业出版社 (北京市东城区青年湖南街 13 号　邮政编码 100011)
印　　装：北京七彩京通数码快印有限公司
787mm×1092mm　1/16　印张 18½　字数 475 千字　2022 年 9 月北京第 2 版第 7 次印刷

购书咨询：010-64518888　　售后服务：010-64518899
网　　址：http://www.cip.com.cn
凡购买本书，如有缺损质量问题，本社销售中心负责调换。

定　　价：68.00 元

前言

矿物加工工程专业是实践性非常强的工科专业，国家教育部大力提倡应用型人才培养，各高校积极开展卓越工程师培养计划、专业综合改革等本科教学工程建设，在此背景下，化学工业出版社会同贵州大学、武汉理工大学、华北理工大学、武汉科技大学、武汉工程大学、东北大学、昆明理工大学的专家教授，规划出版一套“应用型本科规划教材”。

随着现代高炉炼铁向着高产、低耗、长寿目标发展和钢铁冶炼新流程的迅速兴起，对入炉炉料的要求越来越高，高炉合理炉料结构的研究越来越受重视，人造熟料在钢铁工业中的使用和作用越来越显得迫切和重要，已成为一种不可或缺的高炉炉料。世界上最先进的高炉炼铁指标是由使用100%球团矿的瑞典SSAB创造的，目前先进的钢铁工厂设计也采用50%球团矿+50%烧结矿的炉料结构。通过将酸性球团矿与高碱度烧结矿合理搭配的高炉用料，可以进一步优化高炉炉料结构，提高高炉利用系数，使炼铁生产达到增产节焦、降低成本、改善环境的目的，是我国冶金行业发展的主要趋势。因此，我国60%开设矿物加工工程专业的高校已把“烧结球团理论与工艺”作为矿物加工工程专业选修课。本书开拓专业视野，立足应用型人才培养，以工程实践能力、工程设计能力与工程创新能力培养为核心，主要介绍烧结球团的基本任务、铁矿原料基本知识、现代主要铁矿造块方法——烧结和球团基本理论、主要工艺及设备，烧结矿和球团矿生产的基本技术与实践操作方法。再版增加了近年来发展迅猛的带式机球团法和目前在粉状冶金废料利用中广泛使用的压团造块法。

本书由张汉泉主编，罗立群副主编，张泽强主审，研究生路漫漫、付金涛、刘承鑫担任了编写相关工作。在编写过程中，编者参考了兄弟院校、科研单位和厂矿企业的工作成果，已统一列在参考文献中；并且得到了国家自然科学基金［人工磁铁精矿成球性能及氧化动力学研究（51474161）］的资助和武汉工程大学教务处的大力支持，在此一并致以最诚挚的谢意。

本书可作为普通大专院校矿物加工工程专业本科生的教材，也可作为冶金、化工和材料等专业本科生的参考书和冶金企业工程技术人员、管理人员的培训教材。

由于编者水平所限，不当之处，敬请各位读者批评指正。

编者

2018年11月于武汉

目录

第1章 绪　论

1.1　烧结、球团在钢铁工业中的地位

铁矿石经过采矿、选矿之后呈块状和粉末状态存在，尚不能完全满足高炉炼铁精料方针的需求。精料是高炉炼铁的基础。国内外炼铁生产实践表明，高炉炼铁技术水平如何，精料技术的影响率占70%，其他因素占30%，包括高炉操作、装备水平和现代化管理技术等。

现代高炉炼铁流程见图1-1，炉料包括：铁矿石、烧结矿、球团矿、焦炭、石灰石、萤石、锰矿、碎铁等。随着炼铁科技的发展，现在高炉炼铁已基本不使用萤石和锰矿；石灰石和白云石原则上也不直接加入高炉，而是在烧结配料中使用；铁矿石一般也不直接加入高炉，而是加工成烧结矿或球团矿。在采用科学的生产工艺技术和装备之后，高炉炼铁就能够实现优质、高产、低耗、长寿、高效益，进而提高钢铁产品的市场竞争力。

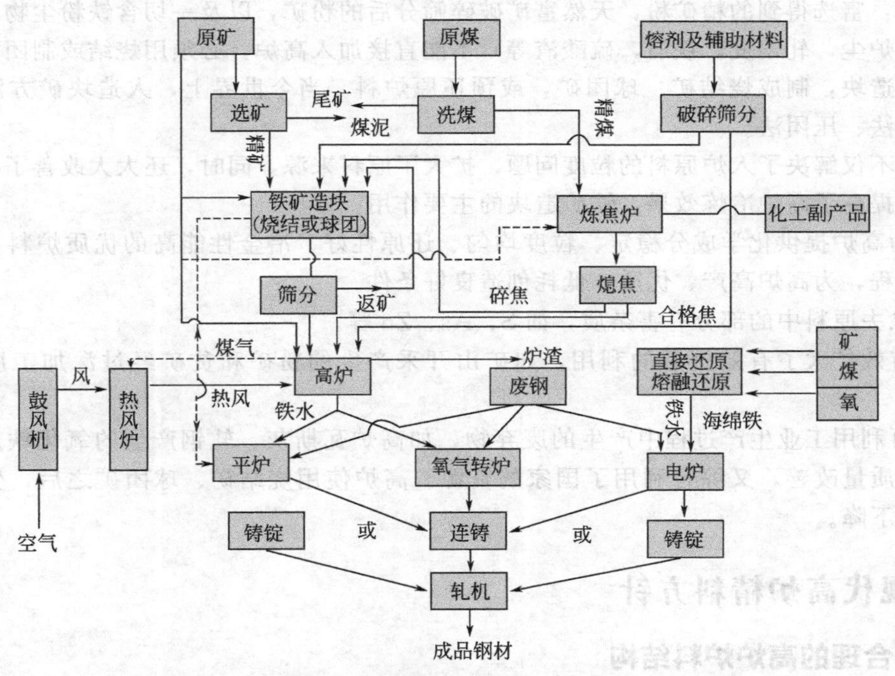

图1-1　现代高炉炼铁流程（未包括蒸汽、水、电等）

炼铁系统工序能耗占钢铁工业总能耗的70%，所以说高炉炼铁承担着钢铁工业的节能降耗、降低成本和环境友好的重任。完成上述重任，高炉炼铁的原料质量起着决定性的因素。铁矿石是生产烧结矿和球团矿的主要原料。2004年全国重点大中型炼铁企业所用烧结矿和球团矿的比例达93.02%。所以说，评价烧结矿和球团矿的质量标准，大部分是对铁矿石质量的评价。

铁矿石（iron ore）主要成分：铁（Fe），磷（P），硫（S），二氧化硅（SiO_2），锰（Mn），氧化镁（MgO），氧化铝（Al_2O_3），水分（moisture）。按粒度分类：

铁矿粉（iron ore fines），粒度：0～1mm；

块铁矿（iron ore lumps），粒度：6.3～50mm；

烧结矿（sinter feed），粒度：5～40mm；

球团矿（iron ore pellets），粒度：6～16mm；

球团粉矿（pellets feed），粒度：0～1mm。

由于天然富矿资源有限，而其冶金性能又不如人造富矿优越，所以绝大多数现代高炉都用人造富矿，或大部分用人造富矿、兑加少数天然富矿冶炼。在这种情况下，钢铁厂便兼有人造富矿和天然富矿两种处理流程。在1937年以前，高炉原料主要是天然矿，烧结矿只占1%；到了1957年天然矿占69%，人造富矿占31%；20世纪70年代，天然矿占33%，人造富矿占67%；80年代，天然矿占27%，人造富矿占73%；到2000年，高炉炉料中天然矿占2%左右，人造富矿占98%左右，甚至100%。

以原矿直接供应高炉冶炼用的炉料叫生料（raw material）。将各种原料配合后经高温处理的人造块矿（烧结矿和球团矿）叫熟料（agglomerated material）。熟料的优点：由于熟料的造渣过程已经完成，在冶炼过程中只进行金属氧化物还原和分离，燃料消耗、电耗大大降低，成本下降，设备生产率大大提高。因此，将粉状物料根据不同需要加工成块状产品的工艺，已经在工业生产中得到广泛的应用。

造块：富选得到的精矿粉，天然富矿破碎筛分后的粉矿，以及一切含铁粉尘物料（如高炉、转炉炉尘，轧钢皮，铁屑，硫酸渣等）不能直接加入高炉，必须用烧结或制团的方法将它们重新造块，制成烧结矿、球团矿，或预还原炉料。当今世界上，人造块矿方法有烧结法、球团法、压团法。

造块不仅解决了入炉原料的粒度问题，扩大了原料来源，同时，还大大改善了矿石的冶金性能，提高了高炉冶炼效果，铁矿造块的主要作用：

① 为高炉提供化学成分稳定、粒度均匀、还原性好、冶金性能高的优质炉料，从而强化冶炼过程，为高炉高产、优质、低耗创造良好条件。

② 除去原料中的部分有害杂质，如S、As、Zn等。

③ 有效扩大了有效资源的利用，如矿山开采产生的粉矿和贫矿经过深加工所得的精矿粉。

④ 可利用工业生产过程中产生的废弃物，如高炉瓦斯灰、轧钢产生的氧化铁皮等，使工厂环境质量改善，又综合利用了国家的资源。高炉使用烧结矿、球团矿之后，生产率提高、焦比下降。

1.2 现代高炉精料方针

1.2.1 合理的高炉炉料结构

从理论上和高炉经营管理的角度看，使用单一矿石并把熟料率提高到100%是合理的。然而目前还没有一种理想的矿石能够完全满足现代大型高炉强化的需要。炉料结构合理与否直接影响高炉冶炼的技术经济指标。目前高炉炉料结构：

① 100%酸性球团矿，但每吨生铁需加250kg以上的石灰石。

② 以酸性球团为主，配加超高碱度烧结矿。

③ 100%自熔性烧结矿。

④ 以高碱度烧结矿为主，配加天然矿或酸性球团矿。

采用什么样的炉料，应依据国家的具体条件，即合理利用国家资源而定。合理炉料结构应从国家和本企业实际情况出发，充分满足高炉强化冶炼的要求，才能获得较高的生产率，比较低的燃料消耗和好的经济效益。符合这些条件的炉料组成就是合理的炉料结构。

国内外高炉炼铁的实践表明，精料（high-grade burden）对高炉炼铁科技进步的影响率在70%左右。精料工作是高炉的基础，精料技术是钢铁企业的核心竞争优势，是成本领先的关键。

炼铁高炉的精料技术要重点突出“高品位、高强度、高碱度、高熟料率、净炉料、粒度均匀、稳定性好、有害杂质少、冶金性能好”等技术特点。精料的基本因素包含入炉矿品位高、矿石的冶金价值高、烧结矿和球团矿的强度高、烧结矿碱度高等内容。

高碱度烧结矿与熔剂性烧结矿相比，具有强度好、含 FeO 低、还原性好、软化温度高等优点。目前，国内外炼铁企业大多数采用70% 左右的高碱度烧结矿的炉料结构。

精料技术的内容：精料技术对高炉炼铁技经指标的影响率在70%，其中焦炭质量的影响占30%左右，高炉操作占10%。精料技术的内涵有：高、熟、稳、均、小、净、少、好八个方面。

（1）高　入炉矿含铁品位高，原燃料转鼓指数（强度）高。品位高是精料的核心，经验数据表明，高炉入炉矿石品位提高1%，焦比下降2.5%，产量提高3%，吨铁渣量减少30kg，允许多喷煤粉15kg。2013年我国高炉入炉矿品位较高的企业是：宝钢和太钢均为59.61%、包钢59.42%、兴澄59.21%、沙钢58.77%、鞍钢58.70%等。国际上最先进水平高炉入炉矿品位为64%，其相应渣量在150kg/t铁左右。

（2）熟　指烧结矿加球团矿占入炉料比例。熟料比下降1%，焦比会升高2～3kg/t。国内外高炉炼铁生产实践表明，使用熟料炼铁可大幅度改善高炉各项技术经济指标。因为熟料可提高铁矿在高炉内的间接还原比例，提高炉料透气性，降低燃料消耗，提高产量。2007年上半年全国重点企业熟料比为92.48%，宝钢为81.42%，海鑫为76.32%，鞍钢为97.21%，首钢为83.05%，莱钢为91.55%，三明为96.88%，邯钢为87.96%。2013年我国重点企业熟料比为91.73%。每提高1%的熟料比可降低焦比1.2kg/t，增产0.3%左右。近些年我国高炉的熟料比已从小于50%提高到80%～90%。首钢、鞍钢、本钢一般在95%以上，接近100%。

（3）稳　原燃料化学成分和物理性能要稳定，波动范围要小。要求：品位波动<0.5%，碱度波动<0.05；影响：品位波动1%，产量影响3.9%～9.7%，焦比2.5%～4.6%；碱度波动0.1，产量影响2%～4%，焦比1.2%～2.0%。目前，我国高炉生产中存在的最大问题之一是原燃料成分波动大。

（4）均　入炉原燃料粒度要均匀。粒度均匀会提高炉料透气性，提高矿石间接还原度，炉料的填充作用，使孔隙度减少。粒度均匀会降焦增产。烧结和焦炭均要进行整粒，目的就是要实现粒度均匀，例如焦炭要保证60mm左右粒度占80%以上，>80mm的要小于10%，物料中－5mm含量的比例要小于5%，5～10mm比例要小于30%。

炉料中粒度尺寸大小的比例与大小粒级所占的百分比，对炉料在炉内的透气性起着决定性作用。混合料中大粒度级和小粒度级的增加，都会使混合料的孔隙度变小，使煤气通过料层的阻力增加而影响高炉的顺行。优化的粒级组成是粗细粒度级的粒度差越小越好。

（5）小　是指原燃料粒度要小。烧结25～40mm，焦炭25～45mm，球团8～15mm，块矿8～30mm。炉料粒度偏小，比表面积大，与还原剂接触面大，可提高矿石还原度，提高间接还原比例。个别企业加入的白云石粒度偏大，造成焦比升高。没完全熔化的白云石进入炉缸，消耗炉缸的热量。块矿、球团、白云石均有穿透现象，会比炉料提前进入炉缸。高炉炼铁实践表明，最佳强度的粒度是：烧结矿为25～40mm，对容易还原的赤铁矿和褐铁矿为8～20mm；入炉粒度由10～40mm降为8～30mm时，高炉产量可增加9.6%，焦比下降3.1%。

(6) 净　要筛除小于5mm的粉末。净炉料能提高高炉炉料的透气性，为提高高炉冶炼强度、高炉顺行高产和增加喷煤比创造出有利条件，为减少炉料之间的填充作用，要求5～10mm粒度的炉料所占比例要＜30%；要求5mm以下的炉料占全部炉料的比例不超过3%～5%，5～15mm的比例要小于30%，实现上述要求焦比下降0.5%，产量增加0.4%～1.0%。物料中－5mm含量从4%升到11%，煤气阻力由1.6升到2.9，焦比升高1.6kg/t。

(7) 少　含有害杂质少。S≤0.3%、P≤0.2%、Cu≤0.2%、Pb≤0.1%、Zn≤0.08% As≤0.07%、K_2O+N_2O≤0.25%；焦炭灰分中含有K_2O+N_2O要少，煤中硫含量要小于2.0%。

(8) 好　铁矿石冶金性能好。铁矿石还原性好：还原率大于60%；低温还原粉化率每升高5%，产量下降1.5%。

1.2.2 提高入炉矿品位

① 配用高品位的矿石。进口矿的品位高，能有效地提高入炉矿品位。

② 烧结采取高铁低硅新技术。"吃百家矿"的企业，尽可能选购高铁低硅的矿粉，提高烧结原料的品位，同时采取高铁低硅新技术生产高品位烧结矿。低SiO_2烧结矿不仅具有良好的还原性能，还有较好的高温冶金性能。

③ 球团矿提高品位的方法是：将矿粉磨细，提高精矿细度，－0.074mm含量≥70%，TFe≥68%；减少皂土用量，提高球团矿的品位；降低球团矿SiO_2含量，对于提高品位、改善球团矿性能也有良好的作用。

高炉入炉料的强度是用转鼓指数来表示的，我国大部分企业采用YB/T 5166—93行业标准和GB/T 27692—2011国家标准，高强度烧结矿的一级品转鼓指数ISO≥66.0%，优质烧结矿ISO≥70%。我国要求球团矿ISO＞78%，抗磨强度A＜5%，抗压强度＞2000MPa。生产实践表明：在其他条件比较理想的情况下，入炉烧结矿和球团矿的转鼓指数稳定升高1%，高炉产量将提高1.9%左右。

1.2.3 提高烧结矿强度

① 控制原料粒度：矿粉的粒度要控制在8mm以下，中间粒级0.125～1mm的部分要控制在一个合适的范围；焦炭粉和熔剂的粒度要＜3mm，同时焦粉＜0.25mm的细粒越少越好。

② 严格控制混合料水分：混合料对磁铁矿和赤铁矿适宜的水分要求在7%～9%，而波动的范围一般＜0.5%。原始混合料水分一般为混合料最大透气性时水分量的90%，一次混合时水量要加到合适总量的99%，以保障物料的潮湿和制粒，在二次混合中只添加1%的水分作调整。

③ 加强混合料的制粒：二次混合的主要任务是强化粒度。一次混合与二次混合的时间比约为2∶1，总的混合时间在9min左右为佳。混合时间长造球性能好，进而改善烧结机的透气性，但会增加设备投资。均匀混合的制粒是提高烧结矿强度的关键，一些单位甚至加长了圆筒混合机的长度或增加混合次数。

④ 以细精矿为主的烧结厂，可适当添加石灰。预热混合料到烧结废气的露点以上；石灰作为粘结剂，强化混合料的制粒。

⑤ 加强对烧结机的点火温度、料层厚度、机速、抽风等工艺参数的控制。

1.2.4 提高球团矿强度

① 要细精矿粉的$-0.074mm$粒级含量$>85\%$；$-0.044mm$粒级含量$>60\%$。

② 高球团矿质量的关键是精矿粉造球的质量，对添加水分和皂土量要根据不同矿物性能选择最佳值。

③ 生产实践表明，采用大型链箅机-回转窑生产的球团矿质量要比竖炉工艺好。

要求荷重软化温度高，铁矿石熔滴温度高，铁矿融化区间窄。

1.2.5 铁矿石的冶金性能

铁矿石的冶金性能（metallurgical properties）包括还原性、低温还原粉化性、荷重还原软化性和熔滴性等，是指矿石在冶炼状态下（高温、还原性气氛）表现出的一些性能。

① 矿石的还原性——还原指数（reduction index） 铁矿石的还原性取决于矿物性质、矿石种类、矿石所具有的气孔度及气孔特性等。矿物特性是Fe_2O_3易还原，Fe_3O_4难还原，$2FeO \cdot SiO_2$更难还原，其次是赤铁矿，而磁铁矿难还原。

还原指数$RI>60\%$的矿石为还原性好的铁矿石，大高炉要求矿石还原性要改善10%，其波动范围在±1%。矿石的还原性与FeO含量相关性强，一般FeO含量高还原性能差。

目前在部分企业对烧结矿还原性好的认识还很一般，缺乏深入的研究，没有有效的技术措施控制烧结矿还原性。

② 低温还原粉化性（reduction degradation index） 高炉原料（特别是烧结矿）在高炉上部的低温区还原时会严重破裂、粉化，使料柱的空隙度降低，煤气透气性恶化。

低温还原粉化性RDI每升高5%，高炉产量下降1.5%，CO利用率也会下降。RDI的高低与烧结生产使用的矿粉种类有关。富矿粉生产出来的烧结矿RDI偏高，含TiO_2高的精矿粉生产的烧结矿RDI也高，而采用磁精矿粉RDI就低。降低RDI的办法是设法减小造成烧结矿RDI升高的骸晶状菱形赤铁矿的数量，可适当增加FeO含量和添加卤化物CaF_2，$CaCl_2$等。许多企业在烧结矿成品表面喷洒3%的卤化物溶液，使RDI降低了10.8%～15%，高炉产量提高约5%。

③ 荷重还原软化性能（softening point under load） 铁矿石软化温度是指矿石在荷重还原条件下，收缩率在到达3%～4%时的温度。为有利于高炉煤气顺利通过软熔带，要求铁矿石软化温度要高一些，软熔温度区间要窄。

影响矿石软熔性的主要因素是渣相的数量和熔点，矿石中FeO含量和其生成矿物的熔点，还原过程中产生的含铁矿物及金属铁熔点也对矿石的熔化和滴落产生重大影响。$2FeO\text{-}SiO_2$的熔化温度低（1205℃），而$2FeO\text{-}SiO_2\text{-}SiO_2$共熔混合物熔点仅1178℃，$2FeO\text{-}SiO_2\text{-}FeO$熔点为1177℃。所以，要减少烧结矿中的FeO含量。将炉渣中MgO含量控制在4%～10%，提高碱度有利于提高脉石熔点，这也就提高了矿石的软熔性。

④ 熔滴性（melting-down properties） 滴落温度是指铁矿石在高炉开始还原熔化的温度。为使高炉生产顺行，要求铁矿石熔滴温度高、区间窄，这可使高炉内煤气压差低一些。

1.3 烧结球团发展趋势

21世纪之前，我国各个钢铁集团大都还没有形成节能减排的意识，烧结球团技术发展主要用在提高企业的生产总量上，对于能源消耗基本没有过高的重视。进入21世纪以来，我国钢铁企业迎来了百年难得的发展机遇，在这种大环境下几乎所有的企业都开足马力加大钢铁的生产量，这种情况一直持续到2008年才暂告一段落。由于我国现已探明的大部分铁矿石储量已被开发利用，而且我国的铁矿石97.5%为贫杂矿（平均含铁量仅为32.7%）。同时，我国长期计划经济所造成的炼铁原料准备结构错位，使球团及细粉精矿生产技术落后于世界先进水平。因此，随着“精料方针”的贯彻，高炉配料需要各钢厂不同程度地进口球团矿，而国内新型烧结矿开发及球团矿生产又需要大量地进口高品位粉精矿。2010 年全球球团矿产量 3.881 亿吨，创历史新高。

2012 年，中国成为全球最大的球团矿生产国，产量增至 2.0 亿吨以上。2015 年，我国球团矿产量为 12800 万吨，烧结矿与球团矿总体比例为 89∶11。

1.3.1 含铁品位不断提高

2010 年我国烧结工序平均能耗为 52.65kg 标煤/t，达到钢铁行业（烧结）清洁生产标准三级要求，较 2009 年下降了 2.3kg 标煤/t，取得较大进步。烧结矿转鼓指数达到 78.77%，符合钢铁行业（烧结）清洁生产标准三级要求，为高炉生产顺行提供了有力支持。烧结工序固体耗较 2009 年仅下降 1kg/t。含铁品位与 2009 年相比稍有降低，这与 2010 年铁矿石价格和供应关系较大。未来烧结工序仍需在提高含铁品位上下工夫，力争全面达到清洁生产三级标准要求。与 2009 年相比，烧结工序日历作业率下降 3.21%，在烧结操作工艺方面仍须进一步改进提升，全面达到清洁生产要求。

1.3.2 设备大型化

“十一五”期间，我国钢铁工业适应了国民经济的快速发展，满足了工业化、城镇化等对钢材的旺盛需求，在装备大型化、节能减排、技术创新、综合竞争力增强等方面均有较大进展。“十二五”是我国钢铁工业实现科学发展、加快转变发展方式的攻坚阶段，调整钢铁工业结构，是加快新型工业化进程的重要任务。其中，装备大型化是国家政策要求的方向。

“十二五”期间，我国部分企业依据自身生产实际。新增烧结总面积达到 $4242m^2$，新形成烧结矿产能约 4325 万吨；新增链箅机-回转窑、竖炉 10 余条（座），产能约 1730 万吨。对于新建和拟建的烧结球团装备，大型化仍将是主要趋势。另外，在“十二五”期间，为贯彻落实国家相关政策要求，钢铁工业在总量控制的基础上，淘汰落后装备仍是工作重点，一大批落后的烧结机、竖炉被逐渐淘汰，我国烧结、球团装备水平得到进一步提升。

2009 年我国重点大中型钢铁企业烧结机总量为 491 台，烧结机总面积为 $67731m^2$，平均单机面积 $138m^2$，总生产能力 72669 万吨，平均单机生产能力 148 万吨。

2009 年我国烧结生产具有以下几个比较突出的特点：一是烧结机装备技术水平取得长足进步，$130m^2$ 及以上烧结机占烧结机总量的 38%，产能上则占到 68%。大型烧结机无论是数量还是生产能力上都已逐渐占据主导地位。二是淘汰落后烧结装备工作取得一定成效；由于对节能环保工作的日益重视，钢铁企业小型烧结机各方面的劣势日益突出。在整个钢铁行业淘汰落后装备的大背景下，烧结落后装备淘汰工作取得了一定进展。三是烧结装备在生产、运行、维护等方面均取得显著成效。钢铁企业的烧结生产日历作业率、台时产量、从业人员实物劳产率等基本指标都维持在较高水平。

据统计，2010 年新投产烧结总面积约为 $3575m^2$，总产能约为 3555 万吨。2010 年我国新投产的烧结机从数量上与 2009 年相比呈下降趋势。究其原因，主要是受国际金融危机和整个钢铁行业宏观形势的影响。但是从装备水平上来看，2010 年新投产的烧结机全部符合《钢铁产业发展政策》的相关要求：烧结机使用面积均大于 $180m^2$，平均烧结面积 $275m^2$，平均单机生产能力 273 万吨，其中 $360m^2$ 及以上大型烧结机 4 台，最大烧结机为 $450m^2$。到 2016 年，单机最大烧结面积达到 660 m^2（太钢不锈钢股份有限公司），这说明我国烧结机大型化工作正在持续、整体推进。

2009年我国球团装备中，竖炉生产能力为8700万吨，带式焙烧机生产能力为740万吨，链算机-回转窑生产能力为10200万吨，球团矿总生产能力为19640万吨。无论是从数量还是产能上，竖炉、链算机-回转窑都是我国球团工业的主力生产工艺。在装备数量上，竖炉约占全国球团装备的一半以上；在装备产能上，链算机-回转窑工艺所占比重最高，达到了51.9%，明显超过竖炉产能，新建项目大多采用链算机-回转窑球团生产工艺。单机能力在240万吨及以上的链算机-回转窑生产线发展迅速，逐步成为球团矿的主力。除此之外，2009年带式焙烧机生产球团矿工艺在我国也取得了较大发展。鞍钢、包钢、首钢曹妃甸带式焙烧机的投产，为我国球团工业的多元化发展奠定了基础。

1.3.3 大力发展球团矿

球团与烧结相比，虽然在投资和生产成本上略有增加，但从节能、低碳、废气减排等方面获得的综合效果是非常显著的。据统计，2010年我国新投产的球团装备能力约为570万吨。与2009年相比，新投产的球团装备数量下降较为明显，这与整个钢铁行业的宏观形势密不可分。许多钢铁企业使用的球团矿来自于独立的球团生产企业，并未包括到此次统计之列，而这部分产能所占比重较大。2010年工信部发布《部分工业行业淘汰落后生产工艺装备和产品指导目录》，将$8m^2$以下球团竖炉纳入淘汰范畴，对实现球团工业的健康、快速发展起到积极的促进作用。

跨入21世纪以来，我国钢铁工业进入快速发展的轨道，作为高炉炼铁的一种主要含铁炉料，球团矿生产的发展速度超过了高炉炼铁年增长的速度。据统计，从2001年到2011年，我国生铁年产量由1.5554亿吨增长到6.29695亿吨，11年间年均增长27.71%；而球团矿年产量由1784万吨增长到2.041亿吨，年平均增长速度达到103.28%，球团矿占炉料结构的比例已接近20%。

2001～2013年重点钢铁企业高炉原燃料质量指标见表1-1。2001年以来球团质量、原料消耗、能耗水平取得较大进步。我国链算机-回转窑球团矿的含铁品位2005～2006年曾上升到高于64.5%的水平，但随着矿价的急剧上涨，2011年又下降到低于63.5%；竖炉球团一直处在62%～63%的水平。近几年，链算机-回转窑球团矿SiO_2含量接近6%，竖炉球团SiO_2含量高于6.2%。链算机-回转窑球团矿的转鼓指数达到95%，竖炉球团矿为91%～92%。近几年，首钢和鞍钢链算机-回转窑球团矿的含铁品位保持在65.5%以上，接近巴西进口球团矿的水平；武钢程潮链算机-回转窑球团矿成品球的SiO_2含量达到3.75%的优良水平。邯钢球团厂成品球的转鼓指数已达到97%的水平。

表1-1 2001～2013年重点钢铁企业高炉原料质量指标

年份		2001	2002	2003	2004	2005	2006	2007	2008	2009	2010	2011	2012	2013
烧结矿	$w(Fe)/\%$	55.73	56.54	56.74	56.90	56.00	56.80	55.65	55.97	55.39	55.53	55.20	54.78	54.38
	$w(CaO)/w(SiO_2)$	1.76	1.83	1.94	1.93	1.94	1.94	1.884	1.834	1.858	1.91	1.87	1.89	1.89
	转鼓指数/%	66.42	83.72	71.83	73.24	83.77	75.75	76.02	77.44	76.59	78.77	78.71	78.98	79.69
球团	$w(Fe)/\%$				63.06	62.85		62.89		62.95	62.65			
	强度/N				2458	1389		2372		2449.9	2726.1			

钢铁生产节省原材料，是资源循环与实现可持续发展的一项重要举措。吨球精矿粉消耗

回转窑球团已基本稳定在1000kg以内，竖炉球团也下降到接近1000kg的水平。回转窑球团的吨球膨润土用量已下降到2011年的19.53kg，竖炉球团也下降到2011年的21.04kg。国外球团生产膨润土的用量仅为4～8kg/t球，因此我国球团生产膨润土用量还有一个较大的改善空间。首钢和鞍钢弓矿球团生产的膨润土用量近几年下降到了10～11kg/t球，已接近国外的先进水平。

我国回转窑球团工序能耗已下降到2011年的27.42kg标煤/t球，竖炉球团的工序能耗也下降到2011年的31.76kg标煤/t球。

球团对优化炉料结构意义重大。《2006～2020年中国钢铁工业科学与技术发展指南》提出："中国高炉炉料中球团比约12%，从当前优化炉料结构发展趋势看，中国应大力发展球团生产，并全面提高球团生产水平。"而球团技术的发展目标是"实现装备大型化，形成以不小于200万吨年产量的链箅机-回转窑为主体的球团生产工艺与装备，加快淘汰小竖炉球团工艺装备"。

发展球团生产对改善高炉技术经济指标有重要意义。球团矿已成为我国高炉炼铁与高碱度烧结矿搭配的一种主要炉料。25%～30%球团矿的配入可提高入炉矿品位1.5%以上，同时可降低1.5%的渣量，总体可降低焦比4%，提高产量5.5%。因此，球团矿生产对改善高炉技术经济指标起着重要的作用。

发展球团矿生产有利于高炉炼铁的节能减排。球团矿与烧结矿相比，工序能耗仅为后者的43%，可见发展球团矿生产对节能减排、改善环境有着明显的优越性。国外球团矿的含铁品位普遍高于65%，SiO_2 含量低于3%。我国链箅机-回转窑球团的含铁品位已达到63.5%的水平，SiO_2 含量低于6%，比烧结矿的品位高出5个百分点，渣量普遍低40%，燃料比降低13%以上。这说明，发展球团矿对高炉炼铁的节能减排具有重大意义，若球团矿的品位和 SiO_2 含量达到或接近国际水平，所起的作用会进一步增强。球团矿作为高炉炼铁的搭配炉料，对高炉炼铁节能减排的作用（每提高1.5%的品位，降低15%的渣量）明显。此外，今后的球团矿将是氧化镁质的酸性球团矿，还会发展一定数量的熔剂性球团矿，这两类球团矿的发展及其冶金性能的改善将对高炉炼铁的节能减排发挥更大的作用。

我国球团矿生产已经获得了高速发展，但仍存在一些问题要认真对待。

问题一：焙烧球团矿的设备工艺发展方向。到目前为止，我国已经年产超过2亿吨球团矿。竖炉球团工艺目前有大小不同200多座设备在生产，占产量的比例接近40%，但因质量和环保等问题，圆形土竖炉、小于8m² 的矩形竖炉在不久的将来会被淘汰，10～12m²（含）以上矩形竖炉在一定的时期内还会存在。今后大中型链箅机-回转窑和带式焙烧机将成为我国球团矿生产的主要工艺设备，建设年产200万吨以上，具有贮存仓、烘干窑、强力混合机、高压辊磨机、大型造球机等设备的装备配置将成应当成为发展的主流。

问题二：球团矿生产的资源配置。磁铁精矿是我国球团生产的主要资源，但已严重短缺。解决球团生产资源短缺的问题，应采取多方面的措施：抓好精矿资源的结构调整，逐步做到细精矿用于球团生产，不再用于烧结生产；短缺部分可采用外购赤铁矿粉生产，对于赤铁矿粉用于球团生产的效率和能耗问题，应开展专项研究，取得成功后推广应用。

广东粤裕丰公司采用适当配比赤铁精粉取得球团生产成功的例子：自筹建2×120万吨球团生产线起，进行了系统的赤铁矿粉球团生产的研究，针对赤铁矿粉成球难，采用高压辊磨，改变赤铁矿粉的外部形貌、增加比表面积等手段，证明赤铁精粉用于球团生产是可行的。

问题三：提高设备配置质量，有效降低球团生产能耗。我国链箅机-回转窑的最低能耗尚比世界先进水平高一倍以上，这与用于球团生产的工艺设备的制作精度和保温材料的质量相关。我国须强化高温设备密封技术和保温技术的研究和推广，通过对标挖潜缩小与世界先进水平的差距。

问题四：回转窑结圈。回转窑结圈是普遍存在的一个问题，不同程度影响着生产，对链箅机-回转窑工艺的生产率和能耗都有很大的损失。结圈的原因主要是粉末和局部高温，归根结底是链箅机-回转窑工艺亟待完善工艺技术和检测手段，使生产的各个环节实现数字控制，解决回转窑结圈的问题。

问题五：提高造球水平，全方位改进球团矿质量。我国球团生产十几年来发展速度快，质量提高却不大，与国外球团矿质量相比，含铁品位低，SiO_2 含量高，膨润土配加比例大，粒度粗（8～16mm 粒级低于 85%），表面粗糙，酸性球团 MgO 含量低，冶金性能差。

全方位改进我国球团矿的质量，应着重解决以下问题：一是现行的铁矿球团冶金行业标准亟待修订，现行标准粒径（10～16mm≥80%）太大，含铁品位和 SiO_2 无具体范围指标要求，不符合节能减排的操作方针；二是提高造球水平，球团生产技术首先要造好球，做到粒度均匀，表面光滑无裂缝；三是膨润土配加量高于 20kg/t 球，比国外先进指标 4～8kg/t 球高出一倍以上，应采取原料预处理和有机粘结剂或复合粘结剂的方案，大幅度降低膨润土配加量，达到低于 10kg/t 球；四是提倡大力发展 MgO 质酸性球团矿和熔剂性球团矿，改善球团矿的冶金性能，为高炉降低燃料比创造条件；五是继续贯彻精料方针，提倡生产高品位（TFe≥65%）、低硅（SiO_2≤4%）和高镁（MgO≥1.5%）的优质球团矿。

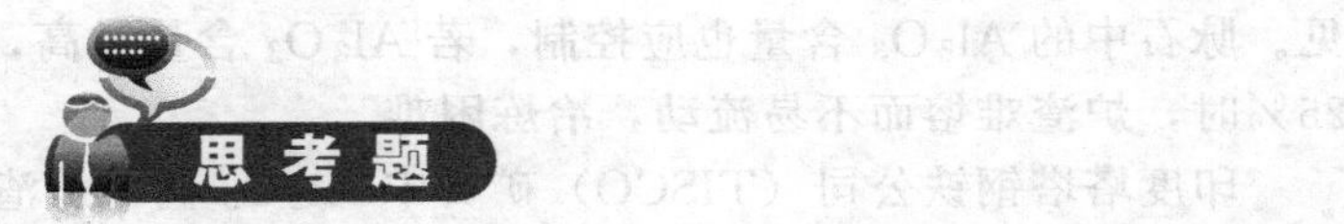

思考题

1. 烧结球团在钢铁工业中的作用和地位。
2. 中国发展球团的必要性。
3. 球团发展面临的主要问题。
4. 现代高炉炉料结构特点。

第2章 烧结球团原料和燃料

2.1 天然铁矿石

铁矿物种类繁多，目前已发现的铁矿物和含铁矿物有300余种，其中常见的有170余种。但在当前技术条件下，具有工业利用价值的主要是磁铁矿、赤铁矿、磁赤铁矿、钛铁矿、褐铁矿和菱铁矿等。脉石和杂质：碱性脉石（basic gangue），如 CaO、MgO；酸性脉石（acidic gangue），如 SiO_2、Al_2O_3。

冶炼时希望酸性脉石含量越少越好。而含 CaO 高的碱性脉石则具有较高的冶炼价值。如某铁矿成分（%）为 Fe 45.30，CaO 10.05，MgO 3.34，SiO_2 11.20。自然碱度 $CaO/SiO_2=0.9$，$(CaO+MgO)/SiO_2=1.2$，接近炉渣碱度的正常范围，属自熔性矿石。

扣除 CaO 后的铁品位：

$$Fe_k=\frac{45.3}{100-CaO}\times 100\%=50.4\%$$

若考虑 MgO 则为52.3%。脉石中的 MgO 还有改善炉渣性能的作用，但这类矿石不多见。脉石中的 Al_2O_3 含量也应控制，若 Al_2O_3 含量过高，使炉渣中 Al_2O_3 含量超过22%～25%时，炉渣难熔而不易流动，冶炼困难。

印度塔塔钢铁公司（TISCO）矿石中 Al_2O_3 高，炉渣中 Al_2O_3 含量高达25%左右，因此采取提高 MgO 的含量来解决炉渣流动性的问题。有害杂质——S、P，S在烧结球团高温氧化造块中脱除大部分，但P无法脱除。

① S在钢铁内以 FeS 形态存在于晶粒间界上，熔点低（1193℃），导致“热脆”；

② P易结合成 Fe_3P，形成 Fe_3P-Fe 二元共晶体，在钢铁内导致“冷脆”。

有益杂质——Mn，有益金属元素——Cu、Cr、V、Mo，少量存在对保证钢材的某些特殊性能有显著作用。

生产优质烧结球团矿的原料的三大基本因素：具有一定的粒度和粒度组成；适宜的水分；均匀的化学成分。

为了衡量磁铁矿的氧化程度，通常以全铁（TFe）与氧化亚铁（FeO）的比值这一概念来区分。对于纯磁铁矿，其理论比值为2.33，比值越大，说明铁矿石的氧化程度越高。

当 $TFe/FeO<2.7$ 为原生磁铁矿（original ore）

$TFe/FeO=2.7\sim3.5$ 为混合矿石（mixed ore）

$TFe/FeO>3.5$ 为氧化矿石（oxidized ore）

我国一些铁矿石选矿厂常采用磁性率来表示矿石的磁性。磁性率是矿石中氧化亚铁的质量分数和矿石中全部铁的质量分数的比值。计算公式：

$$磁性率=(FeO/TFe)\times 100\%$$

理论上纯磁铁矿（Fe_3O_4）的磁性率为42.8%。一般将磁性率大于36%的铁矿石划为磁铁矿石；磁性率介于28%～36%之间的铁矿石划为假象赤铁矿石；磁性率小于28%的铁矿石划为赤铁矿石。上述划分比值只是对矿物成分简单、具有比较单一的磁铁矿和赤铁矿组成的铁矿床或矿石才适用。若矿石中含有硅酸盐、硫化铁和碳酸铁等，因其中 FeO 不具磁性，在计算时计入 FeO 范围内时就易出现假象，分析可靠性降低。

铁矿物种类繁多，目前已发现的铁矿物和含铁矿物约 300 余种，其中常见的有 170 余种（如表 2-1 所示）。但在当前技术条件下，具有工业利用价值的主要是磁铁矿、赤铁矿、磁赤铁矿、钛铁矿、褐铁矿和菱铁矿等。

表 2-1 主要铁矿物、脉石矿物及其物理化学性质

种类		矿物	成分	含铁量/%	密度/(g·cm^{-3})	比磁化系数/(×10^{-6}cm^{-3}·g)	比导电度	莫氏硬度
磁性矿物	磁性铁矿物	磁铁矿 钛磁铁矿 磁赤铁矿	Fe_3O_4	72.4	4.9～5.2	>8000	2.78	5.5-6.5
弱磁性矿物	无水赤铁矿	赤铁矿	Fe_2O_3	70.1	4.8～5.3	40～200	2.23	5.6-6.5
		镜铁矿	Fe_2O_3	70.1	4.8～5.3	200～300		5.5-6.5
		假象赤铁矿	$n FeO \cdot m Fe_2O_3 (n \leqslant m)$	～70	4.8～5.3	500～1000		
	含水赤铁矿、菱铁矿	水赤铁矿	$2Fe_2O_3 \cdot H_2O$	66.1	4.0～5.0			
		针铁矿	$Fe_2O_3 \cdot H_2O$	62.9	4.0～4.5			
		水针铁矿	$3Fe_2O_3 \cdot 4H_2O$	60.9	3.0～4.4			
		褐铁矿	$2Fe_2O_3 \cdot 3H_2O$	60	3.0～4.2	20～80	3.06	1～5.5
		黄针铁矿	$Fe_2O_3 \cdot 2H_2O$	57.2	3.0～4.0			
		黄赭石	$Fe_2O_3 \cdot 3H_2O$	52.2	2.5～4.0			
		菱铁矿	$FeCO_3$	48.2	3.8～3.9	40～100	2.56	3.5～4.5
硫化铁矿物		黄铁矿	FeS_2	47.5	5.1	7.5～47	2.78	6.0～6.5
		磁黄铁矿	$Fe_x S_{x+1}$	61.5	4.6	4500		3.5～4.5
脉石矿物		黑云母	$K(Mg, Fe)_3(Al, Si_3O_{10})(OH)_2$	～20	2.7～3.1	40	1.73	2.5～3
		石榴子石	$(Ca, Mg, Fe, Mn)_3(Al, Fe,$	～22	3.1～4.3	63	6.48	5.5～7
		辉石	$Mn, Cr, Ti)_2(SiO_4)_3$	～11	3.2～3.6		2.17	5～6
			$(Ca, Mg, Fe^{2+}, Fe^{3+}, Ti, Al)_2$				2.51	
		角闪石	$[(Si, Al)_2O_6]$	～24	2.9～3.4			5～6
			$(Ca, Mg, Al, Fe, Mn, Na_2, K_2) SiO_2$					
		阳起石	$Ca(Mg, Fe)_3(SiO_4)_4$	～28	3～3.2			5～6
		绿帘石	$Ca(Al, Fe)_2(OH)(SiO_4)_2$	～15	3.3～3.5			6～7
		橄榄石	$(Mg, Fe)_2SiO_4$	～44	3.3		3.28	6.6～7
		石英	SiO_2		2.65	10	3～5.3	7
		方解石	$CaCO_3$		2.7		3.9	3
		白云石	$(Ca, Mg)CO_3$		2.8～2.9		2.95	3.5～4
		磷灰石	$Ca_3(PO_{4})_3(F,Cl,OH)$		3.2	18	4.18	5

（1）磁铁矿（magnetite） 磁铁矿（图 2-1）主要成分为 Fe_3O_4，是 Fe_2O_3 和 FeO 的复合物。FeO 31.03%，Fe_2O_3 68.97%或含 Fe 72.4%（理论铁品位），含 O 27.6%，等轴晶系，硬度 5.5～6.5，相对密度 4.9～5.2，无解理，脉石主要是石英及硅酸盐，具有强磁性，还原性差，一般含有害杂质硫和磷较高。在选矿（beneficiation）时可利用磁选法，处理非常方便；但是由于其结构细密，故还原性较差。经过长期风化作用后即变成赤铁矿。磁铁矿是岩浆成因铁矿床、接触交代-热液铁矿床、沉积变质铁矿床，以及一系列与火山作用有关的铁矿床中铁矿石的主要矿物。此外，也常见于砂矿床中。在自然界纯磁铁矿矿石很少遇到，常常由于地表氧化作用使部分磁铁矿氧化转变为半假象赤铁矿和假象赤铁矿。所谓假象赤铁矿就是磁铁矿（Fe_3O_4）氧化成赤铁矿（Fe_2O_3），但仍能保持其原来的晶形，所以叫做假象赤铁矿。一般开采出来的磁铁矿石含铁量为 30%～60%，当含铁量大于 45%，粒

度大于5mm或8mm时，可直接供炼铁用：小于5mm作为球团原料，大于8mm则作为烧结原料用。当含铁量低于45%，或有害杂质超过规定，不能直接利用，必须经过选矿处理。在烧结球团焙烧过程中磁铁矿氧化为赤铁矿。在这一反应中，每千克磁铁矿大约放热118.6kcal（1cal=4.1868J），这一补充热量对焙烧过程有益。可烧性良好：磁铁矿在高温处理时氧化放热，且FeO易与脉石成分形成低熔点化合物，故造块节能，结块强度好。

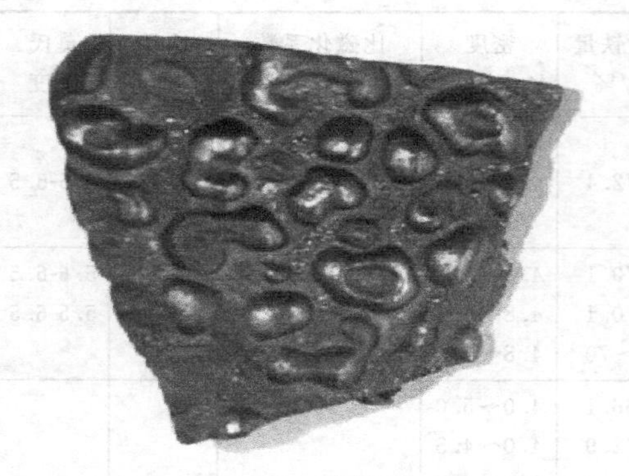

图2-1　磁铁矿

图2-2　赤铁矿

（2）赤铁矿（hematite）　赤铁矿（hematite，图2-2）为无水氧化铁矿石，其化学式为Fe_2O_3，理论含铁量为70%。这种矿石在自然界中经常形成巨大的矿床，从埋藏和开采量来说，它都是工业生产的主要矿石。由其本身结构状况的不同又可分成很多类别，如赤色赤铁矿（red hematite）、镜铁矿（specular hematite）、云母铁矿（micaceous hematite）、黏土质赤铁（red ocher）等。赤铁矿含铁量一般为50%～60%，含有害杂质硫和磷比较少，还原性较磁铁矿好，因此，赤铁矿是一种比较优良的炼铁原料。赤铁矿有原生的，也有次生的，再生赤铁矿是磁铁矿经过氧化以后失去磁性，但仍保存着磁铁矿的结晶形状的假象赤铁矿，在假象赤铁矿中经常含有一些残余的磁铁矿。有时赤铁矿中也含有一些赤铁矿的风化产物，如褐铁矿（$2Fe_2O_3 \cdot 3H_2O$）。赤铁矿具有半金属光泽，结晶者硬度为5.5～6，土状赤铁矿硬度很低，无解理，相对密度4.9～5.3，仅有弱磁性，脉石为硅酸盐。自然界中Fe_2O_3的同质多象变种已知有两种，即α-Fe_2O_3和γ-Fe_2O_3。前者在自然条件下稳定，称为赤铁矿；后者在自然条件下不如α-Fe_2O_3稳定，处于亚稳定状态，称为磁赤铁矿。赤铁矿：Fe 69.94%，O 30.06%，常含类质同象混入物Ti、Al、Mn、Fe^{2+}、Ca、Mg及少量Ga和Co。三方晶系，完好晶体少见。结晶赤铁矿为钢灰色，隐晶质；土状赤铁矿呈红色，条痕为樱桃红色或鲜猪肝色，金属至半金属光泽，有时光泽暗淡，硬度5～6，相对密度5～5.3。赤铁矿的集合体有各种形态，形成一些矿物亚种，即：①镜铁矿——具金属光泽的玫瑰花状或片状赤铁矿的集合体。②云母赤铁矿——具金属光泽的晶质细鳞状赤铁矿。③鲕状或肾状赤铁矿——形态呈鲕状或肾状的赤铁矿。赤铁矿是自然界中分布很广的铁矿物之一，可形成于各种地质作用，但以热液作用、沉积作用和区域变质作用为主。在氧化带里，赤铁矿可由褐铁矿或纤铁矿、针铁矿（goethite）经脱水作用形成。但也可以变成针铁矿和水赤铁矿等。在还原条件下，赤铁矿可转变为磁铁矿，称假象磁铁矿。磁赤铁矿：γ-Fe_2O_3，其化学组成中常含有Mg、Ti和Mn等混入物。等轴晶系，五角三四面体晶类，多呈粒状集合体，致密块状，常具磁铁矿假象。颜色及条痕均为褐色，硬度5，相对密度4.88，强磁性。磁赤铁矿主要是磁铁矿在氧化条件下经次生变化作用形成。磁铁矿中的Fe^{2+}完全为Fe^{3+}所代替（$3Fe^{2+} \longrightarrow 2Fe^{3+}$），所以有（1/3）$Fe^{2+}$所占据的八面体位置产生了空位。另外，磁赤铁矿可由纤铁矿失水而形成，亦有由铁的氧化物经有机作用而形成的。

呈结晶状的赤铁矿，其颗粒内孔隙多，而易还原和破碎。但因其铁氧化程度高而难形成低熔点化合物，故其可烧性较差，造块时燃料消耗比磁铁矿高。

(3) 褐铁矿 (limonite) 见图2-3，是含有氢氧化铁的矿石，是由其他矿石风化后生成的，在自然界中分布得最广泛，但矿床埋藏量大的并不多见。它是针铁矿 (goethite) $HFeO_2$ 和鳞铁矿 (lepidocrocite) $FeO(OH)$ 两种不同结构矿石的统称，也有人把它主要成分的化学式写成 $m Fe_2O_3 \cdot n H_2O$，呈现土黄或棕色，含有 Fe 约 62%、O 27%、H_2O 11%，相对密度为 3.6～4.0，多半是附存在其他铁矿石之中。实际上并不是一个矿物种，而是针铁矿、纤铁矿、水针铁矿、水纤铁矿以及含水氧化硅、泥质等的混合物。褐铁矿中绝大部分含铁矿物是以 $2Fe_2O_3 \cdot H_2O$ 形式存在的。化学成分变化大，含水量变化也大。一般褐铁矿石含铁量为 37%～55%，有时含磷较高。褐铁矿的吸水性很强，一般都吸附着大量的水分，在焙烧或入高炉受热后去掉游离水和结晶水，矿石气孔率因而增加，大大改善了矿石的还原性。所以褐铁矿比赤铁矿和磁铁矿的还原性都要好。同时，由于去掉了水分相应地提高了矿石的含铁量。①针铁矿 α-$FeO(OH)$，含 Fe 62.9%。含不定量的吸附水者，称水针铁矿 $HFeO_2 \cdot NH_2O$，斜方晶系，形态有针状、柱状、薄板状或鳞片状，通常呈豆状、肾状或钟乳状，切面具平行或放射纤维状构造，有时呈致密块状、土状，也有呈鲕状，颜色红褐、暗褐至黑褐，经风化而成的粉末状、赭石状，褐铁矿则呈黄褐色。针铁矿条痕为红褐色，硬度 5～5.5，相对密度 4～4.3。而褐铁矿条痕则一般为淡褐或黄褐色，硬度 1～4，相对密度 3.3～4。②纤铁矿 γ-$FeO(OH)$，含 Fe 62.9%。含不定量的吸附水者，称水纤铁矿 $FeO(OH) \cdot n H_2O$，斜方晶系。常见鳞片状或纤维状集合体。颜色暗红至黑红色。条痕为橘红色或砖红色。硬度 4～5，相对密度 4.01～4.1。根据含结晶水不同，褐铁矿可分为五种：

(a) (b)

图2-3 褐铁矿

① 水赤铁矿——$2Fe_2O_3 \cdot H_2O$；
② 针赤铁矿——$2Fe_2O_3 \cdot H_2O$；
③ 水针铁矿——$3Fe_2O_3 \cdot 4H_2O$；
④ 黄针铁矿——$Fe_2O_3 \cdot 2H_2O$；
⑤ 黄赭石——$Fe_2O_3 \cdot 3H_2O$。

自然界中的褐铁矿绝大部分以褐铁矿 ($2Fe_2O_3 \cdot 3H_2O$) 形态存在。褐铁矿是由其他矿风化而成，其结构松软，密度小，含水量大，气孔多，且在温度升高时结晶水脱除后又留下新的气孔，故还原性皆比前两种铁矿高。褐铁矿因含结晶水和气孔多，用烧结球团造块时收缩性很大，使产品质量降低，只有延长高温处理时间，产品强度才可相应提高，但导致燃料消耗增大，加工成本提高。

（4）菱铁矿（siderite） 见图 2-4，是含有碳酸铁的矿石，主要成分为 $FeCO_3$，呈现青灰色，理论含铁量 48.2%，相对密度在 3.8 左右，$FeCO_3$ 含 FeO 62.01%，CO_2 37.99%，常含 Mg 和 Mn，三方晶系，常见菱面体，晶面常弯曲。其集合体呈粗粒状至细粒状，亦有呈结核状、葡萄状、土状者，黄色、浅褐黄色（风化后为深褐色），玻璃光泽，硬度 3.5～4.5，相对密度 3.96 左右，因 Mg 和 Mn 的含量不同而有所变化。在自然界中，有工业开采价值的菱铁矿比其他三种矿石都少。菱铁矿很容易被分解氧化成褐铁矿。一般含铁量不高，但受热分解出 CO_2 以后，不仅含铁量显著提高而且也变得多孔，还原性很好。这种矿石多半含有相当多数量的钙盐和镁盐。由于碳酸根在高温（约 800～900℃）时会吸收大量的热而放出二氧化碳，所以我们多半先把这一类矿石加以焙烧之后再加入鼓风炉。

$$3FeCO_3 \longrightarrow Fe_3O_4 + CO + 2CO_2$$

在烧结球团造块时，因收缩量大、导致产品强度降低和设备生产能力低，燃料消耗也因碳酸盐分解而增加。

图 2-4 菱铁矿

（5）其他 钛铁矿（ilmenite）其化学式是 $FeTiO_3$，Fe 36.8%，Ti 36.6%，O 31.6%，三方晶系，菱面体晶类，常呈不规则粒状、鳞片状或厚板状。在 950℃以上钛铁矿与赤铁矿形成完全类质同象。当温度降低时，即发生熔离，故钛铁矿中常含有细小鳞片状赤铁矿包体。钛铁矿颜色为铁黑色或钢灰色，条痕为钢灰色或黑色。含赤铁矿包体时呈褐色或带褐的红色条痕，金属-半金属光泽，不透明，无解理，硬度 5～6.5，相对密度 4～5，弱磁性。钛铁矿主要出现在超基性岩、基性岩、碱性岩、酸性岩及变质岩中。我国攀枝花钒钛磁铁矿床中，钛铁矿呈粒状或片状分布于钛磁铁矿等矿物颗粒之间，或沿钛磁铁矿裂开面成定向片晶。铁的硅酸盐矿（silicate iron），此类矿石是一种复合盐，没有一定的化学式，成分的变化很大，一般呈现深绿色，相对密度为 3.8 左右，含铁量很低，是一种较差的铁矿石。硫化铁矿（sulphide iron），这种矿石含有 FeS_2，含 Fe 只有 46.6%而 S 的含量达到 53.4%；呈现灰黄色，相对密度为 4.95～5.10。由于这种矿石常常含有许多其他较贵重的金属如铜（copper）、镍（nickel）、锌（zinc）、金（gold）、银（silver）等，所以常被用作其他种金属冶炼工业的原料；又由于它含有大量的硫，所以常被用来提制硫黄，铁反而变成了副产品，事实上已不能称为铁矿石。

现代高炉冶炼铁矿石质量标准见表 2-2。

表 2-2　现代高炉冶炼铁矿石质量标准

铁精矿类型			磁性矿为主的磁铁矿石				赤矿为主的赤铁矿石				攀西式钒钛磁铁精矿	包头式多金属铁精矿
代号			C67	C65	C63	C60	H65	H62	H59	H55	P51	B57
化学成分/%	TFe		≥67	≥65	≥63	≥60	≥65	≥62	≥59	≥55	51.5	≥57
	TFe 允许波动范围	Ⅰ	+1.0 −0.5				+1.0 −0.5				±0.5	±1.0
		Ⅱ	+1.5 −1.0				+1.5 −1.0					
	SiO_2	Ⅰ类	≤3	≤4	≤5	≤7	≤12	≤12	≤12		—	—
		Ⅱ类	≤6	≤3	≤10	≤13	≤8	≤10	≤13	≤15		
	S	Ⅰ组	≤0.10～0.19				≤0.10～0.09				<0.60	<0.50
		Ⅱ组	≤0.20～0.40				≤0.20～0.40					
	P	Ⅰ级	≤0.05～0.09				≤0.09～0.1				—	<0.30
		Ⅱ级	≤0.10～0.30				≤0.20～0.40					
	Cu		≤0.10～0.20				≤0.10～0.20				—	—
	Pb		≤0.10				≤0.10				—	—
	Zn		≤0.10～0.20				≤0.10～0.20				—	—
	Sn		≤0.03				≤0.8				—	—
	As		≤0.04～0.07				≤0.04～0.07				—	—
	TiO_2		—				—				≤13	
	F		—				—				—	≤2.50
	K_2O+Na_2O		≤0.25				≤0.12				—	≤0.25
水分(96)		Ⅰ	≤10				≤11				≤10	≤11
		Ⅱ	≤11				≤12					

2.2　人工磁铁矿

我国的铁矿储量虽然很大，但是其品位低，绝大部分为贫矿，占总量的97.5%（见图2-5），其中弱磁性的褐铁矿和菱铁矿占30%左右，极度难选，大部分没有回收利用，导致我国菱铁矿和褐铁矿资源的利用率极低。

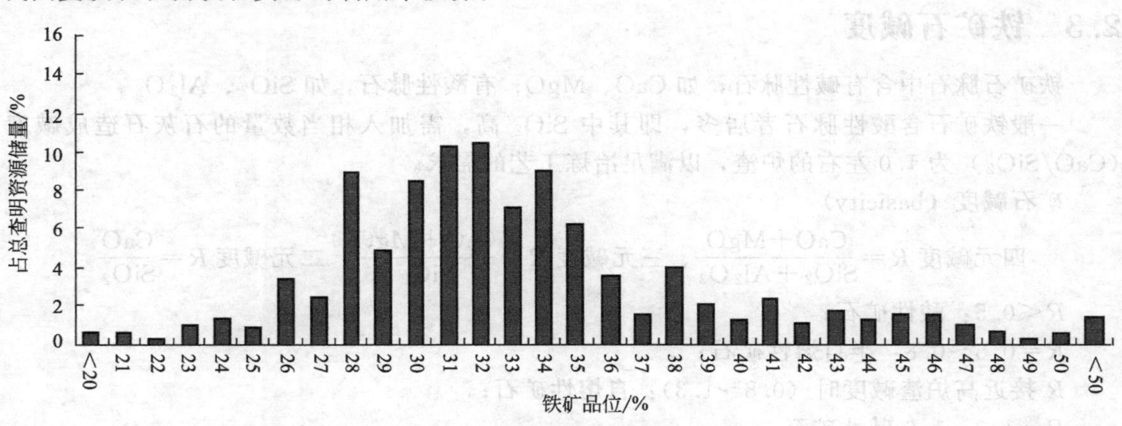

图 2-5　中国铁矿资源品位分布图

实践表明，对菱铁矿、赤铁矿、褐铁矿而言，常规选矿工艺无法有效处理和利用该类铁矿资源，磁化焙烧-磁选是最有效且可靠的技术，其核心是将弱磁性的铁矿石在焙烧炉中加热，并在适宜气氛中使弱磁性铁矿物［赤铁矿、水赤铁矿、褐铁矿及菱铁矿的比磁化系数为（50～250）$\times 10^{-6}cm^3/g$］转变为强磁性的铁矿物［比磁化系数为（25000～50000）$\times 10^{-6}cm^3/g$］，比磁化系数升高上千倍，而其中脉石矿物在大多数情况下磁性变化不大［比磁化系数为（1～10）$\times 10^{-6}cm^3/g$］。经磁化焙烧后，采用磁选工艺，就能将强磁性铁矿物与脉石进行高效分离，得到高品位的磁铁精矿，一般铁品位可达到63%以上，粒度在0.1mm以下。由于该类磁铁矿矿物不是自然界中原始存在的，而是经过人工加工（磁化焙烧）转化而成，在物理化学性能上与天然存在的磁铁矿矿物存在较大差别，为了区别，称之为人工磁铁精矿。随着铁矿资源紧缺和某价值的升高，该技术的研究和应用越来越受到重点关注，如陕西大西沟铁矿是典型的菱铁矿和褐铁矿共生矿床、酒钢是富含镜铁矿、褐铁矿和镁（锰）菱铁矿的难选铁矿床，均采用回转窑（或竖炉）磁化焙烧—磁选—反浮选工艺流程，在工业生产中取得了较好的技术指标，实现了人工磁铁精矿的工业化生产（铁精矿大于TFe60%，铁回收率80%）。我国在此方面也开展了大量研究，开发出新型高效磁化焙烧炉，成功用于工业生产，为经济高效地开发菱铁矿、赤铁矿和褐铁矿资源，大规模生产人工磁铁精矿提供了支撑。

现代铁矿开采中富铁块矿已越来越少，能利用的绝大部分是粉矿和经细磨和分选后的细粒精矿。粗粒粉矿一般通过烧结造块后供高炉炼铁使用，而细粒铁精矿宜采用球团工艺生产成球团矿供炼铁使用。球团矿的生产成本低，特别是在使用磁铁精矿的情况下，能耗更低。但是，以前，球团矿几乎以天然磁铁精矿或赤铁精矿为原料生产，而随着开采年限的延长，天然磁铁精矿资源越来越少。随着难处理的赤铁矿、褐铁矿和菱铁矿资源开采技术的发展和规模的增大，人工磁铁精矿产量快速增长，补充天然磁铁精矿资源的严重不足，用于球团矿的制造，具有十分重要的应用价值和广阔前景，不仅为人工磁铁精矿的利用开辟出一条有效途径，而且为高炉炼铁提供了一种优质炉料。

人工磁铁精矿与天然磁铁精矿在磁性、表面物理化学性质等性质上存在较大差异，磁化焙烧形成的磁铁矿有一定的包裹、充填和浸染现象，具有不完整的晶体结构，分布较焙烧之前分散，矿石内部组织结构的不均匀程度有所增加，人工磁铁矿润湿热更大，吸水性强，造球水分高，生球爆裂温度低，干燥速度慢，氧化速度快，氧化温度低，可能对其成球及球团氧化焙烧和固结产生重要影响，广大研究工作者正在对人工磁铁精矿成球性能进行深入研究。

2.3 铁矿石碱度

铁矿石脉石中含有碱性脉石，如CaO、MgO；有酸性脉石，如SiO_2、Al_2O_3。

一般铁矿石含酸性脉石者居多，即其中SiO_2高，需加入相当数量的石灰石造成碱度（CaO/SiO_2）为1.0左右的炉渣，以满足冶炼工艺的需求。

矿石碱度（basicity）

四元碱度$R=\dfrac{CaO+MgO}{SiO_2+Al_2O_3}$、三元碱度$R=\dfrac{CaO+MgO}{SiO_2}$、二元碱度$R=\dfrac{CaO}{SiO_2}$

$R<0.5$：酸性矿石；

$R=0.5\sim0.8$：半自熔性矿石；

R 接近高炉渣碱度时（0.8～1.3）：自熔性矿石；

$R=1.3\sim1.6$ 碱性矿石；

$R>1.6$：高碱性（度）矿石。

2.4　二次含铁原料

在某些情况下，除了粉矿和精矿外，有些从其他热处理加工或者化学加工过程中获得的含铁物料（二次含铁原料），也可以单独或同上述矿石混合用来制成球团。其中包括以下几种。

① 硫酸渣　$4FeS_2+11O_2 = 8SO_2+2Fe_2O_3$

② 浸出处理残渣：厂内含铁尘泥（转炉尘、高炉尘、电炉尘、炼钢炼铁污泥）；厂内含铁废渣（钢渣、轧钢皮屑）。

副产品被当作废物而抛弃，不仅资源浪费，而且污染环境。可作为烧结或球团的原料而加以利用。

硫酸渣（硫铁矿烧渣）是生产硫酸时焙烧硫铁矿产生的废渣，当前采用硫铁矿或含硫尾砂生产的硫酸约占我国硫酸总产量的80%以上。硫铁矿主要由硫和铁组成，伴有少量有色金属和稀有金属，生产硫酸时其中的硫被提取利用，铁及其他元素转入烧渣中，烧渣可以用来作为炼铁的原料。

不同来源的硫铁矿焙烧所得的矿渣组分不同，但其组成主要是三氧化二铁、四氧化三铁、金属硫酸盐、硅酸盐和氧化物以及少量的铜、铅、锌、金、银等有色金属。

③ 其他二次含铁原料　包括：高炉尘、转炉尘、平炉尘、轧钢皮、转炉渣、平炉渣。细颗粒含铁尘泥中的平炉尘和转炉泥，粒度细（$-0.045mm>90\%$），颗粒形状多呈球状或水滴状，表面性质特殊，吸附分子水和毛细水量均较大，但毛细水迁移速度极慢，用通常方法造球困难。配加部分粗颗粒精矿或粗颗粒尘泥，雾化喷水均匀润湿，适当延长造球时间，在圆盘造球机上可获得形状规则，强度较高的生球。

炼钢炼铁污泥具有以下特点：

① 粒度细，－200目粒级在90%以上，故而脱水困难。

② 污泥品位高，碱性物含量也高，污泥浓度在20%以下时，静置3h无沉淀：含水量为35%～50%时，黏度大，较难脱水。

炼钢污泥由于品位高、粒度细、不含碳、含水时黏度大等特点，可作为球团生产的原料。它不仅适合竖炉球团生产要求，能替代一部分膨润土。在球团原料中配加3%～4%的炼钢污泥，可降低膨润土用量，降低原料费用。

2.5　熔剂

2.5.1　烧结用熔剂

烧结加熔剂的目的：

① 改善烧结过程、强化烧结，提高烧结矿产量、质量。

② 可以向高炉提供自熔性或高碱度的烧结矿，强化高炉生产。

熔剂（图2-6）的种类及性质介绍如下。

(1) 石灰石（$CaCO_3$）

① 颜色为白色或乳白色，手感较好。

② 硬脆，易破碎。

③ 入厂粒度要求<100mm，烧结要求<3mm占90%。

(2) 白云石（$CaCO_3 \cdot MgCO_3$）

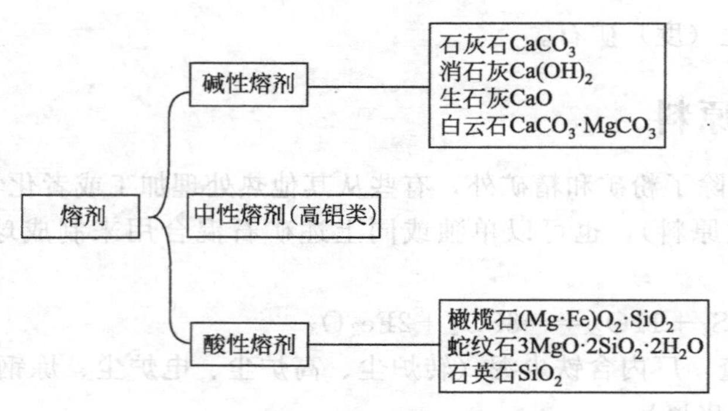

图 2-6　熔剂分类

① 颜色为淡黄色或灰白色，有玻璃光泽，扎手。

② 硬，难破碎。

③ 入厂粒度要求＜100mm，烧结要求＜3mm 占 90%。

(3) 生石灰（CaO）　是石灰石高温煅烧后的产品，颜色为白色，吸水性强。目前，很多烧结厂用生石灰作为烧结熔剂，可强化烧结过程。生石灰遇水后，发生消化反应生成消石灰，消石灰表面呈胶体状态，吸水性强，粘结性大，可以改善混合料的成球性，同时，消化过程放出热量，可以提高料温，减少烧结过程的过湿现象。生石灰的用量一般为 3%～5%。用量过多，其强化效果不明显，还对烧结矿强度带来不利影响。

(4) 消石灰［$Ca(OH)_2$］　添加困难，环境污染严重，较少使用。

(5) 橄榄石/蛇纹石　这类熔剂同时带入两种造渣成分，即 MgO 和 SiO_2，可使造块产品质量提高。蛇纹石化学式：$Mg_6[Si_4O_{10}](OH)_8$；成分含量：MgO 43.6%、SiO_2 43.6%、H_2O 13.1%。蛇纹石是调整烧结矿 MgO 和 SiO_2 含量的原料，主要由叶蛇纹石和纤维蛇纹石组成。纤维蛇纹石的结构水排出温度较低，不利于烧结过程和烧结矿冶金性能的改善，因此烧结工艺应选用纤维蛇纹石含量较低的品种。降低蛇纹石的粒度，有利于改善烧结过程和烧结矿冶金性能，烧结用蛇纹石的粒度最好控制在 0～1mm 之间。

(6) 石英石　用于补充铁矿中 SiO_2 的不足，尤其在有色金属冶金中需酸性渣冶炼时的原料造块中广泛使用。

2.5.2　球团添加剂

添加剂的使用是为了改善球团的化学成分，特别是其造渣成分。有些添加剂还具有粘结性，如石灰及钙镁化合物、返料、粘结性特别高的矿石。添加剂应用较多的是石灰石和消石灰。石灰石作为球团原料添加之前，要磨细，使其粒度达到比表面积为 2500～4000cm^2/g，通常采用干磨方式。添加石灰石的目的是为了调节球团碱度。消石灰既是粘结剂，又是碱性添加剂。

白云石、石灰石也作为补充的碱性添加剂使用。白云石是与方解石同晶形的混合晶体。在球团焙烧过程中，碱性添加剂先同酸性脉石成分反应，在铁氧化物颗粒之间生成中性或碱性基质。

熔剂性球团是一个正在日益引起全世界钢铁厂家注意的课题。美国一些钢铁公司一直致力于熔剂性球团的生产。1962 年，一些公司在共和矿的链算机-回转窑球团厂生产了约 35000t 仅添加石灰石的熔剂性球团。用这种球团和其他球团进行的高炉冶炼试验，不能显示出生产熔剂性球团所多投入的资金是否能取得补偿，也无从证明在长期性的基础上，在这些工厂生产熔剂球团所需的投资是否合理、合算。

由于某些炼钢厂不断成功地使用了熔剂性球团，以及要求降低铁水和钢的成本、提高钢材质量这一经济发展形势，促使对熔剂性球团的使用进行了更深入的研究。

所谓熔剂性球团矿，通称自熔性球团矿或碱性球团矿，是指在配料过程中添加有含CaO的矿物生产的球团矿（四元碱度大于0.90）。

熔剂性球团矿，正常情况下，主要矿物是赤铁矿。铁酸钙粘结相的数量随碱度的不同而不同，此外，还有少量硅酸钙。含MgO较高的球团矿中，还有铁酸镁，由于FeO可被MgO置换，实际上为镁铁矿，可以写成（Mg·Fe)O·Fe_2O_3。

熔剂性球团矿的焙烧温度较低，在此温度下停留时间较短时，它的显微结构为赤铁矿连晶，以及局部由固体扩散而生成的铁酸钙。当焙烧温度较高及在高温下停留时间较长时，则形成赤铁矿和铁酸钙的交织结构。因为铁酸钙在焙烧温度下可以形成液相，故气孔呈圆形。

当有硅酸盐同时存在的情况下，铁酸盐只能在较低温度下才能稳定。1200℃时，铁酸盐在相应的硅酸盐中固熔，超过1250℃，铁酸盐发生下列反应：

$$CaO \cdot Fe_2O_3 + SiO_2 \longrightarrow CaSiO_3 + Fe_2O_3$$

Fe_2O_3 再结晶析出，铁酸盐消失，球团矿中出现了玻璃体硅酸盐。

熔剂性球团矿与酸性球团矿相比，其矿物组成较复杂，除赤铁矿为主外，还有铁酸钙、硅酸钙、钙铁橄榄石等。焙烧过程中产生的液相量较多，故气孔呈圆形大气孔，其平均抗压强度较酸性球团矿低。

2.6 球团粘结剂

粘结剂能改善物料的成球性能、生球干燥和焙烧球团的性能，最主要的一种粘结剂就是水。

2.6.1 无机粘结剂

球团生产中使用的无机粘结剂有膨润土（也叫皂土）、消石灰、水泥等，现代化球团生产中常用的粘结剂主要有膨润土和消石灰两种，普遍使用的是膨润土，是一种含水铝硅酸盐，如图2-7。

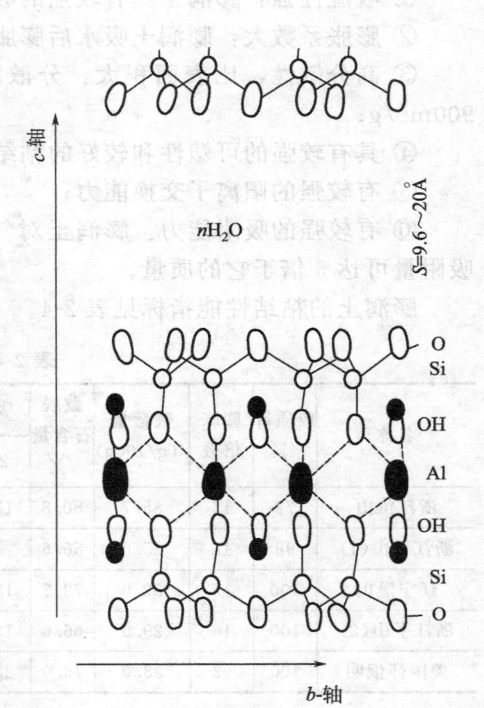

图2-7 含水铝硅酸盐（1Å＝0.1nm）

作为粘结剂的物质必须具备以下性质。

① 亲水性强、比表面积大、遇水后能高度分散。因此，它能改善球团混合物料的亲水性和提高混合料的比表面积。

② 粘结性好，而且由于它的加入能很好地改善成球物料的粘结性，也就是说它的这种粘结性还能在别的物料颗粒之间起到传递作用。因而，它的极小加入量就能有效地改善成球物料的粘结性。

③ 由于它的加入不至于影响造球以后工序（如生球干燥、焙烧、球团矿质量及环境保护等）的顺利进行。

④ 货源容易解决，加工处理方便，价格便宜。

常用无机粘结剂主要是含钙、铝和硅等元素的粘结剂，包括膨润土、水玻璃、消石灰、石灰石、水泥和白云石。我国的无机粘结剂主要为膨润土。

膨润土的主要矿物成分蒙脱石［$Al_2(Si_4O_{10})(OH)_2 \cdot nH_2O$］具有层状结构、阳离子吸附交换能力和很强的水化能力，其晶格结构分层排列见图 2-7。蒙脱石晶层间能够吸收大量水分，吸水后晶层间距明显增大，膨润土剧烈膨胀。膨润土又称含水铝硅酸盐，理论化学成分是 SiO_2 占 66.7%、Al_2O_3 占 28.3%，属于羟基组分的结构水（H_2O）占 5%。根据层间阳离子的不同，膨润土主要分为钙基膨润土和钠基膨润土。用于球团粘结剂的优质膨润土，蒙脱石含量应在 80%以上。

自然界中膨润土主要以钙基膨润土的形式存在，一般来说钙基膨润土膨胀能力差，而且在水溶液中黏度也较小，而钠基膨润土则具有更好的粘结性能，因此常对钙基膨润土进行人工钠化处理。通常利用原土中的 Ca^{2+} 和 Mg^{2+} 可被 Na^+ 置换的离子交换特性，采用碳酸钠等将钙基膨润土进行钠化。活化后的钠基膨润土膨胀率加大，根据活化程度不同，膨胀率可以达到 600%～900%，而天然钙基膨润土的膨胀率仅有 200%～300%。我国部分地区膨润土的化学全量分析见表 2-3。

表 2-3　膨润土的化学全量分析　　单位：%

名称	SiO_2	Al_2O_3	Fe_2O_3	CaO	MgO	K_2O	Na_2O	TiO_2	P_2O_5	MnO	H_2O	烧损
浙江仇山	65.57	16.14	4.13	1.89	3.46	0.57	0.40	0.12	0.01	0.04	5.65	7.51
浙江平山(1)	72.19	14.50	1.29	1.43	2.15	1.65	2.01	0.06	0.02	0.01	3.40	4.44
辽宁黑山	68.40	13.95	1.69	1.51	2.48	0.90	0.45	0.08	0.018	0.026	—	8.94
浙江平山(2)	68.64	15.48	1.08	1.47	2.43	1.26	1.79	0.08	0.021	0.031	—	7.55
美国怀俄明	60.40	20.95	6.76	1.00	2.59	0.42	2.29	0.12	0.070	0.004	—	6.74

膨润土的物理化学性能：

① 吸湿性强：膨润土具有较强的吸湿性，能吸附 8～15 倍于自己体积的水量；

② 膨胀系数大：膨润土吸水后膨胀，能膨胀数倍至 30 倍于自己的体积；

③ 高分散性，比表面积大：分散后的膨润土具有巨大比表面积，理论值可达 600～900m^2/g；

④ 具有较强的可塑性和较好的粘结性；

⑤ 有较强的阳离子交换能力；

⑥ 有较强的吸附能力：膨润土对气体、液体、有机物质等具有一定的吸附能力，最大吸附量可达 5 倍于它的质量。

膨润土的粘结性能指标见表 2-4。

表 2-4　膨润土的粘结性能

名称	胶质价/%	膨胀倍数	吸蓝量/(g/100g)	蒙脱石含量/%	吸水率/%		阳离子交换量/(mmol/100g)				碱性系数	pH	−200 目/%	备注
					2h	24h	EMg^{2+}	EK^+	ECa^{2+}	ENa^+				
浙江仇山	72	11	35.7	80.8	130	132	8.80	2.9	58.6	1.0	0.06	—	97.0	Ca 基
浙江平山(1)	98	18	25.0	56.6	—	147	1.90	1.2	18.7	39.1	1.96	9.8	98.0	Na 基
辽宁黑山	100	15	32.0	72.7	152	158	14.40	4.3	50.8	1.4	0.08	—	98.5	Ca 基
浙江平山(2)	100	16	29.0	66.0	124	223	2.60	1.7	21.9	44.0	1.81	10.0	98.5	Na 基
美国怀俄明	100	92	33.0	75.0	224	467	1.88	2.0	10.0	50.0	4.33	9.7	100	Na 基

2.6.1.1　膨润土物理性能指标

球团用膨润土物理性能指标见表 2-5。

表 2-5　球团用膨润土物理性能

吸蓝量 /(mmol/100g)	胶质价 /(mL/15g)	2小时吸水率 /%	膨胀容 /(mL/g)	粒度(<0.074mm) /%	水分 /%
94(30g/100g)	100	>120	>12	>98	<8

(1) 吸蓝量　膨润土在水溶液中吸附亚甲基蓝（分子量 310）的能力为吸蓝量。它以100g 膨润土吸附亚甲基蓝的克数表示。操作步骤：

① 取试样 0.2g（准确至 0.001g），置于已加入 50mL 蒸馏水的锥形瓶中。再加 20mL 1%的焦磷酸钠水溶液，摇匀后在电炉上加热 5min，再自然冷却至室温。

② 滴定管加入 0.2%亚甲基蓝水溶液约为预计量的 2/3，以后每加 0.5mL 要摇动 30s。用玻璃棒蘸一滴溶液在中性滤纸上，观察在深蓝色斑四周有无出现淡蓝色晕环。若未出现，继续滴加亚甲基蓝水溶液，直到出现明显的淡蓝色晕环为止。

计算公式：

$$M=\frac{cV}{G}\times 100$$

式中　M——吸蓝量，g/100g 膨润土；

c——亚甲基蓝溶液浓度，g/mL；

G——试样质量，g；

V——滴定时用去亚甲基蓝溶液体积，mL。

(2) 蒙脱石含量　蒙脱石含量高，阳离子交换量高，膨胀倍数大，吸水率高。

测定蒙脱石含量常用的方法是利用亚甲基蓝的吸附作用进行间接的测定。根据 X 射线衍射物相分析，100g 蒙脱石含量为 100%的人工提纯的钙基蒙脱石，吸附亚甲蓝量为 44.2g，所以试样中蒙脱石的相对含量可通过测定亚甲基蓝含量（g/100g）计算：

$$蒙胶石含量=(M/44.2)\times 100\%$$

式中　M——吸蓝量，g/100g 土。

(3) 吸水率　反映膨润土质量的最重要的指标，一般以 2h 膨润土单位质量吸水质量来计算。

吸水率是参考美国一些球团厂膨润土质量检测法，采用简易方法测定的。具体操作步骤如下：

① 将铁盆装满水，然后将多孔砖浸泡水中，使多孔砖吸足水；

② 保持铁盆内水面低于多孔砖上表面 5mm，在测定过程中始终保持此水位；

③ 在 1/1000g 天平上称出称样瓶质量 m_1；

④ 将滤纸放在吸足水的多孔砖上，让它也吸足水后，放在称样瓶内并盖好盖子，防止在称重过程中水分挥发，称出湿滤纸和称样瓶的质量 m_2；

⑤ 将滤纸放回多孔砖上，称 2g 已烘干的膨润土，均匀地撒在滤纸上，在室温下静放 2h，取出滤纸和试样，放在称样瓶内称出总质量 m_3，则膨润土吸水质量为 $m_4=m_3-m_2-2$。

计算方法：

$$\eta=100\times(m_4/G)$$

式中　η——吸水率，%；

m_4——吸水质量，g；

G——已烘干的膨润土质量，g。

(4) 膨胀容　膨润土的膨胀性能以膨胀容表示，膨润土在稀盐酸溶液中膨胀后的容积称为膨胀容，以毫升/克样表示。钠基膨润土比钙基、酸性膨润土的膨胀容高；同一属型的膨润土，含蒙脱石愈多，膨胀容愈高。膨胀容是鉴定膨润土矿石属型和估价膨润土质量的技术指标之一，单位为 mL/g。

测定方法：称烘干后的试样 1g 倒入容量为 100mL、直径为 25mm 的带塞量筒中，然后加蒸馏水接近 75mL 和浓度为 1moL/L 的 HCl 溶液 25mL，而后再小心滴入蒸馏水至 100mL，摇晃 2～3min 后，静放 24h（使其沉淀），读出沉淀界面的刻度值，即为膨胀倍数。

（5）胶质价　膨润土与水按比例混合后，加适量氧化镁，使其凝聚形成的凝胶体的体积，称为胶质价。

以 15g 样形成凝胶的体积的毫升数表示。胶质价显示试样颗粒分散与水化程度，是分散性、亲水性和膨胀性的综合表现，它的大小与膨润土矿的属型和蒙脱石含量密切相关，钠基比钙基、酸性膨润土的胶质价高，同一属型的膨润土，含蒙脱石愈多，胶质价愈高。所以，胶质价是鉴定膨润土矿石属型和估价膨润土质量的技术指标之一，单位：mL/15g。

胶质价是膨润土和一定比例的水混合所形成的凝胶层占整个体积的百分数。表明膨润土中含有多少蒙脱石的参数，也是膨润土膨胀性能的间接标志。

测量方法：

① 主要仪器与试剂　带塞量筒（100mL，直径约 25mm）；氧化镁（轻质、盒装，化学原料）。

② 操作步骤　a. 称取 15.00g 试样于已加入 50～60mL 水的 100mL 的带塞量筒内，再加水至 90mL 左右。b. 盖紧塞子，摇晃 5min 左右，使试样充分散开与水混匀，在光亮处肉眼观察，无明显颗粒团块即可。如未分散好，继续摇至全部散开为止。c. 打开塞子，加入 1.00g 氧化镁，加水至 100mL 处，再盖上塞子，摇晃 3min。d. 将量筒放置于不受振动的台面上，静置 24h，读出凝胶体界面的刻度值，即为胶质价，以 mL/15g 土表示。

③ 讨论　a. 氧化镁于空气中，容易吸收二氧化碳而变质，故应保存于密闭瓶或干燥器内。b. 摇动是为了使试样充分散开，与水混匀。不论采用手工或其他操作，均应使试样在水中充分散开甚是关键。c. 某些高胶体性能的膨润土，3g 土样（加氧化镁 0.2g）即可达到接近 100mL，这类土样的胶质价为 3g 土样的量筒刻度读数×5。

（6）膨润土的分类　目前常按晶层间吸附阳离子 Na^+ 和 Ca^{2+} 数量的不同来划分膨润土类型，即吸附 Na^+ 为主时称钠基膨润土，吸附 Ca^{2+} 为主时称钙基膨润土，当 H^+ 占优势时，称氢基膨润土（见表 2-6）。

表 2-6　钠基膨润土和钙基膨润土

区　别	钠　质	钙　质
交换性阳离子量和质不同	75～100mL/100g 以上，以 Na^+ 为主	60mL/100g 左右，以 Ca^{2+} 为主
pH 值	8.5～10.6	6.4～8.5
胶质价不同	100%	60%
膨胀倍数不同	20～30 倍	几倍到十几倍
吸水率、吸水速度	吸水率 500%、吸水速度慢	吸水率<200%，吸水速度快，不到 2h 即达到饱和
吸蓝量不同	20mL 以上	十几毫升
化学成分不同	Na_2O 含量高	Na_2O 含量低
在水中的分散性不同	分散后不产生沉淀	分散后很快沉淀

$\Sigma Na^+/\Sigma Ca^{2+}>1.2$ 称钠基膨润土；

$\Sigma Na^{+}/\Sigma Ca^{2+}<1$ 称钙基膨润土；

介于之间称为 Na～Ca 基或 Ca～Na 基膨润土。

2.6.1.2　膨润土的活化（钠化）

作为球团生产的粘结剂，最有效的是钠基膨润土。

所谓活化就是将非钠基膨润土经加入所谓的活化剂，处理后变成钠基膨润土（因此膨润土的活化又称为膨润土的改型），如图 2-8 所示。其原理就是利用膨润土吸附阳离子的交换性能，即一种交换性阳离子能被另一种变换性阳离子所置换。

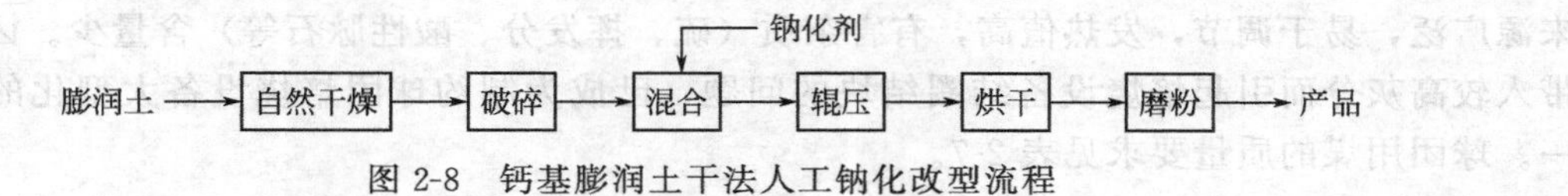

图 2-8　钙基膨润土干法人工钠化改型流程

钠化使用的活化剂为工业 Na_2CO_3（苏打、纯碱），其反应为：

$$Ca^{2+}+Na_2CO_3 \longrightarrow CaCO_3\downarrow+2Na^{+}$$

$$Ca^{2+}+2NaOH \longrightarrow Ca(OH)_2\downarrow+2Na^{+}$$

$$Mg^{2+}+2NaOH \longrightarrow Mg(OH)_2\downarrow+2Na^{+}$$

Na^{+}便吸附在膨润土的晶层和颗粒的边缘，变成了钠型膨润土。活化后的膨润土与天然的钠型膨润土的性能相近。钠质膨润土与钙质膨润性能比较见表 2-6。

2.6.1.3　膨润土在球团生产中的作用

① 由于膨润土的分散性能好（钠基膨润土的胶质价一般在 90%以上，钙基膨润土一般为 50%），比表面积大，亲水性很强，故它的成球性能好。在膨润土、消石灰、黏土、高岭土、石灰等几种常见的添加剂中，以膨润土的成球性能最强。

② 由于膨润土是极细颗粒的集合体，在造球过程中易于吸水膨胀并分解成片状组分，加之它还具有良好的粘结性，因此有助于使母球形成稳定的结构，提高了母球强度和降低了球团长大速度。因而提高了生球强度（抗压强度和落下强度）。

③ 加入膨润土后，球团的气孔率和平均粒度降低，球团中矿粒之间的致密程度增加。因此在湿球干燥后，由于矿粒之间的分子引力增加，提高了干球的强度。

④ 由于膨润土粉末在毛细压力的作用下能限制水从球团内逸出，加之膨润土的片状结构表面带有大量负电荷，对周围的水具有一定的引力，因而能降低球团矿的脱水速率。脱水速率的降低意味着能使球团在干燥时可以经受较大的温度波动，特别是高温的冲击。不致在生球干燥时形成过湿层而降低生球强度，也不会因水分过快逸出造成过大的内压力而使球团爆裂。

⑤ 膨润土的加入，为球团的干燥、预热和焙烧创造了良好的条件，因而能促使球团充分固结，提高成品球质量。

2.6.2　有机粘结剂

有机粘结剂来源广泛，包括沥青类物质，如煤焦油或沥青，植物类产品，如从各种植物中提取的淀粉，或者是加工处理后的最终产品，如糖浆或木质磺酸盐类。由于膨润土的添加会造成球团铁品位的下降，寻找新型粘结剂代替膨润土，以提高铁矿球团的含铁品位，早已成为国内外瞩目的研究课题。

有机粘结剂比传统的无机粘结剂具有用量小、带入有害杂质少、环境污染小、添加方便等优点。

① 羧甲基纤维素钠（又称 CMC）/佩利多（Peridur）。

② 海藻酸钠（又称褐藻酸钠）。

③ 聚丙烯酰胺及其共聚物。

④ KLP 球团粘结剂。

⑤ WKD 系列粘结剂。

2.7 燃料

烧结厂和球团厂所用的燃料有气体、液体和固体。对它们的要求总的原则是价廉质优，来源广泛，易于调节，发热值高，有害杂质（硫、挥发分、酸性脉石等）含量少。因为燃料带入较高灰分而引起焙烧设备结圈结块的问题，已成为制约球团焙烧设备大型化的障碍之一。球团用煤的质量要求见表 2-7。

表 2-7 球团用煤质量要求

指标	标准	影响结果
灰分	<10%	回转窑结圈
挥发分	>20%	易于燃烧残留少
硫	<0.6%	带入成品球中影响高炉炼铁
水分	<10%	烘干困难
灰分熔点	≥1400℃	熔点高不易产生结圈
固定碳	≥59%	具有一定的热值
发热值	5900～6200kcal/kg	保持一定的温度

2.7.1 煤

2.7.1.1 煤的水分

（1）外在水分　外在水分（W_{wz}）是指煤在开采、运输和洗选过程中润湿在煤的外表以及大毛细孔（直径$>10^{-5}$cm）中的水。它以机械方式与煤相连接着，较易蒸发，其蒸气压与纯水的蒸气压相等，在空气中放置时，外在水分不断蒸发，直至煤中水分的蒸气压与空气的相对湿度达到平衡时为止，此时失去的水分就是外在水分。含有外在水分的煤称为应用煤，失去外在水分的煤称为风干煤。外在水分的多少与煤粒度等有关，而与煤质无直接关系。

（2）内在水分　吸附或凝聚在煤粒内部的毛细孔（直径$<10^{-5}$cm）中的水，称为内在水分（W_{nz}）。内在水分指将风干煤加热到105～110℃时所失去的水分，它主要以物理化学方式（吸附等）与煤相连接，较难蒸发，故蒸气压小于纯水的蒸气压。失去内在水分的煤称为绝对干燥或干煤。

2.7.1.2 煤的灰分

（1）灰分的来源和种类　煤灰几乎全部来源于煤中的矿物质，但煤在燃烧时，矿物质大部分被氧化，分解，并失去结晶水，因此，煤灰的组成和含量与煤中矿物质的组成和含量差别很大。我们一般说的煤的灰分实际上就是煤灰产率，煤中矿物质和灰分的来源，一般可分三种：

① 原生矿物质　它是原来存在于成煤植物中的矿物质，物质紧密地结合在一起，极难用机械的方法将其分开。它燃烧后形成母体灰分，这部分数量很小。

② 次生矿物质　当死亡植质堆积和菌解时，由风和水带来的细黏土、砂粒或由水中钙、

镁、铁等离子生成的腐殖酸盐及 FeS_2 等混入而成，在煤中成包裹体存在。用显微镜观察煤的光片或薄片时，它们均匀分布在煤中，并且颗粒很细，则很难与煤分离；如它们颗粒较大，密度差别很大，并在煤中分布不均，则把煤破碎后尚可能将它们洗选掉。

煤中的原生矿物质和次生矿物质合称为内在矿物质，来自于内在矿物质的灰分，称为内在灰分。一般次生矿物质在煤中的含量也不多，仅有少数煤层中次生矿物质较多，如迁移堆积形成的煤层即如此。

③ 外来矿物质　这种矿物质原来不含于煤层中，它是由在采煤过程中混入煤中的顶、底板和夹矸层中的矸石所形成的。

灰分的测定：称取一定量的空气干燥煤样，放入马弗炉中，以一定的速度加热到(815±10)℃，灰化并灼烧到质量恒定。以残留物的质量占煤样质量的百分数作为煤样的灰分。

(2) 煤灰熔融性　煤灰熔融性和煤灰黏度是动力用煤的重要指标。煤灰熔融性习惯上称作煤灰熔点，但严格来讲这是不确切的，因为煤灰是多种矿物质组成的混合物，这种混合物并没有一个固定的熔点，而仅有一个熔化温度的范围，开始熔化的温度远比其中任一组分纯净矿物质熔点为低。这些组分在一定温度下还会形成一种共熔体，这种共熔体在熔化状态时，有熔解煤灰中其他高熔点物质的性能，从而改变了熔体的成分及其熔化温度。

煤灰的熔融性和煤灰的利用取决于煤灰的组成。煤灰成分十分复杂，主要有 SiO_2，Al_2O_3，Fe_2O_3，CaO，MgO，SO_3 等，如下所示：

我国煤灰成分的分析：

灰分成分	SiO_2	Al_2O_3	Fe_2O_3	CaO	MgO	K_2O+Na_2O
含量/%	15～60	15～40	1～35	1～20	1～5	1～5

大量试验资料表明：SiO_2 含量在 45%～60%时，灰熔点随 SiO_2 含量增加而降低；SiO_2 在其含量<45%或>60%时，与灰熔点的关系不够明显。Al_2O_3 在煤灰中始终起增高灰熔点的作用。煤灰中 Al_2O_3 的含量超过期 30%时，灰熔点在 1500℃。灰成分中 Fe_2O_3，CaO，MgO 均为较易熔组分，这些组分含量越高，灰熔点就越低。灰熔点也可根据其组成用经验公式进行计算。

2.7.1.3　煤的挥发分和固定碳

煤样在规定条件下隔绝空气加热，煤中的有机物质受热分解出一部分分子量较小的液态(此时为蒸气状态)和气态产物，这些产物称为挥发物。挥发物占煤样质量的分数称为挥发分产率或简称为挥发分。挥发分主要是煤中所含的水、二氧化碳、氟、氯、硼、硫等物质热分解的产物，评价煤质时为了排除水分、灰分变化的影响，须将分析煤样挥发分换算为以可燃物为基准的挥发分，以符号 V_r 表示。换算分式为：

$$V_r = V_f \times 100/(100 - W_f - A_f)$$

式中　V_r——可燃基(无水无灰基)挥发分，%；

V_f——分析基挥发分，%；

W_f——分析煤样水分，%；

A_f——分析煤样灰分，%。

挥发分随煤化程度升高而降低的规律性十分明显，可以初步估计煤的种类和化学工艺性质，而且挥发分的测定简单、快速。几乎世界各国都采用可燃基挥发分(V_r)作为煤炭工业煤分类的第一分类指标。挥发分高可以说明煤里含的可燃气体和液体多少。

根据煤中含有的挥发性成分多少来分类，可以分为：

① 贫煤，无烟煤（含挥发分低于 12%）；
② 瘦煤（含挥发分为 12%～18%）；
③ 焦煤（含挥发分为 18%～26%）；
④ 肥煤（含挥发分为 26%～35%）；
⑤ 气煤（含挥发分为 35%～44%）；
⑥ 长焰煤（含挥发分超过 42%）。

挥发分的分析结果常受煤中矿物质的影响。所以当煤中碳酸盐含量较高时，矿物质在高温下分解出来 CO_2，结合水等也包括在挥发分内。所以当煤中碳酸盐含量较高，分解出来的 CO_2 产率大于 2%时，需要对煤的挥发分进行校正。也可在测定挥发分之前，用盐酸处理分析煤样，使煤中碳酸盐事先分解。在我国大多数煤中，黏土矿物，高岭土在 560℃析出的结合水也算入挥发分，因此黏土矿物含量高的煤所测出的挥发分通常偏高。

称取一定量的空气干燥煤样，放在带盖的瓷坩埚中，在（900±10）℃下，隔绝空气加热 7min。以减少的质量占煤样质量的百分数，减去该煤样的水分含量作为煤样的挥发分。

固定碳就是测定挥发分后残留下来的机物质的产率，可按下式算出：$C_{gd}=100\%-(W_f+A_f+V_f)$。

根据挥发分测定后的焦渣可知，泥炭、褐煤、烟煤中长焰煤、贫煤及无烟煤没有粘结性；烟煤中气煤、肥煤、焦煤、瘦煤都有粘结性，可作为炼焦煤，而其中肥煤和焦煤没有粘结性最好，其坩埚焦熔融，粘结良好且具有膨胀性。

在我国泥炭中干燥无灰基碳含量为 55%～62%；成为褐煤以后碳含量就增加到 60%～76.5%；烟煤的碳含量为 77%～92.7%；一直到高变质的无烟煤，碳含量为 88.98%。个别煤化度更高的无烟煤，其碳含量多在 90%以上，如北京、四望峰等地的无烟煤，碳含量高达 95%～98%。

根据碳含量的多少，可以把煤分为如下几类：无烟煤（含碳 95%左右)、烟煤（含碳 70%～80%)、褐煤（含碳 50%～70%)、泥煤（含碳 50%～60%)。煤的碳含量越高，燃烧热值也越高，质量越好。

褐煤又名柴煤，它是煤化程度最低的煤。其特点是水分高、密度小、挥发分高、不粘结、化学反应性强、热稳定性差、发热量低，由于它富含挥发分，所以易于燃烧并冒烟，含有不同数量的腐殖酸。多被用作燃料、气化或低温干馏的原料，也可用来提取褐煤蜡、腐殖酸，制造磺化煤或活性炭。一号褐煤还可以作农田、果园的有机肥料。

烟煤：该种煤含碳量为 75%～90%，不含游离的腐殖酸，大多数具有粘结性；发热量较高，燃烧时火焰长而多烟，多数能结焦，挥发物为 10%～40%。相对密度 1.25～1.35，热值为 27170～37200kJ/kg(6500～8900kcal/kg)。

挥发分含量中等的称作中烟煤；较低的称作次烟煤。烟煤燃烧时火焰较长而多烟，煤化程度较大，外观呈灰黑色至黑色，粉末从棕色到黑色。

根据挥发分含量、胶质层厚度或工艺性质，可分为长焰煤、气煤、肥煤、焦煤、瘦煤、贫煤、无烟煤等。

肥煤：具有很好的粘结性和中等及中高等挥发分，加热时能产生大量的胶质体，形成大于 25mm 的胶质层，结焦性最强。用这种煤来炼焦，可以炼出熔融性和耐磨性都很好的焦炭，但这种焦炭横裂纹多，且焦根部分常有蜂焦，易碎成小块。由于粘结性强，因此，它是配煤炼焦中的主要成分。

焦煤：具有中低等挥发分和中高等粘结性，加热时可形成稳定性很好的胶质体，单独用来炼焦，能形成结构致密、块度大、强度高、耐磨性好、裂纹少、不易破碎的焦炭。但因其膨胀压力大，易造成推焦困难，损坏炉体，故一般都作为炼焦配煤使用。

瘦煤：具有较低挥发分和中等粘结性。单独炼焦时，能形成块度大、裂纹少，抗碎强度较好，但耐磨性较差的焦炭。因此，用它加入配煤炼焦，可以增加焦炭的块度和强度。

贫瘦：煤挥发分低，粘结性较弱，结焦性较差。单独炼焦时，生成的焦粉很多。但它能起到瘦化剂的作用。故可作炼焦配煤使用，同时，也是民用和动力的好燃料。

贫煤：具有一定的挥发分，加热时不产生胶质体，没有粘结性或只有微弱的粘结性，燃烧火焰短，炼焦时不结焦。主要用于动力和民用燃料。在缺乏瘦料的地区，也可充当配煤炼焦的瘦化剂。

无烟煤：含碳量为95%左右，它是煤化程度最高的煤。挥发分低、密度大、硬度高、燃烧时烟少火苗短、火力强，通常作民用和动力燃料。质量好的无烟煤可作气化原料、高炉喷吹和烧结铁矿石的燃料，以及用于制造电石、电极和碳素材料等。

2.7.2　焦炭

烟煤在隔绝空气的条件下，加热到950～1050℃，经过干燥、热解、熔融、粘结、固化、收缩等阶段最终制成焦炭，这一过程叫高温炼焦（高温干馏）。

冶金焦是高炉焦、铸造焦、铁合金焦和有色金属冶炼用焦的统称。由于90%以上的冶金焦均用于高炉炼铁，因此往往把高炉焦称为冶金焦。铸造焦是专用于化铁炉熔铁的焦炭。铸造焦是化铁炉熔铁的主要燃料，其作用是熔化炉料并使铁水过热，支撑料柱保持其良好的透气性。铸造焦应具备块度大、反应性低、气孔率小、具有足够的抗冲击破碎强度、灰分和硫分低等特点。

焦炭的工业分析：水分、灰分、挥发分、固定碳、硫分、磷分等；焦炭的热性质：高温转鼓、焦炭的CO_2反应性。不同用户对焦炭块度有不同的要求。

60～80mm：用于铸造；

40～60mm：用于大型高炉；

25～40mm：用于高炉、耐火竖窑；

10～25mm：用于小高炉、发生炉等；

5～10mm：用于铁合金；

0～5mm：用于烧结。

为适应不同用户要求，必须将焦炭通过筛分进行分级。

2.7.3　气体燃料

（1）焦炉煤气　经清洗过滤后的焦炉煤气，其焦油含量为0.005～0.02g/m^3（煤气温度为25～30℃时），干煤气的发热值为4000～4200kcal/m^3。

（2）高炉煤气　高炉煤气是炼铁过程的副产品，含有大量的氮、二氧化碳等惰性气体（占63%～70%），因此，它的发热值不高，一般为850～1100kcal/m^3。一般要求高炉煤气的含尘量不大于30mg/m^3，煤气温度在40℃以下。煤气压力取决于高炉构造特点及其操作制度，在一般情况下，输送到球团厂的煤气压力在250～300mmH_2O（1mm H_2O＝9.80665Pa）。

（3）混合煤气　混合煤气一般由焦炉煤气和高炉煤气混合组成。它的发热值取决于高、焦炉煤气混合比例，一般在1200～3000kcal/m^{3}范围内。

（4）天然气　天然气是一种发热值很高的气体燃料，它的主要可燃物质是甲烷（CH_4），含量达90%以上，发热值为8000～9000kcal/m^3。

石油液化气发热量为92100～121400kJ/m³。

高炉煤气、转炉煤气和焦炉煤气是炼钢、炼铁和炼焦生产中的副产品，每生产1t生铁可产生2100～2200m³高炉煤气；每炼1t钢可产生50～70m³转炉煤气；每炼1t焦炭可产生300～320m³焦炉煤气。

(5) 标煤　标煤是标准煤（standard coal）的简称，由于各种燃料燃烧时释放能量存在差异，国际上为了使用方便，统一标准，在进行能源数量、质量的比较时，将煤炭、石油、天然气等都按一定的比例统一换算成标准煤来表示（1kg标准煤的热值为29270kJ，即每千克标准煤热值为29270000J）。

标煤换算：

1t原油＝1.43t标准煤

1000m³天然气＝1.33t标准煤

1t原煤＝0.714t标准煤

2.7.4 液体燃料

常用的液体燃料为重油，是石油加工后的一种残油，呈暗黑色，密度为0.9～0.96cm³/g，具有发热值高（大于9000 kcal/kg)、黏性大等特点。

重油作为燃料有运输便利、使用安全等优点，但需一套供油系统，与气体燃料比较，操作管理较不方便。

重油的黏度对油泵、喷油嘴的工作效率和耗油量都有影响。黏度太大，则油泵及喷嘴的效率低，喷出油的速度慢，雾化不良，燃烧不完全，影响喷嘴使用寿命，增加油的消耗量。重油黏度随温度升高而降低，加热温度一般在60～90℃，即黏度在7～10°E之间。

存在于重油中的硫，主要以有机硫化物的形态存在，如硫醇、硫醚、二硫化物等。这些硫化物气体在点火时，会残留于球团矿内，影响球团矿的质量，故重油中的含硫量越低越好。

1. 铁矿石的种类。
2. 二次铁矿资源特性。
3. 烧结生产中熔剂的作用。
4. 球团生产中膨润土的作用。
5. 概念：碱度；熔剂性球团；人工磁铁矿。

第3章 铁矿烧结基本理论

3.1 铁矿烧结生产的发展

烧结是指在混合料中的燃料燃烧产生高温和一系列的物理化学变化的作用下，部分混合料颗粒表面发生软化和熔化，产生一定液相，并润湿其他未被熔化的矿石颗粒，当冷却后，液相将矿粉颗粒粘结成块的过程。烧结法是将矿粉（包括富矿粉、精矿粉以及其他含铁细粒状物料）、熔剂（石灰石、白云石、生石灰等粉料）、燃料（焦粉、煤粉）按一定比例配合后，经混匀、造粒、加温（预热）、布料、点火，借助炉料氧化（主要是燃料燃烧）产生的高温，使烧结料水分蒸发并发生一系列化学反应，产生部分液相粘结，冷却后成块，经合理破碎和筛分后，最终得到的块矿就是烧结矿。

铁矿烧结生产的历史已有一个多世纪了。它起源于资本主义发展较早的英国、瑞典和德国。这些国家最先开始使用烧结锅处理高炉灰。钢铁工业上第一台烧结机于1910年在美国诞生，烧结面积8.325m^2（7.78m×1.07m），每天生产烧结矿140t。它的出现引起烧结生产的重大革新，从此带式烧结机得到广泛的应用。

20世纪50年代以前，由于钢铁工业发展缓慢，天然富矿充足，所以烧结生产的发展不快。随着钢铁工业发展，天然富矿减少，选矿兴起，粉矿、精矿增加，烧结工业迅速发展。近30年，为了拓宽含铁资源，采用"精料方针"提高高炉效益，即所谓"七分原料三分操作"，烧结更是迅猛发展。工艺流程不断完善，设备不断大型化，技术愈趋现代化。

欧美偏重球团，日本偏重烧结。日本烧结工艺完善，设备先进，技术可靠，自动化水平高，是世界上烧结技术发展最快的国家，单机平均烧结面积达218m^2，400m^2以上的烧结机11台。法国单机烧结面积154m^2，400m^2以上的烧结机4台。英国单机烧结面积165m^2。德国和意大利分别有3台和2台400m^2以上的烧结机。菲律宾和澳大利亚分别有1台450m^2和420m^2烧结机。卢森堡和韩国各有1台400m^2的烧结机。目前最大的烧结机为648m^2（俄罗斯），机冷带式烧结机为700m^2（巴西）。

近年来，各国钢铁企业对原料场的建设特别重视，即冶炼"重心前移"。原因是：

① 资源争夺激烈，市场波动大，都有意扩大料场，增加储备；

② 运输的不确定因素，易造成供应紧张；

③ 要稳定烧结矿质量，原料的分类堆放、预配、混匀等准备工作非常重要；特别是原料来源点多而杂，原料准备工作尤其重要；

④ 有利于原料搭配，综合考虑资源利用，降低成本。

我国在1949年以前，仅鞍山有10台烧结机，总面积330m^2。工艺设备落后，生产能力很低，年产量仅十几万吨。

1949年以来，我国烧结工业取得了巨大成就，特别近20多年更是飞速发展。

到2006年止，我国有大型烧结机（300m^2以上）20台，全国拥有烧结机300余台，总面积约4×$10^4$$m^2$，是新中国成立初的130多倍，年产烧结矿近4亿吨。2015年以来，全国粗钢年产量已达8.02亿吨，是新中国成立初的数百倍。我国已成为世界上烧结矿生产第一大国。近年来我国粗钢、生铁及烧结矿产量见图3-1。

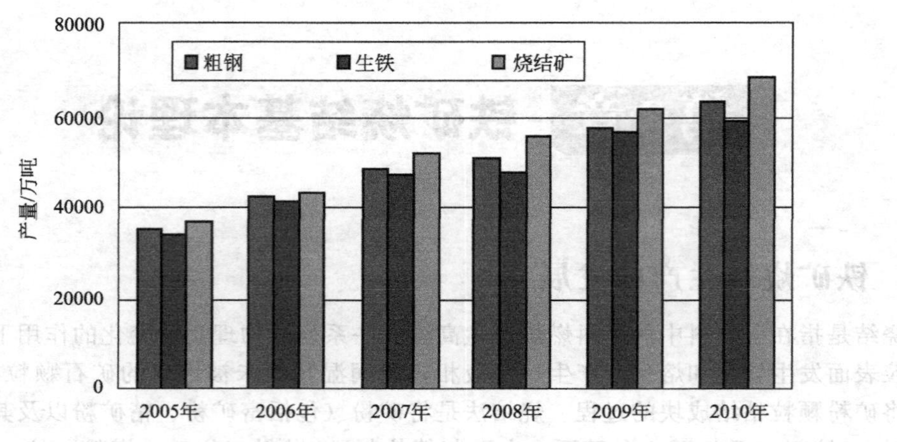

图 3-1　近年来我国粗钢、生铁及烧结矿产量

2013 年，为支撑中国巨大的高炉炼铁生产，中国的烧结矿和球团矿生产保持同步增加。烧结矿产量达到 7.9 亿吨，球团矿产量达到 2 亿吨。高炉的炉料结构得到明显改善，见图 3-2，球团矿的比例显著增加。同时，在铁矿原料质量变差及供应稳定性严重恶化的情况下，通过采取厚料层烧结及链箅机-回转窑球团等先进工艺和技术，实现了优质低成本烧结矿和球团矿的生产，保证了高炉炼铁良好指标的实现。

我国 1957 年在中南工大（现中南大学）设立烧结球团专业后，我国的铁矿石烧结工业取得了很大的成就。

① 烧结工艺方面：自 1978 年马钢二烧冷矿技术攻关成功后，随后一批重点和地方骨干企业基本都完成了热烧改冷烧工艺。部分企业还建成原料混匀料场，绝大多数钢铁企业实现了自动化配料、混合料强化制粒、冷却筛分、整粒及铺底料技术。

② 新工艺、新技术的开发应用：如高碱度烧结矿技术，小球烧结技术，低温烧结技术，厚料层烧结技术，低硅烧结技术等。

③ 设备大型化和自动化：由 20 世纪 50 年代 $75m^2$ 烧结机到 90 年代 $450m^2$ 烧结机投产，都是我国自行设计，自行制造，并实现自动化生产。

④ 烧结生产指标和产品质量不断改进和提高。

⑤ 高炉炉料结构趋向合理：由 20 世纪 70 年代高炉炉料结构以单一的烧结矿为主，发展成酸性球团配加高碱度烧结矿的合理炉料结构（见图 3-2）。

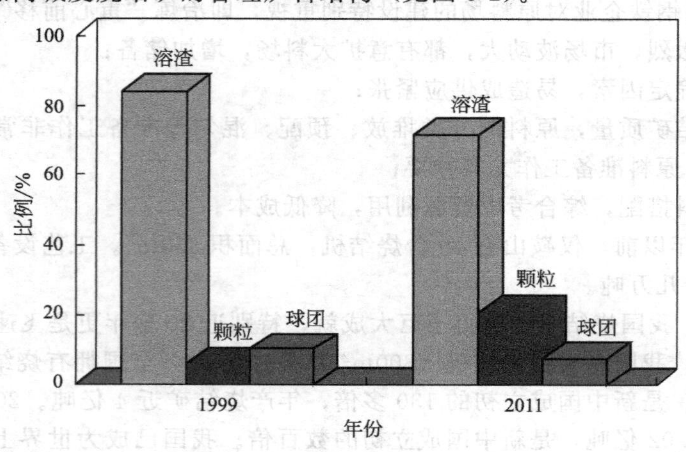

图 3-2　中国高炉炉料结构的变化

近年来，随着我国钢铁工业的快速发展，面临的环境越来越严峻，特别是面临资源和能源短缺、品质劣化，国家宏观调控、产能过剩与淘汰落后、市场低迷与经济危机，环境保护与节能减排的压力与形势。同时，高炉冶炼设备面临大型化的发展趋势，到 2013 年，我国已投产容积 $3000m^3$ 以上高炉 43 座，其中 $4000m^3$ 以上高炉 21 座，高炉冶炼设备的大型化，对原料的质量要求不断提高，与之相应的铁矿粉烧结技术需要进一步提升和发展。我国乃至全世界，今后烧结的发展方向是朝着设备大型化，技术操作现代化发展，生产效率越来越高，人员越来越少。

3.2 烧结过程燃料燃烧与传热规律

3.2.1 烧结料层燃料燃烧基本原理

烧结过程中，混合料中固体燃料燃烧所提供的热量占烧结总需热量的 90%左右。

固体炭在温度达 700℃以上即着火燃烧，发生如下反应：

碳的不完全燃烧反应

$2C+O_2 \longequal 2CO \qquad \Delta G^{\ominus}=-223426-175.31T(J)$

碳的完全燃烧反应：

$C+O_2 \longequal CO_2 \qquad \Delta G^{\ominus}=-394133-0.84T(J)$

CO 的燃烧反应：

$2CO+O_2 \longequal 2CO_2 \qquad \Delta G^{\ominus}=-564840+173.64T(J)$

布都尔反应（歧化反应、碳素沉积反应）：

$CO_2+C \longequal 2CO \qquad \Delta G^{\ominus}=170707-174.47T(J)$

由图 3-3 可以看出，在烧结料层中可能进行的燃烧反应：高温 CO 稳定，低温 CO_2 稳定；氧过剩生成 CO_2，碳过剩生成 CO。

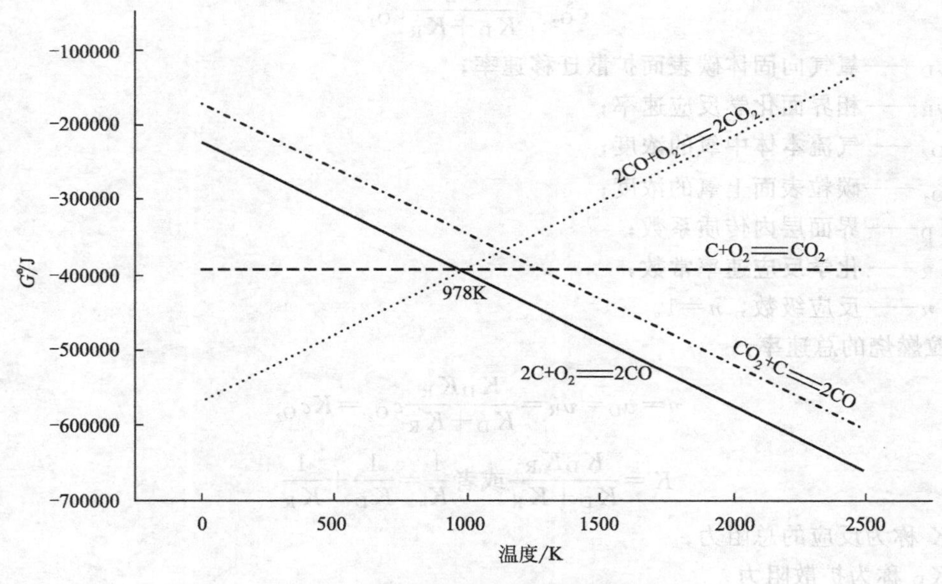

图 3-3 碳燃烧反应 $\Delta G^{\ominus}$ 与温度的关系

燃料所处状态：

燃料群→燃烧前沿有 C→生成 CO

单颗粒→燃烧前沿有 O_2→生成 CO_2

对于烧结料层，碳完全燃烧的可能性大，但在高温燃烧带，或者当燃料太多时，也可能生成CO。因此，烧结料层中，总体是氧化气氛，局部存在还原气氛。

在烧结过程中，固体燃料呈分散状分布在料层中，燃烧规律介于单体焦粒燃烧与焦粒层燃烧之间，固体炭的燃烧属非均相反应。

3.2.2 固体燃料燃烧动力学

固体燃料燃烧的一般原理：

固体＋气体（1）——气体（2）＋Q　　多相反应

反应由五个步骤组成：

① 氧由气流本体通过界面层扩散到固体碳的表面；

② 氧在碳粒表面上吸附；

③ 吸附的氧与碳发生化学反应；

④ 反应产物的解吸；

⑤ 反应产物由炭粒表面通过界面层向气相扩散。

限制性环节（①、③两步的速率最小）：

① 氧向含碳表面的扩散；

② 相界面上的化学反应。

碳粒燃烧速率：

$$v_D = K_D(c_{O_2} - c^s_{O_2})$$

$$v_R = K_R(c^s_{O_2})^n$$

当扩散速度与化学反应速率同步，$v_D = v_R$，整个反应稳定进行：

$$K_D(c_{O_2} - c^s_{O_2}) = K_R c^s_{O_2}$$

$$c^s_{O_2} = \frac{K_D}{K_D + K_R} c_{O_2}$$

式中　v_D——氧气向固体碳表面扩散迁移速率；

v_R——相界面化学反应速率；

c_{O_2}——气流本体中氧的浓度；

$c^s_{O_2}$——碳粒表面上氧的浓度；

K_D——界面层内传质系数；

K_R——化学反应速率常数；

n——反应级数，$n=1$。

碳粒燃烧的总速率：

$$v = v_D = v_R = \frac{K_D K_R}{K_D + K_R} c_{O_2} = K c_{O_2}$$

令：

$$K = \frac{K_D K_R}{K_D + K_R} \text{或者} \frac{1}{K} = \frac{1}{K_D} + \frac{1}{K_R}$$

$1/K$ 称为反应的总阻力；

$1/K_D$ 称为扩散阻力；

$1/K_R$ 称为化学反应阻力。

反应的总阻力＝扩散阻力＋化学反应阻力

低温下，化学反应速率很慢，过程的总速率取决于化学反应速率，称为“动力学燃烧区”。燃烧速率主要受温度的影响，次之为氧气的浓度。高温下，化学反应速率很快，氧的扩散速率相对很慢，过程的总速率取决于氧的扩散速度，称为“扩散燃烧区”。

燃烧速率主要受气流速度，燃料的粒度等因素影响。

在“动力学燃烧区”与“扩散燃烧区”存在一个过渡燃烧区。

不同反应由动力学区进入扩散区的温度不同：

C和O_2的反应于800℃左右开始转入；C和CO_2的反应则在1200℃时才转入。烧结过程影响燃烧速率的因素：在点火后不到1min，料层温度升高到1200～1350℃，烧结过程燃烧反应基本上是在扩散区内进行。一切能够增加扩散速度的因素，都能提高燃烧反应速率，强化烧结过程包括：减小燃料粒度；增加气流速度（改善料层透气性、增大风机风量等）；增加气流中的氧含量等。

烧结过程固体碳燃烧的特点：

① 料层中碳含量少，粒度细，分布稀疏，需较大的空气过剩系数。

② 燃烧速率快，燃烧层薄，在15～50mm之间。

③ 料层中既有氧化气氛，也有还原气氛，总的是氧化气氛。

④ 燃烧反应处于扩散控制范围。

3.2.3 烧结料层中燃烧带

燃料分散于烧结料中，碳含量少、粒度细而分散，燃料只占总料质量的3%～5%，按体积计不到总料体积的10%；烧结过程中的燃烧是介于单颗粒与燃料群的典型的固定床燃烧（图3-4）。

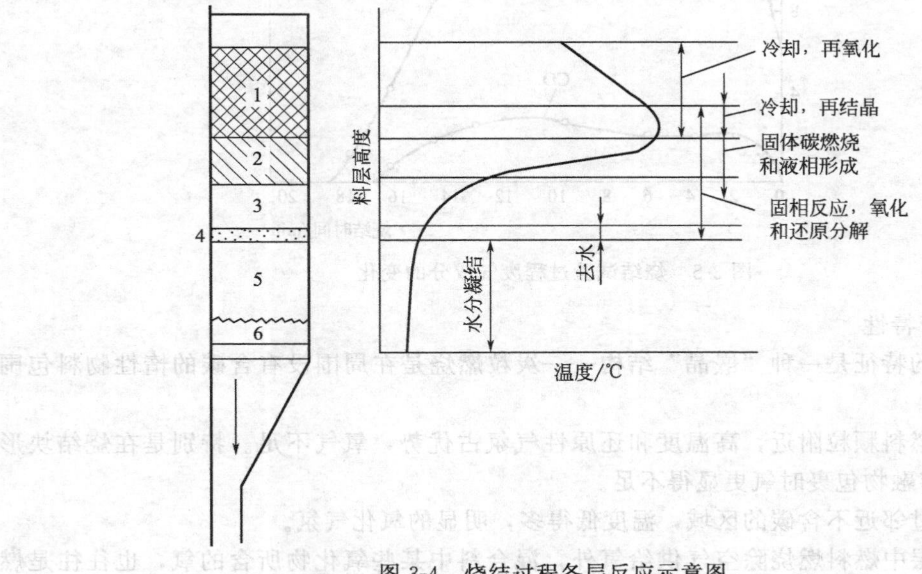

图3-4 烧结过程各层反应示意图

1—烧结矿层；2—燃烧层；3—预热层；4—干燥层；5—湿料层；6—垫底料层

烧结料层中的热交换十分有利，固体炭颗粒燃烧迅速，在一个厚度不大（一般为30～40mm）的高温区内进行，燃烧在“扩散燃烧区”进行。

燃烧空气过剩系数较高（常为1.4～1.5），故废气中均含一定数量的氧。烧结过程整体是氧过剩，局部碳过剩。

(1) 燃烧废气组成　计算氧平衡时，考虑碳酸盐的分解、铁氧化物的氧化或还原，废气中（CO_2+0.5CO+O_2）与空气和单质碳的燃烧反应的平衡组成不同。

空气供给氧、某些氧化物供给氧：通过废气中O_2、CO、CO_2中的总氧来佐证。

无$MeCO_3$分解、无氧化物还原、无漏风时：废气中CO_2+0.5CO+O_2　接近21%；

烧结赤铁矿时：废气中CO_2+0.5CO+O_2为22%～23%；

烧结软锰矿时：废气中 $CO_2+0.5CO+O_2$ 达到 23.5%；

烧结磁铁矿时：废气中 $CO_2+0.5CO+O_2$ 降到 18.5%～20%。

图 3-5 为烧结过程中废气成分变化的代表性曲线。随着烧结过程的进行，废气中 CO_2 和 CO 不断上升。O_2 下降，这是由于燃烧层愈向下，其温度愈高，间接还原不断增加的结果。当燃烧带前缘接近测定终点时，废气温度急剧升高。O_2 亦随之上升，而 CO_2 和 CO 随之下降。但应指出，当废气温度达到最高点时，在废气中仍含有相当数量的 CO_2，表明仍有燃烧过程在进行。因此，将废气最高温度点控制在最末风箱之前，而利用 CO_2 基本消失点为烧结终点是更为合适的。

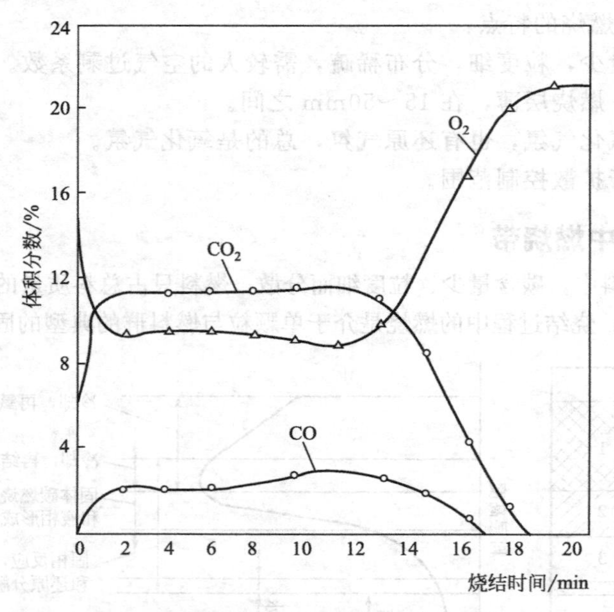

图 3-5　烧结试验过程废气成分的变化

（2）燃烧带特性

① 燃烧带的特征是一种“嵌晶”结构——炭粒燃烧是在周围没有含碳的惰性物料包围下进行的。

② 在靠近燃料颗粒附近，高温度和还原性气氛占优势，氧气不足。特别是在烧结块形成时，燃料被熔融物包裹时氧更显得不足。

③ 空气抽过邻近不含碳的区域，温度低得多，明显的氧化气氛。

④ 烧结料层中燃料燃烧除空气供给氧外，混合料中某些氧化物所含的氧，也往往是燃料活泼的氧化剂。

⑤ 燃烧产物除中除 O_2 外，还包括 CO、CO_2。

理想状态：$CO_2+0.5CO+O_2$ 体积含量接近 21%；赤铁矿烧结：$CO_2+0.5CO+O_2$ 体积含量为 22%～23%；软锰矿烧结：23.5%；磁铁矿烧结：18.5%～20%。

燃烧比：CO/（$CO+CO_2$）；衡量烧结过程中炭的化学能的利用程度。燃烧比大则碳素利用差，气氛还原性较强；反之碳素利用好，氧化气氛较强。废气燃烧比与燃料粒度关系见图 3-6。

影响燃烧比的因素：

a. 燃料粒度变细，燃烧比增大（$CO_2+C=2CO$）。

b. 混合料中燃料含量增加，燃烧比增大（$CO_2+C=2CO$）。

c. 烧结负压增大，燃烧比增大（燃烧产生的 CO 来不及燃烧）。

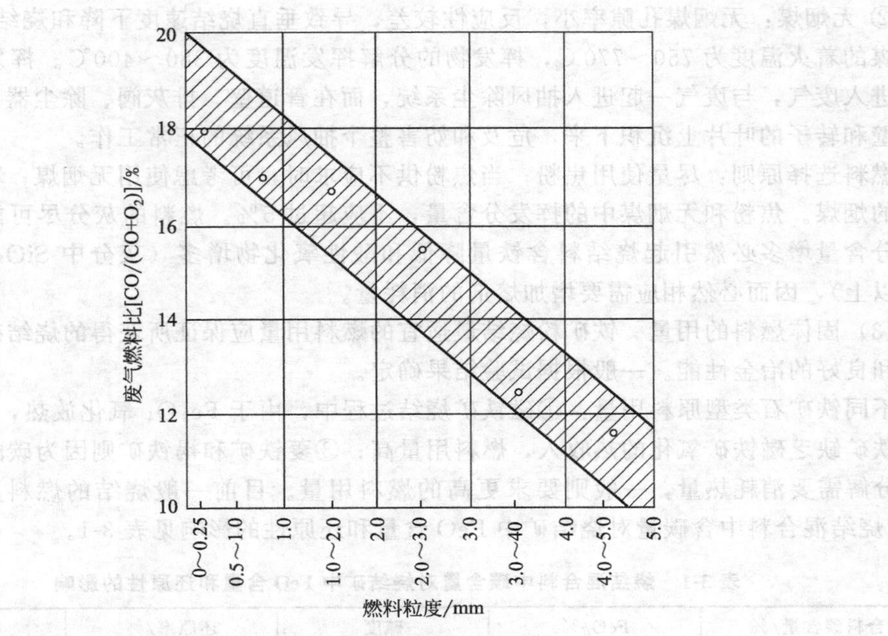

图 3-6 废气燃烧比与燃料粒度关系

d. 料层高度提高，燃烧比增大（烧结时间延长和烧结温度提高）。

e. 返矿量减少，燃烧比增大（燃料分布密度增大、烧结时间延长和烧结温度提高）。

3.2.4 固体燃料特性及用量对烧结过程的影响

我国在烧结料中配加的固体燃料主要有碎焦和煤粉。

（1）固体燃料的粒度

① 燃料的粒度过大 a. 燃烧带变宽，烧结料层透气性变坏；b. 燃料在料层中分布不均匀，在大颗粒燃料的周围物料熔化得厉害，离燃料颗粒较远的地方的物料不能很好地烧结；c. 粗粒燃料周围，还原性气氛较强，没有燃料地方空气得不到利用；d. 布料时，易产生燃料偏析现象，大颗粒燃料集中在料层的下部，加上烧结料层下部的蓄热作用，使烧结料层的温度差异更大，造成上层烧结矿的强度差，下层过熔 FeO 含量偏高。

② 燃料的粒度过小 a. 烧结速度快，燃烧所产生的热量难以使烧结料达到所需的高温，从而使烧结矿的强度下降；b. 小的燃料颗粒（小于 0.5mm）使烧结料层的透气性变坏，并有可能被气流带走。燃料最适宜的粒度为 0.5～3mm，日本规定燃料粒度下限为 0.25mm，我国一般烧结厂只要求控制在 3～0mm 范围内。

固体燃料的粒度与混合料中各组分的特性有关：当烧结 8～0mm 粉矿时，燃料粒度稍大时对烧结过程影响不大，而当减小燃料粒度时，烧结质量则明显地下降。烧结粒度为 －8mm 的铁矿粉时，粒度为 1～2mm 的焦粉最适宜，这样的粒度有能力在周围建立 18～20mm 烧结矿块。铁精矿由于粒度细，当燃料粒度减少时对烧结过程影响不大，而当其粒度稍有增大时，成品烧结矿的产率和强度显著下降，在烧结精矿时（－1mm，其中 －0.074mm 占 30%），焦粉粒度 0.5～3mm 最好。

（2）固体燃料的种类

① 焦炭：是炼焦煤在隔绝空气高温加热后的固体产物；碎焦粉末是高炉用的焦炭的筛下物，粒度一般小于 25mm。焦粉物理化学性质——燃烧性和反应性。燃烧反应速率越快，燃烧反应性越高，反应性好的焦炭燃烧性也好。

② 无烟煤：无烟煤孔隙率小，反应性较差，导致垂直烧结速度下降和烧结矿质量恶化。无烟煤的着火温度为750～770℃，挥发物的分解挥发温度为380～400℃。挥发物不可能燃烧而进入废气，与废气一起进入抽风除尘系统，而在管道壁、排灰阀、除尘器，以及抽风机的内壁和转子的叶片上沉积下来，危及和妨害整个抽风系统的正常工作。

燃料选择原则：尽量使用焦粉；当焦粉供不应求时，可考虑使用无烟煤；不能使用高发挥分的烟煤。焦粉和无烟煤中的挥发分含量，不应超过5%。燃料的灰分尽可能低些。燃料中灰分含量增多必然引起烧结料含铁量降低和酸性氧化物增多（灰分中 SiO_2 的数量高达50%以上），因而必然相应需要增加熔剂的消耗量。

(3) 固体燃料的用量　铁矿粉烧结最适宜的燃料用量应保证所获得的烧结矿具有足够的强度和良好的冶金性能。一般根据试验结果确定。

不同铁矿石类型原料用量：①磁铁矿烧结过程中，由于 Fe_3O_4 氧化放热，燃料用量小；②赤铁矿缺乏磁铁矿氧化的热收入，燃料用量高；③菱铁矿和褐铁矿则因为碳酸盐和氢氧化物的分解需要消耗热量，一般则要求更高的燃料用量。目前一般烧结的燃料用量为4%～6%。烧结混合料中含碳量对烧结矿中FeO含量和还原性的影响见表3-1。

表3-1　烧结混合料中碳含量对烧结矿中FeO含量和还原性的影响

混合料碳含量/%	FeO/%	碱度	还原率/%	备注
5.0	34.41	1.05	36.2	还原用CO
4.5	29.44	1.04	43.6	还原40min
3.5	24.57	1.09	53.3	

3.2.5　烧结料层中的温度分布

烧结料层点火后，当热风到达某一料层时，假定料层为室温的含水料层，料温逐渐上升至露点温度，水分蒸发，温度不变；水分蒸发完后，料温继续上升，由于烧结料的热容量较小，温度上升很快，到700℃左右，燃料着火，料温迅速升高。由于料温与热风温度差的减少，渣化反应、矿物熔化的吸热，温度上升速度降低，料温缓慢升高达到最高温度。燃烧结束，料层温度开始降低，冷却之初，温差较大，降温较快；随着温差的减小，降温速度慢慢降低。如图3-7所示。

烧结料层温度分布特点：燃烧层向下移动，温度越来越高)；不是等温变化。烧结料层中的区域分布（图3-8、图3-9）：

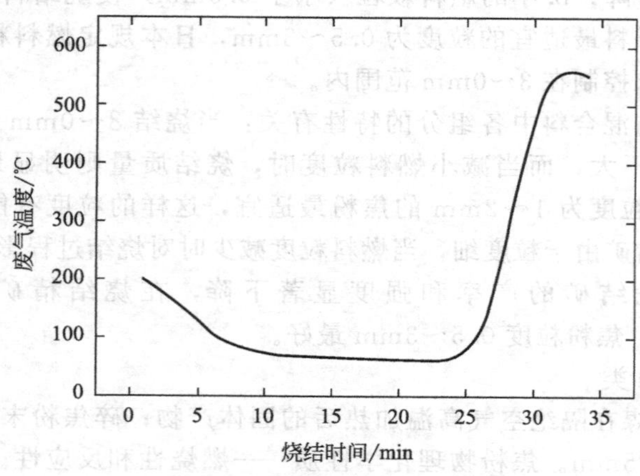

图3-7　烧结过程废气温度的变化

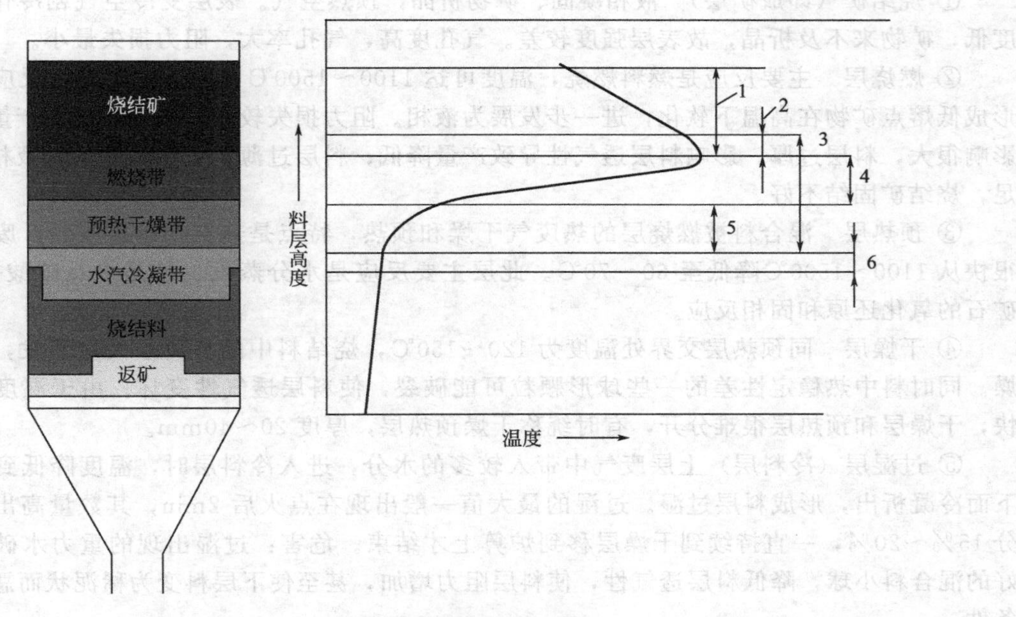

图 3-8 烧结过程示意图

1—冷却再氧化过程；2—熔体结晶；3—固相反应，氧化还原，氧化物、碳酸盐、硫化物的分解；4—燃料燃烧，液相熔体生产，高温分解；5—挥发，分解，氧化还原；6—水汽冷凝

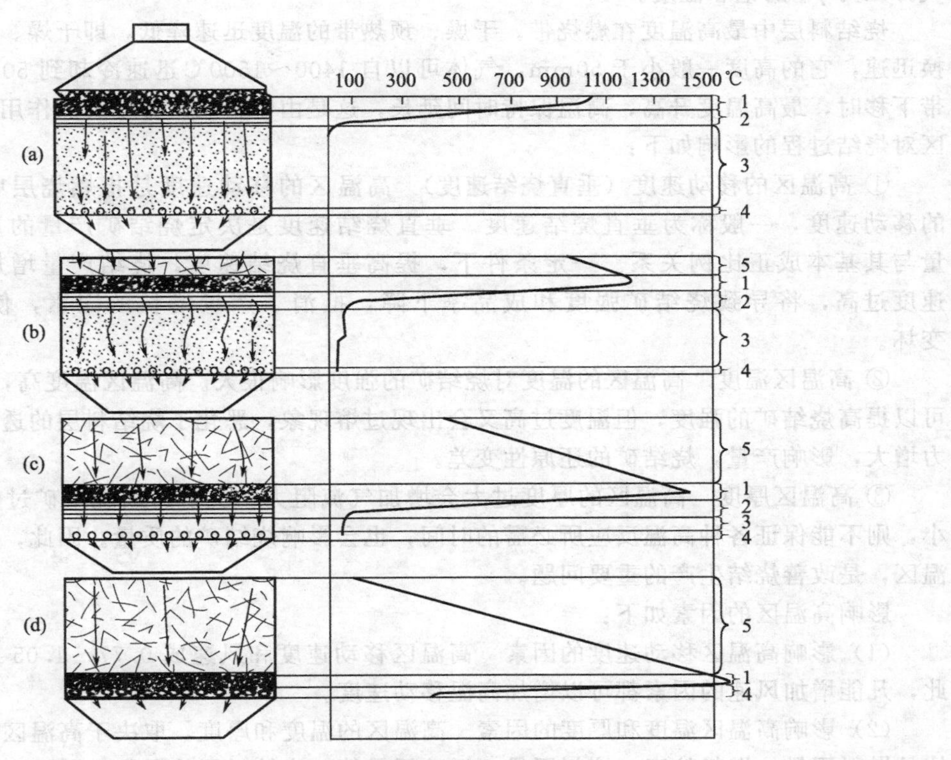

图 3-9 沿烧结料层高度的温度分布

1—燃烧带；2—预热干燥带；3—水分冷凝带；4—铺底料；5—烧结矿带

① 烧结矿（即成矿层） 液相凝固、矿物析晶，预热空气。表层受冷空气剧冷作用，温度低，矿物来不及析晶，故表层强度较差。气孔度高，气孔率大，阻力损失最小。

② 燃烧层 主要反应是燃料燃烧，温度可达1100～1500℃，混合料在固相反应条件下形成低熔点矿物在高温下软化，进一步发展为液相。阻力损失较大。对烧结矿的产量、质量影响很大，料层过厚，影响料层透气性导致产量降低；料层过薄，烧结温度低，液相数量不足，烧结矿固结不好。

③ 预热层 混合料被燃烧层的热废气干燥和预热，特点是热交换迅速剧烈，废气温度很快从1100～1500℃降低至60～70℃。此层主要反应是水分蒸发、结晶水及碳酸盐分解，矿石的氧化还原和固相反应。

④ 干燥层 同预热层交界处温度为120～150℃，烧结料中的游离水大量蒸发，使料干燥。同时料中热稳定性差的一些球形颗粒可能破裂，使料层透气性变坏；由于温度变化太快，干燥层和预热层很难分开，有时统称干燥预热层，厚度20～40mm。

⑤ 过湿层（冷料层）上层废气中带入较多的水分，进入冷料层时，温度降低到露点以下而冷凝析出，形成料层过湿。过湿的最大值一般出现在点火后2min，其数量高出原始水分15%～20%，一直持续到干燥层移到炉箅上才结束。危害：过湿出现的重力水破坏已造好的混合料小球，降低料层透气性，使料层阻力增加，甚至使下层料变为稀泥状而恶化烧结条件。

表示湿度的方法：绝对湿度、相对湿度、露点。

露点温度：湿空气在水蒸气压力 p_s 不变时，冷却至饱和时的温度。露点即相应于水蒸气分压力 p_s 的饱和温度。

烧结料层中最高温度在燃烧带。干燥、预热带的温度迅速降低，即干燥、预热带的热交换迅速，它的高度一般小于50mm，气体可以自1400～1500℃迅速冷却到50～60℃。燃烧带下移时，最高温度升高，高温保持时间延长，这是由于料层的自动蓄热作用的结果。高温区对烧结过程的影响如下：

① 高温区的移动速度（垂直烧结速度） 高温区的移动速度是指燃烧层中温度最高点的移动速度，一般称为垂直烧结速度。垂直烧结速度是决定烧结矿产量的重要因素，产量与其基本成正比例关系。一定条件下，提高垂直烧结速度，烧结产量增加；垂直烧结速度过高，将导致烧结矿强度和成品率下降，抵消了产量增长的因素，使烧结矿质量变坏。

② 高温区温度 高温区的温度对烧结矿的强度影响很大。高温区温度高，生成液相多，可以提高烧结矿的强度，但温度过高又会出现过熔现象，恶化了烧结料层的透气性，气流阻力增大，影响产量，烧结矿的还原性变差。

③ 高温区厚度 高温区的厚度过大会增加气流阻力，也易造成烧结矿过熔。但厚度过小，则不能保证各种高温反应所必需的时间，也会影响烧结矿的质量。因此，获得适合的高温区，是改善烧结生产的重要问题。

影响高温区的因素如下：

(1) 影响高温区移动速度的因素 高温区移动速度和风速成0.77～1.05次方关系。因此，凡能增加风速的因素都可以增加高温移动速度。

(2) 影响高温区温度和厚度的因素 高温区的温度和厚度，取决于高温区的热平衡，具体是燃料用量、燃料粒度、熔剂用量、返矿用量等。烧结料层热平衡见图3-10。

高温区的热平衡计算：

$$Q+Q_T=Q_1+Q_2+Q_3$$

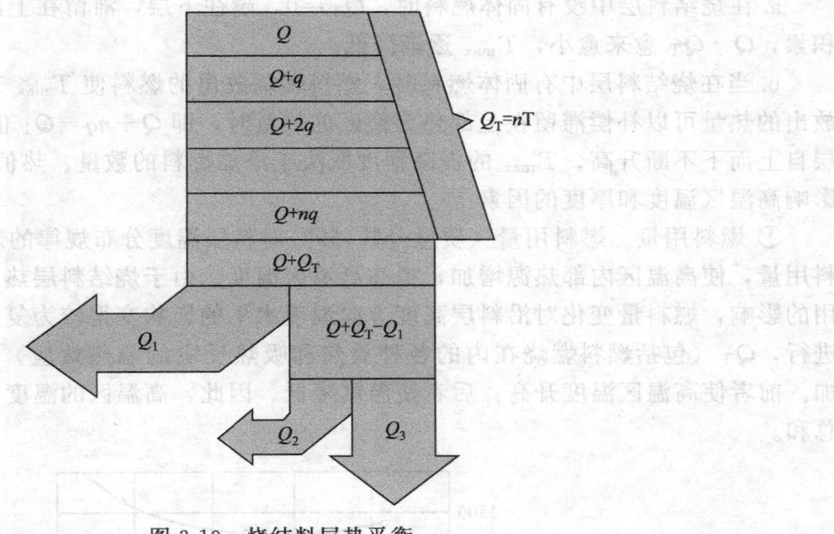

图 3-10 烧结料层热平衡

而
$$Q_2=mCt_{高}$$

所以
$$t_{高}=\frac{Q_2}{mC}=\frac{(Q+Q_T)-(Q_1+Q_3)}{mC}$$

式中 Q——外部总的供热量；

Q_1——滞留在上部热交换区的热量；

Q_2——用于加热高温区的热量；

Q_3——用于高温区下层的热量；

Q_T——上部所含固体燃料燃烧的总热量。

由公式知：凡增加料层中的放热反应，及减少吸热反应的一切措施，均有利于提高高温区的温度水平。

烧结热平衡：

料层的热收入包括：点火供热、燃料燃烧发热、铁氧化物氧化放热和矿物生成热等。

热支出有石灰石分解、水的蒸发、废气和烧结矿带走热、外部热损失等。将烧结料层沿高度方向分成若干层：

第一层的热收入是点火供热、混合料中燃料的燃烧、氧化反应放热、混合料带入的物理热和矿物生成热。

热支出为加热该料层所需要的热、废气带走的热、石灰石分解和水分蒸发耗热及热损失。

第一层以下各层的热收入应增加上层热矿冷却过程送下来的热（经上层烧结矿加热空气的热量）以及上层烧结而进入该层废气的热（废气带入的热）。

$$Q_2=mCT_{max}$$

式中 m——高温区物料质量；

C——烧结矿比热；

T_{max}——高温区达到的最高温度。

料层中的最高温度为：

$$T_{max}=\frac{Q+nq-Q_1-Q_3}{mC}$$

a. 在烧结料层中没有固体燃料时，$Q_T=0$，越往下层，滞留在上部热交换区的热量不断积累，$Q-Q_T$ 愈来愈小，T_{max} 逐渐降低。

b. 当在烧结料层中有固体燃料时，燃料燃烧放出的燃料使 T_{max} 升高，尤其当燃料燃烧放出的热量可以补偿滞留在上部热交换区的热量时，即 $Q+nq-Q_1$ 值不断增加，T_{max} 随料层自上而下不断升高。T_{max} 的提高程度取决于添加燃料的数量、热值、粒度及其反应性等。影响高温区温度和厚度的因素

① 燃料用量　燃料用量（质量分数,%）对料层温度分布规律的影响见图 3-11。增加燃料用量，使高温区内部热源增加，提高高温区温度。由于烧结料层热平衡关系和自动蓄热作用的影响，燃料量变化对沿料层高度方向温度水平的影响变得较为复杂了。随着烧结过程的进行，Q_T（包括燃料燃烧在内的各种放热和吸热反应的总热效应）不断增加，Q_1 也在增加。前者使高温区温度升高，后者使温度降低。因此，高温区的温度就取决于这两种因素的总和。

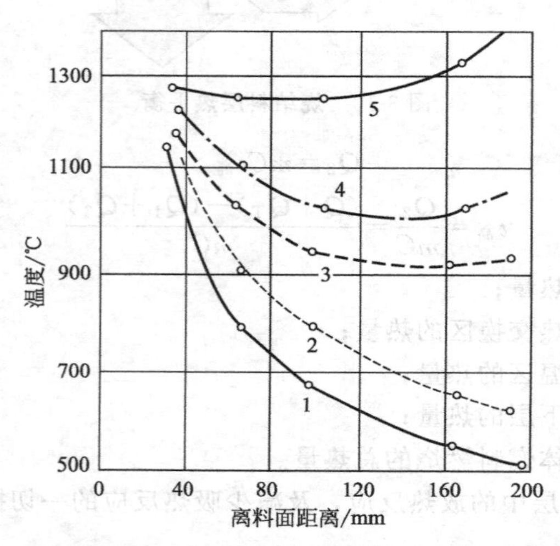

图 3-11　燃料用量（质量分数）对料层温度分布规律的影响

曲线 1～5 碳含量分别为 0.0%，0.5%，1.1%，1.5%和 2.5%

a. 当燃料用量正常或较高时，Q_T 值较大，此时 Q_T 大于 Q_1，由于上部烧结矿层的自动蓄热作用，越往下 Q_T 值越大，故烧结过程越往下进行，高温区温度水平越高；

b. 若燃料配比减少，可能出现 Q_T 小于 Q_1 的情况，这样，由于供热不足，越往下温度水平越低。

实际生产中，多属于前一种情况，若再加上燃料粒度较粗，产生分布上的偏析，下层温度就会更高，以至造成过熔。上下料层的温差是引起烧结矿品质不均的直接原因。要得到 $Q_T=Q_1$ 的情况，使上下层温度稳定在一个水平上，普通烧结工艺很难保证。

采用偏析布料或双层布料等新工艺，使烧结矿上下质量均匀。如采用热风烧结，使外部热源 Q（包括点火热量和热风带入的热量）增加，Q_1 也随之增加，Q_T 相应减小（燃料配比减小所致）。因 Q 主要对提高上部温度起较大作用，而 Q_T 还对下部温度起作用，使上下部热量趋于均衡，既可提高表层烧结矿的强度，又不致引起下层烧结矿过熔，烧结矿质量得到改善。

热风温度不能过高，否则因 Q 增加过多而 Q_T 减少过多，导致下部温度降低，使烧结过程恶化，对产品质量不利。

增加燃料用量，也增加了高温区的厚度。这是由于燃料用量增加后，通过高温区的气流中含氧量相对降低，使燃烧速度降低，高温区厚度随之增加。

其他条件相同时，料层愈向下，高温区愈厚，温度愈高，结果烧结矿质量不均的现象更严重，上层强度差，下层还原性不好。

② 燃料粒度　燃料粒度对高温区温度也有较大影响。

燃料粒度小，比表面积大，与空气接触条件好，燃烧速度快，因此，高温区温度水平高、厚度窄；但是，燃料粒度过小，使燃烧过快，既达不到应有的高温，又达不到必要的高温保持时间；当燃料粒度过大时，一方面使燃烧表面积减小，燃烧速度降低，产量降低；另一方面，料层透气性改善，风速增大，热量很快被带走，使高温区温度降低。

适宜的燃料粒度为0.5～3mm。粒度小于0.5mm的焦粉，会降低料层的透气性，易被气流吹动而产生偏析，同时燃烧难于达到需要的高温和足够的高温保持时间。焦粉粒度大于3mm时，易造成布料偏析，将使燃烧层变厚及烧结矿强度下降等不良后果。生产中，筛去小于0.5mm的很困难，实际使用粒度为0～3mm。

③ 返矿用量　返矿是由烧结矿整粒筛分后筛下的小颗粒的烧结矿和一部分未烧透的夹生料组成的，目前烧结厂都配加一部分返矿，目的：利用热返矿预热混合料；改善混合料粒度组成，提高混合料透气性；有利于烧结过程中液相的生成；（返矿中已含有生成的液相）较大颗粒的返矿，在布料过程中形成铺底料。

当增加返矿用量时，由于它能减少吸热反应，有助于提高高温区的温度。当返矿用量过高，会降低强度。

④ 熔剂用量　当增加熔剂用量（石灰石或白云石）时，由于吸热反应的发展，使Q_T减少，燃烧层温度降低。生产高碱度烧结矿时，应适当增加燃料用量。

⑤ 燃料的燃烧性能　固体燃料的燃烧性能，会影响高温区的温度和厚度。无烟煤与焦粉相比，孔隙度小得多，反应能力和可燃性差，故用大量无烟煤代替焦粉时，会使高温区温度下降，高温区厚度增加，垂直烧结速度下降。

如某厂使用无烟煤粉代替焦粉，成品烧结矿产出量从53.5%下降到41.0%。但无烟煤来源充足，价格便宜，实验证明用无烟煤粉代替20%～25%焦粉时，对烧结矿的产量、品质没有影响。当使用无烟煤粉作燃料时，必须注意改善料层的透气性，把燃料粒度降低一些，同时还要适当增加固体燃料的总用量。

⑥ 燃烧速度与传热速度间的配合　烧结过程中燃烧速度与传热速度间的配合情况，对高温区温度水平和厚度影响也很大。

燃烧速度与传热速度同步，上层烧结矿积蓄的热量被用来提高燃烧层燃料燃烧的温度，使物理热与化学热叠加在一起，达到最高的燃烧层温度。

燃烧速度小于传热速度，燃烧反应放出的热量是在该层通过大量空气带来的物理热之后，高温区温度则下降，高温区厚度增加；燃烧速度大于传热速度，上部的物理热不能大量地用于提高下部燃料的燃烧温度，燃烧层温度也降低，厚度也增加。实际生产中多属于两种速度同步的情况，燃料消耗少，料层温度高，燃烧层厚度也薄。未添加燃料时，料层温度由上至下逐渐降低；维持最高温度的燃料用量时，最高温度不变；高燃料时，由上至下最高温度不断升高，同时也可以看到高温区的加宽。

（3）燃料用量与料层最高温度的关系　见图3-12。沿烧结料层高度，最高温度呈极小值特征。燃料低，沿料层由上至下温度降低。随着燃料用

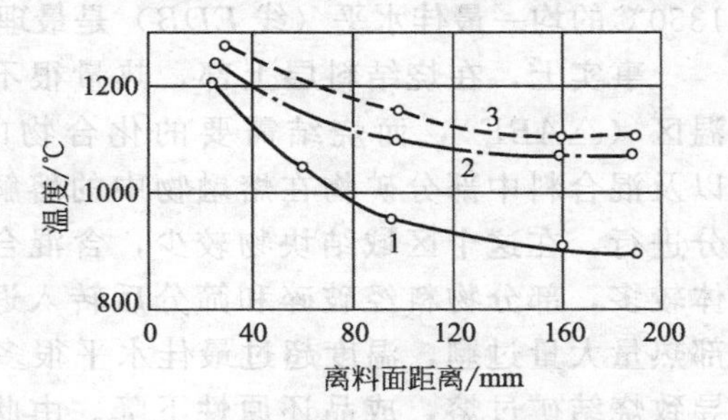

图3-12　物料粒度对料层最高温度的影响

曲线1，2，3分别为5～8mm、3～5mm、0.84～1.68mm粒级的烧结料

量的增加，料层温度提高，由上至下温度降低的幅度减小；当燃料用量为2.5%时，料层温度趋于稳定，到下层，还有温度上升趋势。正常烧结操作，料层温度在1300℃以上，因此，由上至下温度升高是必然的，这就是“料层自动蓄热”的结果。

自动蓄热：烧结矿层相当于一个加热空气的蓄热器。热的烧结矿将热量传递给气体，使气体温度很快升高，这些炽热气体可提供燃烧层需要的全部热量的38%～40%。蓄热的来源：上层废气及烧结矿加热冷风带入的热量。自动蓄热作用使烧结料层中各层最高温度值逐步上升。因此采用厚料层烧结，降低燃料消耗，提高烧结矿强度。

烧结料（物料）粒度表现为受热比表面积的大小。烧结料粒度大，热波迁移速度快，料层最高温度低。燃料粒度表现为燃烧表面积的大小。燃料粒度小，燃烧速度快，燃烧带厚度小，热能集中，高温区相对窄，最高温度高（图3-12、图3-13）。

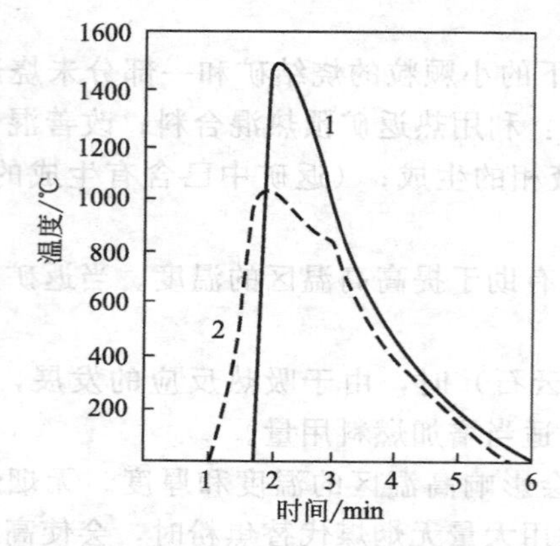

图3-13　烧结时间对料层最高温度的影响

1—0～1mm；2—3～6mm

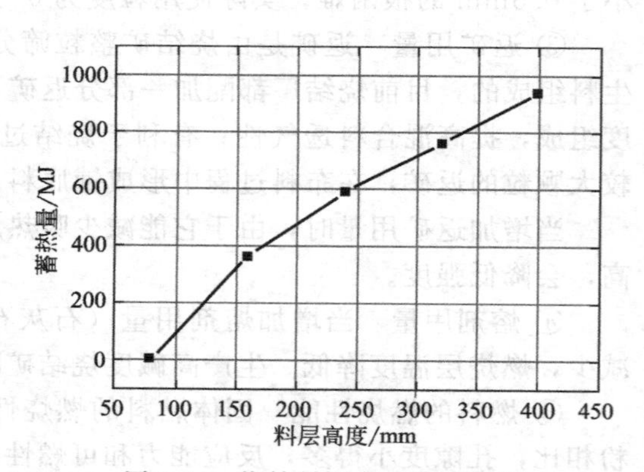

图3-14　烧结料层自动蓄热作用

对于燃烧带，上层物料对气流的预热，使进入燃烧带的物理热增加，燃烧带的燃烧温度提高。对燃烧带而言，上层相当于高炉的热风炉。料层越高，下部蓄热量越多，高料层操作可充分利用烧结过程的“自动蓄热”（图3-14）。

料层中固体燃料用量不变，均匀分布时，由于烧结料层中的自动蓄热作用，随着燃烧带从上下移，最高温度水平逐渐升高，如图3-15所示ABC线。

在料层上部开始烧结阶段，没有热交换或热交换微弱，燃烧带的温度为900～1200℃，快到烧结终了时，温度升高到1400～1600℃，而工艺要求保持在1300～1350℃的均一最佳水平（线EDB）是最理想的。

事实上，在烧结料层上部，热量很不足，存在低温区（$\triangle ABE$），而烧结需要的化合物的熔化过程，以及混合料中部分矿物在熔融物中的熔解过程没有充分进行，在这个区域结块物较少，含混合料矿物包裹体较多，部分物料经破碎和筛分后转入返矿中。在下部热量大量过剩，温度超过最佳水平很多（$\triangle ADC$），导致烧结矿过熔，成品还原性下降。由此，用普通烧结工艺很难获得质量均一的烧结产品。目前使上下烧结料层的热量能够得到合理分配的比较有效措施是采

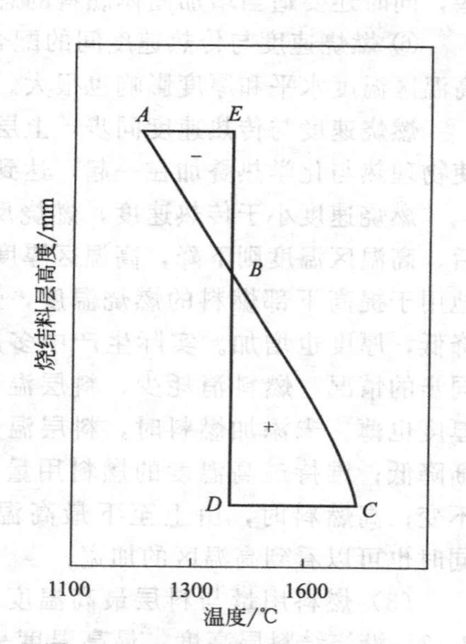

图3-15　烧结料层最高温度变化

用双层布料和燃料分加烧结和烧结过程的补充加热等。

3.3 烧结过程的物理化学原理

3.3.1 水分在烧结过程中的行为与作用

（1）烧结料中的水分主要来源　物料原始含水；制粒添加的水；空气中带入的水；褐铁矿等的化合水；燃料（点火煤气）中氢燃烧时产生的水。烧结料层中水分的主要作用如下。

① 制粒作用　水在混合料粒子间产生毛细力，在混合料的滚动过程中互相接触而靠紧，制成小球粒，以改善料层的透气性。

② 助燃作用　固体燃料在完全干燥的混合料中燃烧缓慢；根据 CO 和 C 的链式燃烧机理，要求火焰中有一定含量 H^+ 和 OH^-，混合料适当加湿是必要的。

（水煤气反应：$C+H_2O═══H_2+CO$）

③ 润滑作用　水分子覆盖在矿粉颗粒表面，起类似润滑剂的作用，降低表面粗糙度，减少气流阻力。

④ 导热作用　水的热导率为 0.55～0.86W/(m·℃)，矿石的热导率为 0.26W/(m·℃)；水改善了烧结料的导热性，料层中的热交换条件好，有利于使燃烧带限制在较窄的范围内，减少了烧结过程中料层的阻力，同时保证了在燃料消耗较少的情况下获得必要的高温。

（2）烧结配料适宜水分　从热平衡的观点看，去除水分要消耗热量，水分不能过多，否则会使混合料变成泥浆，浪费燃料且使料层透气性变坏。混合料的适宜水分是根据原料的性质和粒度组成来确定的。物料粒度越细、比表面积越大，所需适宜水分越高。原料类型：表面松散多孔的褐铁矿烧结时所需水量达 20%，而致密的磁铁矿烧结时适宜的水量为 6%～9%。最适宜的水分范围很小，超过±0.5%时，对混合料的成球性产生显著影响。烧结开始后，在料层的不同高度和不同的烧结阶段水分含量将发生变化，出现水分的蒸发和冷凝现象。

（3）水分的蒸发与冷凝原理

水分冷凝与蒸发：

$$H_2O_{液}═══H_2O_{气}$$

$$\Delta G=\Delta G^{\ominus}+RT\ln Q_p=-RT\ln K_p+RT\ln Q_p$$

$K_p=p_{平}$→水平衡分压；$Q_p=p_{实}$→体系中实际分压

当实际分压 $p_{实}$<平衡分压 $p_{平}$时，$\Delta G<0$，水蒸发；

当实际分压 $p_{实}$>平衡分压 $p_{平}$时，$\Delta G>0$，水蒸气冷凝。

烧结点火后，废气将烧结料加热，水分受热而蒸发，将物料干燥，产生干燥层。烧结过程中水分蒸发的条件：

气相中水蒸气的实际分压（p'_{H_2O}）小于该温度下的饱和蒸气压（p_{H_2O}），即 $p'_{H_2O}<p_{H_2O}$。饱和蒸汽压（p_{H_2O}）随温度升高而增大。相反，含有许多水分的废气在下部混合料中形成凝结水，烧结物料开始过湿。

① 烧结过程水分的蒸发　当湿物料干燥时，发生两种过程（图 3-16）。

过程 1：热量从周围环境传递至物料表面使表面温度升高，水分蒸发。

过程 2：内部水分传递到物料表面，随之由于上述过程而蒸发。

烧结料水分蒸发过程如图 3-16 所示。

a. 预热阶段－A。蒸发过程进行得缓慢，物料含水量没有多大变化，物料温度明显升高。热量主要消耗于预热混合料，传给物料的热量与用于汽化的热量之间达到平衡为止。

b. 等速干燥阶段 AB。当物料接收的热量等于蒸发所需热量时，物料温度达到“湿球温

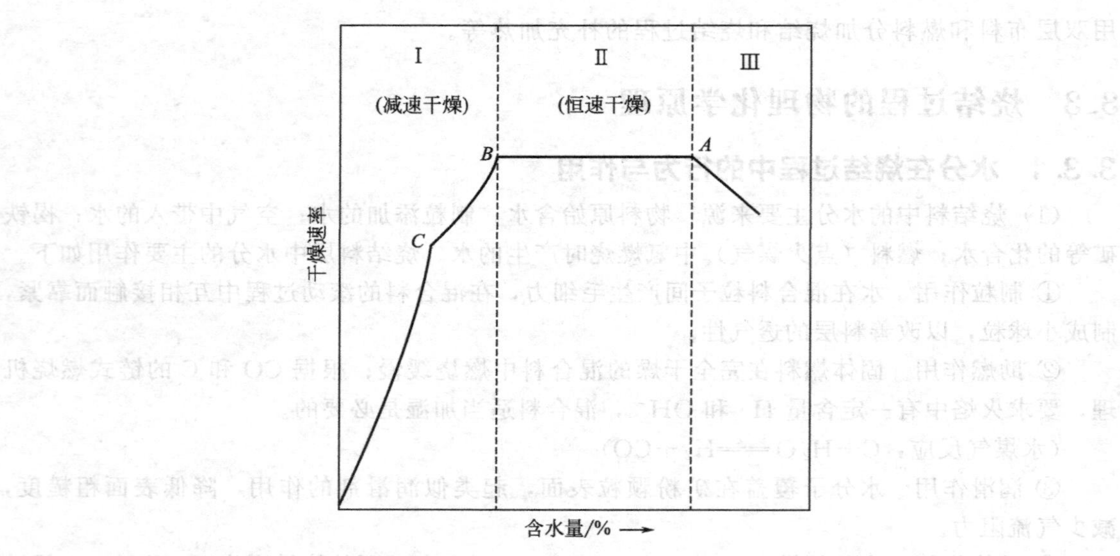

图 3-16 烧结料水分蒸发过程

度"，温度不再升高，水分以确定的速度蒸发。物料表面上的蒸气压认为等于纯液面上的蒸气压，与物料湿度无关。持续到物料达到所谓"临界湿度"为止。

为使干燥速率加快，可以采取的措施有：增大固体料表面积；提高废气温度；降低废气湿度；加强通风（改善透气性）。

c. 第一降速干燥阶段 BC。物料含水量迅速减少，绝对干燥速率也随之降低；当水分由物料内部向物料表面扩散成为限制性环节时，干燥进入降速干燥阶段；第一降速干燥阶段的特征是干燥仍在表面进行，但由于水分扩散的困难，干燥在不饱和的条件下进行。

d. 第二降速干燥阶段 $C-$。干燥在物料内部进行，由于干燥速率的降低，物料温度升高，干燥界面向物料内部迁移，物料因干燥而收缩，干燥界面形成的水蒸气向外扩散困难，干燥速率进一步降低。物料因干燥而收缩，不均匀的收缩可能使物料形成裂纹；过快的均匀收缩可能使物料爆炸。

干燥过程中所吸收的热量用于水分的蒸发和加热物料，干燥速率降低的原因除了实际汽化表面减少外，还由于平衡蒸气压下降，即当物料中非结合水已干燥完毕，再继续蒸发的已是各种形式的结合水，平衡蒸气压将逐渐下降，传质的驱动力减小，干燥速率也随之降低。大量水分的干燥在等速干燥阶段完成。物料温度在第一降速干燥阶段开始升高；在第二降速干燥阶段迅速升高。

影响干燥速率的因素：

过程 1（等速干燥阶段）：液体以蒸气形式从物料表面排除，此过程的速率取决于物料温度、空气温度、湿度和空气流速、暴露的表面积和压力等外部条件。此过程称外部条件控制过程。

过程 2（降速干燥阶段）：物料内部水分的迁移是物料性质、温度和湿含量的函数。此过程称内部条件控制过程。

② 烧结过程水汽的冷凝　露点是湿空气中的水汽开始在料面冷凝的温度。烧结废气的露点为 60℃左右。

烧结过程中从点火时起，水分就开始受热蒸发，转移到废气中去，废气中的水蒸气的实际分压不断升高。

当含有水蒸气的热废气穿过下层冷料时，由于存在着温度差，废气将大部分热量传给冷料，而自身的温度则大幅度下降，使物料表面饱和蒸气压（p'_{H_2O}）也不断下降。当实际分压（p_{H_2O}）等于饱和蒸气压时（p'_{H_2O}），蒸发停止；

当 $p_{H_2O}>p'_{H_2O}$ 时，废气中的水蒸气就开始在冷料表面冷凝，水蒸气开始冷凝的温度叫“露点”。水蒸气冷凝的结果，使下层物料的含水量增加。当物料含水量超过混合料的适宜水分时就称为过湿。

过湿带：从干燥带带下来的废气，其中含有较多的水汽，当废气温度进一步降低至露点温度时，废气中的水汽在物料表面冷凝下来，再次返回到物料中，导致烧结料层中部分物料水分超过混合料的原始水分，而形成所谓“过湿带”。水汽的冷凝使烧结料层中形成“过湿带”，影响烧结料层的透气性。严重时使制粒小球崩溃。

这就是烧结时水分的再分布现象。烧结过程中水汽的冷凝并发生过湿现象，对烧结是非常不利的，危害：冷凝下来的水分充塞在混合料颗粒之间的孔隙之中，使气流通过的阻力大大增加，同时过湿现象会使料层下部已造好的小球遭受破坏，甚至会出现泥浆，阻碍气体的通过，严重影响烧结过程。在生产时，必须采取措施消除过湿层。

$$W_{max}=W(1+n)-nW_a$$

式中 W_{max}——过湿带最大含水量；

W——混合料中的原始水分；

n——发生水分冷凝层数；

W_a——以蒸汽形式被废气带走的水分。

冷凝水量一般介于1%～2%，冷凝层厚度为20～40mm。

防止烧结料层过湿的主要措施：预热烧结料到露点以上（热返矿预热、蒸汽预热、生石灰预热），主要目标是将料温提高到露点以上。热返矿预热混合料：热返矿温度约600℃，在1～2min内可将混合料加热到50～60℃。蒸汽预热：蒸汽压力为（1～2）×9.8×10^{4}Pa时，提高料温4.2℃。当压力增加到（3～4）×9.8×10^{4}Pa，可提高料温14.8℃。使用蒸汽预热的主要缺点是热利用效率较低，一般为40%～50%。

生石灰预热混合料：每加1%的生石灰提高料温2.7℃。

$$CaO+H_2O \longrightarrow Ca(OH)_2+4.187\times15.5\text{kJ/mol}(\text{放热反应})$$

燃烧高炉煤气和天然气预热（国外），利用烧结废气预热混合料。

（4）适当控制原始混合料水分　加水造球以提高料层透气性是为了保证获得最高的生产率。实践证明：生产率最高的水分值比原始透气性最佳值的水分要小。烧结混合料原始水分适当降低使成球性变差，但干燥时间缩短，水分凝结少，整个烧结速度反而加快，获得高生产率。

① 降低废气中的含水量　实际上是降低废气中的水汽的分压，降低露点温度；主要方法：使烧结水分低于最佳制粒水分1%～1.5%。

② 提高混合料的湿容量　使用生石灰，提高物料的过湿能力；由于生石灰消化后，呈极细的消石灰胶体颗粒，具有较大的比表面（其平均比表面积达3×10^{5}cm^2/g），可以吸附和持有大量水分。烧结料层中的少量冷凝水，将为料中的这些胶体颗粒所吸附和持有，既不会引起料球的破坏，亦不会堵塞料球间的通气孔道，仍能保持烧结料层的良好透气性。

3.3.2 固体物料的分解

烧结过程中的分解反应主要是结晶水、碳酸盐、氧化物的分解反应。

固相反应物分解为气相生成物。

方程：A (s) $\longrightarrow$B (s) +C (g)

反应的 $\Delta S_0>0$，表明上述反应物在低温下稳定。随着温度的提高，反应物的稳定性降低。吸热反应，温度越高，反应物的分解压越大。

3.3.2.1 结晶水的分解

烧结常见含结晶水矿物的开始分解温度：

水赤铁矿 $2Fe_2O_3 \cdot H_2O$	150～200℃
褐铁矿 $2Fe_2O_3 \cdot 3H_2O$	120～140℃
针铁矿 $Fe_2O_3 \cdot H_2O$	190～328℃
水铝矿 $Al(OH)_3$	390～340℃
高岭土 $Al_2O_3 \cdot 2SiO_2 \cdot 2H_2O$	400～500℃
拜来石 $(Fe, Al)_2O_3 \cdot 3SiO_2 \cdot 2H_2O$	550～575℃

大多数的结晶水在 300～400℃分解，700℃温度时，所有结晶水都可以分解。含结晶水赤铁矿统称褐铁矿，只有针铁矿（$Fe_2O_3 \cdot H_2O$）是唯一真正的水合矿物（化合水），分解温度较高。其他褐铁矿是水在赤铁矿和针铁矿中的固溶体，分解温度较低。

由于分解动力学因素的影响，有 10%～20%的结晶水，必须在燃烧带的高温下才能脱除。结晶水分解热消耗大，其他条件相同时，烧结含结晶水的物料时，一般较烧结不含结晶水的物料，最高温度要低一些。为保证烧结矿质量，需增加固体燃料（7%～8%）。如果矿石粒度过大，燃料用量不足，一部分水合物及其分解产物未被高温带中的熔融物吸收，而进入烧结矿中，就会使烧结矿强度下降。

结晶水分解的危害：混合料中结晶水的分解温度，比游离水蒸发温度高得多。褐铁矿结晶水分解温度为 250～300℃；黏土质高岭土矿物（$Al_2O_3 \cdot 2SiO_2 \cdot 2H_2O$）结晶水去除温度大于 400℃，完全去除要到 1000℃。结晶水分解在预热层和燃烧层进行，其危害是：①分解吸热，降低高温区温度。解决办法：褐铁矿烧结需要更多燃料，配炭量将高达 8%～9%，使燃耗增加。②点火时产生矿粉炸裂。③混合料堆密度小。烧损大，成品率低。④烧结矿收缩。由于褐铁矿结构松散，结晶水分解后，引起烧结矿体积收缩，形成的烧结矿孔隙率大，强度差。⑤水汽冷凝，料层中产生过湿现象，恶化料层透气性。解决办法：提高混合料温度，超过露点温度（一般为 50～60℃），消除过湿。

消除结晶水危害采取的措施：①适当增加燃料用量；②适当延长点火时间和保温时间；③提高混合料加水量；④添加一些物料；⑤适当压料；⑥预热烧结料和提高料层厚度。

烧结褐铁矿时，结晶水的脱除，能耗较高。结晶水的脱除，将使烧结矿的孔隙度提高，烧结矿强度降低。褐铁矿烧结时，烧结水分高于赤铁矿或磁铁矿，否则烧结速度较低。由于上述缺点，褐铁矿价格低，使用褐铁矿可降低烧结成本（宝钢：澳大利亚褐铁矿比巴西赤铁矿到岸价低 69 元/t）。褐铁矿本身的反应性、同化性能好，易于烧结。由于孔隙度提高，烧结矿还原性改善。

因此，烧结褐铁矿时，应该以褐铁矿粉矿为制粒核心，以磁铁矿精矿为黏附粒子，以生石灰作为粘结剂形成制粒小球，进行低温烧结。研制低成本、高强度、高还原性的烧结矿生产工艺。

3.3.2.2 碳酸盐的分解

烧结混合料中通常含有碳酸盐，如石灰石、白云石、菱铁矿（$FeCO_3$、$MnCO_3$、$CaCO_3$、$MgCO_3$）等。碳酸盐在烧结过程中必须分解后才能进入液相，否则会降低烧结矿的质量。

（1）碳酸盐分解的热力学

$$MeO+CO_2 \xlongequal{} MeCO_3 \quad k_p=1/p_{CO_2}$$

$$\Delta G^{\ominus}=-RT\ln k_p=-RT\ln p_{CO_2} \quad \ln k_p=A/T+B$$

开始分解温度：分解压等于环境相应分压时的温度。

沸腾分解温度：分解压等于环境总压时的温度。

举例：

$$CaO+CO_2 = CaCO_3$$

$$\Delta G^{\ominus}=-40852+34.51T$$

$$\lg p_{CO_2}=-8920/T+7.54$$

如何计算大气（1.0 大气压）中 $CaCO_3$ 的分解温度、沸腾温度？（$p_{CO_2}=0.0003$）烧结过程中（0.9 大气压）的 $CaCO_3$ 的分解温度、沸腾温度？（$p_{CO_2}=0.11$）

$$CaCO_3 \xrightarrow[\text{880℃剧烈分解}]{\text{720℃开始}} CaO+CO$$

在烧结条件下碳酸钙于 720℃开始分解，880℃剧烈分解，总共只有 2min。

在一定的烧结条件下，影响碳酸盐分解速率的因素是温度、石灰石的粒度、外界气流速度和气相中 CO_2 浓度等。

烧结矿中自由存在的生石灰（白点），当吸收大气水分时发生消化反应，使体积膨胀，造成烧结矿粉化。

$$CaO+H_2O = Ca(OH)_2$$

烧结常见碳酸盐的分解温度：

碳酸盐	开始分解温度	沸腾分解温度
$CaCO_3$	530℃	910℃
$MgCO_3$	320℃	680℃
$FeCO_3$	230℃	400℃

（2）碳酸盐分解动力学　碳酸盐的分解为多相反应：

① 相界面上的结晶化学反应。

② CO_2 在产物层 MeO 中的扩散符合收缩未反应核模型（图 3-17）。

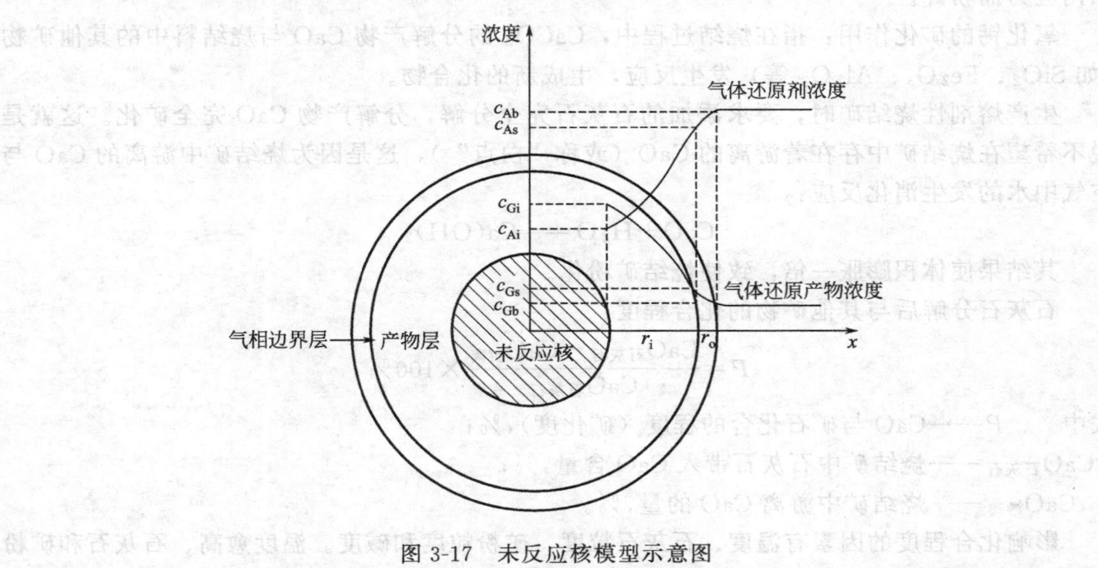

图 3-17　未反应核模型示意图

碳酸盐受热温度达一定值时，发生分解反应，在烧结料碳酸盐中，最难分解的是石灰石，保证 $CaCO_3$ 分解了，其他的肯定会分解：$CaCO_3 = CaO+CO_2-178kJ$。

实际烧结时，$CaCO_3$ 分解的开始温度约为 750℃，化学沸腾温度约为 900℃。其他碳酸盐开始分解温度较低，可在预热带进行，石灰石分解反应主要在燃烧带进行。碳酸盐分解反应从矿块表面开始逐渐向中心进行，分解反应速率与碳酸盐矿物的粒度大小有关，粒度愈小，分解反应速率愈快。烧结层中，碳酸盐分解吸收大量热量，使得石灰石颗粒周围的料温下降；或由于燃料偏析使高温区温度分布不均匀，常常出现石灰石不能完全分解的现象（图 3-18）。生产中要求石灰石粒度必须小于 3mm，同时考虑燃料的用量。

分解过程由界面上结晶化学反应控制时：

$$1-(1-R)^{1/3}=\frac{k}{r_0\rho}t=k_1t$$

式中 R——反应分数，又称离解率；

k——分解反应速率常数；

r_0——碳酸盐颗粒半径；

ρ——碳酸盐密度；

t——反应时间。

分解产物虽然是多孔的，随着反应向颗粒内部推移，CO_2 离开反应界面向外扩散的阻力将增大，当颗粒较大时尤甚。

CO_2 的扩散成为过程的控制环节：

$$1-\frac{2}{3}R-(1-R)^{2/3}=\frac{De}{r_0^2\rho}t=k_2t$$

现有资料认为，在一般条件下石灰石的分解是位于过渡范围内的，即界面反应和 CO_2 的扩散在不同程度上限制了石灰石的分解速率（保证温度同时改善气体流动）。影响碳酸盐分解速率的因素：温度高，分解速率快；气流速度大，分解速率快；物料的孔隙度大，分解速率快；粒度大，分解速率小。

烧结过程中碳酸盐分解产物的矿化反应：主要指 CaO 是否与 SiO_2、Fe_2O_3 等反应。矿化反应的意义：如果烧结矿中有游离的 CaO 存在，则遇水消化，体积增大一倍，烧结矿会因内应力而粉碎。

氧化钙的矿化作用：指在烧结过程中，$CaCO_3$ 的分解产物 CaO 与烧结料中的其他矿物（如 SiO_2、Fe_2O_3、Al_2O_3 等）发生反应，生成新的化合物。

生产熔剂性烧结矿时，要求添加的石灰石完全分解，分解产物 CaO 完全矿化。这就是说不希望在烧结矿中存在着游离的 CaO（或称“白点”），这是因为烧结矿中游离的 CaO 与空气中水的发生消化反应：

$$CaO+H_2O=\!=\!=Ca(OH)_2$$

其结果使体积膨胀一倍，致使烧结矿粉化。

石灰石分解后与其他矿物的化合程度：

$$P=\frac{CaO_{石灰石}-CaO_{游离}}{CaO_{石灰石}}\times100\%$$

式中 P——CaO 与矿石化合的程度（矿化度），%；

$CaO_{石灰石}$——烧结矿中石灰石带入 CaO 含量，%；

$CaO_{游离}$——烧结矿中游离 CaO 的量，%。

影响化合程度的因素有温度、石灰石粒度、矿粉粒度和碱度。温度愈高、石灰石和矿粉粒度愈小，化合程度愈好，化合程度随烧结矿碱度的升高而降低。烧结矿生产中，为了保证石灰石的分解和与矿化，石灰石粒度应控制在 3mm 以下。

温度、石灰石粒度和碱度对 CaO 矿化程度的影响如图 3-18 所示。石灰石粒度减小，易于反应（提高反应表面积）；烧结矿碱度降低可提高 CaO 的矿化度（减少 CaO 含量）。

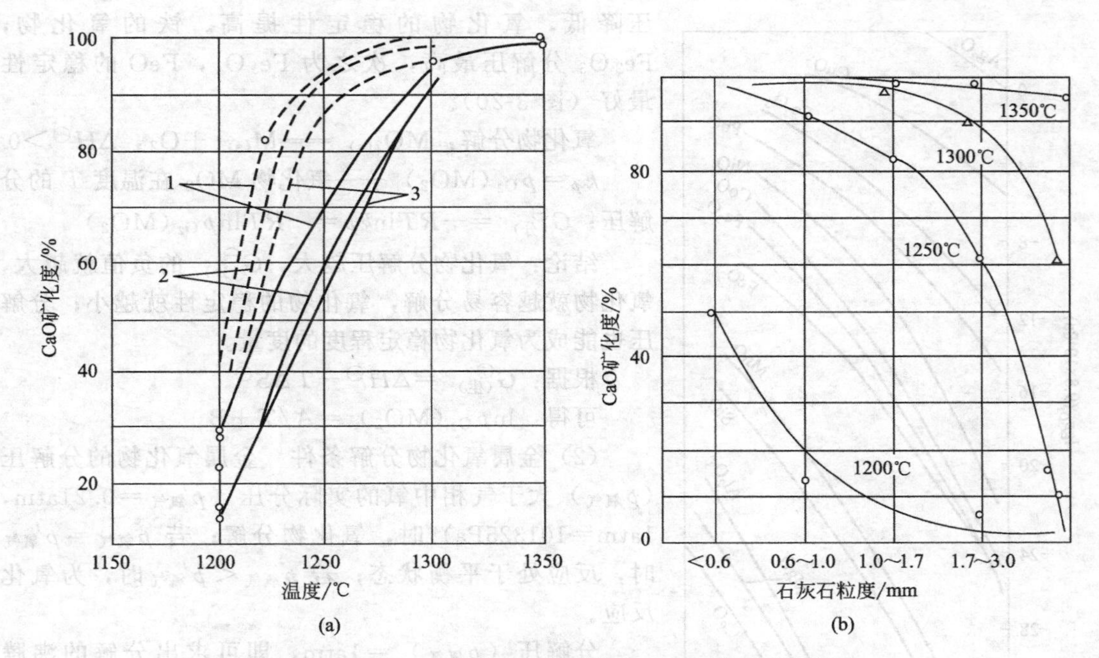

图 3-18 温度、石灰石粒度和碱度对 CaO 矿化程度的影响

1，2，3—碱度 0.8，1.3 和 1.5；虚线表示石灰石粒度 1～0mm；实线表示石灰石粒度为 3～0mm

温度和石灰石粒度对 CaO 矿化程度的影响：提高温度有利 CaO 矿化；石灰石粒度减小，易于反应。

磁铁矿粒度对 CaO 矿化程度的影响（图 3-19）：矿化度随温度提高而提高；矿化度随矿石粒度的减小而提高；矿化度随石灰石粒度减小而提高。

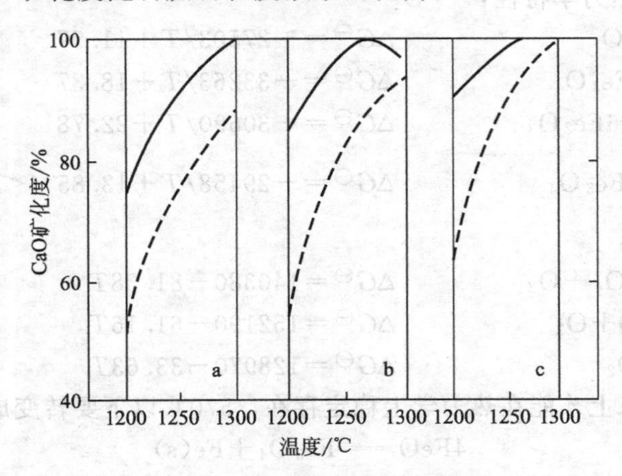

图 3-19 影响矿化度的因素

a，b，c 磁铁矿粒度分别为 6～0mm，3～0mm，0.2～0mm；

实线、虚线所示石灰石粒度分别为 1～0mm，3～0mm

一般精矿易于反应，使用的石灰石粒度可以较粗一些（如 3～0mm），粒度较粗的粉矿要求石灰石的粒度要细一些（如 2～0mm 甚至 1～0mm）。

3.3.2.3 氧化物的分解

（1）氧化物分解热力学 温度升高，氧化物分解压增大。从上往下，氧化物的分解

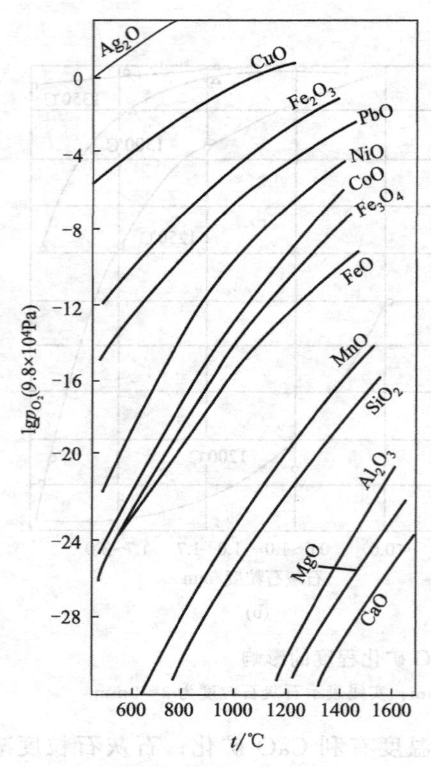

图 3-20　氧化物分解压

压降低，氧化物的稳定性提高。铁的氧化物，Fe_2O_3 分解压最高，次之为 Fe_3O_4，FeO 的稳定性最好（图 3-20）。

氧化物分解：$MO_{2(s)} = M_{(s)} + O_2$，$\Delta H^{\ominus} > 0$

$k_p = p_{O_2}(MO_2)$ ——氧化物 MO_2 在温度 T 的分解压；$G^{\ominus}_{(分)} = -RT\ln kp = -RT\ln p_{O_2}(MO_2)$

结论：氧化物分解压越大，$G^{\ominus}_{(分)}$ 的负值就越大，氧化物就越容易分解，氧化物的稳定性就越小；分解压也能成为氧化物稳定程度的度量。

根据：$G^{\ominus}_{(生)} = \Delta H^{\ominus} - T\Delta S^{\ominus}$

可得：$\ln p_{O_2}(MO_2) = A/T + B$

（2）金属氧化物分解条件　金属氧化物的分解压（$p_{氧气}$）大于气相中氧的实际分压（$p'_{氧气} = 0.21\text{atm}$，$1\text{atm} = 101325\text{Pa}$）时，氧化物分解；若 $p_{氧气} = p'_{氧气}$ 时，反应处于平衡状态；若 $p_{氧气} < p'_{氧气}$ 时，为氧化反应。

分解压（$p_{氧气}$）$= 1\text{atm}$，即可求出分解的沸腾温度。

各种氧化物的分解压都随温度的升高而增大；绝大多数金属氧化物的分解压在一般冶炼温度下（1500～1700℃）都是比较小，远小于大气的氧分压，所以仅用热分解的方法是难以得到金属的。

铁氧化物分解的热力学特性：

$2Fe + O_2 = 2FeO$　　$\Delta G^{\ominus} = -27503/T + 11.97$

$6FeO + O_2 = 2Fe_3O_4$　　$\Delta G^{\ominus} = -33263/T + 18.37$

$4Fe_3O_4 + O_2 = 6Fe_2O_3$　　$\Delta G^{\ominus} = -30690/T + 22.78$

$\frac{3}{2}Fe + O_2 = \frac{1}{2}Fe_3O_4$　　$\Delta G^{\ominus} = -29458/T + 13.85$（＜570℃）

① 逐级转变原则：

$6Fe_2O_3 = 4Fe_3O_4 + O_2$　　$\Delta G^{\ominus} = 140380 - 81.38T$

$2Fe_3O_4 = 6FeO + O_2$　　$\Delta G^{\ominus} = 152190 - 61.16T$

$2FeO = 2Fe + O_2$　　$\Delta G^{\ominus} = 128970 - 33.63T$

FeO 仅在 570℃以上才能在热力学上稳定存在，570℃以下要转变成 Fe_3O_4。

$$4FeO = Fe_3O_4 + Fe(s)$$

$\Delta G^{\ominus}$ 在 570℃以下为负值。可通过热力学计算进行说明。

由于上述原因，氧化铁的分解以 570℃为界：在 570℃以上，分为三步进行。在 570℃以下分两步进行：

$$6Fe_2O_3 = 4Fe_3O_4 + O_2$$

$$\frac{1}{2}Fe_3O_4 = \frac{3}{2}Fe + O_2 \quad \Delta G^{\ominus} = 134770 - 4050T$$

② 烧结过程中可能发生的反应：

$$6Fe_2O_3 = 4Fe_3O_4 + O_2$$

铁的氧化物有 Fe_2O_3、Fe_3O_4 及 Fe_xO，不存在一个理论含氧量22.28%，Fe与O原子数1∶1的化合物FeO，不同温度下 Fe_xO 含氧量是变化的，最大变化范围23.16%～25.60%，Fe_xO 是立方晶系氯化钠型的 Fe^{2+} 缺位的晶体，学名方铁矿，常称为“浮氏体”(wustite)，记为 Fe_xO 或 $Fe_{1-y}O$，式中 y 代表 Fe^{2+} 缺位的相对数量，对应上述含氧范围 $y=0.05$～0.13 或 $x=0.87$～0.95，有时也记为 $Fe_{0.95}O$。

(3) 烧结条件下氧化物的分解　进入烧结矿冷却带气体中氧的分压介于0.18～0.19atm，经燃烧带进入预热带的气相氧的分压一般为0.07～0.09atm；在1383℃时，Fe_2O_3 的分解压已达到0.21atm，故在1350～1450℃的烧结温度下，Fe_2O_3 将发生分解；Fe_3O_4 和FeO由于分解压小，在烧结条件下，将不发生分解；MnO_2 和 Mn_2O_3 有很大的分解压，故在烧结条件下都将剧烈分解。

Fe_2O_3：在燃烧层可发生分解或剧烈分解，生成 Fe_3O_4，放出氧来，其反应式为

$$6Fe_2O_3 = 4Fe_3O_4 + O_2$$

烧结料层在1300℃以上高温区的停留时间很短，在低于此温度下，Fe_2O_3 已被大量还原，分解率不会是很高的。

Fe_3O_4：Fe_3O_4 的分解压比 Fe_2O_3 小得多，在烧结温度下，单纯的 Fe_3O_4 不能分解，在有 SiO_2 存在时，Fe_3O_4 可与 SiO_2 化合生成硅酸铁（铁橄榄石），高于1300～1350℃的热分解：

$$2Fe_3O_4 + 3SiO_2 = 3(2FeO \cdot SiO_2) + O_2$$

FeO：FeO的分解压比 Fe_3O_4 更低，因此，在烧结料层中不可能进行热分解。

3.3.2.4　氧化物的还原及氧化

铁氧化物的还原和氧化反应符合气固反应模型（图3-21）。

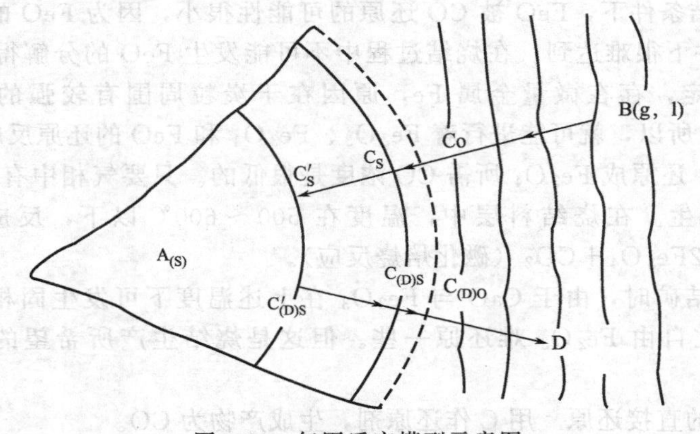

图3-21　气固反应模型示意图

(1) 铁氧化物的间接还原　是指用CO作还原剂，生成 CO_2 产物。铁的氧化物的还原反应是逐级进行的：当温度高于570℃时，$Fe_2O_3 \longrightarrow Fe_3O_4 \longrightarrow FeO \longrightarrow Fe$；当温度低于570℃时，$Fe_2O_3 \longrightarrow Fe_3O_4 \longrightarrow Fe$。

铁氧化物还原热力学条件　当 $(CO_2/CO)_{实际} < (CO_2/CO)_{平衡}$ 时，$\Delta G<0$，还原反应可以进行。如果体系中只有碳的氧化物，即 $CO_2+CO=100\%$，则还原进行的条件为 $CO_{实际} > CO_{平衡}$。四条相应曲线，将全图分成 A、B、C 和 D 四区，分别表示 Fe_2O_3、Fe_3O_4、FeO和Fe的稳定区（图3-22）。

Fe_3O_4：Fe_3O_4 还原时要求CO的浓度较高，比还原 Fe_2O_3 要困难。烧结条件下，在燃烧带仍可进行还原反应。900℃以上的高温下，Fe_3O_4 可按下式还原：

$$Fe_3O_4 + CO = 3FeO + CO_2$$

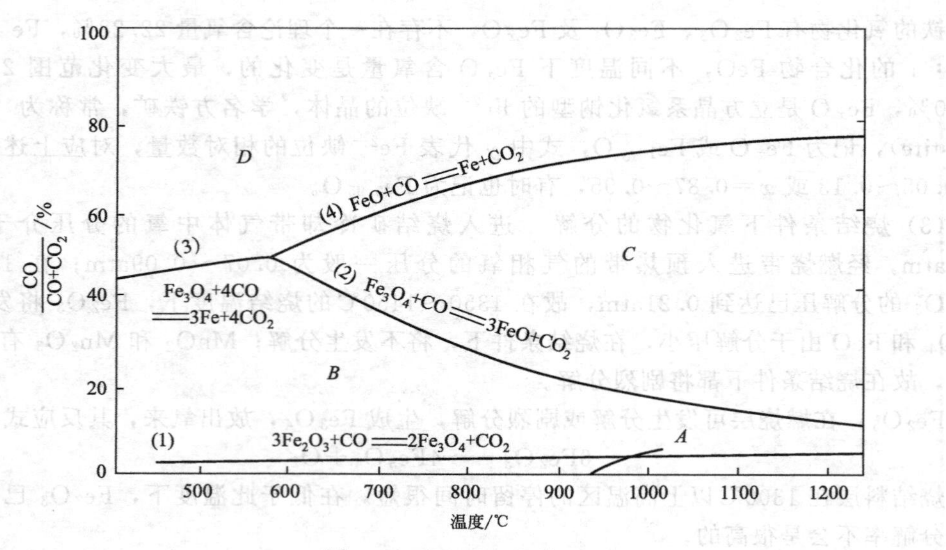

图 3-22　Fe、C、O 系

在有 SiO_2 存在的情况下，有利于 Fe_3O_4 的还原，反应如下：

$$2Fe_3O_4+3SiO_2+2CO \longrightarrow 3(2FeO \cdot SiO_2)+2CO_2$$

当有 CaO 存在时，则不利于 Fe_3O_4 的还原，因为 CaO 对 SiO_2 的亲和力比 FeO 对 SiO_2 的亲和力大，阻止铁橄榄石（$2FeO \cdot SiO_2$）的生成。所以在生产熔剂性烧结矿时，烧结矿中的 FeO 含量较低，对改善烧结矿的还原性有利。

FeO：一般烧结条件下，FeO 被 CO 还原的可能性很小，因为 FeO 的还原需要很高的 CO 浓度，烧结条件下很难达到。在烧结过程中不可能发生 FeO 的分解得到 Fe，但在实际烧结矿中，经过测定，存在微量金属 Fe，原因在于炭粒周围有较强的还原性气氛［见图3-22 中式（4）］，所以，就可能进行着 Fe_2O_3、Fe_3O_4 和 FeO 的还原反应。

Fe_2O_3：Fe_2O_3 还原成 Fe_3O_4 所需 CO 浓度是很低的。只要气相中有 CO 存在，Fe_2O_3 的还原反应即可发生。在烧结料层中，温度在 500～600℃以下，反应就很容易进行：$3Fe_2O_3+CO \longrightarrow 2Fe_3O_4+CO_2$（磁化焙烧反应）。

生产熔剂性烧结矿时，由于 CaO 与 Fe_2O_3 在上述温度下可发生固相反应生成铁酸钙 $CaO \cdot Fe_2O_3$，它比自由 Fe_2O_3 难还原一些。但这是烧结生产所希望的，可提高烧结矿质量。

（2）铁氧化物的直接还原　用 C 作还原剂，生成产物为 CO。

还原机理：铁氧化物与炭的还原，本身为固相反应，只有接触、扩散顺利反应才能进行，因此固相反应是困难的。直接还原反应相当于铁氧化物同 CO 的反应与布多尔反应之和。

$$FeO+C \longrightarrow Fe+CO$$

$$FeO+CO \longrightarrow Fe+CO_2$$

$$CO_2+C \longrightarrow 2CO$$

如图 3-23 所示，$CO_{气相}>CO_{平衡}$，反应才能进行。有固定碳存在时，布多尔反应线与铁氧化物还原反应线有两个交点：n，m。

① 两点之间温度，FeO 的稳定区。

② 高于 m 点温度，金属铁稳定区。

③ 低于 n 点温度，Fe_3O_4 稳定区。

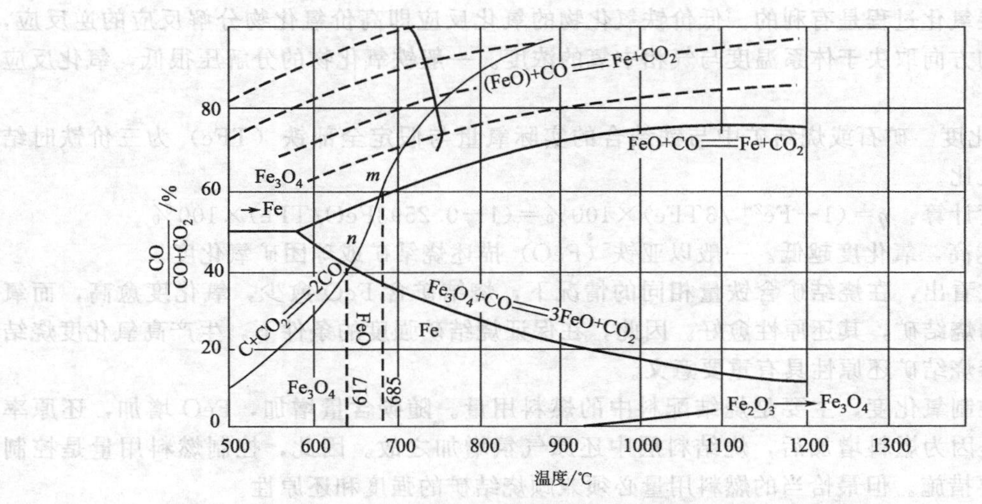

图 3-23 固体炭直接还原铁氧化物的平衡气相组成与温度关系

直接还原热力学条件 大于某一温度；有固体碳存在。铁氧化物被固体碳直接还原，温度要大于1000℃才能进行，而烧结过程中高温区停留时间很短，因此直接还原的可能性很小。

还原的热力学条件取决于温度和气相组成。

Fe_2O_3 还原成 Fe_3O_4 的平衡气相中 CO 含量要求很低，即 CO_2/CO 比值很大；Fe_2O_3 的稳定区域非常小；极微量的 CO 就足以使 Fe_2O_3 完全被还原成 Fe_3O_4，还原反应可以在预热带进行，主要是在燃烧带进行。Fe_2O_3 很容易被还原为 Fe_3O_4，但 $Fe_2O_3+CaO═CaO\cdot Fe_2O_3$ 的固相反应将使其还原发生困难，在高温下铁酸钙将熔化，使还原动力学条件恶化，因此烧结矿中可能保留原生赤铁矿。

Fe_3O_4 在900℃的平衡气相中 $CO_2/CO=3.47$，1300℃时为10.75。实际烧结过程中 $CO_2/CO=3\sim6$，在900℃以上的高温下，Fe_3O_4 可能被还原；在有 SiO_2 存在时，更有利于还原：

$$2Fe_3O_4+3SiO_2+2CO═3(2FeO\cdot SiO_2)+2CO_2$$

CaO不利于 $2FeO\cdot SiO_2$ 的生成，碱度 R 提高后，FeO含量下降。

综上所述，烧结过程中铁氧化物的还原规律：a.烧结过程中不可能所有的 Fe_3O_4 甚至 Fe_2O_3 都还原；b.还原过程取决于动力学条件，矿石本身还原性、反应表面积和反应时间；c. Fe_3O_4 还原受到限制，还原多少取决于高温区的平均气相组成和动力学条件；d.加入石灰石时，有利于形成易熔化合物，降低燃烧带温度，还原反应过程受到限制，烧结矿FeO下降；e.加入MgO，形成难熔化合物，燃烧带温度及烧结矿FeO都上升。

(3) 低价铁氧化物的氧化　烧结料层中，气相成分分布不均匀，在远离燃料的地方为氧化气氛，铁氧化物在分解还原的同时，也会被氧化和再氧化，再氧化是指 Fe_2O_3 被还原到 Fe_3O_4 或FeO后，被 O_2 重新氧化为 Fe_2O_3 或 Fe_3O_4。再氧化主要在烧结矿层进行。其反应为：

$$2Fe_3O_4+\frac{1}{2}O_2═3Fe_2O_3$$

$$3FeO+\frac{1}{2}O_2═Fe_3O_4$$

烧结矿中 Fe_3O_4 及FeO的再氧化，提高了烧结矿的还原性，因此在保证烧结矿强度条件下，发展氧化过程是有利的。低价铁氧化物的氧化反应即高价氧化物分解反应的逆反应，反应进行的方向取决于体系温度与气相中氧的浓度。一般铁氧化物的分解压很低，氧化反应容易进行。

① 氧化度　矿石或烧结矿中与铁结合的实际氧量与假定全部铁（TFe）为三价铁时结合的氧量之比。

氧化度计算：$\eta=(1-Fe^{2+}/3TFe)\times100\%=(1-0.2593FeO/TFe)\times100\%$

FeO 越高，氧化度越低。一般以亚铁（FeO）描述烧结矿或球团矿氧化度。

由上式看出，在烧结矿含铁量相同的情况下，烧结矿含 FeO 愈少，氧化度愈高，而氧化度愈高的烧结矿，其还原性愈好。因此，在保证烧结矿强度的条件下，生产高氧化度烧结矿，对改善烧结矿还原性具有重要意义。

如何控制氧化度，主要是烧结配料中的燃料用量。随碳含量增加，FeO 增加，还原率降低。这是因为燃料增加后，烧结料层中还原气氛增加之故。因此，控制燃料用量是控制 FeO 的主要措施。但最恰当的燃料用量必须兼顾烧结矿的强度和还原性。

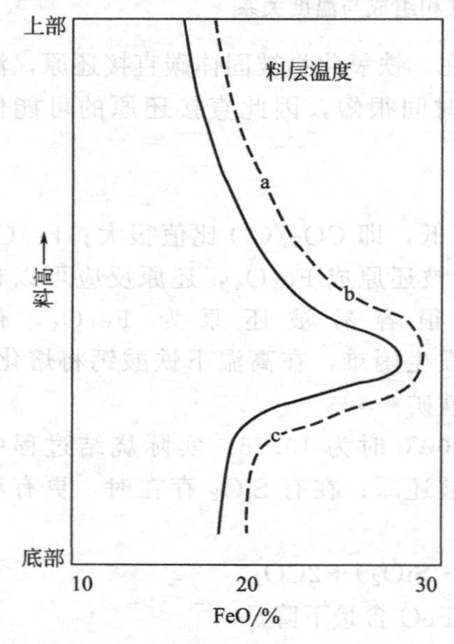

图 3-24　烧结料层断面某时刻 FeO 分布

② 烧结料层氧化度的变化　还原反应多在燃烧带发生，燃烧带的 FeO（Fe^{2+}）含量比表层烧结矿带高 15%（图 3-24）。燃料用量对料层最高 FeO 含量有明显影响。分析表明，赤铁矿烧结，燃料用量 7.0%时，烧结矿中最高 FeO 含量＞30%；燃料用量 5.7%时，烧结矿中最高 FeO 含量为 23%；燃料用量 4.5%时，最高 FeO 含量为 15%。

(4) 影响烧结矿 FeO 的因素

① 燃料用量和粒度　在烧结矿碱度不变的情况下，随着配炭量的增加，碳的不完全燃烧数量增加，CO 相对浓度提高，还原气氛增强，烧结矿中 FeO 含量增加。燃料中粒度小于 3mm 的含量增加，烧结矿中 FeO 含量降低，生产中可以通过控制燃料粒度来调整烧结矿中 FeO 含量。

② 磁铁精矿配比　国内精矿为细磨磁选的磁铁矿。与赤矿铁粉矿相比，其氧化度低，容易与 SiO_2 反应生成橄榄石（$2FeO\cdot SiO_2$），因而使烧结矿的 FeO 含量提高。

③ 烧结料层高度　随着料层高度的提高，“自动蓄热”作用增强，能耗降低，FeO 含量降低。偏析技术的发展改善了燃料沿料层高度的合理分布，高料层烧结为偏析技术的发展提供了条件，使 FeO 含量进一步降低。

④ 烧结矿碱度　随着碱度的提高，$CaCO_3$ 分解放出的 CO_2 增多，料层氧化气氛增加，铁酸钙、硅酸钙的形成又抑制了磁铁矿和橄榄石的发展，使 FeO 含量降低。

⑤ MgO 含量　烧结矿中的 MgO 含量对 FeO 含量的影响：a. 稳定 Fe_3O_4；b. 降低 Fe_2O_3 的分解温度；c. $MgCO_3$ 的分解。当烧结矿 MgO 含量提高时，FeO 含量升高。

⑥ SiO_2 含量　高硅有利于橄榄石、硅酸盐玻璃相矿物的生成，因而随着 SiO_2 的升高，烧结矿的 FeO 含量升高。

3.3.2.5　烧结过程脱硫

(1) 烧结原料中硫的存在形式　以硫化物形式存在的矿物有 FeS_2（黄铁矿），$CuFeS_2$

(黄铜矿)，CuS，ZnS，PbS 等；以硫酸盐形式存在的有 $BaSO_4$，$CaSO_4$ 和 $MgSO_4$ 等。焦粉带入的硫可能以单质形式存在。

(2) 硫对钢铁质量的影响　硫降低了钢的塑性，在加工过程中会出现金属热脆现象。对铸造生铁，降低铁水的流动性，阻止碳化铁分解，使铸件产生气孔并难以切削。高炉要求铁矿石或人造富矿中硫含量不超过 0.07%～0.08%，有时甚至要求硫含量小于 0.04%～0.05%。

(3) 黄铁矿 (FeS_2) 脱硫特点　具有较大分解压，容易氧化去硫。FeS_2，ZnS，PbS 中的硫是较易于脱除的；$CuFeS_2$、Cu_2S 的氧化需要比较高的温度，因为这些化合物很稳定，所以从含铜硫化物的烧结料中脱硫是比较困难的。总体上以硫化物形式存在的 S 的去除率可达 90%。

① 不同温度条件下的脱硫反应：黄铁矿着火 (366～437℃) 到 565℃，氧化去硫：

$$2FeS_2+\frac{11}{2}O_2 = Fe_2O_3+4SO_2+1668900kJ$$

$$3FeS_2+8O_2 = Fe_3O_4+6SO_2+2380238kJ$$

当温度高于 565℃时，分解与氧化同时进行：

$$2FeS_2 = 2FeS+2S-113965kJ$$

$$S+O_2 = SO_2+296886kJ$$

$$2FeS+\frac{7}{2}O_2 = Fe_2O_3+2SO_2+1230726kJ$$

$$3FeS+5O_2 = Fe_3O_4+3SO_2+1723329kJ$$

$$SO_2+\frac{1}{2}O_2 = SO_3$$

FeS 氧化时，铁的生成物，当温度低于 1250～1300℃时，生成 Fe_2O_3；当温度更高时，生成 Fe_3O_4，这种情况下，Fe_2O_3 的分解压开始明显地增大了。

黄铁矿烧渣 (黄铁矿生产硫酸后的残渣) 利用，有两个难处：含硫高；铁品位低。

如果能提高黄铁矿的原料品位，控制烧渣铁的形态 (Fe_3O_4 与 Fe_2O_3)，有利烧渣磁选，有利于黄铁矿的综合利用。

烧结料中有 Fe_2O_3、SiO_2 存在，改善了 $CaSO_4$、$BaSO_4$ 分解的热力学条件，使硫酸盐中的硫脱除更容易。

$$CaSO_4+Fe_2O_3 = CaO\cdot Fe_2O_3+SO_2+\frac{1}{2}O_2$$

$$BaSO_4+SiO_2 = BaO\cdot SiO_2+SO_2+\frac{1}{2}O_2$$

② 以硫酸盐形式存在的 S 的去除 (70%)：分解脱硫：

$$MSO_4 \longrightarrow MO+SO_2+\frac{1}{2}O_2(\text{加热})$$

升高温度、降低体系中 SO_2 含量，有利于硫酸盐的分解；对 $CaSO_4$ 系统，有 Fe_2O_3、SiO_2 和 Al_2O_3 存在时，可改善其分解的热力学条件：

$$CaSO_4+Fe_2O_3 = CaO\cdot Fe_2O_3+SO_2+\frac{1}{2}O_2$$

在 975℃开始分解，1375℃分解反应剧烈进行。

对 $BaSO_4$，有 SiO_2 存在时，可以改善其分解的热力学条件，在 1185℃开始分解，1300～1400℃分解反应剧烈进行：

$$BaSO_4 + SiO_2 = BaO \cdot SiO_2 + SO_2 + \frac{1}{2}O_2$$

烧结料中有 Fe_2O_3、SiO_2 存在，改善了 $CaSO_4$、$BaSO_4$ 分解的热力学条件，使硫酸盐中的硫脱除得容易些。

③ 以有机硫形式存在的 S 的去除（95%） 燃料中的有机硫也易被氧化，在加热到700℃左右的焦粉着火温度时，有机硫燃烧成 SO_2 逸出。

$$S_{有机} + O_2 = SO_2$$

从以上分析可知，烧结过程中，黄铁矿等硫化物、有机硫的去除，主要是氧化去除；硫酸盐中硫的去除，主要是高温分解去除。

（4）烧结过程中沿料层高度S的分布 在燃烧层、预热层或烧结矿层中氧化、分解产生的 SO_2、SO_3 和 S 进入废气中，当废气经过预热层和过湿层时，气态硫将有一部分再次转入烧结料中，这种现象称为硫的再分布。硫的再分布，使脱硫率平均下降 5%～7%。若料层烧不透，生料增多，则影响更明显，应予克服。

铁矿石中硫以硫化物的形式存在时，烧结脱硫比较容易，一般脱硫率可达 90%以上，甚至可达 96%～98%。硫酸盐的脱除，需要很高的温度和较长的时间，烧结过程中，在较好的情况下脱硫率也可达到 80%～85%。设计烧结厂时，一般取脱硫率 90%。

（5）影响烧结脱硫的因素 在分析影响烧结脱硫的因素时，应注意硫化物与硫酸盐脱硫热力学的差异。硫化物：低温，高氧位有利于脱硫；硫酸盐：高温，低 SO_2 浓度，低氧位有利于脱硫。

① 燃料用量和性质 燃料用量直接关系着烧结的温度和气氛，是影响去硫的主要因素。燃料用量不足时，烧结温度低，对分解去硫不利；随燃料用量增加，料层温度提高，有利于硫化物、硫酸盐的分解；但燃料配比超过一定范围，则因温度太高或还原性气氛增强，使液相和 FeO 增多，而 FeS 在有 FeO 存在时，组成易熔共晶 FeO-FeS，其熔化温度从 1170～1190℃降至 940℃，表面渣化，这样既因 O_2 浓度降低不利于硫的氧化，又使 O_2 和 SO_2 的扩散条件变坏，均会恶化去硫条件，导致脱硫率降低。所以烧结燃料用量要合适，适宜的燃料用量与原料含硫量、硫的存在形态、烧结矿碱度、铁料的烧结性能等因素有关，应通过试验确定。

② 矿粉粒度及性质 矿粉粒度主要影响料层透气性，从而影响 O_2 及 SO_2 等的扩散条件。

粒度较小时，气固反应内扩散半径小，硫化物分解或氧化的比表面积大，有利于去硫反应；但粒度过细或造球不好，严重恶化料层透气性，空气抽入量减少，不利于 O_2 的供应和 SO_2 等产物及时排出，同时造成烧结不均，产生很多夹生料；粒度过大，外扩散条件虽改善，但内扩散和传热条件变坏，反应比表面积减小，均不利于去硫。适宜的矿粉粒度介于 1～0mm 和 6～0mm 之间。考虑到破碎筛分的经济合理性，采用 6～0mm 或 8～0mm 的粒度较为合适，硫高者以不大于 6mm 为宜。矿石粒度和烧结矿的碱度对脱硫率的影响见表 3-2。

表 3-2 矿石粒度和烧结矿的碱度对脱硫率的影响

粒度	8～0mm				12～0mm			
碱度	0.4	1.0	1.2	1.4	0.4	1.0	1.2	1.4
烧结料含硫/%	0.45	0.400	0.382	0.362	0.450	0.400	0.382	0.632
烧结矿含硫/%	0.04	0.042	0.043	0.050	0.042	0.067	0.07	0.086
脱硫率/%	91.2	89.4	88.7	86.2	89.2	83.2	81.7	76.3

矿粉性质主要指品位、脉石含量、硫含量与硫的存在形态。矿粉品位高，脉石少者，一般软熔温度较高，要采取较高的烧结温度有利于去硫。矿石中的硫以硫化物形态存在时，易于去除；以硫酸盐形态存在时，去硫率也只能达80%～85%。

硫对燃料用量的影响：1kg FeS_2 氧化成 SO_2 时所产生的热量，相当于0.23kg中等质量的焦炭燃烧所产生的热量。所以矿石中含硫愈多，烧结所用的燃料就要相应减少，配料时大致可按矿石中含硫1%，代替0.5%的焦粉来计算。

③ 烧结矿 *R* 及熔剂的性质　实践表明，随烧结矿碱度的提高。脱硫效果明显降低，如图3-25所示。原因是：a. 烧结矿中添加熔剂后，由于生成低熔点物质，熔化温度降低，液相数量增多，恶化了扩散条件；b. 烧结温度降低，不利于去硫反应；c. 碱度提高，熔剂分解后透气性改善，烧结速度加快，高温持续时间缩短，也对去硫不利；d. 高温下，CaO和 $CaCO_3$ 有很强的吸硫能力，生成CaS残留在烧结矿中，从而使烧结矿含硫量升高。

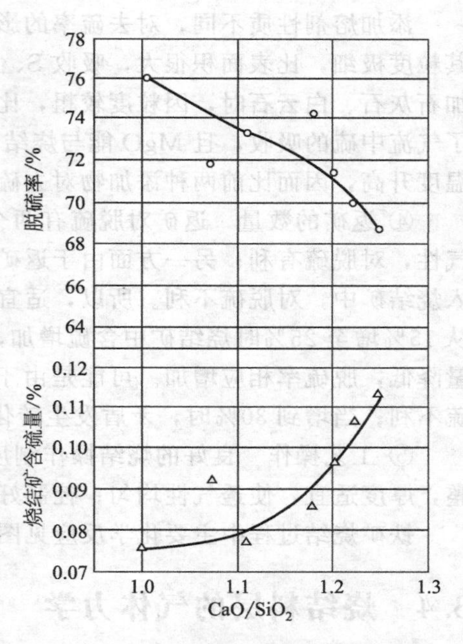

图3-25　烧结矿碱度和去硫率的关系

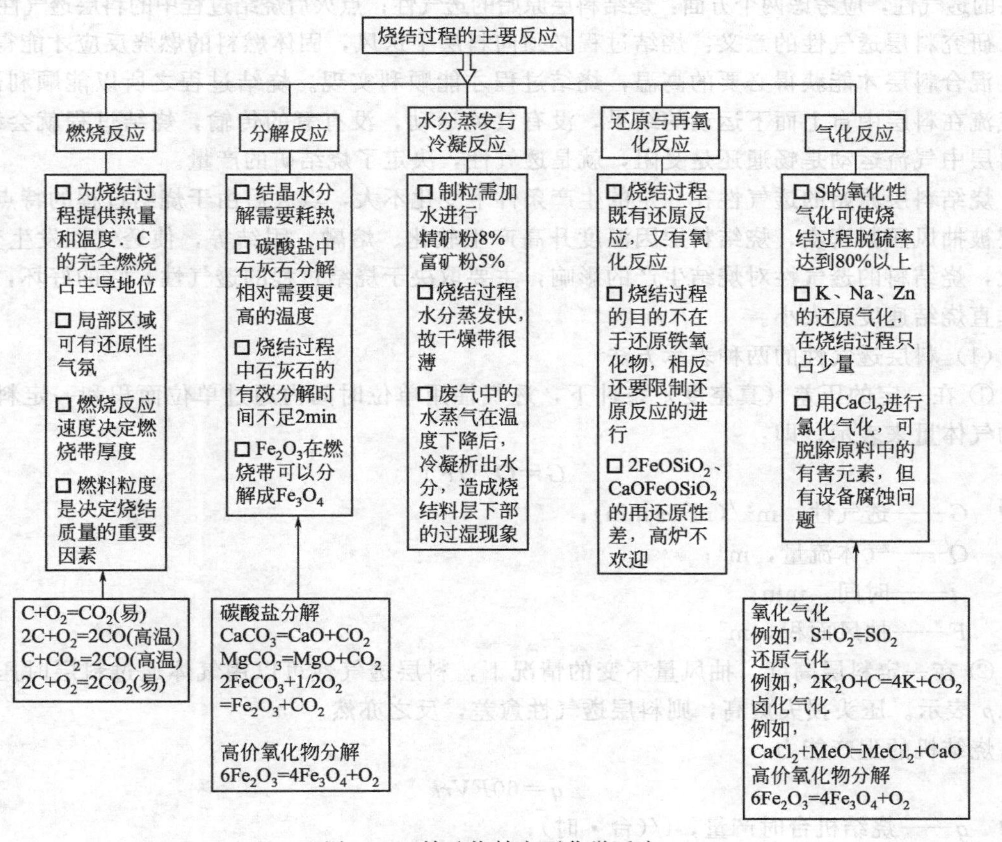

图3-26　铁矿烧结主要化学反应

添加熔剂性质不同，对去硫率的影响也不同。在碱度相同时，添加消石灰和生石灰，因其粒度极细，比表面积很大，吸收 S、SO_2、SO_3 的能力更强，对脱硫率的影响更大；而添加石灰石、白云石时，因粒度较粗，比表面积较小，特别是在预热带分解放出 CO_2，阻碍了气流中硫的吸收，且 MgO 能与烧结料中的某些组分形成较难熔的矿物，使烧结料的软化温度升高，因而比前两种添加物对去硫的影响小。

④ 返矿的数量　返矿对脱硫有两个可能互相矛盾的影响，一方面返矿可改善烧结料透气性，对脱硫有利；另一方面由于返矿的使用可促进液相更多更快的生成，促使一部分硫进入烧结矿中，对脱硫不利。所以，适宜的返矿用量要根据具体情况来定。有试验指出：返矿从 15%增至 25%时烧结矿中含硫增加，脱硫率降低；当返矿增加到 30%时，烧结矿中含硫量降低，脱硫率相应增加。可能是由于返矿增加到 25%时，后种因素起了主导作用，对脱硫不利；当增到 30%时，矛盾发生转化，前者的作用居于主导地位，所以有利于脱硫。

⑤ 工艺操作　良好的烧结操作制度是提高烧结去硫率的保证条件。主要应考虑布料平整，厚度适宜，使透气性均匀；控制好机速，保证烧好烧透，不留生料。

铁矿烧结过程中主要化学反应见图 3-26。

3.4　烧结料层的气体力学

3.4.1　烧结料层的透气性

透气性：指固体散料层允许气体通过的难易程度，也是衡量混合料孔隙率的标志。研究烧结料层的透气性，应考虑两个方面：烧结料层原始的透气性；点火后烧结过程中的料层透气性。

研究料层透气性的意义：烧结过程必须向料层中送风，固体燃料的燃烧反应才能得以进行，混合料层才能获得必要的高温，烧结过程才能顺利实现。烧结过程之所以能顺利进行，是气流在料层中自上而下运动的结果，没有气流运动，没有氧的传输，烧结过程就会终止。在料层中气流运动是畅通还是受阻，就是透气性，决定了烧结矿的产量。

烧结料层原始的透气性在一定的生产条件下变化不大，点火后由于烧结过程的特点，如料层被抽风压紧密实，烧结料层因温度升高产生软化、熔融、固结等，使透气性发生变化。因此，烧结料的透气性对烧结生产的影响，主要取决于烧结过程的透气性，它的好坏，决定着垂直烧结速度的大小。

(1) 料层透气性的两种表示方法

① 在一定的压差（真空度）条件下，透气性用单位时间内通过单位面积和一定料层高度的气体量来表示，即：

$$G=Q/(tF)$$

式中　G——透气性，$m^3/(m^2 \cdot min)$；

Q——气体流量，m^3；

t——时间，min；

F——抽风面积，m^2。

② 在一定料层高度，抽风量不变的情况下，料层透气性可以用气体通过料层时压头损失 Δp 表示。压头损失愈高，则料层透气性愈差，反之亦然。

烧结机的生产能力：

$$q=60FVrk$$

式中　q——烧结机台时产量，t/(台·时)；

F——烧结机抽风面积，m^2；

V——垂直烧结速度，mm/min；

r——烧结矿堆密度，t/m^3；

k——烧结矿成品率，%。

$$V=k'w^{0.8\sim1.0}$$

式中 w——气流速度，m/s；

k'——决定原料性质的系数。

烧结料成矿是靠液相粘结的，液相的多少决定了烧结矿强度的高低，不同的生产条件会产生不同的液相，应着重掌握生产高碱度烧结矿的液相组成及控制办法。烧结矿产量的高低取决于风速，而风速的大小在抽风机一定的前提下取决于料层的透气性，透气性越好，通过的风量就越大，产量就越高。

烧结机的生产率同垂直烧结速度成正比关系，烧结速度与单位时间内通过料层的空气量成正比，研究烧结料层的透气性变化规律，寻找改善烧结料层透气性的途径，以提高烧结生产率。在点火初期，料层被抽风压紧，气体温度骤然升高和液相开始生成，料层阻力增加，负压升高。烧结矿层形成后，烧结矿层的阻力损失出现较平稳的阶段。随着烧结矿层的不断增厚及过湿层的逐渐消失，整个矿层阻力损失减小，透气性变好，负压逐渐消失。废气流量的变化规律和负压的变化相呼应。温度的变化规律和燃料燃烧及烧结矿层的自动蓄热作用相关，随着烧结过程进行，由于炉料料层阻力的变化，烧结废气负压、废气温度和废气流量不断变化(图 3-27)。

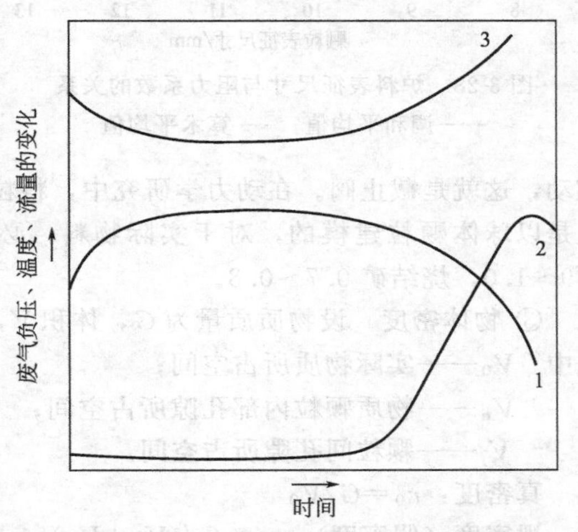

图 3-27 烧结过程中料层透气性一般变化规律

1—废气负压；2—废气温度；3—废气流量

(2) 料层结构主要参数与透光性的关系

① 混合料的平均粒径

加权算术平均值：$d_{算}=\sum_{i=1}^{n} r_i d_i$

加权几何平均值：$d_{几何}=\prod_{i=1}^{n} d_i^{r_i}$

加权调和平均值：$d_{调和}=1/\sum_{i=1}^{n}\frac{r_i}{d_i}$

式中 r_i——某一粒级的质量分数；

d_i——某一粒级的平均粒径。

中位数：以混合料各粒级累计质量分数对粒级作图，占混合料质量一半时所对应的颗粒尺寸。

人们习惯使用加权算术平均值。而加权调和平均值，更靠近实际情况。加权调和平均值最靠近细粒度一端，影响料层透气性的主要因素是细粒度部分的含量。平均粒度越大，阻力系数越小。要减少料层阻力除了将各粒级普遍增大外，须降低混合料中的细粒部分，炉料表征尺寸与阻力系数的关系见图 3-28。

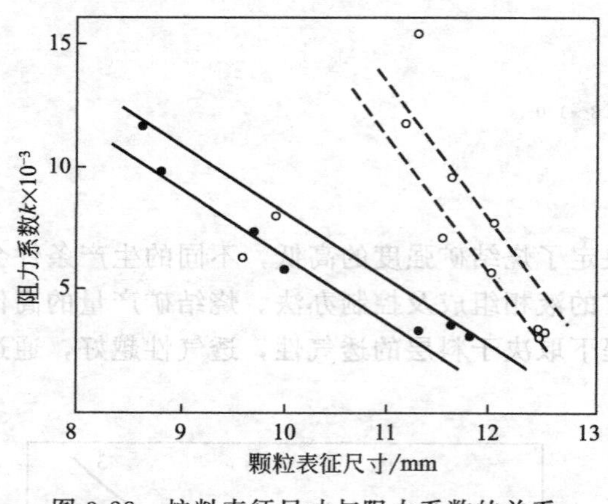

图 3-28 炉料表征尺寸与阻力系数的关系
——调和平均值；---算术平均值

② 料粒的形状系数 粒料的形状系数 φ 为与料粒同体积的球体的表面积和料粒本身实际表面积的比值，即：$\varphi = S_{球}/S_{料粒}$。

除了料粒的形状外，它的表面结构及粗糙的影响很大，实际表达式：

$$\Phi = \varphi_G \alpha$$

式中 φ_G——几何形状系数；

α——粗糙度系数。

对形状系数的理解：同样质量的物体，制成球体，置入流体管道，对流体流动的影响较小；制成与管道截面相同的板，置入流体管道，如果板与流体流动方向平行，对流体流动的影响小；垂直，则可以使流体无法流动，这就是截止阀。在动力学研究中，料粒的形状系数是一个很重要的概念，未反应核模型是以球体颗粒建模的，对于实际物料，必须引入形状系数的概念，例如一般球团矿取 0.9～1.0，烧结矿 0.7～0.8。

③ 物体密度 设物质质量为 G，体积 V，$V = V_0 + V_n + V_j$

式中 V_0——实际物质所占空间；

V_n——物质颗粒内部孔隙所占空间；

V_j——颗粒间孔隙所占空间。

真密度：$r_0 = G/V_0$

视密度（假密度）：$r_n = G/(V_0 + V_n)$

堆密度：$r_j = G/V$

颗粒气孔率：$V_n/(V_0 + V_n)$

孔隙度：V_j/V

颗粒气孔率在一定程度上描述了气固反应时，气体内扩散阻力的大小。孔隙度在一定程度上描述了气体通过料层时，料层对气流阻力的大小。

对多种粒级配合时孔隙率变化规律的研究结果表明，料层孔隙率呈现下列变化规律：a. 以最粗及最细两级之间的相互作用为主，并遵循两级颗粒配比时所呈现的规律；b. 中间级颗粒的增加引起孔隙率的增大，而不改变两级颗粒配比时的基本规律；c. 粗略地说，可以按 67∶33 的比例将所有粒级分成粗细两级，仍然会呈现出上述两级配比时的倾向性。

孔隙率 ε 是决定床层结构的重要应素，它对气体通料层的压力降、床层的有效热导率及比表面积都有重大的影响。

影响孔隙率 ε 的主要因素：颗粒的形状、粒度分布、比表面、粗糙度及充填方式等，这类因素可以近似地综合表示为颗粒的形状系数 φ 对孔隙率的影响。

烧结过程中燃料的燃烧及料层收缩对 ε 变化也是十分重要的。在烧结过程中由于物料的熔融，然后结晶与凝固形成了新的床层结构，改变了原来的料粒直径、形状系数及料层的体积收缩率。

3.4.2　烧结过程中料层结构的变化

① 原始料带　由原料性能和制粒过程确定其制粒的粒度与粒度分布，在烧结台车上，按简单立方体堆集，料层较高时，上层混合料对下层混合料有挤压作用，抽风时，对料层也有压密的作用。

② 过湿带　过湿可能引起制粒小球的破坏和变细，过湿形成的自由水，可能填充孔隙。

③ 干燥预热带　如有爆裂，粒度将细化，水分的润滑作用消失。

④ 燃烧带　液相的形成、流动与料层的收缩，使透气性变差。

⑤ 成品带　多孔烧结矿的形成，使孔隙度增加。

燃烧带孔隙度微量的减小，预热干燥带孔隙度微量的提高。实际烧结过程的透气性取决于原始混合料带、燃烧带与过湿带的透气性。在烧结料层、干燥层和烧结矿层，床层结构均不变化；混合料层和干燥层比表面积大而孔隙率小，传热效率高，升温快，透气性不好；烧结矿层比表面积小，孔隙率大，故透气性好，传热效率不高，冷却速度不快；床层结构的变化主要发生在燃烧层和熔融固结层，燃烧层开始阶段物料尚未软融收缩，燃料颗粒变小使孔隙率稍有增长，随着软融发生，收缩率增大而导致孔隙率下降。到固结层，由于形状系数的减小而使孔隙率迅速上升；比表面积的变化主要在燃烧熔融阶段，由于颗粒变大，A_s 迅速变小。固结层 A_s 几乎保持不变（如图 3-29 所示）。

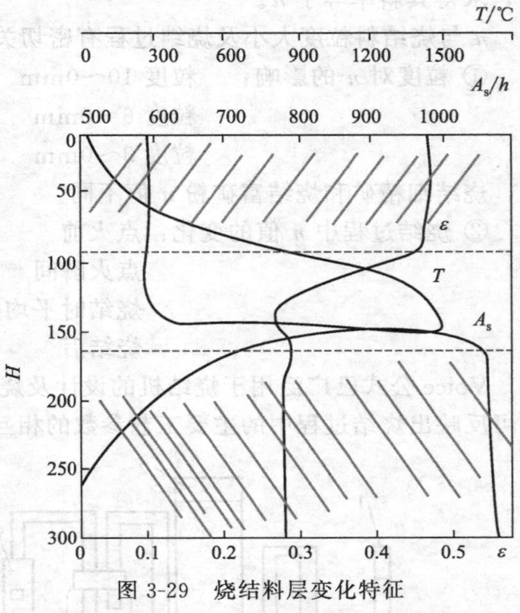

图 3-29　烧结料层变化特征

H—料层厚度，mm；ε—料层孔隙率；T—料层温度；A_S—单位料层体积内物料的比表面积，cm^2/g

3.4.3　气体通过散料层的阻力损失计算

对散料层的阻力损失提出的拉姆辛（Ramsin）公式：

$$\Delta p = Ah\omega^n$$

式中　Δp——散料层阻力损失，Pa；

h——料层高度，m；

ω——通过料层的空气流速，m/s；

A，n——决定于料粒形状和尺寸的系数。

A 与料粒直径成反比；n 随着料粒直径的增加而增大；料粒比表面及空气流速对 A、n 有很大影响。实测压力损失与计算值相差很大，Ramsin 公式不能用于烧结。

在试验的基础上提出的沃伊斯（Voice）公式：

$$P = \frac{Q}{F}\left(\frac{h}{\Delta p}\right)^n$$

式中　P——料层的透气性指数；

Q——通过料层的风量，m^3/min；

F——抽风面积，m^2；

h——料层高度，m；

Δp——负压，Pa。

沃伊斯公式成功地用于烧结工艺，是表示料层透气性的一种指标，其计量单位，英国采用英制单位叫BPU，日本采用米制单位叫JPU，中国研究者多采用JPU。

流动状态不同，n值是变化的，可以通过试验确定。料层高度h、透气性指数P和抽风面积F固定，改变风量Q即可找出相应的Δp，取其对数值绘图，其斜率等于n。固定负压Δp，透气性指数P和抽风面积F，改变料层高度h，可得h与Q的关系，取其对数值绘图，求得其斜率等于n。

n与烧结料粒度大小及烧结过程有密切关系：

① 粒度对n的影响：粒度10～0mm　$n=0.55$

粒度6～0mm　$n=0.60$

粒度3～0mm　$n=0.95$

烧结细精矿和烧结富矿粉n值不同。

② 烧结过程中n值的变化：点火前　$n=0.60$

点火瞬间　$n=0.65$

烧结时平均数　$n=0.60$

烧结后　$n=0.55$

Voice公式已广泛用于烧结机的设计及烧结生产过程的分析，其优点是计算简便，基本上可反映出烧结过程中的主要工艺参数的相互关系。透气性指数测定装置见图3-30。

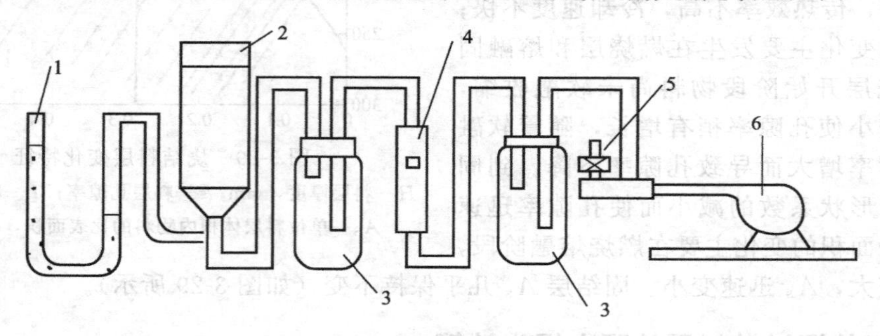

图3-30　透气性指数测定装置

1—压差计；2—盛料杯；3—缓冲瓶；4—转子流量计；5—调节阀；6—抽风机

卡曼（Carman's）公式，从控制扩散料层气流的最基本因素考虑它们之间的关系，使用拉姆数阻力因素ψ和雷诺数Re的经验公式来推算：

$\psi=5/Re+0.4/Re^{0.1}$　　$Re=0.01$～10000之间都有效

式中，$\psi=\dfrac{\Delta pg\varepsilon^3}{hpu^2(S+S_W)}$；$u$为气流速度；$S$为料粒比表面积；$S_W$为器壁表面积。

由卡曼公式可以导出沃伊斯公式，但卡曼公式定量地描述了料层结构与透气性指数的关系：透气性指数与料层孔隙率成正比；透气性指数与颗粒的比表面积成反比。

3.4.4　烧结过程透气性变化规律

原始料层透气性　点火前料层的透气性，受原料粒度和粒度分布的影响，取决于原料的物理化学性质、水分含量、混合制粒情况和布料方法。

烧结过程透气性　指点火后的烧结料层透气性。随着烧结过程的进行，料层透气性会发生急剧的变化。

垂直烧结速度　主要取决于烧结过程透气性，而不取决于烧结前的料层透气性。

烧结过程中的透气性同料层各带的阻力有很大关系。

计算料层的阻力

$$\Delta p/h=\rho\omega(k_1 v+k_2\omega)$$

式中 ω——气体进入料层的流速；

v——气体动力黏度系数；

ρ——气体的密度；

k_1——气体通过料层的阻力系数（层流条件下）；

k_2——气体通过料层的阻力系数（紊流条件下）。

单位料层高度的阻力损失既受料层物料的阻力系数的影响，又受废气的密度、流速和黏度的影响。废气的流速及黏度则受温度的影响。

3.4.5 烧结料层各带阻力分析

成品矿带：透气性好，温度由室温逐渐升到燃烧带温度，料层厚度由 0 增加到 h。

燃烧带：透气性差，温度最高，料层厚度约 50mm。

预热带：透气性差，温度迅速降低，料层厚度很小（14mm）。

干燥带：透气性差，湿球温度下干燥，料层厚度很小（14mm）。

过湿带：透气性差，温度低，料层厚度约 50mm。

原始料带：透气性取决于原料准备、制粒、布料等操作，料层厚度由 h 减少到 0。

对烧结速度影响最大的是：原始料带、过湿带、燃烧带。

烧结料层总的阻力：开始阶段，烧结矿层尚未形成，料面点火后温度升高，抽风造成料层压紧以及过湿现象的形成等原因，使料层阻力升高；固体燃料燃烧、燃烧带熔融物的形成以及预热、干燥带混合料中的球粒破裂，使料层阻力增大，故点火烧结 2～3min 内料层透气性激烈下降。烧结矿层的形成和增厚以及过湿带消失，所以料层阻力逐渐下降，透气性增加。因此，垂直烧结速度并非固定不变，而是愈向下速度愈快。

气流在料层各处分布的均匀性，对烧结生产有很大的影响 不均匀的气流分布会造成不同的垂直烧结速度，而料层不同的烧结速度反过来又会加重气流分布的不均匀性。这必然产生烧不透的生料，降低烧结矿成品率和返矿质量，破坏正常的烧结过程。因此烧结生产中必须均匀布料、防止粒度不合理偏析，改善原始料层透气性、控制燃烧带宽度、消除过湿带。

3.4.6 改善烧结料层透气性的途径

（1）加强烧结原料准备 主要包括改进混合料的粒度和粒度组成；混合料中配加部分富矿粉；添加适量的、具有一定粒度组成的返矿等措施。中等粒度矿粉添加量对料层透气性的影响见图 3-31。

从制粒角度，不少研究者将颗粒分为成核粒子、中间粒子、黏附粒子，制粒是将细颗粒的黏附粒子黏附在粗颗粒的成核粒子上，中间粒子既不能黏附，也不能成核，即中间粒子不参加制粒。

关于中间粒子的范围，不同研究者给出的数据有所不同：0.25～0.7mm；0.5～0.7mm；0.5～1mm；0.5～2mm。

一般物料粒度：粉矿 0～8mm；精矿＜0.25mm；返矿 0～5mm。

熔剂和燃料的粒度：－3mm＞80％。

矿石：着重考虑黏附粒子与成核粒子的比例，尽量减少中间粒子的数量。精矿烧结时，配加粉矿，混合料透气性明显改善。

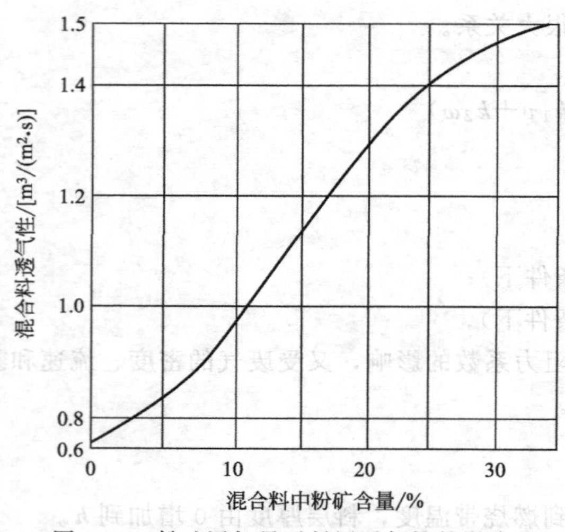

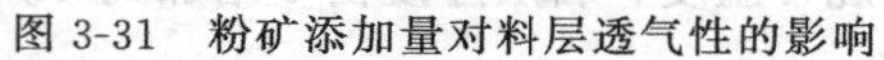

图 3-31　粉矿添加量对料层透气性的影响

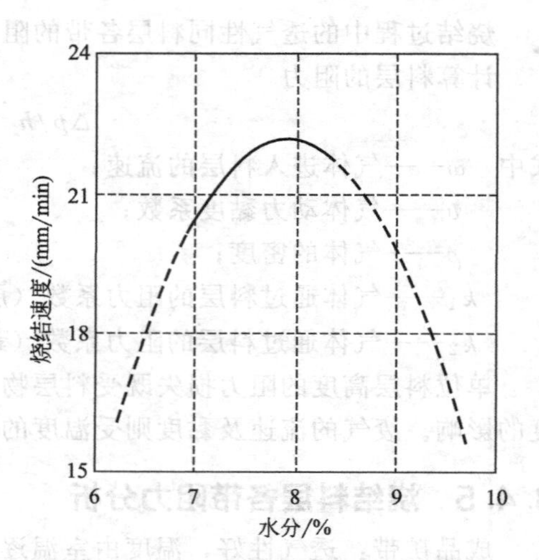

图 3-32　烧结料水分与烧结速度的关系

① 铁矿性能的影响

a. 全铁（TFe）的影响　与 SiO_2 相关，TFe 高，SiO_2 低；对铁精矿而言，脉石 SiO_2 以石英为主，品位越高，垂直烧结速度越快；对粉矿而言，SiO_2 以泥质物为主，泥质物有利于制粒，品位越高，呈球性截止好，SiO_2 含量越低，垂直烧结速度越慢。

b. Al_2O_3 含量的影响　Al_2O_3 以泥质物为主，Al_2O_3 含量越高，制粒效果改善，垂直烧结速度越快。

c. 精矿成球性指数的影响　成球性好，容易黏附长大，垂直烧结速度越快。

d. 粉矿烧损影响　烧损一般为褐铁矿结晶水的脱除或碳酸盐的分解，脱水后的 Fe_2O_3 反应性好，易烧结，烧结速度快，但烧结矿强度较低。

e. 铁矿平均粒度的影响　精矿粒度增大，中间粒子增多，垂直烧结速度下降；粉矿粒度增大，成核粒子增多，垂直烧结速度加快。

f. 返矿的影响　返矿是烧结矿整粒筛分时的筛下产物。特点：由小颗粒的烧结矿和一部分未烧透的生料组成，具有疏松多孔的结构。

未烧好的返矿多为细粒原矿，含碳量波动大，质量差；正常返矿有利于制粒和液相的形成，对提高烧结速度和烧结矿强度有利；合适的返矿添加量，由于原料性质不同而有所差别。以细磨精矿为主时，变动范围为 30%～40%。以粗粒富矿粉为主时，一般小于 30%。过高的返矿量，循环负荷大，烧结成品率低，产量低。烧结生产中，返矿应该是平衡的，即：产出量＝使用量。

烧结料水分与烧结速度的关系见图 3-32。

② 熔剂和燃料：熔剂着重考虑熔剂的矿化（颗粒小，易矿化），燃料着重考虑燃烧对燃烧带的影响（粒度大，燃烧带宽）。

(2) 强化制粒

① 控制混合料水分　提高制粒水分，混合料的透气性提高；烧结水分过高或过低不利于提高烧结速度（图 3-33）。

水性质的影响：磁化水的使用，能改善制粒，提高原始料层透气性，但目前使用仍不广泛（表 3-3）。

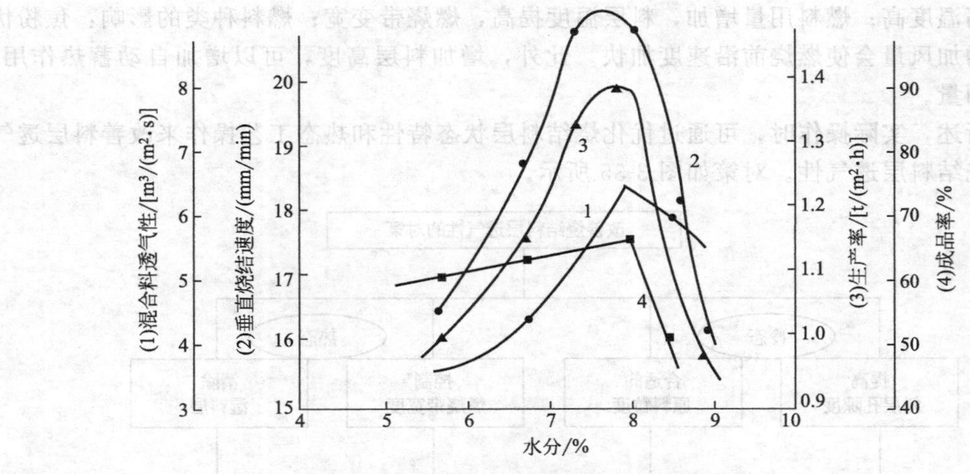

图 3-33 混合料水分对烧结指标的影响

表 3-3 磁化水对混合料成球效果的影响

润湿水性质	制粒料粒级含量/%		料层透气性/([m^3/(m^2·min)]
	+5mm	−1.6mm	
未经处理工业水	31.0	26.0	70.0
	26.4	28.0	69.0
	35.5	28.6	70.0
磁化工业水	49.8	28.7	70.0
	38.1	28.6	77.0
	40.0	28.0	78.0

② 生石灰（消石灰） 生石灰放热作用机理：

a. 放热反应，$CaO+H_2O \xlongequal{} Ca(OH)_2+15.5\times 4.187kJ$

b. 生石灰消化后的消石灰 $Ca(OH)_2$ 是极细的、高度分散的胶体颗粒，其平均比表面积达 300000cm^2/g，具有强的亲水性和凝聚力。

生石灰的放热反应可预热混合料；通过强化制粒，提高混合料的原始透气性；提高制粒小球的过湿能力和小球的湿球强度与干球强度，减少烧结过程中干燥带与过湿带的阻力损失；生石灰可促进低熔点、流动性好、易凝结的液相的生成，从而降低燃烧带的温度和厚度以及液相对气流的阻力，提高烧结速度。

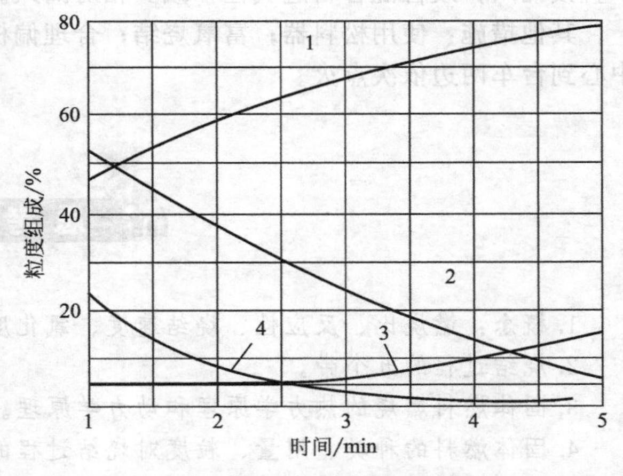

图 3-34 制粒时间对粒度组成的影响

1—3～10mm；2—0～3mm；3—>10mm；4—0～1mm

(3) 完善制粒工艺及设备参数 圆筒混合机工艺设备参数主要包括：直径、长度、倾角，充填率及转速。改善制粒效果的重点是延长制粒时间，方法：减小圆筒倾角、延长混合机长度。

如图 3-34 所示，可以看出延长制粒时间的效果：0～1mm 粒级减少；0～3mm 粒级减少；3～10mm 粒级增加；>10mm 粒级变化不大。

(4) 控制燃烧带宽度 燃料粒度小，燃烧速度快，燃烧带厚度小，热能集中，高温区相对窄，最高温度高；燃料用量增加，料层温度提高，燃烧带变宽；燃料种类的影响：焦粉优于煤粉，增加风量会使燃烧前沿速度加快。此外，增加料层高度，可以增加自动蓄热作用，降低燃料用量。

综上所述，实际操作时，可通过优化烧结料层状态特性和热态工艺操作来改善料层透气性，改善烧结料层透气性。对策如图 3-35 所示。

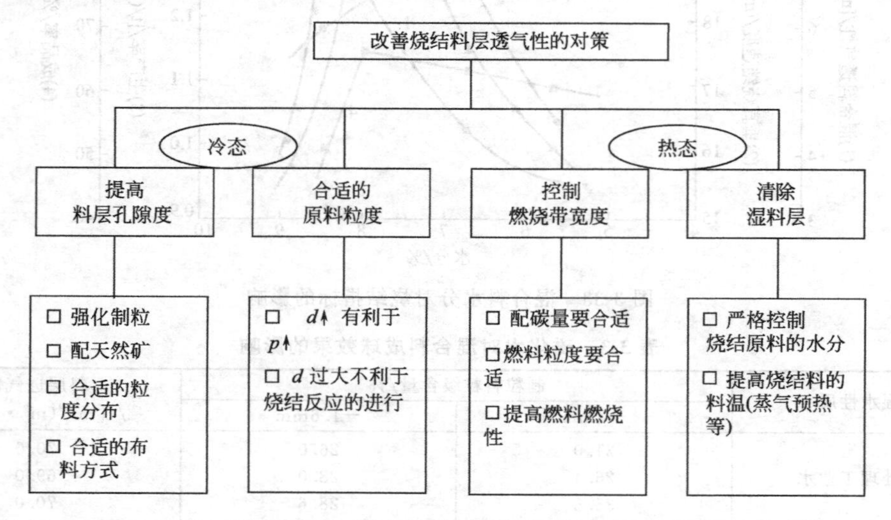

图 3-35　改善烧结料层透气性的对策

d—原料粒径；p—料层透气性

（5）防止烧结料层过湿　主要措施：提高烧结混合料的原始温度：热返矿预热；蒸汽预热；生石灰预热。使用生石灰，提高烧结混合料的湿容量；使烧结水分低于最佳制粒水分 1%～1.5%。

（6）强化烧结操作　提高风量，烧结速度提高。由于燃烧速度加快，燃烧带变窄，透气性有所改善。提高风量的方法：提高风机能力，减少漏风。减少漏风的方法：加强密封，减少直接漏风；改善混合料透气性，减少相对漏风。

其他措施：使用松料器；富氧烧结；合理偏析；均匀烧结；台车两边设置盲板；由台车中心到台车两边依次点火。

思考题

1. 概念：燃烧比、反应性、烧结速度、氧化度。
2. 烧结过程的五个带。
3. 固体燃料燃烧的热力学原理和动力学原理。
4. 固体燃料的种类、用量、粒度对烧结过程的影响。
5. 烧结过程的自动蓄热原理及作用。
6. 影响烧结脱硫的因素。
7. 改善烧结料层透气性的途径。
8. 烧结过程中可能发生的氧化还原反应。
9. 烧结料层中各区域的温度分布特点。

第4章 烧结矿成矿机理及矿物组成

4.1 烧结成矿机理

4.1.1 烧结过程固相反应

（1）固相反应　物料在没有熔化之前，两种固体在它们的接触界面上发生的化学反应，反应产物也是固体。

通过固相反应形成了原始烧结料所没有的低熔点化合物，为烧结过程产生液相创造了条件，而液相是烧结过程中使矿粉成块和使烧结矿具有一定强度的主要条件，有利于提高烧结矿强度。固相反应一般发生在相界面，或者晶粒界面上（如图 4-1 所示）。

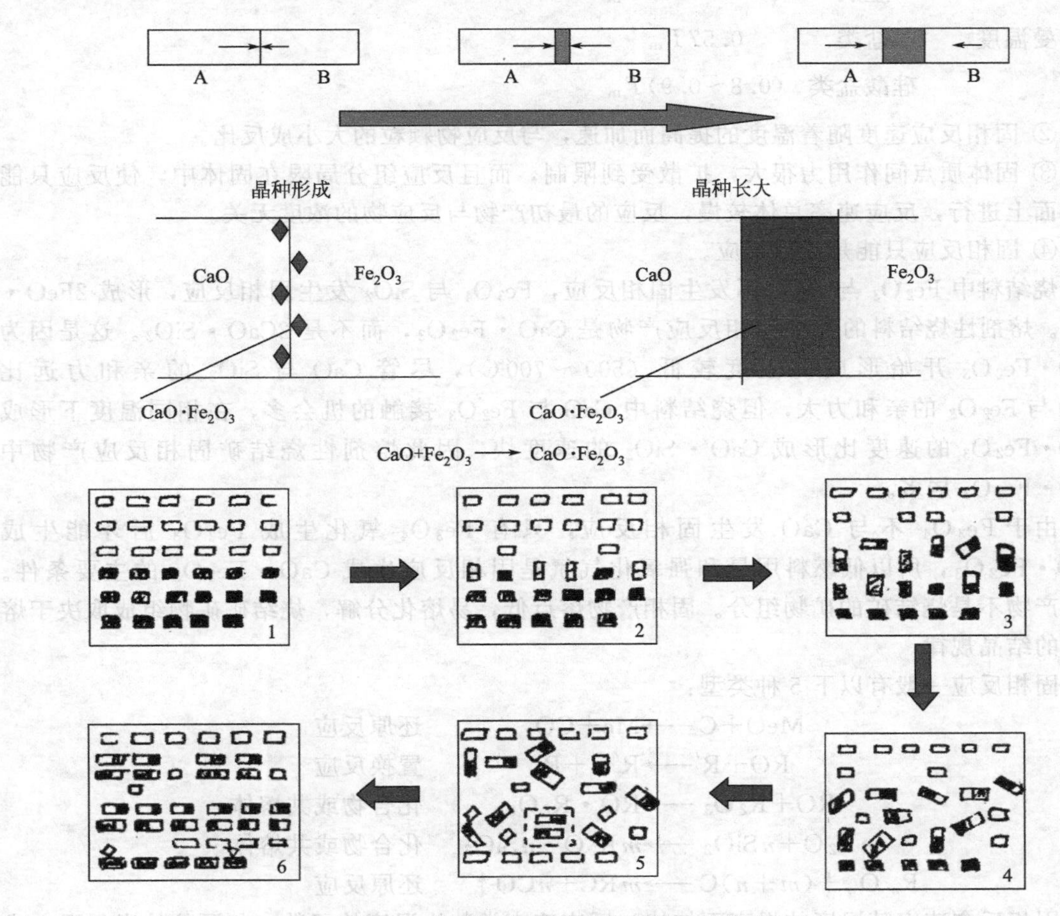

图 4-1　相界面上反应和离子扩散的关系

（2）固相反应的机理　离子型晶体构造的粉末表面未被电性相反的离子包围而处于力的不平衡状态，质点随温度升高，获得能量，剧烈运动当温度达到某一临界值，质点克服自身内部离子束缚，向其表面扩散（内扩散）进而进入与之紧密接触的、其他晶体的晶格内（外扩散），发生化学反应导致了固相反应的形成。

固相反应的机理是离子扩散过程，是反应物旧相晶格破坏和新相晶格建立的过程。分为下面几个方面：

① 在颗粒接触之间，由于温度升高，固体表面晶格的一些离子的运动激烈起来，当这些离子具有足够能量时，它们就可以向附近的固体表面扩散，这种固体间的离子扩散过程就导致了固相间反应的发生，形成新的化合物。

② 活性较低的稳定晶体，逐渐长大，形成稳定的新相。

由以上分析可知，进行固相反应必备的条件：内部条件为本身晶格不完整；外部条件为反应温度。

(3) 固相反应特点

① 固相反应开始温度常远低于反应物的熔点或系统低共熔点温度；此温度与反应物内部开始呈现明显扩散作用的温度一致，称为泰曼温度或烧结开始温度。不同物质泰曼温度与其熔点的关系：

	金属	$(0.3\sim0.4)T_m$
泰曼温度	盐类	$0.57T_m$
	硅酸盐类	$(0.8\sim0.9)T_m$

② 固相反应速度随着温度的提高而加速，与反应物颗粒的大小成反比。

③ 固体质点间作用力很大，扩散受到限制，而且反应组分局限在固体中，使反应只能在界面上进行，反应速率总体较慢，反应的最初产物与反应物的浓度无关。

④ 固相反应只能是放热反应。

烧结料中 Fe_2O_3 与 SiO_2 不发生固相反应，Fe_3O_4 与 SiO_2 发生固相反应，形成 $2FeO \cdot SiO_2$。熔剂性烧结料的主要固相反应产物是 $CaO \cdot Fe_2O_3$，而不是 $2CaO \cdot SiO_2$。这是因为 $CaO \cdot Fe_2O_3$ 开始形成的温度较低（500～700℃），尽管 CaO 与 SiO_2 的亲和力远比 CaO 与 Fe_2O_3 的亲和力大，但烧结料中 CaO 与 Fe_2O_3 接触的机会多，在相同温度下形成 $CaO \cdot Fe_2O_3$ 的速度比形成 $CaO \cdot SiO_2$ 的速度快，因此熔剂性烧结矿固相反应产物中 $CaO \cdot Fe_2O_3$ 居多。

由于 Fe_3O_4 不与 CaO 发生固相反应，只有 Fe_3O_4 氧化生成 Fe_2O_3 后才能生成 $CaO \cdot Fe_2O_3$，所以低燃料用量和强氧化气氛是固相反应生成 $CaO \cdot Fe_2O_3$ 的主要条件。固相产物不是烧结矿的矿物组分。固相产物熔点低，易熔化分解，烧结矿矿物组成取决于熔融物的结晶规律。

固相反应一般有以下 5 种类型：

$$MeO + C \longrightarrow Me + CO \quad \text{还原反应}$$

$$RO + R' \longrightarrow R'O + R \quad \text{置换反应}$$

$$RO + R_2O_3 \longrightarrow RO \cdot R_2O_3 \quad \text{化合物或共熔体}$$

$$mR_2O + nSiO_2 \longrightarrow mR_2O \cdot nSiO_2 \quad \text{化合物或共熔体}$$

$$R_mO_n + (m+n)C \longrightarrow mRC + nCO\uparrow \quad \text{还原反应}$$

固相反应速率随温度的提高而加快。反应速率常数为温度的函数，与颗粒的半径平方成反比，固相反应速率与反应物颗粒大小成反比；质点只局限在颗粒间的接触面上发生位移，其传递过程的速度小于液相内化学反应速率；固相反应速率较慢。但固相反应一旦开始，就会加快液相出现，也加快固相反应速率。

固相反应的最初产物是一种结晶构造最简单的化合物——不论反应物分子数之比如何，也不论反应物之间能形成多少种化合物；要想得到其组成与反应物数量相当的最终产物，需要很长的时间。对于烧结生产更有实际意义的是：有关固相反应开始的温度最初形成的产物。

CaO、Fe_2O_3 能生成铁酸钙（CF、C_2F、CF_2），固相反应只能是 $CaO+Fe_2O_3 \longrightarrow CaO \cdot Fe_2O_3$（500℃，520℃，600℃，610℃，650℃，675℃）；CaO、SiO_2 能生成 CS、C_3S_2、C_2S、C_3S，固相反应只能是 $2CaO+SiO_2 \longrightarrow 2CaO \cdot SiO_2$（500℃，600℃，690℃）

烧结料层主要成分：Fe_3O_4、Fe_2O_3、SiO_2、CaO（$CaCO_3$）、MgO、Al_2O_3，所发生的主要固相反应如图 4-2 所示。

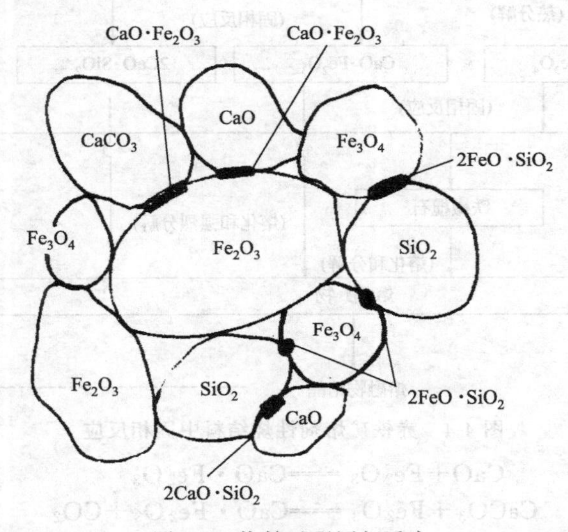

图 4-2 烧结过程固相反应

固相反应在燃料用量正常、稍高的条件下，随矿石类型、烧结料性质不同而不同，固相反应生成过程很复杂。

烧结 Fe_2O_3 类非熔剂性烧结料（图 4-3）：Fe_2O_3 被分解、还原为 Fe_3O_4、FeO；Fe_3O_4、FeO 与 SiO_2 在固相反应中形成 $2FeO \cdot SiO_2$：$2Fe_3O_4+3SiO_2+2CO = 3(2FeO \cdot$

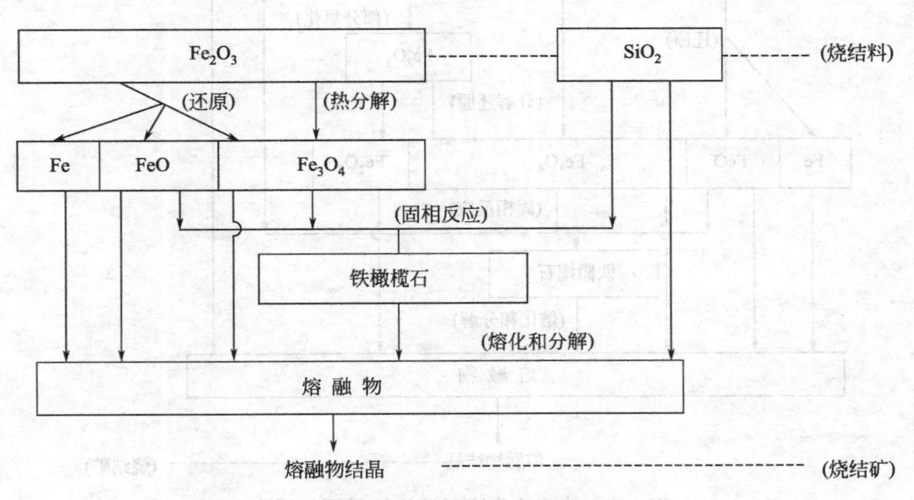

图 4-3 赤铁矿非熔剂性烧结料中固相反应

SiO_2）$+2CO_2$（高于1000～1100℃、还原气氛），液态的 $2FeO \cdot SiO_2$ 熔蚀体系中的 Fe_3O_4、FeO，未参与上述反应的 SiO_2 则转入熔融物中。

烧结 Fe_2O_3 类熔剂性烧结料（图 4-4）：Fe_2O_3 被分解、还原为 Fe_3O_4、FeO；Fe_3O_4、FeO 与 SiO_2 在固相反应中形成 $2FeO \cdot SiO_2$；液态的 $2FeO \cdot SiO_2$ 熔蚀 Fe_3O_4、FeO；CaO 与 SiO_2 固相反应形成 $2CaO \cdot SiO_2$；CaO 与 Fe_2O_3 固相反应形成 $CaO \cdot Fe_2O_3$（500～700℃较低的温度、较强的氧化性气氛、配炭量应低些），该固相反应的开始温度较低、Fe_3O_4 被氧化为 Fe_2O_3：

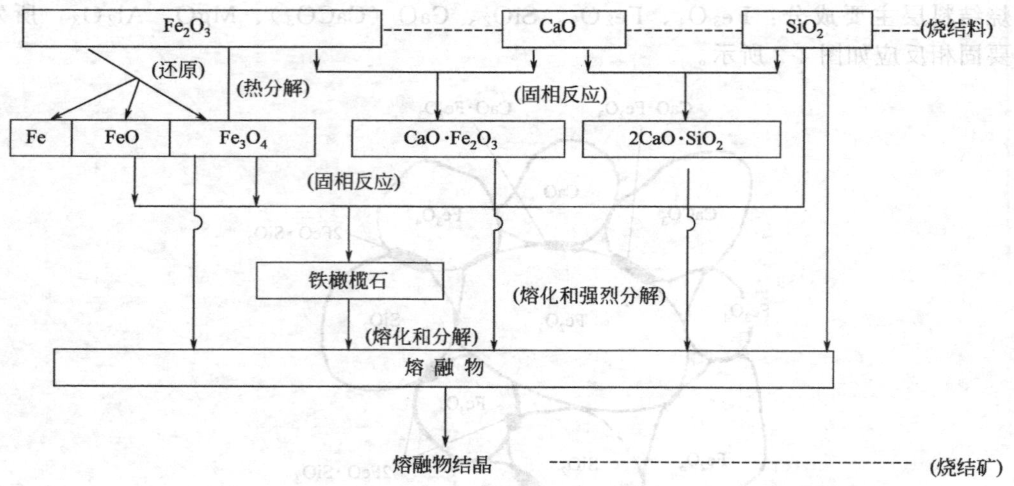

图 4-4　赤铁矿熔剂性烧结料中固相反应

$$CaO + Fe_2O_3 = CaO \cdot Fe_2O_3$$

$$CaCO_3 + Fe_2O_3 = CaO \cdot Fe_2O_3 + CO_2$$

它们熔融后形成多种分解产物，未参与上述反应的 SiO_2 也转入熔融物中，液相冷凝时结晶方式更为复杂。

烧结 Fe_3O_4——非熔剂性烧结料（图 4-5）：与烧结 Fe_2O_3 料所不同的是，存在着部分 Fe_3O_4 的氧化、还原、分解。

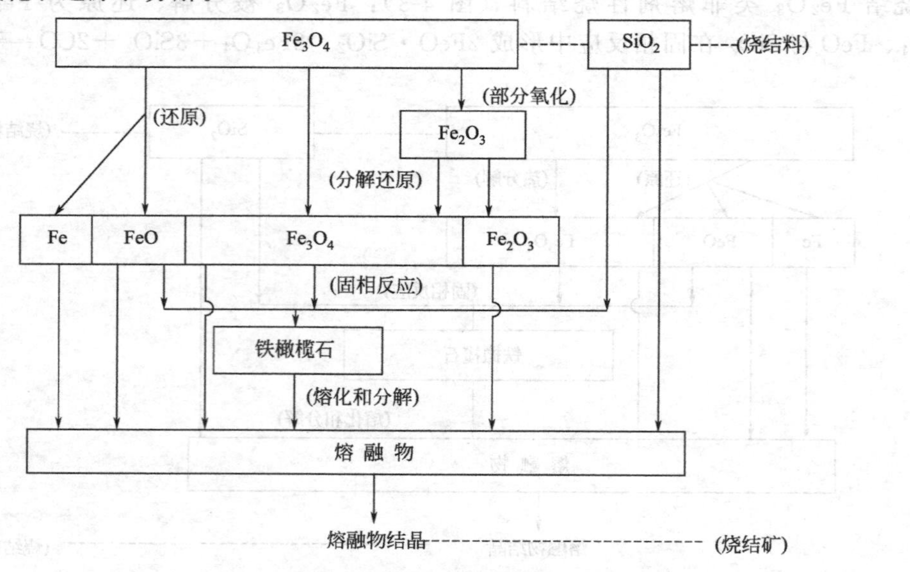

图 4-5　磁铁矿非熔剂性烧结料固相反应

烧结Fe_3O_4——熔剂性烧结料（图4-6）：由于CaO的存在和Fe_3O_4的变化，固相反应过程比以上几种都复杂。

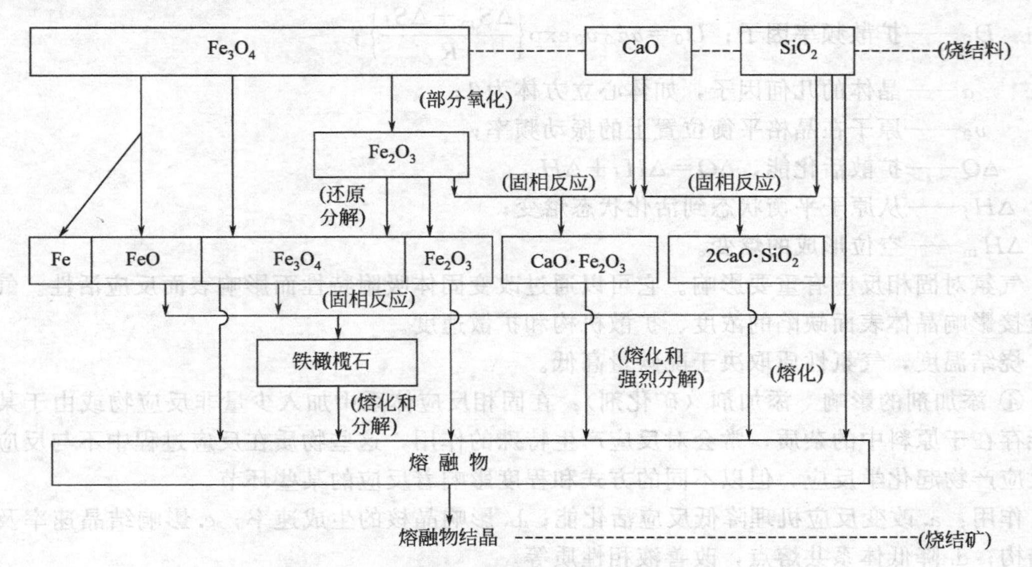

图4-6　磁铁矿熔剂性烧结料中固相反应

烧结熔剂性烧结料时，虽然CaO与SiO_2在500～600℃开始反应生成$2CaO·SiO_2$，但CaO与SiO_2的接触机会少，而CaO与Fe_2O_3的接触机会却多，故优先生成的是$CaO·Fe_2O_3$。只有碱度高、CaO过剩、配碳量高时，才会较多地形成$2CaO·SiO_2$。

固相反应产物不能决定烧结矿最终矿物成分。固相反应在烧结过程中的作用：①能促进原始烧结料所没有的易熔化的新物质的形成；②低熔点的物质开始熔化，加速液相生成速率；③也加快固相反应自身的速率，奠定液相产生的基础，使液相生成的温度降低，节能。

（4）影响烧结固相反应的因素　固相反应过程涉及相界面的化学反应和相内部或外部的物质扩散等若干环节，因此，除反应物的化学组成、特性和结构状态以及温度、压力等因素外，其他如：晶格活化、相变等都会促进物质内外传输，均会对反应起影响作用。

① 物料化学组成与结构的影响　反应物化学组成与结构是影响固相反应的内因，是决定反应方向和反应速率的重要因素。从热力学角度，在一定温度、压力条件下，反应向自由能减少（$\Delta G<0$）的方向进行。从结构的观点，反应物的结构状态、质点间的化学键性质以及各种缺陷浓度都将对反应速率产生影响。

粒度大小、颗粒接触面情况（如压料）决定着晶格被破坏的程度（缺陷情况、表面自由能情况），固相反应表面积的大小，反应物间接触情况的好坏，混合料空隙较大，接触条件较差。

② 反应物颗粒尺寸及分布的影响　在其他条件不变的情况下反应速率受到颗粒尺寸大小的强烈影响。反应速率常数值反比于颗粒半径平方。颗粒尺寸大小对反应速率的影响是通过改变反应界面和扩散界面以及改变颗粒表面结构等效应来完成的，颗粒尺寸越小，反应体系比表面积越大，反应界面和扩散界面也相应增加，因此反应速率增大。

③ 反应温度与气氛的影响　一般认为温度升高均有利于反应进行。这是因为温度升高，固体结构中质点热振动动能增大、反应能力和扩散能力均得到增强的原因所致。

对于化学反应，其反应速率常数：$K=A\exp\left\{-\dfrac{\Delta G_R}{RT}\right\}$

ΔG_R——反应活化能，kJ/mol。

对于扩散，其扩散系数：$D=D_0\exp\left\{-\dfrac{\Delta Q}{RT}\right\}$

式中　D_0——扩散频率因子；$D_0=\alpha a_0 v_0\exp\left\{\dfrac{\Delta S_m+\Delta S_f}{R}\right\}$；

α——晶体的几何因子，如体心立方体为1；

v_0——原子在晶格平衡位置上的振动频率；

ΔQ——扩散活化能，$\Delta Q=\Delta H_f+\Delta H_m$；

ΔH_f——从原子平衡状态到活化状态焓变；

ΔH_m——空位形成的焓变。

气氛对固相反应有重要影响。它可以通过改变固体吸附特性而影响表面反应活性。气氛可直接影响晶体表面缺陷的浓度、扩散机构和扩散速度。

烧结温度，气氛性质取决于配碳量高低。

④ 添加剂的影响　添加剂（矿化剂）：在固相反应体系中加入少量非反应物或由于某些可能存在于原料中的杂质，常会对反应产生特殊的作用，这些物质在反应过程中不与反应物或反应产物起化学反应，但以不同的方式和程度影响着反应的某些环节。

作用：a. 改变反应机理降低反应活化能；b. 影响晶核的生成速率；c. 影响结晶速率及晶格结构；d. 降低体系共熔点，改善液相性质等。

4.1.2　烧结过程液相的形成与结晶

在烧结过程中，由于烧结料的组成成分多，颗粒又互相紧密接触，当加热到一定温度时，各成分之间开始有了固相反应，在生成新的化合物之间、原烧结料各成分之间以及新生化合物和原成分之间存在低共熔点物质，使得在较低的温度下就生成液相（见表4-1），开始熔融。

例如 Fe_3O_4 的熔点为1597℃，SiO_2 的熔点为1713℃，而两固相接触界面的固相反应产物为 $2FeO\cdot SiO_2$，其熔化温度1205℃。当烧结温度达到该化合物的熔点时，即开始形成液相。

表 4-1　烧结过程中易熔化合物和共熔混合物的熔化温度

系　统	液　相　特　性	熔化温度/℃
SiO_2-FeO	$2FeO\cdot SiO_2$	1205
	$2FeO\cdot SiO_2$-SiO_2 共晶混合物	1178
	$2FeO\cdot SiO_2$-FeO 共晶混合物	1177
Fe_3O_4-$2FeO\cdot SiO_2$	$2FeO\cdot SiO_2$-Fe_3O_4 共晶混合物	1142
MnO-SiO_2	$2MnO\cdot SiO_2$ 异分熔化点	1323
MnO-Mn_2O_3-SiO_2	MnO-Mn_3O_4、$2MnO\cdot SiO_2$ 共晶混合物	1303
$2FeO\cdot SiO_2$-$2CaO\cdot SiO_2$	钙铁橄榄石 $CaO_x\cdot FeO_{2-x}\cdot SiO_2$，$x=0.19$	1150
$2CaO\cdot SiO_2$-FeO	$2CaO\cdot SiO_2$-FeO 共晶混合物	1280
$CaO\cdot Fe_2O_3$	$CaO\cdot Fe_2O_3\longrightarrow$液相$+2CaO\cdot Fe_2O_3$（异分熔化点）	1216
	$CaO\cdot Fe_2O_3$-$CaO\cdot 2Fe_2O_3$（共晶混合物）	1200
Fe-Fe_2O_3-CaO	(18%CaO+82%FeO)-$2CaO\cdot Fe_2O_3$ 固溶体共晶混合物	1140
Fe_3O_4-Fe_2O_3-$CaO\cdot Fe_2O_3$	Fe_3O_4-$CaO\cdot Fe_2O_3$；Fe_3O_4-$2CaO\cdot Fe_2O_3$	1180
Fe_2O_3-$CaO\cdot SiO_2$	$2CaO\cdot SiO_2$-$CaO\cdot Fe_2O_3$-$CaO\cdot 2Fe_2O_3$ 共晶混合物	1192

（1）液相的形成过程

初生液相　在固相反应所生成的、原先不存在的、新生的低熔点化合物处，随着温度升高，首先出现初期液相。

低熔点化合物加速形成　由于温度升高、初期液相的促进作用（扩散加快），低熔点化合物在熔化时，一部分分解成简单化合物，一部分熔化成液相。

液相扩展　液态低熔点化合物熔蚀料中固体高熔点矿物，使高熔点矿物熔点降低，矿粉颗粒周边被熔融，形成低共熔混合物液相。

液相反应　液相中的成分在高温下进行置换反应、氧化还原反应产生气泡，推动炭粒到气流中燃烧。

液相同化　通过液相的黏性、塑性流动传热，使烧结过程温度、成分均匀化。

(2) 液相形成在烧结过程中的主要作用

液相是烧结矿的粘结相，将未熔的固体颗粒粘结成块，保证烧结矿具有一定的强度。

液相具有一定的流动性，可进行黏性或塑性流动传热，使高温熔融带的温度和成分均匀，液相反应后的烧结矿化学成分均匀化。

液相保证固体燃料充分燃烧，大部分固体燃料是在液相形成后燃烧完毕的，液相的数量和黏度应能保证燃料不断地显露到氧位较高的气流孔道附近，在较短的时期内燃烧完毕。

液相能润湿未熔的矿粒表面，产生一定的表面张力将矿粒拉紧，使其冷凝后具有强度。

从液相中形成并析出烧结料中所没有的新生矿物，这种新生矿物有利于改善烧结矿的强度和还原性。

液相数量多少为最佳，还有待与进一步研究，一般认为应有50%～70%的固体颗粒不熔，以保证高温带的透气性，而且要求液相黏度低，具有良好的润湿性。

(3) 影响液相形成量的主要因素

烧结温度　随着烧结温度提高，液相量增加。

烧结矿碱度　液相量随碱度提高而增加，甚至可以说，碱度是影响液相量和液相类型的主要因素。

烧结气氛　烧结过程中的气氛，直接控制烧结过程铁氧化物的氧化还原方向，随着焦炭用量增加，烧结过程的气氛向还原气氛发展，铁的高价氧化物还原成低价氧化物，FeO增多。一般来说，其熔点下降，易生成液相。

烧结混合料的化学成分

a. SiO_2 含量　烧结料中 SiO_2 含量增加，很容易形成硅酸盐低熔点液相，液相增加。一般希望 SiO_2 含量不低于5%。SiO_2 含量过高则液相过多，过低则液相量不足。

b. Al_2O_3 含量　主要由矿石和固体燃料灰分带入，有使熔点降低的趋势。

c. MgO 含量　主要由白云石等熔剂带入，有使熔点升高的趋势，但MgO能改善烧结矿低温还原粉化现象。

(4) 液相的物理化学性质　液相的性质主要是液相的流动性和液相的润湿性。烧结矿的结构强度决定于含铁矿物和粘结相的自身强度以及两者之间的接触度（或相间强度）。前者同物质的内聚功（$W_{内}$）有关，后者同相间的附着功（$W_{附}$）有关。

$W_{内}=2\sigma\times10^{-7}\mathrm{J/cm^2}$。$\sigma$ 为物质的表面张力。

$W_{附}=\sigma_{1、2}(1+\cos\theta)$。

式中，$\sigma_{1、2}$ 为1、2相间张力，若1、2为液、固相，则为液固相间张力；θ 为液固相之间的润湿角。

(5) 液相的冷凝　高熔点的铁氧化物（Fe_3O_4、Fe_2O_3）在冷却时首先析出；然后，它们周围是低熔点化合物和共晶混合物析出，质点从液态的无序排列过渡到固态的有序排列，体系自由能降低到趋于稳定状态。由于冷却速度快，结晶能力差的矿物就以非晶质（又称玻璃相）存在。

冷却速度是影响冷却过程的主要因素。料层中不同部位的冷却速度差别很大，烧结矿表层温度下降快，冷却速度过快，结晶来不及发展，易形成无一定结晶形状易破碎的玻璃质，这是表层烧结矿强度低的重要原因。冷却太慢也降低烧结机产量，造成烧结矿卸下时温度太高，给胶带运输带来困难。

冷却速度受料层透气性、抽风速度及抽风量的影响。料层透气性好，抽风量大，冷却速度就快。解决冷却速度与烧结矿强度矛盾的有效途径是，既改善料层透气性，又增加料层厚度，这样既可维持烧结速度，又使表层强度差的烧结矿比例减少，产量、质量都得到保证。

4.1.3 烧结过程中的液相体系

（1）硅酸铁体系（$FeO-SiO_2$） 硅酸铁体系液相是烧结矿固结的主要粘结相。在非熔剂性烧结矿的形成过程中，铁橄榄石（$FeO \cdot SiO_2$）数量是保证烧结矿强度的必要条件，但生成量过多时，烧结矿还原性变差、强度也有变脆的趋势。铁橄榄石的生成条件：较高的温度；还原性气氛；其数量的多少决定于原料中 FeO 和 SiO_2 的含量。

如图 4-7 所示，Fe_3O_4 在 $2FeO \cdot SiO_2$ 体系中溶解，首先降低 $2FeO \cdot SiO_2$ 的熔点，在 Fe_3O_4 为 17%，$2FeO \cdot SiO_2$ 为 83%时的熔点为 1184℃，随着 Fe_3O_4 逐渐熔入液相，液相熔点逐步升高。

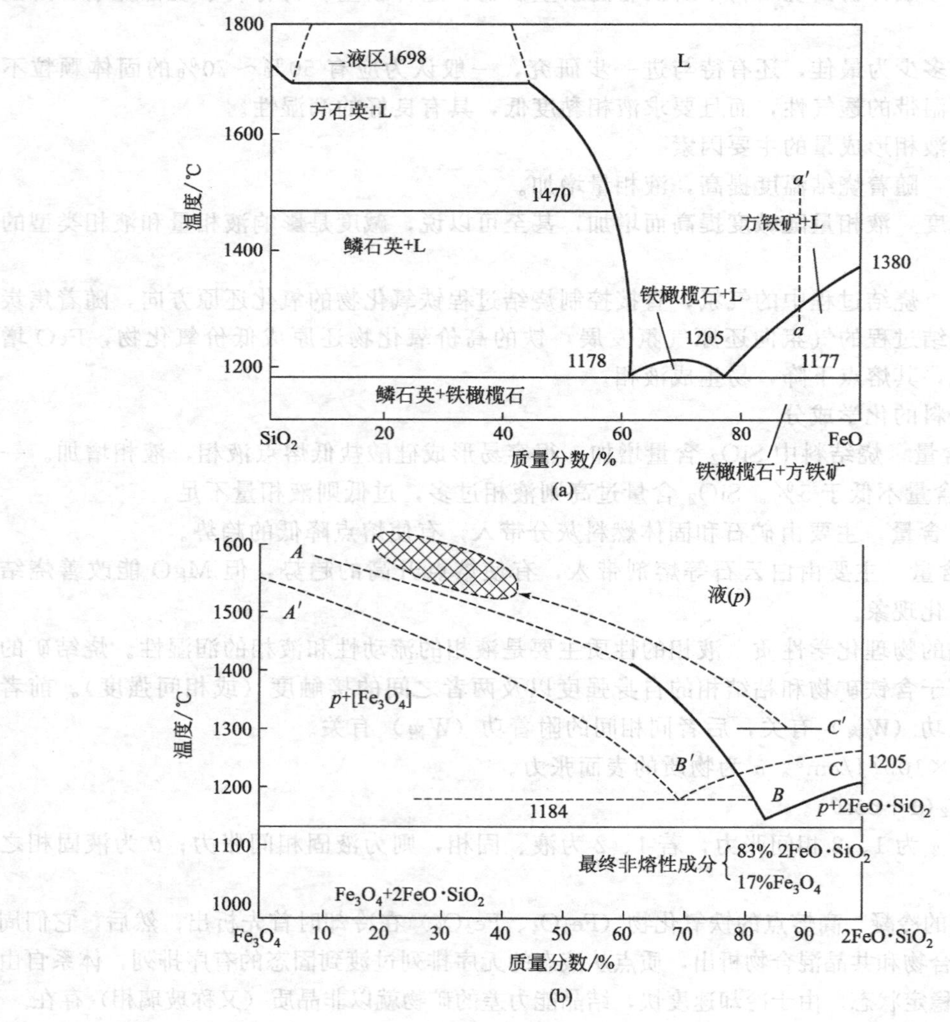

图 4-7 硅酸铁体系（$FeO-SiO_2$）

$FeO-SiO_2$ 体系有一个稳定的低熔点化合物——$2FeO \cdot SiO_2$，$2FeO \cdot SiO_2$ 熔点为1205℃，其成分为 FeO 70.5%，SiO_2 29.5%。$2FeO \cdot SiO_2$-FeO 的共晶温度为1177℃，其成分为 FeO 76%，SiO_2 24%；$2FeO \cdot SiO_2$-SiO_2 的共晶温度为 1178℃，其成分为 FeO 62%，SiO_2 38%。在正常燃料用量下：对于非熔剂性烧结料，烧结料中的 SiO_2 约 80%被矿化进入铁橄榄石；对于熔剂性烧结料，烧结料中的 SiO_2 几乎 100%被矿化。

（2）硅酸钙体系（$CaO-SiO_2$） 生产熔剂性烧结矿，烧结料中加入较多的石灰石或生石灰时，CaO 与矿粉中的 SiO_2 作用，可形成硅酸钙体系的液相（图 4-8）。

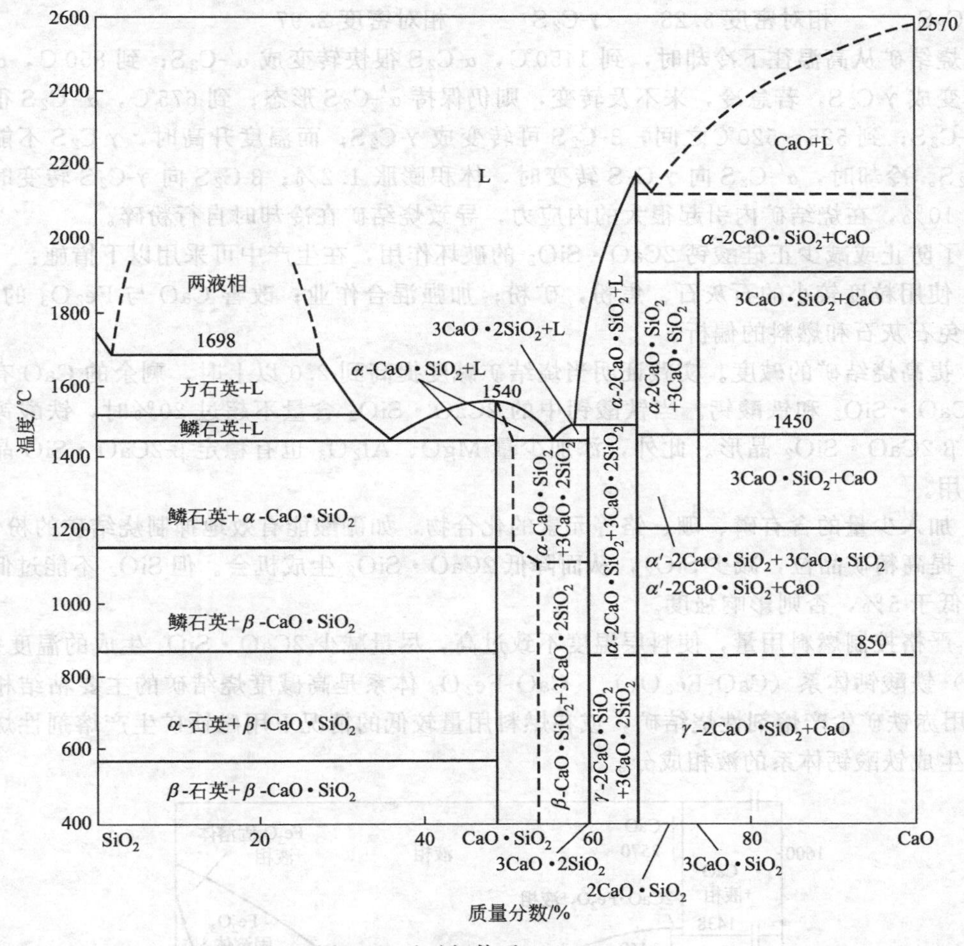

图 4-8 硅酸钙体系（$CaO-SiO_2$）

SiO_2-$CaO \cdot SiO_2$ 共晶混合物的熔点为 1436℃，$CaO \cdot SiO_2$（硅灰石）的熔点 1544℃，$CaO \cdot SiO_2$-$3CaO \cdot 2SiO_2$ 共晶混合物的熔点为 1460℃（1455℃），$3CaO \cdot 2SiO_2$（硅钙石）的熔点为 1478℃，在 1460℃分解，分解产物为：液相＋C_2S，属于异分化合物，$2CaO \cdot SiO_2$（正硅酸钙）熔点为 2130℃，$2CaO \cdot SiO_2$-CaO 共晶混合物熔点为 2065℃（2100℃），$3CaO \cdot SiO_2$（硅酸三钙）熔点为 1900℃，在 1250～2070℃范围内稳定存在。高温 2070℃下分解成：液相＋CaO；低温 1250℃下分解成：α-$2CaO \cdot SiO_2$＋CaO。该体系的固相反应最初产物为 $2CaO \cdot SiO_2$。

硅酸钙体系的特点：熔化温度都很高，最低也在 1436℃以上，因此，在烧结条件下不可能熔化形成一定数量的液相，故不能成为烧结料的主要粘结相。$2CaO \cdot SiO_2$ 熔化温度虽然很高，但它是该体系中固相反应的最初产物，在500～600℃下即开始出现，转入熔体中后不分解，因此在烧结矿中可能存在 $2CaO \cdot SiO_2$ 矿物，它的存在将影响烧结矿的强度。这是因为 $2CaO \cdot SiO_2$ 在冷却时，发生晶形转变。$2CaO \cdot SiO_2$ 在不同温度下有α、α′、β、γ四种晶形，$2CaO \cdot SiO_2$ 冷却时晶形变化：

$$\alpha\text{-}2CaO \cdot SiO_2 \xrightarrow{1436℃} \beta\text{-}2CaO \cdot SiO_2 \xrightarrow{675℃} \gamma\text{-}2CaO \cdot SiO_2$$

其中 $\beta\text{-}C_2S$ 为介稳定型，具有对 $\gamma\text{-}C_2S$ 的单变性。

$\alpha\text{-}C_2S$	相对密度 3.07	$\alpha'\text{-}C_2S$	相对密度 3.31
$\beta\text{-}C_2S$	相对密度 3.28	$\gamma\text{-}C_2S$	相对密度 2.97

当烧结矿从高温往下冷却时，到1450℃，$\alpha\text{-}C_2S$ 很快转变成 $\alpha'\text{-}C_2S$；到850℃，$\alpha'\text{-}C_2S$ 很快转变成 $\gamma\text{-}C_2S$，若急冷，来不及转变，则仍保持 $\alpha'\text{-}C_2S$ 形态；到675℃，$\alpha'\text{-}C_2S$ 很快转变成 $\beta\text{-}C_2S$；到525～520℃之间，$\beta\text{-}C_2S$ 可转变成 $\gamma\text{-}C_2S$；而温度升高时，$\gamma\text{-}C_2S$ 不能转变成 $\beta\text{-}C_2S$。冷却时，$\alpha'\text{-}C_2S$ 向 $\gamma\text{-}C_2S$ 转变时，体积膨胀1.2%；$\beta\text{-}C_2S$ 向 $\gamma\text{-}C_2S$ 转变时，体积膨胀10%，在烧结矿内引起很大的内应力，导致烧结矿在冷却时自行粉碎。

为了防止或减少正硅酸钙 $2CaO \cdot SiO_2$ 的破坏作用，在生产中可采用以下措施：

① 使用粒度较小的石灰石、焦粉，矿粉；加强混合作业；改善 CaO 与 Fe_2O_3 的接触，尽量避免石灰石和燃料的偏析。

② 提高烧结矿的碱度。实践证明当烧结矿碱度提高到2.0以上时，剩余的CaO有助于形成 $3CaO \cdot SiO_2$ 和铁酸钙。当铁酸钙中的 $2CaO \cdot SiO_2$ 含量不超过20%时，铁酸钙能稳定生成 $\beta\text{-}2CaO \cdot SiO_2$ 晶形。此外，添加少量MgO、Al_2O_3 也有稳定 $\beta\text{-}2CaO \cdot SiO$ 晶形转变的作用。

③ 加入少量的含有磷、硼、铬等元素的化合物，如硼酸能有效地抑制烧结矿的粉化。

④ 提高精矿品位，减少 SiO_2，从而降低 $2CaO \cdot SiO_2$ 生成机会。但 SiO_2 不能过低，一般不能低于5%，否则影响强度。

⑤ 严格控制燃料用量，使料层温度不致过高，尽量减少 $2CaO \cdot SiO_2$ 生成的温度条件。

（3）铁酸钙体系（$CaO\text{-}Fe_2O_3$）　$CaO\text{-}Fe_2O_3$ 体系是高碱度烧结矿的主要粘结相（图4-9）。用赤铁矿生产熔剂性烧结矿，或在燃料用量较低的情况下用磁铁矿生产熔剂性烧结矿时，可生成铁酸钙体系的液相成分。

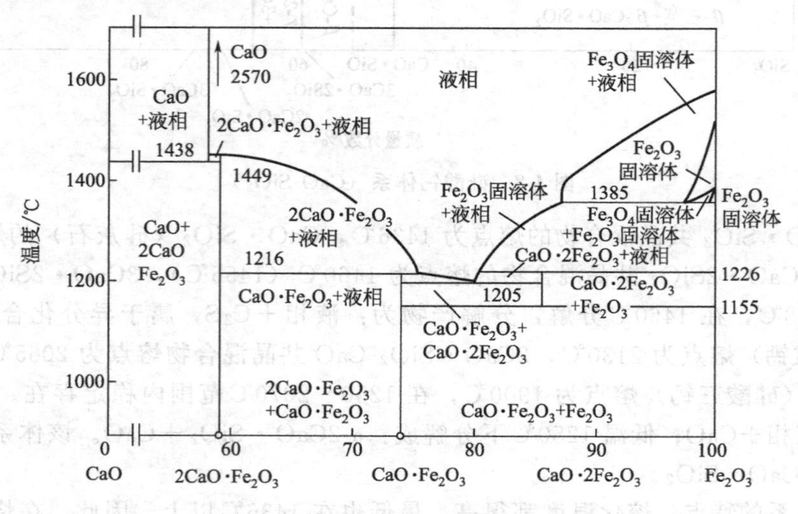

图4-9　铁酸钙体系（$CaO\text{-}Fe_2O_3$）

$2CaO \cdot Fe_2O_3$ 的熔点为1449℃（同分化合物），$CaO \cdot Fe_2O_3$ 的熔点为1216℃，$CaO \cdot Fe_2O_3$-$CaO \cdot 2Fe_2O_3$ 的共熔点1155℃，$CaO \cdot 2Fe_2O_3$ 的熔点为1226℃，铁酸钙只能在1155～1226℃间稳定存在（异分熔化），该体系的固相反应产物为 $CaO \cdot Fe_2O_3$。$CaO \cdot Fe_2O_3$ 熔化后，体系中CaO、Fe_2O_3 的熔解都使其液相熔点升高，在 $CaO \cdot Fe_2O_3$ 到 Fe_2O_3 之间，开始熔化温度较低（1205～1226℃）。该体系液相的特点是：

① 熔化温度低，易产生液相。

② $CaO \cdot Fe_2O_3$ 不仅熔点低，而且生成速率快，它在500～700℃时就开始出现，并是固相反应的最初产物，随温度升高，反应速率加快。烧结矿碱度不很高时，主要生成物是 $CaO \cdot Fe_2O_3$，当碱度达到2.0左右时，开始出现 $2CaO \cdot Fe_2O_3$。

③ 当烧结料层中出现熔体时，由于熔体中CaO与 SiO_2 的亲和力远大于CaO与 Fe_2O_3 的亲和力，故当温度较高，最初以 $CaO \cdot Fe_2O_3$ 进入熔体中的 Fe_2O_3 将被 SiO_2 分解出来，甚至被还原成FeO，只有在CaO含量高的情况下，才会保留较多的铁酸钙晶体。以铁酸钙作烧结矿的主要粘结相时，烧结矿的强度和还原性都很好，这就是获得铁酸钙体系液相的重要意义。

铁酸钙理论：铁酸钙是一种强度高、还原性好的粘结相，高铁低硅矿粉生产的高碱度烧结矿主要依靠铁酸钙为粘结相，固相反应从500～700℃开始，Fe_2O_3 和CaO形成铁酸钙，温度升高，反应速率大大加快，形成 $CaO \cdot Fe_2O_3$ 体系不需要高温和多的燃料，就能获得足够的液相，碱度小于1.0的烧结矿中几乎不存在铁酸钙。在生产高碱度烧结矿时，铁酸钙液相才能起主要作用；在生产中应力求铁酸钙体系液相生成，获得铁酸钙体系液相的条件：

① 烧结温度较低，氧化性气氛较强。

② 烧结料碱度高，因为过多的CaO才能保留较多的 $CaO \cdot Fe_2O_3$，否则熔化后，$CaO \cdot Fe_2O$ 会和 SiO_2 反应，生成 $2CaO \cdot SiO_2$。

③ 石灰石粒度细并混合均匀。由于生成 $CaO \cdot Fe_2O_3$ 需要 Fe_2O_3，故烧结赤铁矿粉比烧结磁铁矿粉更有利于该体系的形成。

(4) 钙铁橄榄石体系（CaO-FeO-SiO_2） 生产熔剂性烧结矿，当燃料配用较多，烧结温度高，还原性气氛强时，引起铁氧化物的分解、还原，生成FeO，在此情况下，可形成钙铁橄榄石体系的液相成分。

钙铁橄榄石	$CaO \cdot FeO \cdot SiO_2$	熔点1208℃
钙铁辉石	$CaO \cdot FeO \cdot 2SiO_2$	熔点1150℃
铁黄长石	$2CaO \cdot FeO \cdot SiO_2$	熔点1280℃
钙铁方柱石	$2CaO \cdot FeO \cdot 2SiO_2$	熔点1190℃

这些化合物的特点是：能形成一系列的固溶体，并产生复杂的化学变化和分解作用，加入少量CaO到FeO的硅酸盐中，熔化温度大为降低。虽然钙铁橄榄石的生成条件与铁橄榄石相似，需要高温和还原性气氛，但钙铁橄榄石体系的熔化温度比铁橄榄石体系的低，且液相的黏度较小。烧结熔剂性物料的气流阻力比烧结非熔剂性物料的要小，能改善透气性，易形成薄壁大孔结构，使烧结矿变脆。

(5) 钙镁橄榄石体系（CaO-MgO-SiO_2） 烧结熔剂性烧结矿时，除配加石灰石外，还常加入白云石，烧结料中含有MgO，因此，可能出现钙镁橄榄石体系的液相成分。

钙镁橄榄石	$CaO \cdot MgO \cdot SiO_2$	熔点1490℃
透辉石	$CaO \cdot MgO \cdot 2SiO_2$	熔点1391℃
镁黄长石	$2CaO \cdot MgO \cdot 2SiO_2$	熔点1454℃
镁蔷薇辉石	$3CaO \cdot MgO \cdot 2SiO_2$	熔点1570℃

镁橄榄石　　$2MgO \cdot SiO_2$　　熔点 1890℃

偏硅酸镁　　$MgO \cdot SiO_2$　　熔点 1557℃

体系中加入适量的 MgO：可使硅酸盐的熔化温度降低、增加烧结料层中的液相数量，生成钙镁橄榄石 CMS、镁黄长石 C_2MS_2，就减少生成 C_2S、F_2S、CFS，稳定 β-C_2S 部分高熔点钙镁橄榄石矿物不能熔化，冷却时成为结晶核心，减少玻璃质形成。

(6) 铁钙铝硅酸盐体系（CaO-SiO_2-Al_2O_3-FeO）　当矿粉中含 Al_2O_3 较高时，可形成含铝的硅酸盐矿物，如铝黄长石（$2CaO \cdot Al_2O_3 \cdot SiO_2$）、铁铝酸四钙（$4CaO \cdot Al_2O_3 \cdot Fe_2O_3$）及铝酸钙与铁酸钙的固溶体（$CaO \cdot Al_2O_3$-$CaO \cdot Fe_2O_3$）等。

Al_2O_3 的存在对改善烧结矿的性质有良好的作用：

① 它可降低烧结料的熔化温度，从而增加液相数量；

② 形成铝黄长石可减少或消除 β-C_2S 的生成并提高正硅酸钙开始出现的碱度，能提高液相的表面张力，降低其黏度，促进氧离子的扩散，有助于铁氧化物的氧化，利于铁酸钙的生成。因此，富含 Al_2O_3 的烧结矿强度较好，不易粉化。

由于烧结料成分复杂，烧结工艺因素多变，故烧结过程中，可能出现的液相成分还要复杂多样。在烧结生产中，应积极创造条件，促进有利于改善烧结矿强度与还原性的液相成分生成，而采取抑制措施，尽量减少或避免有损烧结矿质量的液相成分出现。

根据烧结原料组成特性，可以确定烧结过程中主要液相体系粘结相类型，这些体系成为烧结固结的基础（图 4-10）。

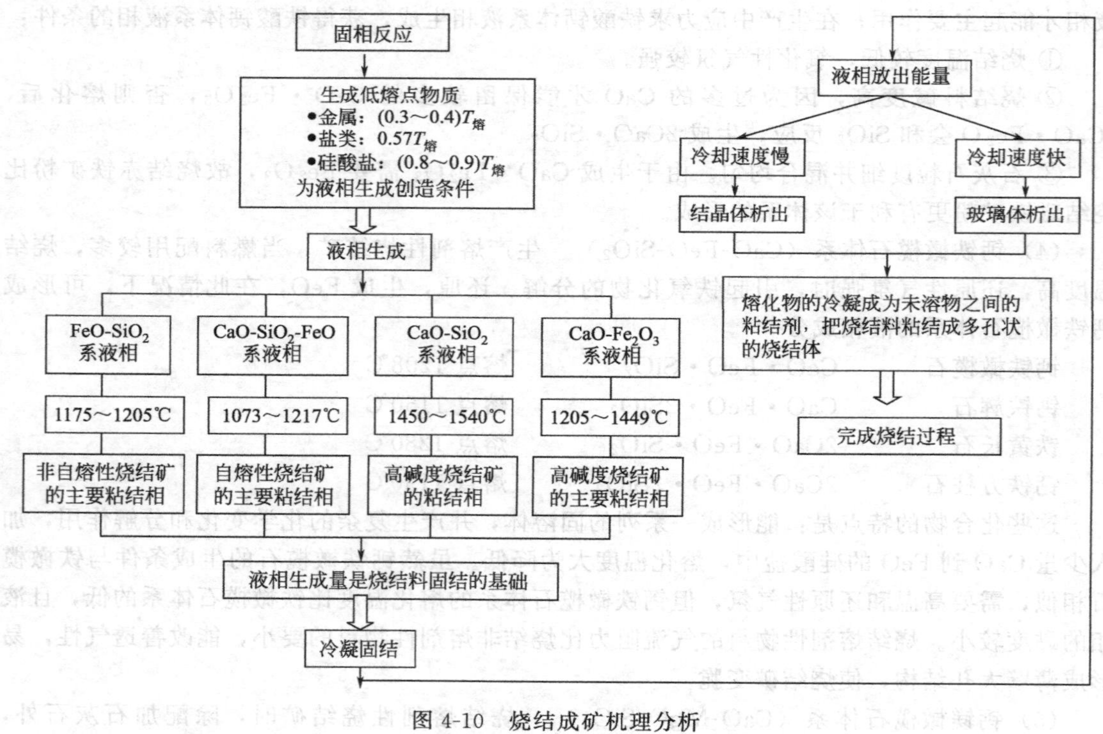

图 4-10　烧结成矿机理分析

4.2　烧结矿的矿物组成与结构

烧结矿是烧结过程的最终产物，是许多种矿物的复合体，矿物组成非常复杂。影响烧结矿矿物组成的因素包括：燃料用量、烧结矿碱度、脉石成分和添加物种类以及操作工艺条件等。烧结矿中各矿物通过自身的强度和还原性影响烧结矿的强度和还原性。碱度为1.1的现场烧结矿结构见图4-11，单元烧结体形成示意见图4-12。

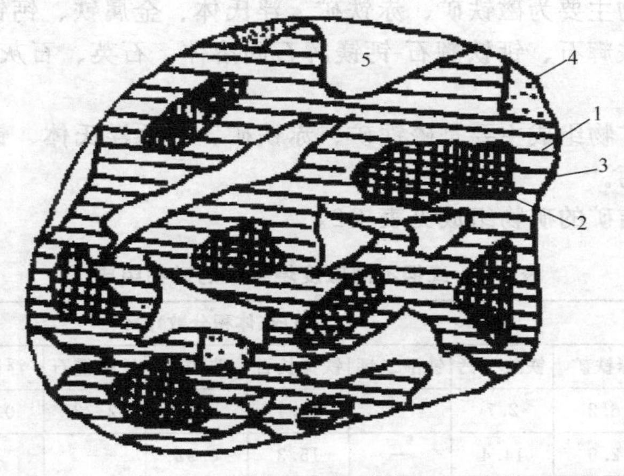

图4-11　碱度为1.1的现场烧结矿结构（8个单元烧结体）

1—边缘区，由95%～96%磁铁矿和5%～10%钙铁橄榄石和玻璃组成；2—中间区，由50%～90%磁铁矿10%～15%钙铁橄榄石和玻璃组成；3—中心区，由30%～50%磁铁矿和50%～70%钙铁橄榄石和玻璃组成的硅酸盐“糊”；4—原生赤铁矿；5—大气孔

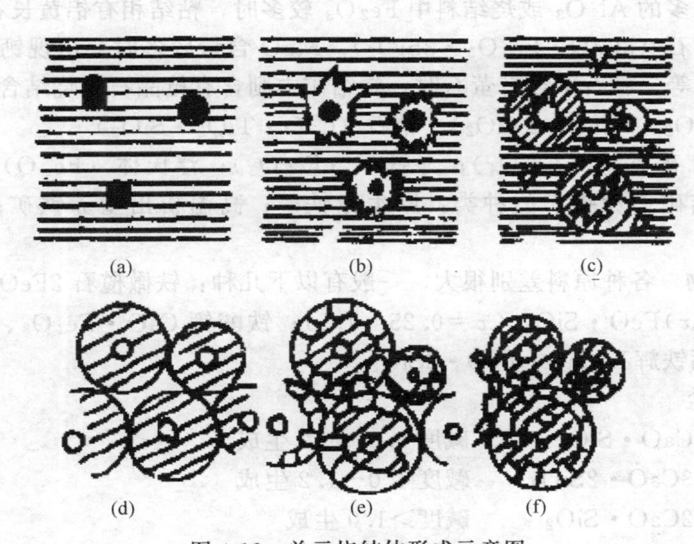

图4-12　单元烧结体形成示意图

(a) 在烧结料中的燃料颗粒；(b) 燃烧开始；(c)，(d) 燃烧体周围生成液滴和产生收缩；(e) 燃烧体边缘开始结晶；(f) 中心区结晶后的烧结体

烧结矿的质量好坏由其物理性能（强度）、冶金性能（还原性、还原粉化率、熔滴性能）反映，而这些性能与烧结矿的矿物组成和结构有密切关系，因此，研究烧结矿物组成、结构，对研究和控制烧结矿的品质，有十分重要的意义。

目前对烧结矿矿物及其结构研究的方法很多。常用显微镜观察，据矿物晶形和光学性质不同，鉴定烧结矿的矿物组成和结构，是重要的方法之一。

4.2.1　烧结矿的矿物组成与结构

(1) 烧结矿的矿物组成　烧结矿的矿物组成随原料及烧结工艺条件（如碱度、配碳量）不同而变化：

酸性烧结矿矿物主要为磁铁矿、赤铁矿、浮氏体、金属铁、铁橄榄石、钙铁橄榄石、玻璃体、铁酸钙、硅钙石、石英等；主要胶结物为铁橄榄石和少量的钙铁橄榄石、玻璃体等。

自熔性烧结矿矿物主要为磁铁矿、赤铁矿、浮氏体、金属铁、钙铁橄榄石、橄榄石类、铁酸钙、硅酸钙、钙铁辉石、钙铁辉石-钙镁辉石固溶体、石英、石灰等；胶质物为钙铁橄榄石、玻璃体等。

高碱度烧结矿的矿物组成主要是磁铁矿、赤铁矿、钙质浮氏体、铁酸钙和硅酸二钙等；主要胶质物为铁酸二钙。

武钢不同碱度烧结矿的矿物组成见表 4-2。

表 4-2　武钢不同碱度烧结矿的矿物组成

烧结矿碱度	矿物组成(体积分数)/%									
	磁铁矿	赤铁矿	铁酸一钙	铁酸二钙	铁黄长石	硅酸钙	铁橄榄石	浮氏体	金属铁	玻璃质
0.8	57.5	6.2	2.7	—	13.1	—	2.73	0.18	—	17.4
1.3	48.3	2.9	14.4	—	15.3	0.92	—	—	0.1	18.0
2.4	34.6	0.2	29.1	4.4	10.9	4.44	—	—	—	16.2
3.5	27.6	0.2	39.3	9.3	10.7	7.51	—	—	0.3	7.3

脉石中含有较多的 Al_2O_3 或烧结料中 Fe_2O_3 较多时，粘结相有铝黄长石、铁铝酸四钙、铁黄长石、钙铁榴石（$3CaO \cdot Fe_2O_3 \cdot 3SiO_2$）。MgO 含量较多时会出现钙镁橄榄石、镁黄长石、镁蔷薇辉石等。脉石中含有萤石时，烧结矿中则含有枪晶石。烧结含钛铁矿时会出现钙钛石（$CaO \cdot TiO_2$，$3CaO \cdot 2TiO_2$）、榍石（$CaO \cdot TiO_2 \cdot SiO_2$）

① 含铁矿物　磁铁矿（Fe_3O_4）；赤铁矿（Fe_2O_3）；浮氏体（Fe_xO）——正常烧结，没有浮氏体。烧结矿中赤铁矿的种类：原生赤铁矿；高温析出型赤铁矿；冷却氧化型赤铁矿。

② 粘结相矿物　各种原料差别很大，一般有以下几种：铁橄榄石 $2FeO \cdot SiO_2$；钙铁橄榄石 $xCaO \cdot (2-x)FeO \cdot SiO_2$（$x=0.25 \sim 1.5$）；铁酸钙 $CaO \cdot Fe_2O_3$、$2CaO \cdot Fe_2O_3$、$CaO \cdot 2Fe_2O_3$；钙铁辉石 $CaO \cdot FeO \cdot 2SiO_2$。

③ 其他硅酸盐

硅灰石　$CaO \cdot SiO_2$　碱度 1.0～1.2 生成

硅钙石　$3CaO \cdot 2SiO_2$　碱度 1.0～1.2 生成

正硅酸钙　$2CaO \cdot SiO_2$　碱度＞1.0 生成

硅酸三钙　$3CaO \cdot SiO_2$　高碱度生成

④ 含 Al_2O_3 的矿物　含有 Al_2O_3 时，烧结矿粘结相矿物有：

铝黄长石　$2CaO \cdot Al_2O_3 \cdot SiO_2$

铁铝酸四钙　$4CaO \cdot Al_2O_3 \cdot Fe_2O_3$

⑤ 含 MgO 的矿物

钙镁橄榄石　$CaO \cdot MgO \cdot SiO_2$

镁黄长石　$2CaO \cdot MgO \cdot 2SiO_2$

镁蔷薇辉石　$3CaO \cdot MgO \cdot 2SiO_2$

⑥ 其他　磷酸钙；斯氏体（磷化物共晶体）；游离 SiO_2；游离 CaO。

烧结矿中主要矿物的性质特征：磁铁矿、赤铁矿、铁酸一钙、铁橄榄石有较高强度，其次为钙铁橄榄石和铁酸二钙，最差的是玻璃相。赤铁矿、磁铁矿和铁酸一钙容易还原，铁酸二钙还原性较差，玻璃体、钙铁橄榄石、钙铁辉石，特别是铁橄榄石难以还原，如表4-3所示。烧结矿中以强度好的组分为主要粘结相，烧结矿的强度就好。以还原性好的组分为主要粘结相，且气孔率高、晶粒嵌布松弛、裂纹多的烧结矿易还原。

表4-3　烧结矿主要矿物性质

矿物名称	抗压强度/(kgf/cm^2)①	还原率/%	还原粉化性	荷重软化性
Fe_3O_4	36.9	26.7	无	1
Fe_2O_3	26.7	49.9	一般烧结矿含10%～28% Fe_2O_3 则发生异常粉化	
$C_xF_{2-x}S$				
$x=0$	20	1.0	无	3
$x=0.25$	26.5	21		
$x=0.5$	56.6	27		
$x=1.0$	23.3	6.6		
$x=1.0$(玻璃相)	4.6	3.1	无	4
$x=1.5$	10.2	4.2		
C_yF				
$y=1$	37.6	40.1	无	2
$y=2$	14.2	28.5		

① $1kgf/cm^2=98.0665kPa$。

单体矿物的还原性次序为：Fe_2O_3→CF→C_2F→Fe_3O_4→CFS（$x=0.25$、0.5）→玻璃质→F_2S；

单体矿物的抗压强度次序为：CFS（$x=0.5$）→Fe_3O_4→CF→Fe_2O_3→CFS（$x=0.25$、1.0）→F_2S→C_2F→玻璃质；

单体矿物的软化性能次序为：Fe_3O_4→CF→C_2F→玻璃质。

(2) 烧结矿的结构

① 宏观结构　宏观结构是指烧结矿的外观特征，用肉眼来判断烧结矿空隙的大小，孔隙分布及孔壁的厚薄。

a. 石头状体：燃料用量更高，气孔度很小。

b. 粗孔蜂窝状结构：燃料用量大，液相数量多，液相黏度小，粗孔，熔融的光滑表面，强度低。

c. 微孔海绵状结构：燃料用量适量，液相量30%左右，液相黏度较大，强度高，还原性好。

d. 松散状结构：燃料用量低，液相数量少，颗粒仅点接触粘结，强度低。

一般来说微孔海绵状结构的烧结矿，强度和还原性都好，是理想的宏观结构。燃料用量适中和各种操作条件都合适时，可以得到这种条件的烧结矿。当燃料用量偏高和液相数量偏多时出现粗孔蜂窝状结构，有熔融而光滑的表面，其还原性和强度都有所降低。如果燃料用量过多，造成过熔，则出现气孔很少的石头状烧结矿，强度好，但还原性很差。相同的燃料用量下，液相黏度低时形成微孔结构，黏度高时形成粗孔结构。

② 微观结构　在显微镜下观察所见到的烧结矿矿物结晶颗粒的形状、相对大小及它们相互结合排列的关系，见表4-4。

表 4-4　铁矿物和粘结相组成的常见显微结构

斑状结构	首先结晶出自形、半自形晶的磁铁矿，呈斑晶状与较细粒粘结相或玻璃质结合而成
粒状结构	首先结晶出的磁铁矿晶粒，因冷却较快，多呈半自形或他形晶，与粘结相结合而成
骸晶结构	早期结晶的磁铁矿，呈骨架状的自形晶，内部常为硅酸盐粘结相充填
共晶结构	① 磁铁矿呈圆点状或树枝状，分布于橄榄石中，赤铁矿呈细点状分布于硅酸盐晶体中，构成圆点或树枝状共晶结构 ② 磁铁矿、硅酸二钙共晶结构 ③ 磁铁矿与铁酸钙共晶结构，多在高碱度烧结矿中
熔蚀结构	在高碱度烧结矿中，磁铁矿多被熔蚀成他形晶成浑圆状，晶粒细小
针状交织结构	磁铁矿颗粒被针状铁酸钙胶结

从微观上看，烧结矿具有各种不同的结晶形态和单体矿物组成。烧结矿中的矿物按其结晶程度分为自形晶、半自形晶和他形晶三种。

具有极完好的结晶外形的称为自形晶；部分结晶完好的称为半自形晶；形状不规整且没有任何完好结晶面的称为他形晶。矿物的结晶程度取决于本身的结晶能力和结晶环境。

烧结矿中最多的含铁矿物——磁铁矿往往以自形晶或半自形晶的形态存在，因为磁铁矿在升温过程中较早地再结晶长大，有良好的结晶环境，并且具有较强的结晶能力。其他粘结相在冷却过程中开始结晶，并按其结晶能力的强弱以不同的自形程度充填于磁铁矿中间，来不及结晶的矿物以玻璃体存在。矿物呈完好的结晶状态时强度好，而呈玻璃态时强度差。随着生产工艺条件的变化，不同烧结矿在显微结构上也有明显的差异。

a. 粒状结构：含铁矿物晶粒与粘结相矿物晶粒互相结合成粒状结构，分布均匀，强度较好（见图 4-13）。

图 4-13　细粒状赤铁矿

b. 斑状结构：含铁矿物呈斑晶状与细粒的粘结相矿物或玻璃相相互结合成斑状结构，强度较好。

c. 骸晶结构：早期结晶的含铁矿物晶粒发育不完善，只形成骨架，内部常为硅酸盐粘结相充填，可看到含铁矿物结晶外形，边缘呈骸晶结构（见图 4-14）。

d. 熔融结构：含铁矿物被粘结相所熔融，成他形晶，例如高碱度烧结矿中的 Fe_2O_3 被 CF 熔融含铁矿物与粘结相接触密切，强度很好。

e. 交织结构：含铁矿物与粘结相矿物彼此发展或者交织构成，此种结构的烧结矿强度最好（图 4-15、图 4-16）。

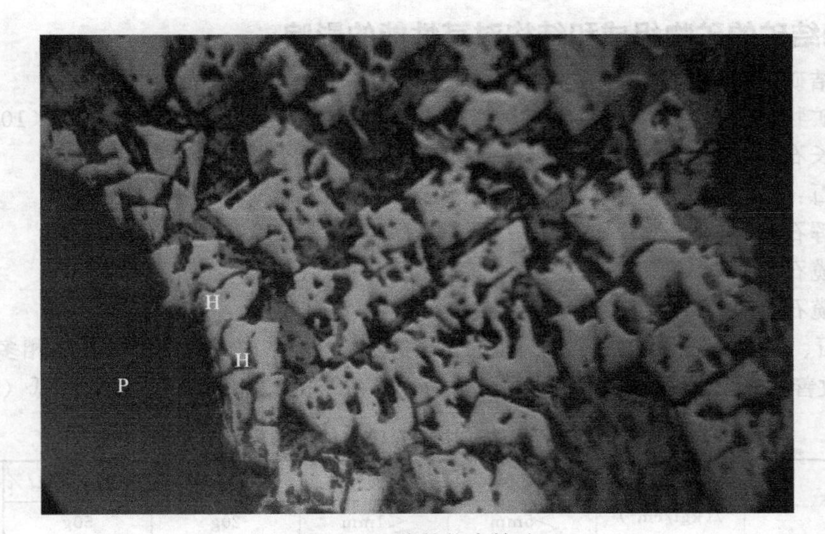

图 4-14 骸晶状赤铁矿

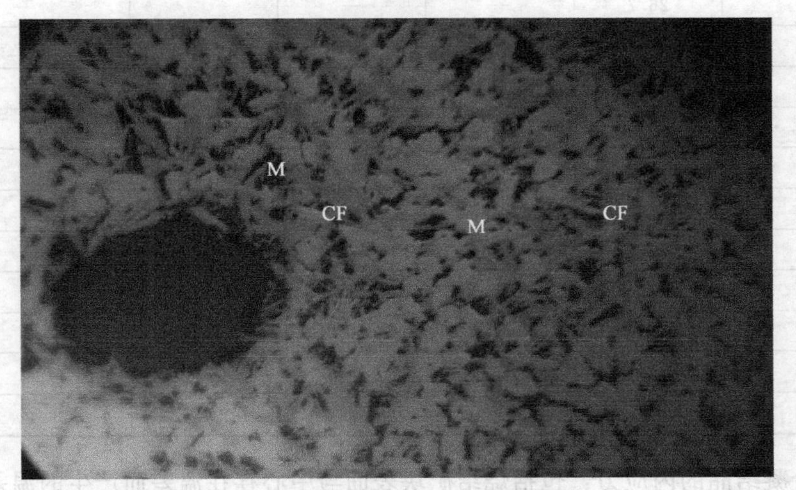

图 4-15 磁铁矿与铁酸钙交织熔融结构

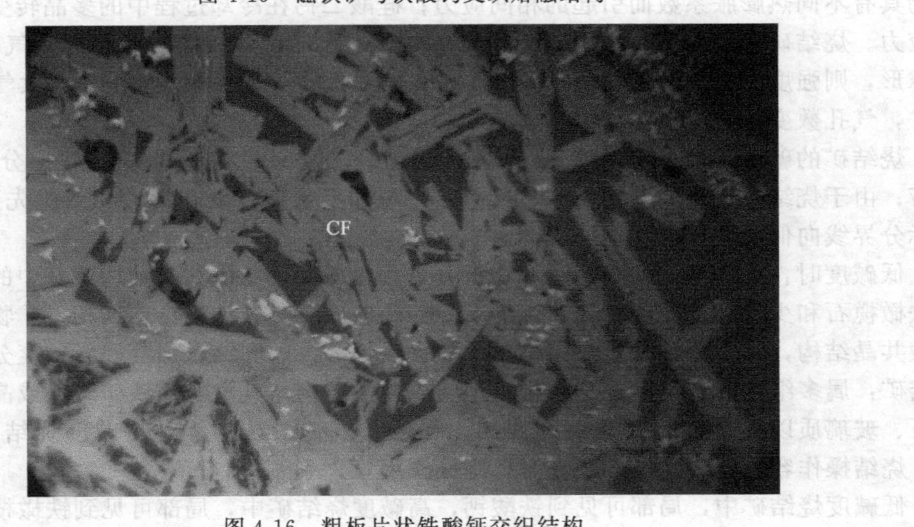

图 4-16 粗板片状铁酸钙交织结构

4.2.2 烧结矿的矿物组成和结构对其性能的影响

(1) 烧结矿的矿物组成和结构

各组成矿物自身的强度：烧结矿中常见硅酸盐矿物的抗压强度（9.8067×10^2Pa）如下。

亚铁黄长石：	29.877	铝黄长石：	12.963
镁黄长石：	23.827	钙长石：	12.346
镁蔷薇辉石：	19.815	钙铁辉石：	11.882
钙铁橄榄石：	19.444	硅辉石：	11.358
钙镁橄榄石：	16.204	枪晶石：	6.728

铁黄长石、镁黄长石和镁蔷薇辉石的抗压强度较高。烧结矿中强度好的粘结相多，烧结矿的强度就可以改善些；反之，若以强度差的组分为主要粘结相，烧结矿的强度就降低（表 4-5）。

表 4-5 烧结矿中主要矿物的机械强度

矿物名称	瞬时抗压强度/(kgf/cm^2)	球磨机试验后的筛级/%		在荷重条件下未裂前的印痕数/%		还原率/%
		>5mm	<1mm	20g	50g	
赤铁矿	26.7	—	—			49.9
磁铁矿	36.9	—	—			26.7
铁橄榄石	37.3					13.2
$(CaO)\cdot(FeO)_{2-x}\cdot SiO_2$						
$x=0$	20.26	68	10.0	13	0	1.0
$x=0.25$	26.5	—	—	—	—	2.1
$x=0.5$	56.6	77	4.0	50	0	2.7
$x=1.0$	23.3	55	14.0	18	0	6.6
$x=1.5$	10.2	—	—	8	0	4.2
铁酸一钙	35.0	81.0	4.0	41	23	40.1
铁酸二钙	14.2	45.0	22.0	18	8	28.5

烧结矿冷凝结晶的内应力：包括烧结矿块表面与中心存在温差而产生的温差应力；各种矿物具有不同热膨胀系数而引起的相间应力；硅酸二钙在冷却过程中的多晶转变所引起的相变应力。烧结矿中气孔的大小、分布；气孔率高，强度低；相同气孔率时，气孔小、分散、为球形，则强度高；烧结温度低，大气孔少；烧结温度高（焦粉量增多），大气孔多，气孔合并，气孔数变少，气孔形状由不规则形成球形。

烧结矿的碱度对其物理特性的关系见图 4-17。高碱度与低碱度的理论分界线为 $R=1.87$；由于烧结混合料的不均匀性，反应热力学的不平衡，铁酸钙液相的优先形成等原因，实际分界线向低碱度方向移动。

低碱度时：为硅酸盐粘结相，矿物组分少，主要为斑状或共晶结构，其中的磁铁矿斑晶被铁橄榄石和少量玻璃质所固结，强度良好；高碱度时：为铁酸钙粘结相，矿物组分少，为熔融共晶结构，其中的磁铁矿与粘结相矿物铁酸钙等一起固结，强度好。碱度分界线附近的烧结矿：属多组分的烧结矿，其结构为斑状或共晶结构，其中的磁铁矿斑晶或晶粒被钙铁橄榄石、玻璃质以及少数的硅酸钙等固结，强度差。一般认为，对高碱度烧结矿，$R>1.8$ 时，烧结操作容易；$R=1.5\sim1.6$ 时，则操作困难。

低碱度烧结矿中，局部可见到铁酸钙，高碱度烧结矿中，局部可见到铁橄榄石，这是因为原料偏析，反应没有充分有效地同化；烧结矿成分越是不均匀，其质量越差。

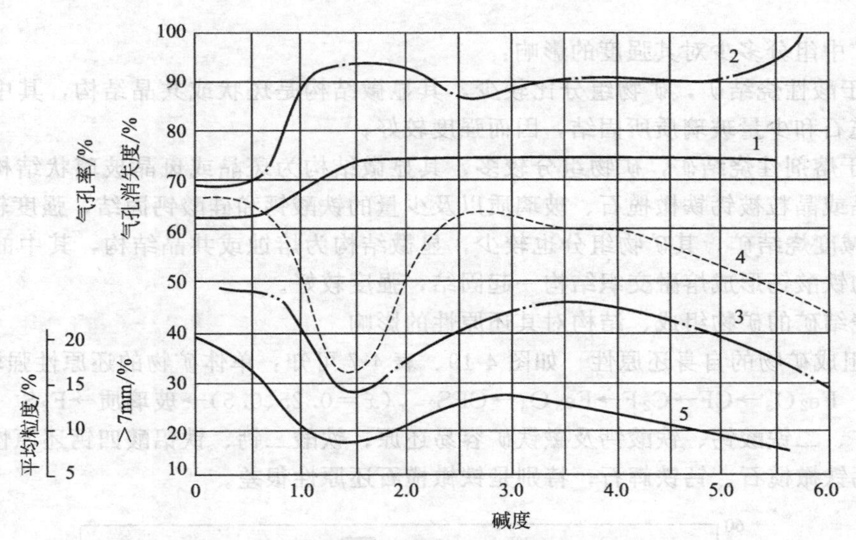

图 4-17　烧结矿的碱度与其物理特性的关系

1—烧结矿的气孔率；2—气孔消失度；3—破碎后>15mm 块中气孔率；4—>7mm 块中气孔率；5—>7mm 粒级烧结矿的平均粒度

(2) 烧结矿的矿物组成与显微结构对强度的影响

烧结矿中的磁铁矿、赤铁矿、铁酸一钙、铁橄榄石均有较高的抗压强度，其次为钙铁橄榄石和铁酸二钙。在钙铁橄榄石中，当$x \leqslant 1.0$时，其抗压性、耐磨性均超过前一类，当$x=1.5$时，强度很低，易产生裂纹。

矿物的不同膨胀系数对烧结矿强度的影响：影响烧结矿强度的因素包括矿物组成及组分含量、矿物的强度、矿物的膨胀系数等（图 4-18）。烧结矿组成对烧结矿强度的影响，表现在烧结矿中结晶个体或玻璃质的作用和不同矿物具有不同的膨胀系数上（见图 4-18）。

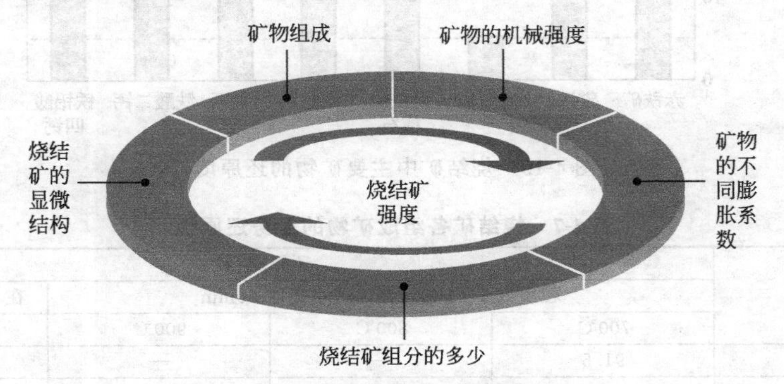

图 4-18　影响烧结矿强度的因素

膨胀系数不同，烧结矿在冷却或加热时，互相接触的矿物间产生应力而导致烧结矿产生裂纹而脆裂，致使烧结矿强度降低，如表 4-6 所示。

表 4-6　一些矿物晶体的体积膨胀系数

矿物名称	膨胀系数/$\times 10^5$	矿物名称	膨胀系数/$\times 10^5$
磁铁矿	291	霞石	305.5
透辉石	260	长石	177
钙铁橄榄石	275	钙长石	147.6
辉石	180	β-石英	141

烧结矿中组分多少对其强度的影响：

① 对于酸性烧结矿，矿物组分比较少，其显微结构是斑状或共晶结构，其中磁铁矿斑晶被铁橄榄石和少量玻璃质所固结，因而强度较好；

② 对于熔剂性烧结矿，矿物组分较多，其显微结构为斑晶或斑晶玻璃状结构，其中的磁铁矿斑晶或晶粒被钙铁橄榄石、玻璃质以及少量的铁酸钙和硅酸钙固结，强度较差；

③ 高碱度烧结矿，其矿物组分也较少，显微结构为熔蚀或共晶结构，其中的磁铁矿与粘结相矿物铁酸钙形成熔融交织结构一起固结，强度较好。

(3) 烧结矿的矿物组成、结构对其还原性的影响

① 各组成矿物的自身还原性　如图 4-19、表 4-7 可知：单体矿物的还原性强弱次序为：

$$Fe_2O_3 \rightarrow CF \rightarrow C_2F \rightarrow Fe_3O_4 \rightarrow CFS_{2-x}\ (x=0.25、0.5) \rightarrow 玻璃质 \rightarrow F_2S$$

赤铁矿、二铁酸钙、铁酸钙及磁铁矿容易还原；铁酸二钙、铁铝酸四钙还原性稍差；而玻璃质、钙铁橄榄石、钙铁辉石，特别是铁橄榄石还原性很差。

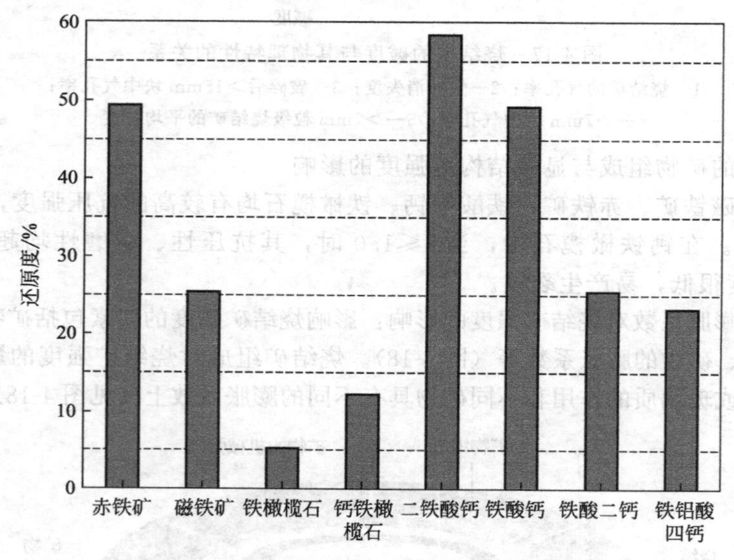

图 4-19　烧结矿中主要矿物的还原度

表 4-7　烧结矿各组成矿物的自身还原性

矿物名称	还原度/%			
	粒度 0.5～1mm，在氢气中还原 20min			在 CO 中还原 40min
	700℃	800℃	900℃	850℃
赤铁矿	91.5	—	—	49.4
磁铁矿	95.5	—	—	25.5
铁橄榄石	2.7	3.7	14.0	5.0
$(CaO)\cdot(FeO)_{2-x}\cdot SiO_2$				
$x=0.3$	—	—	—	11.2
$x=0.6$	—	—	—	11.4
$x=0.8$	—	—	—	12.3
$x=1.2$	—	—	—	12.1
$CaO\cdot 2Fe_2O_3$	—	—	—	58.4
$CaO\cdot Fe_2O_3$	76.4	96.4	100.0	49.2
$2CaO\cdot Fe_2O_3$	20.6	83.7	95.8	25.5
$4CaO\cdot Al_2O_3\cdot Fe_2O_3$	—	—	—	23.4

高碱度的铁酸钙体系的还原性优于低碱度的硅酸盐体系，因为 Fe_2O_3 还原必须经过 Fe_3O_4 阶段，但 Fe_2O_3 的还原性优于 Fe_3O_4，原因：由 Fe_2O_3 刚刚还原形成的 Fe_3O_4 有很多的晶格缺陷，反应活性好，比原始的磁铁矿还原速率快。

② 气孔多少、大小、性质　如图 4-20 所示，气孔率对强度与还原性的影响是相反的：气孔率高，强度低，还原性好；气孔的大小、形状对强度影响大，对还原性影响小；在保证强度的前提下，尽可能提高烧结矿的还原性。

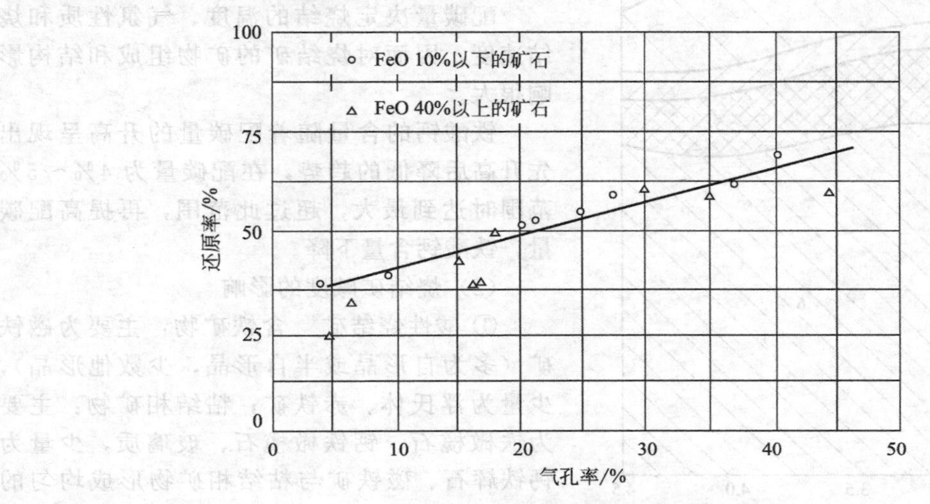

图 4-20　烧结矿还原性与气孔率的关系

③ 矿物晶粒的大小、被包裹的情况　晶粒细小，晶格能低的矿物易还原。

④ 矿物晶格能的高低　从结晶化学的观点，单体矿物的还原性与晶格能的大小有关。凡晶格能较低的矿物易还原，晶格能高的矿物不易还原。

烧结矿的显微结构对还原性也有很大影响。当磁铁矿晶粒细小密集，晶粒间粘结相少时，易还原；而磁铁矿晶粒粗大或被硅酸盐包裹时，则难于还原。此外，气孔率大，晶粒嵌布松弛的烧结矿易于还原。单体矿物晶体的晶格能如下：

矿物名称	赤铁矿	铁酸钙	磁铁矿	钙铁橄榄石	铁橄榄石
晶格能/kJ	9538	10856	13473	18782	19096

烧结矿的强度和还原性是有矛盾的，如铁橄榄石和 $x\leqslant1$ 的钙铁橄榄石（表 4-7），虽然机械强度好，但还原性很差，只有铁酸钙的强度和还原性都很好。在烧结生产中，创造条件促进铁酸钙液相体系的生成，对改善烧结矿的强度与还原性有双重意义。

4.2.3　影响烧结矿矿物组成与结构的因素

（1）燃料用量的影响　烧结配加的燃料用量决定烧结温度、烧结速度、烧结气氛，对烧结矿矿物组成及结构有很大影响。

烧结矿矿物组成随配碳量的不同而变化，用 Fe_2O_3 生产非熔剂烧结矿时，矿物组成随碳的变化而变化。配碳量过少时，烧结温度低，不能保证 Fe_2O_3 充分分解和还原，Fe_3O_4 结晶程度差，液相量少，烧结矿的微孔结构发达，随着含碳量的增加，烧结矿逐渐发展成为薄壁结构，而且沿料层高度也有变化，上部微孔多，下部则大孔薄壁多。主要粘结相是玻璃质，孔洞多，强度差，还原性好。

随着配碳量增加，硅酸盐粘结相明显增加（图 4-21）。随着酸碳量增加，烧结温度升高，Fe_2O_3 充分分解和还原，Fe_3O_4 增加，主要矿物是 Fe_3O_4、$2FeO\cdot SiO_2$，液相量增

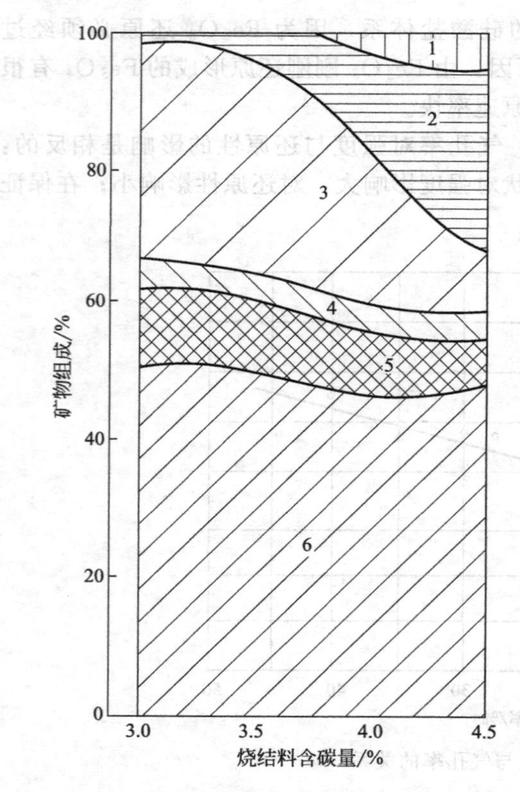

图 4-21 含碳量与熔剂性烧结矿矿物组成的关系
1—正硅酸钙；2—钙铁橄榄石；3—玻璃质；
4—铁酸钙；5—赤铁矿；6—磁铁矿

加，强度提高，磁铁矿的结晶程度提高，呈大粒结晶，主要粘结相是钙铁橄榄石，孔洞少，强度变好；配碳量过多，烧结温度过高，生成大量的 FeO 和 $2FeO \cdot SiO_2$，Fe_3O_4 减少，烧结矿过熔，形成大孔薄壁或气孔率很少的烧结矿，强度、还原性都减低。

配碳量决定烧结的温度、气氛性质和烧结速度，因而对烧结矿的矿物组成和结构影响很大。

铁酸钙的含量随着配碳量的升高呈现出先升高后降低的趋势，在配碳量为 4%～5% 范围时达到最大，超过此范围，再提高配碳量，铁酸钙含量下降。

(2) 烧结矿碱度的影响

① 酸性烧结矿 含铁矿物：主要为磁铁矿（多为自形晶或半自形晶，少数他形晶），少量为浮氏体、赤铁矿；粘结相矿物：主要为铁橄榄石、钙铁橄榄石、玻璃质，少量为钙铁辉石、磁铁矿与粘结相矿物形成均匀的粒状结构，局部也有形成斑状结构，冷却时无粉化现象。

与高碱度烧结矿搭配使用的低碱度烧结矿，其碱度值一般选择在 0.8～1.0 之间。该碱度的烧结矿中铁矿物主要为磁铁矿、少量为赤铁矿，粘结相为钙铁橄榄石、铁黄长石、钙铁辉石、硅灰石和玻璃质等硅酸盐，一般不含铁酸钙，总粘结相量为 25%～30%，强度好于自熔性烧结矿，但还原性能较差。在高、低碱度烧结矿搭配冶炼时，由于其配比高而影响冶炼效果。

酸性烧结矿的碱度值一般在 0.3～0.5 之间，克服了普通酸性烧结矿还原性能差、垂直烧结速度慢、燃料消耗高等问题。两种酸性烧结矿的矿物组成见表 4-8。

表 4-8 两种酸性烧结矿矿物组成

工艺类型	碱度	矿物组成(体积分数)/%							还原度/%
		磁铁矿	赤铁矿	浮氏体	铁橄榄石	黄长石	玻璃质	硅酸盐	
球团烧结矿	0.3	65	17	—	2	4	12	18	77.2
普通烧结矿	0.3	66	2	8	9	5	10	24	42.7

② 自熔性烧结矿 含铁矿物：主要为磁铁矿（多为自形晶或半自形晶，少数他形晶，小于 0.01mm 晶粒能达 20%～40%），少量为浮氏体、赤铁矿粘结相矿物：主要为钙铁橄榄石，粘结相矿物强度差；少量为玻璃质、硅酸一钙、硅酸二钙随着碱度升高，硅酸二钙、硅灰石、铁酸钙明显增加，钙铁橄榄石、玻璃质明显减少；磁铁矿被钙铁橄榄石和少量硅酸二钙、玻璃质、铁酸钙所粘结，细小硅酸二钙存在相变，烧结矿强度较差，柱状集合体的钙铁橄榄石种有针状和柱状的正硅酸钙，与铁矿物形成粒状结构。铁酸一钙多为板状晶体与铁矿

石形成熔蚀结构（表4-9）。

表4-9 自熔性烧结矿的矿物组成

项目		首钢	武钢	本钢	鞍钢
烧结矿化学成分/%	TFe	53.62	52.64	49.57	49.99
	FeO	12.60	14.30	16.50	11.70
	SiO_2	8.10	9.02	12.16	12.14
	CaO	10.04	12.51	14.92	13.28
	MgO	4.58	1.89	2.82	3.02
	Al_2O_3	1.46	2.94	1.15	0.96
	S	0.097	0.072	—	0.046
烧结矿碱度		1.24	1.30	1.23	1.10
烧结矿矿物组成（体积分数）/%	磁铁矿	50.0	55.6	53.5	51.2
	赤铁矿	11.0	7.2	3.9	9.15
	铁酸钙	9.59	14.7	2.44	4.02
	铁钙橄榄石	14.8	4.5	16.6	14.5
	α-硅石英	0.53	0.45	0.42	0.41
	石英	0.33	（少）	0.58	1.67
	浮氏体	0.23	0.31	0.21	0.26
	正硅酸钙	0.53	0.72	0.32	0.52
	玻璃质	9.60	15.99	11.72	17.68
	其他	3.39	0.53	10.32	0.59

自熔性烧结矿粘结相量不足，且粘结相主要是质脆且难还原的硅酸盐和玻璃质，故烧结矿强度差，还原性能差，软熔温度低。当进行冷却和整粒处理时，返矿率高，粉末多，粒度小。特别是生产高品位烧结矿、钒钛烧结矿和含氟烧结矿时，烧结与炼铁技术经济指标更差。

生产自熔性烧结矿需要在较高的温度条件下才能生成足够的液相，故液相的黏度小，冷却后的烧结矿呈大孔薄壁结构，当采取厚料层低碳操作时，烧结矿结构有所改善。

③ 碱度烧结矿 含铁矿物：磁铁矿；粘结相矿物：随着碱度升高，铁酸钙、铁酸二钙、硅酸二钙、硅酸三钙、铁酸钙、硅酸三钙明显增加，磁铁矿明显减少。磁铁矿晶粒细小，以熔融残余的他形晶为主，与铁酸钙形成熔融结构，局部也有与铁酸钙、硅酸三钙等形成粒状交织结构（见图4-22）。过量的CaO有稳定β-C_2S的作用，烧结矿不粉化，强度、还原性较好。

碱度在2.5以上的高碱度烧结矿，几乎不含钙铁橄榄石和玻璃体，只有铁酸钙、磁铁矿和硅酸钙三种矿物。随着碱度升高，铁酸钙和硅酸钙明显增加，磁铁矿减少，矿物组成基本不变，由于作为主要矿物的是磁铁矿和铁酸钙，强度和还原性较好。并且随着硅酸三钙的增加，正硅酸钙明显减少，同时过量的CaO起了稳定β-$2CaO \cdot SiO_2$的作用，所以此类烧结矿不发生粉化现象，强度和还原性较好。高碱度烧结矿具有上述特点，是由于燃料用量一定时，随着碱度的提高，熔剂量逐渐增多，放出CO_2，降低了烧结料层温度和还原气氛，有利于提高烧结矿的氧化度，所以磁铁矿减少，铁橄榄石减少以至消失，而过量的CaO有利于生成$CaO \cdot Fe_2O_3$和CaO-SiO_2体系矿物。

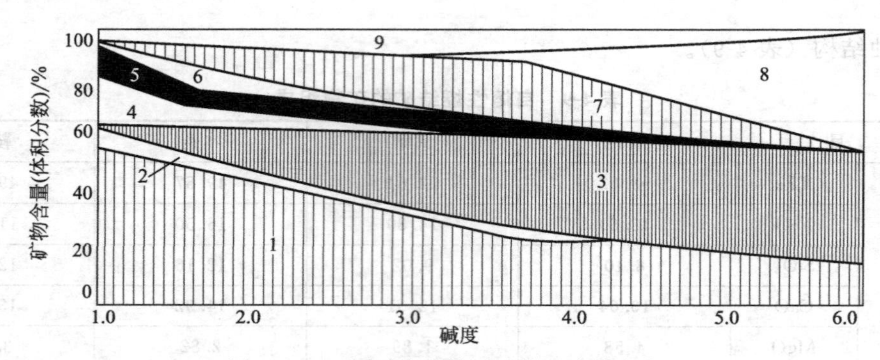

图 4-22　不同碱度烧结矿矿物组成的变化

1—磁铁矿（其中有少量的浮氏体）；2—赤铁矿；3—铁酸钙；4—铁橄榄石；5—硅酸盐玻璃质；6—硅灰石；7—硅酸二钙；8—硅酸三钙；9—游离石灰、石英及其他硅酸盐矿物

烧结矿碱度对其矿物组成与结构的影响很大，虽然烧结原料不同，在不同碱度范围内烧结矿的矿物组成和结构会有所差异，但却有明显的规律性。如图 4-22 所示，综合分析如下：

当烧结矿碱度≤1 时，铁矿物主要为磁铁矿，有少量的浮氏体和赤铁矿，粘结相主要为铁橄榄石、玻璃质和少量钙铁辉石，磁铁矿多为自形晶或半自形晶极少量他形晶，与粘结相矿物形成均匀的粒状结构，局部有斑状结构。这类烧结矿由于主要粘结相矿物是铁橄榄石系，故强度较高，又因正硅酸钙很少出现，所以冷却时几乎无分化现象。

碱度升高到 1.0～1.5 左右的自熔性烧结矿：含铁矿物与上述基本相同，主要矿物被硅酸盐玻璃质和钙铁橄榄石所胶结，还有少量的硅灰石和正硅酸钙，强度较差。

碱度为 1.5～2.5 的烧结矿中磁铁矿和赤铁矿逐渐减少，粘结相中铁酸钙明显增加，钙铁橄榄石和玻璃质明显减少，正硅酸钙亦有所发展。冷却时会有 β-2CaO · SiO_2 的晶型转变，烧结矿发生粉化。

烧结矿碱度到 3.0 以上时，磁铁矿进一步减少，赤铁矿极少，铁酸钙、正硅酸钙，硅酸三钙则明显增加，钙铁橄榄石和玻璃质极少以至消失，烧结矿的矿物组成变得很简单。磁铁矿以熔蚀残余他形晶为主，晶粒细小，主要与铁酸钙形成熔蚀结构。这类烧结矿中的主要粘结相矿物的机械强度与还原性均好。铁矿物中虽有相当含量的正硅酸钙，但它分布于大量铁酸钙基质中，阻碍了 β-2CaO · SiO_2 的晶型转变，粉化现象基本消失，所以烧结矿的强度和还原性均好。

(3) 烧结料化学成分的影响

① SiO_2 的影响　鞍山高硅精矿 SiO_2 含 12.9%。生产的烧结矿：碱度 1.1～1.5。含铁矿物：主要为磁铁矿、赤铁矿。少量为铁酸钙。粘结相矿物：主要为玻璃质、钙铁橄榄石，少量为硅酸钙。玻璃质、钙铁橄榄石将均匀分散的磁铁矿晶粒粘结起来在孔洞边缘液相较多处，有一些次生的赤铁矿，烧结矿强度好。马钢凹山低硅精矿 SiO_2 含 1.70%。生产的烧结矿：碱度 1.1～1.5。含铁矿物：主要为磁铁矿。少量为赤铁矿、玻璃质。粘结相矿物：玻璃质。烧结矿由大面积磁铁矿集合体组成，孔洞边缘有一部分次生赤铁矿存在少量玻璃质填充于磁铁矿晶粒之间，起不到粘结作用，烧结矿强度差。不同 SiO_2 含量的烧结矿之矿物组成见表 4-10。

表 4-10　不同 SiO_2 含量的烧结矿之矿物组成

名称	SiO_2 /%	烧结条件		烧结矿矿物组成/%							
		配碳/%	碱度 (CaO/SiO_2)	磁铁矿	赤铁矿	铁酸钙	玻璃质	钙铁橄榄石	硅酸钙	游离 CaO	高温石英
鞍山	12.9	3.5	1.20	48.5	16.4	1.3	12.5	11.6	4.5	3.5	1.8
鞍山	12.9	4.0	1.55	47.5	7.5	3.3	15.6	23.5	2.6	—	

续表

名称	SiO_2 /%	烧结条件		烧结矿矿物组成/%							
		配碳/%	碱度 (CaO/SiO_2)	磁铁矿	赤铁矿	铁酸钙	玻璃质	钙铁橄榄石	硅酸钙	游离 CaO	高温石英
凹山	1.70	4.0	1.17	86.0	7.0		7.6				
凹山	1.70	4.8	1.52	88.8	5.0		7.2	—		—	

SiO_2 影响液相量与液相类型，碱度相同时，低硅加入的 CaO 绝对量减小，形成铁酸钙；橄榄石液相减小，相对磁铁矿或赤铁矿增多。

② MgO 的影响　提高熔点，稳定 Fe_3O_4，使赤铁矿减少，磁铁矿增加，MgO 存在时，将出现新的矿物：

镁橄榄石　（$2MgO \cdot SiO_2$）　熔点 1890℃

钙镁橄榄石（$CaO \cdot MgO \cdot SiO_2$）　熔点 1490℃

镁黄长石　（$2CaO \cdot MgO \cdot SiO_2$）　熔点 1454℃

镁蔷薇辉石（$3CaO \cdot MgO \cdot 2SiO_2$）　熔点 1570℃

③ Al_2O_3 的影响　一般而言，Al_2O_3 对烧结矿强度和高炉冶炼是不利的，烧结矿中要求 Al_2O_3 含量＜2.1%。

烧结矿中 Al_2O_3 含量过高：烧结矿还原粉化性能恶化，高炉透气性变差，炉渣黏度增加，放渣困难。

烧结矿 Al_2O_3 含量不高：Al_2O_3 增加时降低烧结料熔化温度，使液相量增加。适当的 A/S 比（0.1～0.37），有利于生成铝酸钙和铁酸钙的固溶体，即：复合铁酸钙的形成（SFCA）。Al_2O_3 增加液相表面张力，降低液相黏度，促进氧离子扩散，有利于氧化，降低烧结温度，形成针状铁酸钙的交织结构，提高强度，生成较多的铁酸钙。

④ 不同 Fe_2O_3 种类的影响　升温过程中氧化生成的片状、粒状 Fe_2O_3，磁铁矿再氧化形成的骸晶状菱形 Fe_2O_3，升温到 Fe_2O_3 与液相反应后凝固而形成的斑状 Fe_2O_3，赤铁矿——磁铁矿固溶体析出的细晶胞 Fe_2O_3，在还原过程中由于 $\alpha\text{-}Fe_2O_3 \longrightarrow Fe_3O_4$ 的相转变，体积膨胀 25%，其中骸晶状菱形 Fe_2O_3 产生异常还原粉化，须控制烧结矿降温过程中由 $Fe_3O_4 \longrightarrow Fe_2O_3$（氧化）的相变。

(4) 操作工艺制度的影响　主要包括烧结原料混匀工艺、料层厚度、烧结风速、风温等工艺制度也会对烧结矿矿物组成产生影响。

4.2.4　提高烧结矿质量的途径

(1) 加强原料的稳定性　实践表明，铁矿粉品位波动 1%，烧结矿品位波动 1%～1.4%。与此同时，由于铁矿粉中 SiO_2 变化较大，又引起烧结矿碱度的波动。熔剂中 CaO 的变化，亦带来同样的结果。燃料中固定碳的波动，还引起烧结速度和烧结矿强度与还原性的变化。

不同的铁矿粉有不同的矿物组成，而且其高温性能如同化性、液相流动性等亦不相同，频繁更换铁矿粉类型，将导致铁矿粉的配合使用较为困难，不利于烧结矿产量与质量的提高。

(2) 保证烧结料适宜的粒度　烧结原料（铁矿粉、熔剂、燃料）适宜的粒度对烧结过程和烧结矿产量均有很大的影响。

铁矿粉：适宜粒度为 8～10mm；燃料：适宜粒度为 0.5～3mm；熔剂：粒度应小于 3mm。

铁矿粉粒度过大的弊端：在短暂的高温时间内，矿粒不易熔融粘结，烧结矿强度变坏；

在料层透气性好的条件下，垂直烧结速度过快，出现夹生现象，产量反而下降；布料时容易引起粒度偏析，使整个烧结过程不均匀；不利于硫的分解和氧化，影响去硫效果。

熔剂的适宜粒度：石灰石和白云石的粒度应小于3mm，以保证在烧结过程中能够充分分解和矿化，粒度过粗，矿化不完全，在烧结矿中残存游离的“CaO”白点，在储存的过程中吸水消化产生 $Ca(OH)_2$，体积膨胀，引起烧结矿粉化。

燃料粒度影响燃烧速度，高温区的温度水平和厚度，以及料层的气氛性质、透气性、烧结的均匀性，从而对烧结矿的产量和质量产生重大影响。烧结过程中，燃料的燃烧速度与传热速度同步时，高温区温度最高，厚度最低；反之，两者不同步时，高温区厚度变大。燃料的粒度能够影响燃料的燃烧速度，进而影响到高温区的温度和厚度。

配碳量：配碳量决定烧结的温度、气氛性质和烧结速度，影响烧结矿的矿物组成，因而适宜配碳量对提高烧结矿质量极为关键。

当配碳量低时，高温区温度低，生成液相数量少，出现夹生料，返矿增多，产量下降；当配碳量过高时，高温区温度过高，不利于铁酸钙的生成，烧结矿熔化过度，形成薄壁大孔结构，强度很差；再提高燃料配比，形成石头状结构，还原性差，生产率也下降。综上所述，烧结过程中适宜的配碳量是保证烧结矿产量和质量的重要前提。

（3）稳定烧结矿中重要元素的含量　烧结矿组成特性中对烧结矿质量起最主要作用的就是烧结矿的碱度。目前，烧结厂大都生产高碱度烧结矿，除满足自身需要的碱性氧化物外尚有多余的CaO，可供天然块矿和酸性球团造渣。

生产高碱度烧结矿的意义在于：

① 普通（酸性）烧结矿机械强度好，但其还原性差。

② 自熔性烧结矿的还原性比普通烧结矿好，气孔度高，较易还原，但强度较差，易粉化。

解决上述问题的有效途径：发展高碱度烧结矿，既是铁料，又是熔剂；既有良好的机械强度和还原性，又有较好的软熔性能及较低的低温还原粉化率。

高碱度烧结矿还原性和强度改善的原因：

① 粘结相主要是强度和还原性均较好的铁酸钙，脆性大、还原性差的玻璃质，以及强度较差的铁橄榄石较少存在。

② 大量的本身呈网状分布的铁酸钙将磁铁矿熔蚀，这种显微结构的强度和还原性均较好，微孔海绵状结构代替了薄壁大孔结构。

③ 高碱度烧结矿有助于减少正硅酸钙的生成，或使少量的正硅酸钙分布在铁酸钙相中，其晶型转变受到抑制。

MgO量对烧结矿强度的影响具有两面性：

① 随着MgO量的提高，烧结矿中生成含有MgO的镁橄榄石、钙镁橄榄石、镁蔷薇辉石、镁黄长石等矿物，但烧结矿中铁酸钙的含量有所下降；这些含镁矿物的强度较铁酸钙低，更为重要的是，增加了烧结矿中组分的数目，使烧结矿变得不均匀，增加了晶型转变时的内应力。

② MgO的加入能够减少 $2CaO \cdot SiO_2$ 的生成，并抑制 $\beta\text{-}2CaO \cdot SiO_2$ 向 $\gamma\text{-}2CaO \cdot SiO_2$ 的晶格转变，从这点上看，又可以使烧结矿的强度提高。

③ 综上所述，MgO对烧结矿强度的影响较为复杂，MgO含量不宜过高或过低，一般在1.5%左右。

Al_2O_3 能够提高烧结矿中矿相的微观硬度，从而提高烧结矿内部的应力，从这一点来说，对提高烧结矿的强度是不利的。

但烧结矿中 Al_2O_3 含量的提高能够降低烧结矿中次生赤铁矿的含量，由于次生赤铁矿是烧结矿低温还原粉化的主要原因，因此，烧结矿中 Al_2O_3 能够降低烧结矿的低温还原粉化。

对于烧结矿 Al_2O_3 合理含量的问题，要辩证地看，不能够过分强调某一方面，而忽略另一方面。

（4）强化烧结生产工艺　主要包括严格控制原燃料粒度，加强混匀作业，尽可能提高料层厚度，要有足够的点火时间和点火热量，适当地增加燃料比。

1. 高碱度烧结矿有什么特点？请分析生产高碱度烧结矿应注意哪些问题？
2. 烧结过程固相反应的机理是什么？其意义如何？
3. 液相在烧结过程中起什么作用？
4. 烧结矿碱度对其矿物组成与结构的影响。
5. 烧结过程中有哪几种液相体系？其生成的条件是什么？

第5章 烧结工艺

烧结工艺过程就是将准备好的矿粉、燃料和熔剂，按一定比例进行配料，然后再配入一部分烧结机尾筛分的返矿，送到混合机进行加水润湿、混匀和制粒，得到可以烧结的混合料。混合料由布料器铺到烧结台车上进行点火烧结。烧结过程是靠抽风机从上向下抽进空气，燃烧混合料层中的燃料，自上而下，不断进行。烧成的烧结矿，经破碎机破碎后筛分，筛上物进行冷却和整粒，作为成品烧结矿送往高炉，筛下物为返矿，返矿配入混合料重新烧结。烧结过程产生的废气经除尘器除尘后，由风机抽入烟囱，排入大气。现代烧结生产工艺流程如图 5-1 所示。

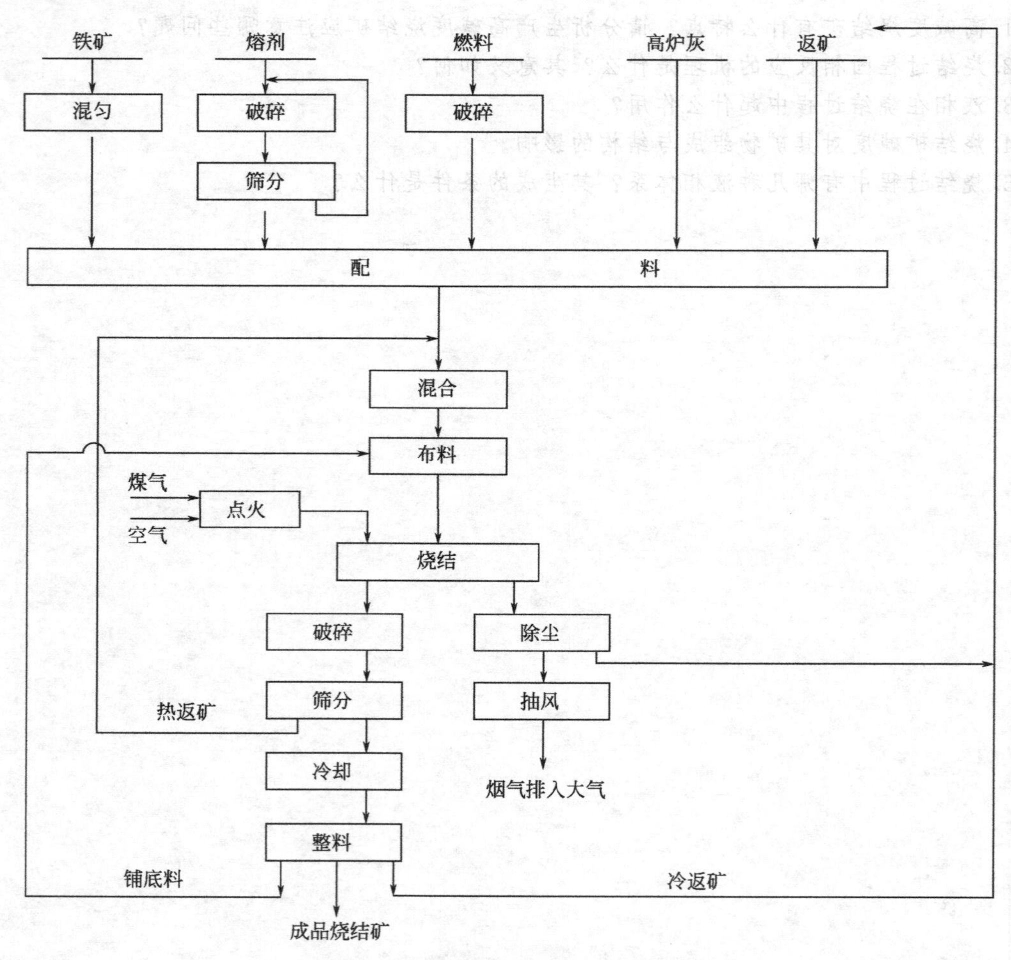

图 5-1　现代铁矿烧结生产工艺流程图

烧结工艺过程包括烧结原料（含铁原料、熔剂和燃料）准备、配料、混合料制粒、布料、点火烧结、烧结产品处理（破碎筛分、冷却、整粒）以及烧结过程的除尘等环节。

5.1 原料准备

原料（铁矿粉、熔剂）是烧结生产的基础，烧结厂所处理的原料来源广、数量大、品种多，物理化学性质差异悬殊，为了获得优质产品并保证生产过程的顺利进行，必须对原料进行准备处理，使烧结用料供应充分，成分均匀稳定，粒度适宜。

烧结原料的准备处理包括原燃料的接受、储存、中和混匀、破碎、筛分等作业（图 5-2）。

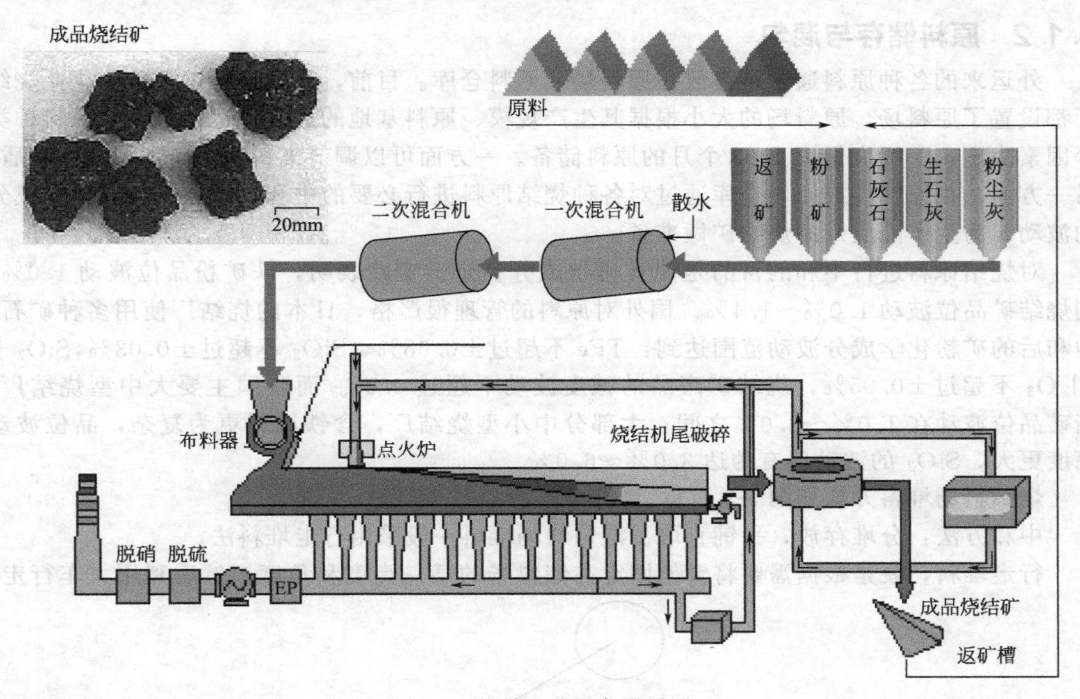

图 5-2 烧结工艺设备联系图

5.1.1 原料接收

（1）原料的接收方式 原料的接收方式根据其运输方式、生产规模和原料性质的不同而不同。一般有下列几种方式：

火车运输；

船舶运输；

汽车运输。

（2）原料的验收 原燃料质量验收时可以根据现场经验判断原料的质量好坏，如从精矿粉的粒度和颜色判断铁含量的高低。

① 从精矿粉的粒度来判断精矿品位的高低 精矿粉的粒度越细，品位越高。判断精矿粉粒度的粗细，可以用拇指和食指捏住一小撮精矿粉反复搓捏，靠手感来判断粒度的粗细。

② 从颜色来判断精矿品位的高低 一般来说，颜色越深，品位越高。

要严格入厂原料的验收制度，原燃料的验收主要包括原燃料质量的检查、数量的验收以及保证供应的连续性。原燃料验收要以部标或厂标为准，对各种原料做好进厂记录，如来料的品种、产地、数量、理化性能等。只有验收合格的原料才能入厂和卸料，并按固定位置、按品种分堆分仓存放，严格防止原料混堆，更不许夹带大块杂物。

③ 目测判断矿粉的水分 矿粉经手握成团有指痕，但不粘手，料球均匀，表面反光，

这时水分在 7%～8%；若料握成团抖动不散，粘手，这时矿粉的水分大于 10%；若料握不成团经轻微抖动即散，表面不反光，这时的水分小于 6%。

④ 目测判断熔剂　抓把熔剂放在手掌上，用另一个手掌将其压平，如被压平的表面暴露的青色颗粒多，说明 CaO 含量高，若很快干燥，形成一个“白圈”，说明 MgO 含量高。也可以用“水洗法”进行判断，其方法是用锹撮一点熔剂，用水冲洗，观察留在锹上粒状熔剂的颜色。

5.1.2　原料储存与混匀

外运来的各种原料通常可存放在原料场或原料仓库。目前，我国规模以上冶金企业烧结厂都设置了原料场，原料场的大小根据其生产规模、原料基地的远近、运输条件及原料种类等因素决定，一般应保证 1～3 个月的原料储备。一方面可以调节来料和用料不均匀的矛盾；另一方面，在原料场或原料仓库通过对各种烧结原料进行必要的中和，可以减少其化学成分的波动，为生产高质量的烧结矿做准备。

对烧结原料进行中和的目的是使其化学成分稳定。实践表明，铁矿粉品位波动 1.0%，则烧结矿品位波动 1.0%～1.4%。国外对原料的管理很严格，日本的烧结厂使用多种矿石，中和后的矿粉化学成分波动范围达到：TFe 不超过±0.05%，SiO_2 不超过±0.03%，$SiO_2+Al_2O_3$ 不超过±0.05%，烧结矿产品的碱度波动不超过 0.03。而我国主要大中型烧结厂，精矿品位波动在 1.0%～2.0%之间；大部分中小型烧结厂，含铁原料更为复杂，品位波动幅度更大，SiO_2 的波动值有的达 3.0%～6.0%。

烧结料场堆料方式如图 5-3 所示。

中和方法：分堆存放，平铺直取。混匀料场堆料一般采用行走堆料法。

行走堆料，就是根据需要将臂架固定在储料场的某一高度和角度，然后利用大车行走、

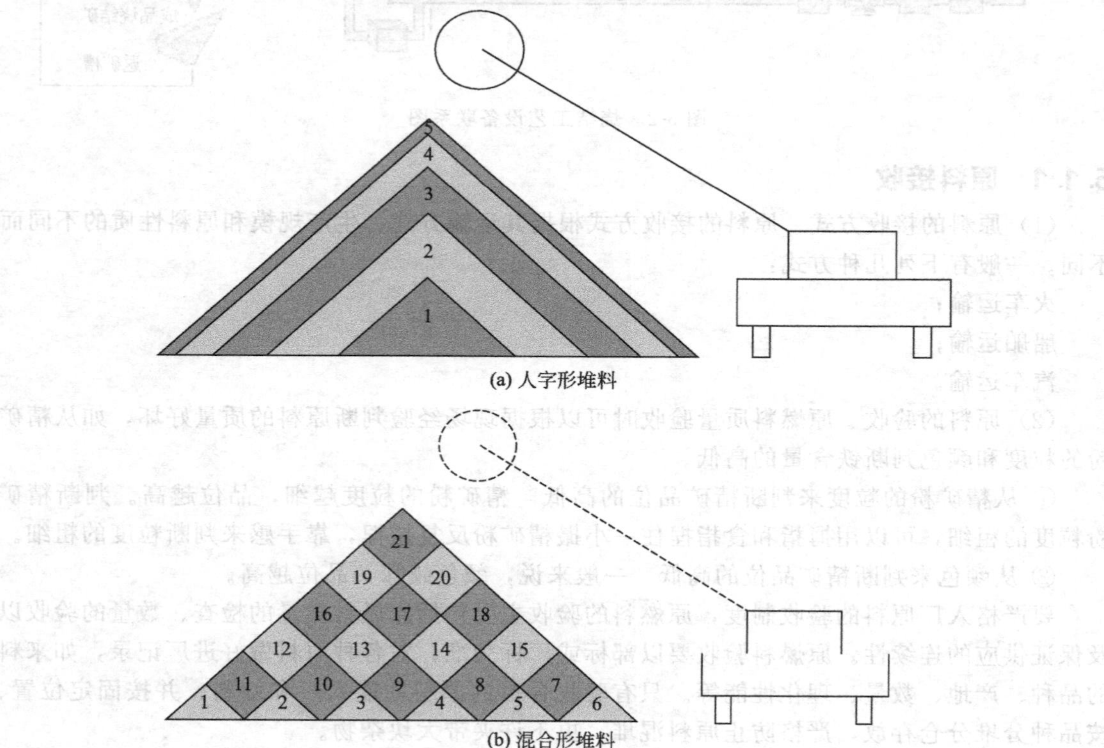

图 5-3　烧结料场堆料方式

往复将物料均匀布置在料场，有人字形堆料方式和人-众混合型堆料方式。

（1）堆料工艺

人字形堆料方式（截面为三角形）　将臂架固定在料条的某一角度，让其悬臂皮带机的落点在料条的中心线上，大车固定始、终点位置，大车由始点到终点行走，臂架固定一个高度进行往返行走堆料，至一定高度后臂架抬高一个预定高度，如此循环堆至要求高度。

人-众混合型堆料方式　在混匀料条内选定初始位置，大车连续行走堆完第一列堆料后，臂架回转一个预定角度进行第二列连续行走堆料，重复上述过程堆完第一层，然后臂架升高一个预定高度，从第一层的第一列、第二列之间的凹处为第二层的第一列，按要求列数重复第一层堆料过程，完成第二层，依次下去完成所要求的层数。

（2）取料工艺　有斗轮机和圆筒式两种取料机。为了保证混匀料效果，要严格按程序操作。当第一层物料取完之后，斗轮机大车向前步进一段，调好距离后，两斗轮装置则沿主梁反向运行进行第二层物料的混匀取料工作，如此往复，即实现连续混匀的作业，从而达到混匀的目的。

5.2　配料

烧结配料是按烧结矿的质量指标要求、原料成分和原料储备情况，将各种烧结料（含铁原料、熔剂、燃料等）按一定比例配合在一起的工序过程。它是整个烧结工艺中的一个重要环节，适宜的原料配比可以生产足够的性能良好的液相，适宜的燃料用量可以获得强度高、还原性良好的烧结矿，从而保证高炉顺行，使高炉生产达到高产、优质、低耗。烧结原料品种多，成分波动较大，因此必须进行配料计算，以对各种物料进行适当的搭配，从而保证将烧结矿的品位、碱度、含硫量、FeO 含量等主要指标控制在规定的范围内。

烧结矿的种类，根据烧结矿碱度（CaO/SiO_2）不同，分为：

普通烧结矿（非自熔性烧结矿）：碱度低于1.0；

自熔性烧结矿：碱度在1.0～1.5；

高碱度烧结矿：碱度在1.8～3.5；

超高碱度烧结：碱度大于3.5。

配料的作用：将各种原料按照配比进行配料，以使原料结构达到烧结需要的品位、碱度的要求。对生石灰进行消配，使石灰的分散性增强。其他组分（MgO、Al_2O_3）按要求的含量配料。精确配料是实现稳定烧结的基础，配料应该达到以下目的：

① 满足高炉冶炼对烧结成分的要求；

② 保证烧结矿质量稳定；

③ 使厂内有计划用料、均衡稳定生产；

④ 优化配料降低成本；

⑤ 合理利用矿产资源。

烧结料主要成分和指标控制目标：TFe±0.3%～0.4%；CaO/SiO_2±0.03%；FeO±0.1%；SiO_2±0.2%。

配料的准确性在很大程度上取决于所采用的配料方法。目前配料方法有：容积配料法、质量配料法、化学成分配料法。

容积配料法：根据每种物料的一定堆密度来配料，人工操作，准确性差。

重量配料法：按照原料的重量进行配料的方法，自动化配料，精确度可以达到0.5%。

化学成分配料：根据原料中的化学成分进行配料的方法。

现代烧结厂用X射线荧光分析仪分析混合料各种化学成分，控制成分波动，实现按原料化学成分的配料。此法可进一步提高配料的精确度。国外采用这种方法配料，烧结矿碱度的波动幅度降低到±0.03%。

5.3 混合制粒

烧结料混合和制粒的目的：混合作业是使各组分均匀分布，减少偏析；使水分均匀润湿物料，物料含水稳定；预热物料，提高料温；制出粒度适宜的颗粒，改善烧结料层透气性。

混料制粒设备有搅拌机、圆锥混合机、圆筒混合机、圆盘混料机等，烧结厂常用的混料设备是圆筒混合制粒机（见图5-4）。

图5-4 烧结厂圆筒混合制粒机

混合作业：加水润湿、混匀和造球。根据原料性质不同，可采用一次混合或二次混合两种流程。

一次混合的目的：润湿与混匀，当加热返矿时还可使物料预热。二次混合的目的：继续混匀，造球，以改善烧结料层透气性。用粒度10～0mm的富矿粉烧结时，因其粒度已经达到造球需要，采用一次混合，混合时间约50s。使用细磨精矿粉烧结时，因粒度过细，料层透气性差，为改善透气性，必须在混合过程中造球，所以采用二次混合，混合时间一般不少于2.5～3min。

烧结料的混合机理：配合料被送入混合机后，物料随混合机的回旋而不断地运动着，物料在混合机里受到摩擦力、重力等作用，使其产生剧烈运动，因而被混合均匀。混合机旋转时，配合料颗粒沿圆筒内壁上升，沿斜面下降。颗粒群中微细的（或密度大的）颗粒，与比它大的（或密度小的）颗粒相比，更有向斜面内部移动和集中的倾向。

烧结料的造粒机理：物料润湿后，在物料颗粒表面被吸附水和薄膜水所覆盖，同时在颗粒与颗粒之间形成U形环（图5-5），在水的表面张力作用下，使物料颗粒集结成团粒，此

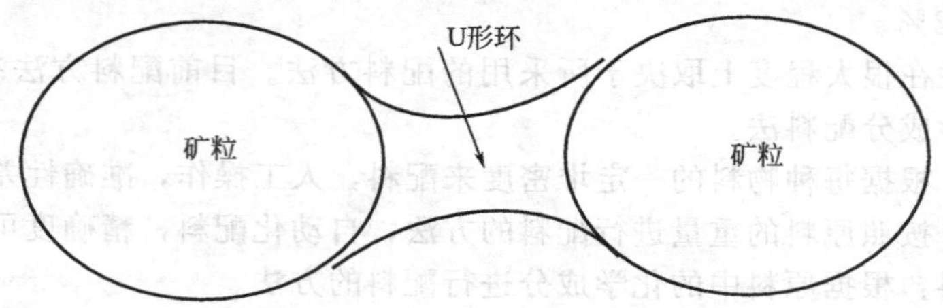

图5-5 U形环示意图

时颗粒之间大部分还是充满空气。此时的团粒强度差，当水分一旦失去，团粒便立即成散粒状的颗粒。由于混合机的回转，使得初步形成的团粒在机械力的作用下，团粒不断地滚动、挤压，则颗粒与颗粒之间的接触越来越紧，颗粒之间的空气被挤出，空隙变小。此时，在毛细力的作用下，水分充填所有空隙，则团粒也就变得比较结实。这些团粒在混合机内继续滚动逐步长成具有一定强度和一定粒度组成的烧结混合料。烧结料混合制粒工艺配置见图 5-6。

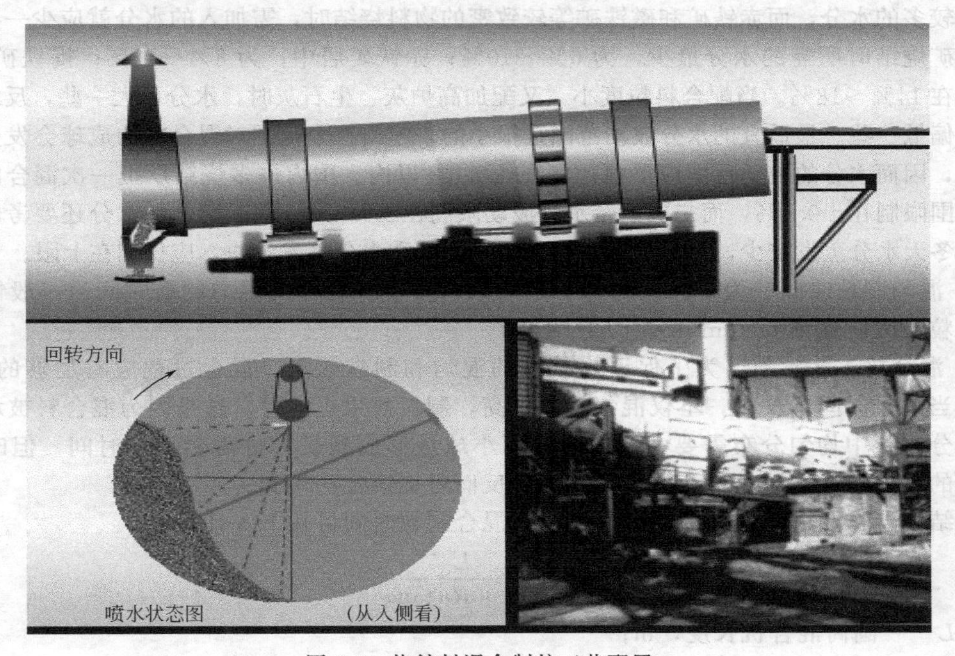

图 5-6 烧结料混合制粒工艺配置

(1) 影响混合料混匀制粒的因素

① 物料的性质

a. 物料的密度：混合料中各组分密度相差太大，则不利于混匀和制粒；

b. 物料的粘结性：粘结性大和亲水性强的物料易于制粒，但难以混匀。一般，褐铁矿与赤铁矿粉比磁铁矿粉制粒要容易些；

c. 物料的粒度和粒度组成：粒度差别大，容易产生偏析，对混匀不利，也不易制粒。另外，在粒度相同的情况下，多棱角和形状不规则的物料比圆滑的物料易于制粒，且制粒小球的强度高。

小于 0.2mm 颗粒作为黏附细粒；

大于 0.7mm 作为核颗粒，理想的为 1～3mm 作核；

0.25～1.0mm 的中间颗粒难于粒化，越少越好。

d. 混合料料温：可通入蒸汽等方式预热，提高混合料温度，改善制粒效果。

② 加水润湿方法和地点　物料良好润湿，既有利于混匀也有利于制粒，因此加水地点应主要集中在一次混合及其之前，比如返矿提前润湿；加水方式上，一混要在长度方向上均匀加水，二混采用分段加水，即给料端“滴水成球”、成球段“雾水长大”、出料端“无水紧密”。二次混合作业采用分段加水法，能有效提高制粒效果，通常在给料端用喷射流加水形成小球核，继而用高压雾状水，加速小球长大，距排料端 1m 左右停止加水，小球粒紧密、坚固。前苏联南方采选公司二次混合采用分段加水后，混合料<1.6mm 降低了 17%，透气性提高了 15%。

加水的目的是促进细粒料成球。干燥或水分过少的物料是不能滚动成球的。但水分过多，既影响混匀，也不利于制粒，而且在烧结过程中，容易发生下层料过湿的现象，严重影响料层透气性。

混合料的适宜水分值与原料亲水性、粒度及孔隙率的大小有关。一般情况下，物料粒度越细，比表面积越大，所需的水分就越多。此外，表面松散多孔的褐铁矿烧结时，混合过程中就需添加较多的水分，而赤铁矿和磁铁矿等较致密的物料烧结时，需加入的水分就应少一些。故磁铁精矿烧结时所需的水分最少，为6%～10%；赤铁矿居中，为8%～12%；褐铁矿最高，可控制在14%～18%。当配合料粒度小，又配加高炉灰、生石灰时，水分可大一些，反之，水分则应偏低一些。最适宜的水分波动范围是很小的，超出这个范围对混合料的成球会发生显著的影响，因而水分的波动范围应严格控制在±0.5%以内。国内许多烧结厂把一次混合的水分波动范围限制在±0.4%，而二次混合水分波动限制在±0.3%。掌握混合料水分还要考虑气象因素，冬天水分蒸发较少，水分可控制在下限，而夏季水分蒸发较快，应控制在上限。

③ 混匀制粒时间　为了保证混匀制粒效果，需要有足够的混匀制粒时间。一般情况下混匀制粒时间应保证6～8min。

④ 混合机工艺参数　为了保证烧结料的混匀和制粒效果，混合过程应有足够的时间。通常，当混合时间增长时，不仅混匀效果提高，制粒效果也越好。这是因为混合料被水浸润后，水分在料中均匀分布需要一定时间，而小球从形成到长大也需要一定时间。但时间过长，料的粒度组成中粒径过大的数量增加，反而对烧结生产不利。

烧结混合作业大都采用圆筒混合机，其混合制粒时间可按下式计算：

$$t=\frac{L}{0.105Rn\tan\alpha}$$

式中　L——圆筒混合机长度，m；

R——圆筒混合机半径，m；

n——圆筒混合机转速，r/min；

α——圆筒混合机倾角。

由上式可以看出，混合时间与混合机长度、转速和倾角有关。增加混合机长度，无疑可延长混合制粒时间，有利于混匀与制粒。混合机的转速决定着物料在圆筒内的运动状态，转速太小，筒体所产生的离心力作用较小，物料难以达到一定高度，形成堆积状态，混合制粒效率低；但转速过大，则筒体产生的离心力过大，使物料紧贴于筒壁上，致使物料完全失去混匀和制粒作用。混合机的倾角决定物料在机内的停留时间，倾角越大，物料混合时间越短，其混匀与制粒效果越差。圆筒混合机用于一次混合时，其倾角应小于2.0°，用于二次混合时，其倾角不小于1.5°。

此外，混合机的充填率对混合料的混匀与制粒效果也有影响，充填率是以混合料在圆筒中所占体积来表示的。充填率过小，产量低，且物料相互间作用力小，对混合制粒不利；充填率过大，在混合时间不变时，能提高产量，但由于料层增厚，物料运动受到限制和破坏，对混匀制粒不利。一混合适的充填率应在15%左右，而二混填充率要比一混低些。

⑤ 返矿及添加物对混匀与制粒效果的影响　返矿的质量和数量也会对混匀和制粒产生影响。返矿粒度较粗，具有疏松多孔的结构，可成为混合料的造球核心。在细精矿混合时，上述作用更为突出。但返矿粒度过大，冷却和润湿较困难，且易产生粒度偏析，影响烧结料的混匀和制粒。适宜的返矿粒度上限，应控制在5～6mm；返矿粒度过小，往往是未烧透的生料，起不了造球核心的作用。返矿温度高，有利于混合料预热，但不利于制粒操作，所以，以细铁精矿为原料的烧结厂，适当加水冷却返矿，使混合料预热和成球得以兼顾是极其

重要的工艺环节。适量的返矿量对混匀和制粒都有利，原料条件不同而有所差别。以精矿为主要烧结料时，返矿用量可多些。

烧结料中添加生石灰、消石灰、皂土等，能有效地提高烧结混合料的制粒效果，改善料层透气性。此外，近期国内外研究有机添加物应用于强化烧结混合料制粒也取得了明显的效果，包括腐殖酸类、聚丙烯酸酯类、甲基纤维素类等。

(2) 改善混合制粒的方法

混合料的水分：6%～8%。原料的性质：亲水性的好坏，原料的粒度组成。加水的方式，一混一般加水80%～90%，制粒10%～20%，加水呈雾状，在进口端加水；添加剂的影响，生石灰、皂土等。

混合时间与填充率：一混2min，填充率15%，制粒2～3min，填充率为8%。

图5-7为烧结配料系统控制图。

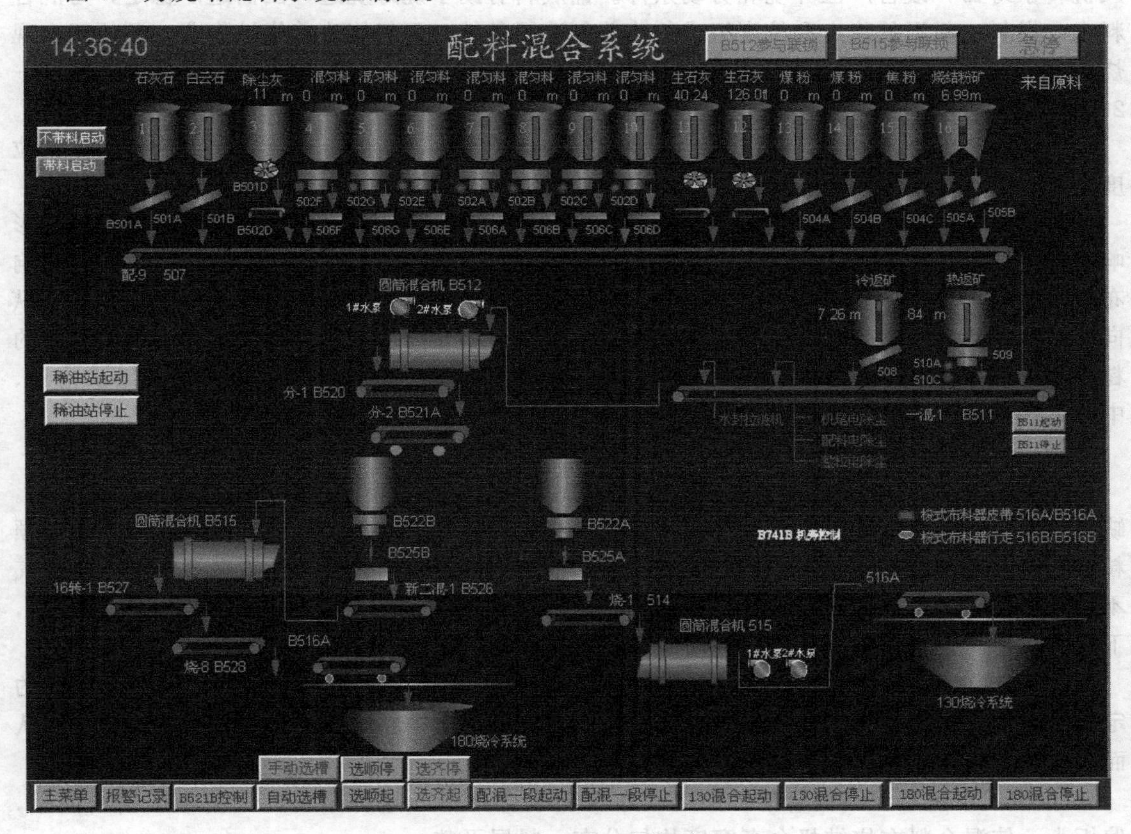

图5-7 烧结配料系统控制图

(3) 混料操作过程中应注意问题

要经常观察混合料水分的大小，进行料温测定和粒度组成测定，并做好记录，以此作为操作的依据。

经常观察料流情况，保证料流畅通，混料均匀。

当混料机内料衬不足时，要增加加水量，以增加混合料表面水（水直接加在料面上），混料机粘料过多时，要减少加水量。

圆筒内壁不应挂料过多，应在停机时抽空进行清理，以保持良好的混合效果和造球能力。

变料与缓料时水分的开停必须掌握适当，避免发生上“干料”和上“湿料”的现象。

圆筒混料机在生产过程中出现故障应及时查明原因并加以修理。

5.4 混合料烧结

5.4.1 布料

布料作业是指将铺底料及混合料平整地按一定厚度铺在烧结机台车上的操作，主要是通过设在烧结机机头上的布料器来完成。混合料在烧结机台车上分布得是否均匀，直接关系到烧结过程料层透气性的好坏与烧结矿的产量、质量。

（1）铺底料的作用　防止箅条粘料，减轻清理箅条的劳动强度；保护炉箅，延长使用寿命，改善气流分布（箅条完好，不容易形成风洞）；减少废气含尘量，减轻除尘负荷。提高风机转子寿命；防止堵塞炉箅，增加抽风面积，提高生产效率；提高成品率；还可以起到过滤层作用，防止细粒级物料进入抽风系统，使废气含尘量大大减小，降低除尘负荷，延长抽风机转子寿命，改善厂区环境和劳动条件。铺底料有助于烧好烧透，因而返矿稳定，为混合料水、燃料、料温的稳定和粒度组成的改善创造了条件，不仅能改善烧结作业，还便于实现烧结过程的自动控制。铺底料为烧结矿整粒环节中分出的一部分，铺底料粒度一般为10～25mm，厚度一般为30～40mm。

布料的均匀合理性，既受混合料缓冲料槽内料位高度、料的分布状态，混合料水分、粒度组成和各组分堆积密度差异的影响，又与布料方式密切相关。

缓冲料槽内料位高度波动时，因混合料出口压力变化，使布于台车上的料时多时少，影响布料的均匀性，为此，应保证1/2～2/3料槽的料位高度。缓冲料槽料面是否平坦也影响布料，若料面不平，在料槽形成堆尖时，则因堆尖处料多且细，四周料少且粗，不仅加重纵向布料的不均匀性，也使台车宽度方向布料不均。在料层高度方向，因混合料中不同组分的粒度和堆积密度有差异，以及水分的变化等，会产生粒度、成分偏析，从而使烧结矿内上、中、下各层成分和质量很不均匀。

（2）烧结布料方式

① 圆辊给料机加反射板　这种布料方式最大优点是工艺简单、设备事故少、运转可靠。缺点是混合料从二次混合机出口直接落到圆辊小矿槽里，料面呈尖峰状，自然偏析导致大颗粒的物料落到矿槽的边缘，较细的颗粒落在矿槽的中间。布料偏析会使沿台车宽度方向透气不均，靠台车两侧粒度较粗，透气性较好，而台车中间粒度较细，尤其是反射板经常挂料，下料忽多忽少，堆料现象严重，料面凹凸不平。

② 梭式布料器、圆辊给料机加反射板联合布料　其特点是梭式布料机把向缓冲料槽的定点给料变为沿宽度方向的往复式直线给料、消除了料槽中料面的不平和粒度偏析现象，从而大大改善台车宽度方向布料的不均匀性。

③ 梭式布料器、圆辊给料机加辊式布料器联合布料　这种布料方式使小矿槽料面平，偏析小，使混合料在烧结机台车宽度均匀分布，料层平整。

④ 宽皮带给料机加辊式布料机联合布料　这种布料方式避免了圆辊布料机在下料过程中由于挤压对小球的破坏。

布料方式对布料的均匀性也有较大影响。在布料方式上，目前普遍采用的有圆辊布料机-反射板、梭式布料机-圆辊布料机-反射板两种。前者工艺简单，设备运行可靠，但下料量受储料槽中料面波动的影响大，沿台车宽度方向布料的不均匀性难以克服，台车越宽，偏差越大，因此，只适于中小型烧结机的布料。对于大型烧结机和新建烧结机，采用后一种布料方式的越来越多。梭式布料机把向缓冲料槽的定点给料变为沿宽度方向的往复式直线给料，消除了料槽中料面的不平和粒度偏析现象，从而大大改善台车宽度方向布料的不均匀性。生产实践证明，使用梭式布料后，能大大改善布料质量，使烧结矿成分均匀。

（3）偏析布料　制粒后烧结混合料化学成分和含碳量的分布见表5-1，粗粒级中SiO_2含量高，CaO和C含量低；细粒级中CaO和C含量高。

表5-1　制粒小球水分、CaO、C含量　质量分数/%

项目	+8mm	5～8mm	3～5mm	1～3mm	0.5～1mm	−0.5mm
水分	6.10	10.76	10.91	4.21	2.88	—
CaO	6.94	10.69	12.16	12.64	13.05	10.15
C	1.08	1.38	2.90	4.16	6.72	6.72

合理的偏析布料　高度方向自上而下含碳量逐层降低，粒度逐层增大。沿台车宽度方向则要求在同一料层中的混合料含碳量、粒度和水分保持均匀分布，不产生偏析。要求料面平整，整个料层具有良好的透气性。原理：颗粒在斜面滚动时，大颗粒物料受到的阻力小，移动速度快。

作用：沿料层高度粒度自上而下逐渐变粗；碳的分布自上而下逐渐减少（例：上层4.30%，中层4.22%，下层4.07%）。

抽风烧结过程中沿料层高度的分层情况见图5-8。由于细粒级物料，反应性好，透气性差；在上层成为烧结矿，质量较好；成为烧结矿后，透气性改善；改善料层了高度方向的温度分布的均匀性。偏析布料可改善料层的气体动力学特性和热制度，提高烧结矿质量。

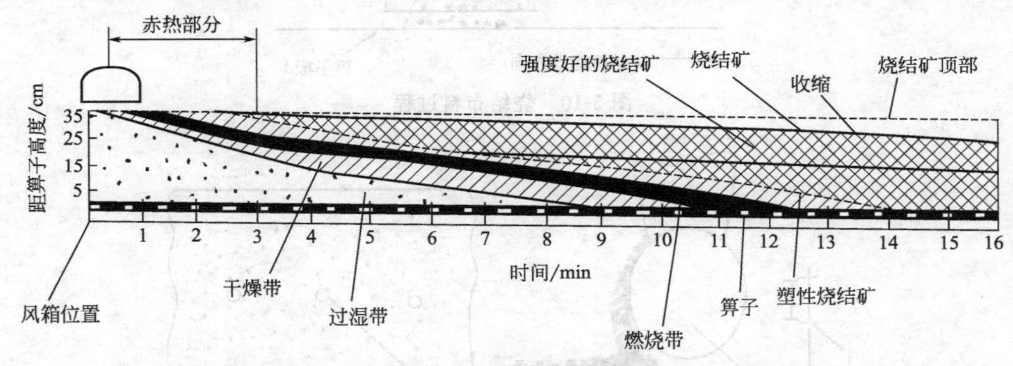

图5-8　抽风烧结过程中沿料层高度的分层情况

图5-9为常见烧结机布料装置，给料量通过调节闸门和圆辊转速，粒度偏析主要取决溜槽倾角，由于反射板容易粘料，后来改用九辊布料器取代反射板。

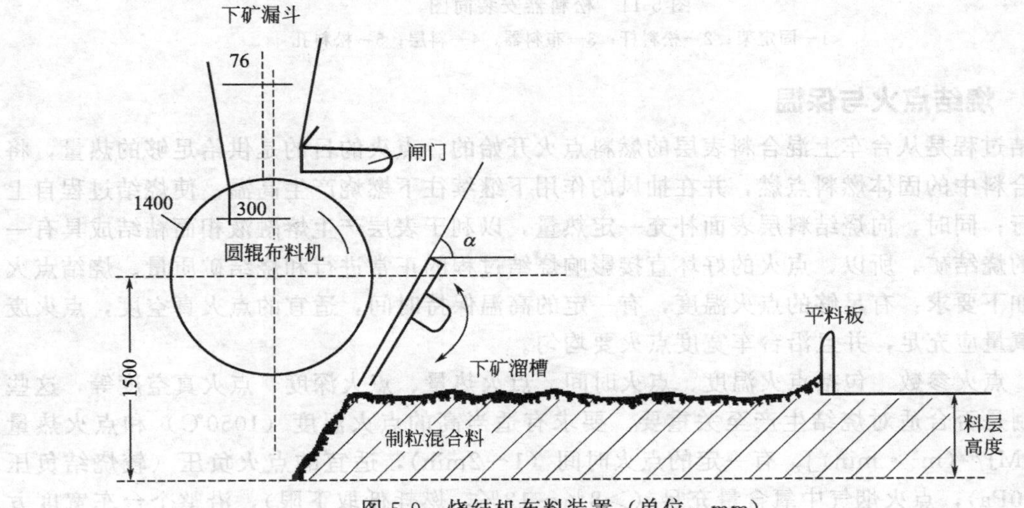

图5-9　烧结机布料装置（单位：mm）

烧结布料过程见图 5-10，松料器安装简图见图 5-11。

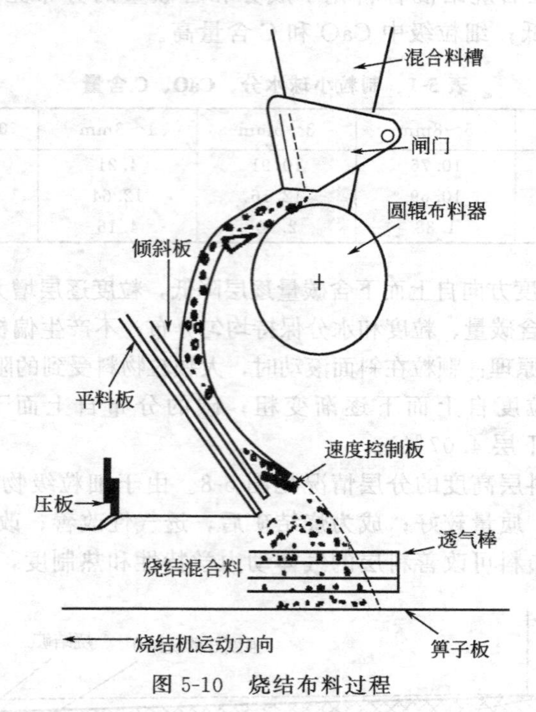

图 5-10　烧结布料过程

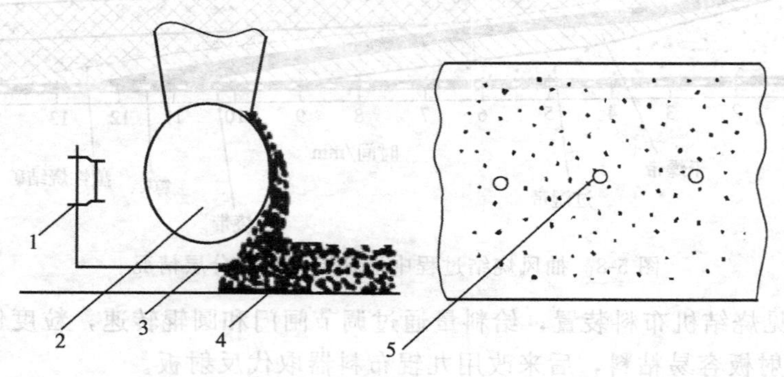

图 5-11　松料器安装简图

1—固定架；2—松料杆；3—布料器；4—料层；5—松料孔

5.4.2　烧结点火与保温

烧结过程是从台车上混合料表层的燃料点火开始的。点火的目的是供给足够的热量，将表层混合料中的固体燃料点燃，并在抽风的作用下继续往下燃烧产生高温，使烧结过程自上而下进行；同时，向烧结料层表面补充一定热量，以利于表层产生熔融液相而粘结成具有一定强度的烧结矿。所以，点火的好坏直接影响烧结过程的正常进行和烧结矿质量。烧结点火应满足如下要求：有足够的点火温度，有一定的高温保持时间，适宜的点火真空度，点火废气的含氧量应充足，并且沿台车宽度点火要均匀。

(1) 点火参数　包括点火温度、点火时间、点火热量、点火深度、点火真空度等，这些参数控制是否合适对烧结生产至关重要。要求有适当高的点火温度（1050℃）和点火热量[29～59MJ/（m^2・min)]，有一定的点火时间（1～2min)，适宜的点火负压（较烧结负压低，5000Pa)，点火烟气中氧含量充足（>8%～12%，燃耗低取下限)，沿整个台车宽度方向点火要均匀。

点火时间与点火温度：

$$Q=hA(T_g-T_s)t$$

式中　Q——点火时间 t 内，点火器传递给烧结料表层的热量，kJ；

A——点火面积，m^2；

h——传热系数，$kJ/(m^2 \cdot min)$；

T_g——火焰温度，℃；

T_s——烧结混合料的原始温度，℃。

烧结料层获得热量有两种方法：提高点火温度或延长点火时间。T_s 随着获得热量的增加而提高，如果点火温度不是足够高，延长点火时间是没有意义的；点火时间的延长是有限的，过长的时间需要多排点火器（目前一般设一排）。燃料的着火温度大于700℃，点火温度至少应大于700℃。

点火强度：单位面积上的混合料在点火过程中所需供给的热量或燃烧的煤气量。

$$J=\frac{Q}{60VB}$$

式中　J——点火强度，kJ/m^2；

Q——点火段的供热量，kJ/h；

V——烧结台车的正常速度，m/min；

B——台车宽度，m。

确定点火强度的依据如下。

混合料的性质：导热性好，热交换快，比热容小，所需热量少。

通过料层风量：负压低，点火炉漏风率低，温度高；风量小，热交换充分。

点火器热效率：有效热量的多少。

日本普遍用低风箱负压点火，点火强度 $J=42000kJ/m^2$，最低的川崎公司 $J=27000kJ/m^2$。我国采用低风箱负压（1960Pa），$J=39300kJ/m^2$。

供热强度：单位点火时间，单位烧结面积供热量。

单位点火时间的点火强度：$J_0=J/t[kJ/(m^2 \cdot min)]$。

点火强度与供热强度成正比。供热强度高，点火料层厚度大，高温区宽，表层烧结矿质量好。但烧结速度减慢。适宜的供热强度为 $29000 \sim 58600kJ/(m^2 \cdot min)$。

废气中含氧量的高低，取决于使用的固体燃料量和点火煤气的发热值。烟气含氧量影响表面燃料的燃烧和表面层磁铁矿的氧化。

$$Q_2=\frac{0.21(\alpha-1)L_0}{V_n}\times 100$$

式中　Q_2——烟气中含氧量，%；

α——过剩空气系数；

L_0——理论燃烧所需空气量，m^3/m^3；

V_n——燃烧产物的体积，m^3/m^3。

过剩空气系数增加，含氧量提高，但点火温度降低，因而受燃料发热值和燃烧温度的限制。

提高点火烟气中的氧含氧的主要措施：增加燃烧时的过剩空气量；利用预热空气助燃：输入物理热增加，提高燃烧温度，可增加过剩空气系数；采用富氧空气点火：输出废气量减少，提高燃烧温度，可增加过剩空气系数。

(2) 点火技术的改进

① 采用高效低燃耗的点火器 采用集中火焰直接点火技术，缩短点火器长度，降低点火强度，通常为 29～58.6MJ/(m² · min)；使用高效率的烧嘴，缩短火焰长度，降低炉膛高度（400～500mm），点火器容积缩小，热损失减少；降低点火风箱的负压。

② 选择合理的点火参数 改多排点火为单排点火；降低点火温度，减少点火燃耗，使用低热值燃料。

③ 由台车中心向边沿依次点火，使整个断面同时达到烧结终点。

扩散燃烧型烧嘴（5-12），主要结构为一根双层套管，内管送煤气，外管送空气，管套上有几百个直径小于 10mm 的喷口，沿台车宽度方向成直线排列。空气与煤气成射流状直角相交，燃烧效率高，火焰长度为 400mm，每吨烧结矿的点火燃耗已降至 18～25MJ。

两段燃烧多喷口扩散型烧嘴（图 5-13），助燃空气分一次和二次，空气与煤气比可在 0.6～3.0 之间变动，火焰长度为可调节的连续扁平火焰，火焰长度 400mm，烧嘴缝宽度大于 4.5mm，可防止堵塞。燃烧效率高，每吨烧结矿点火燃耗已降至 20～28MJ。

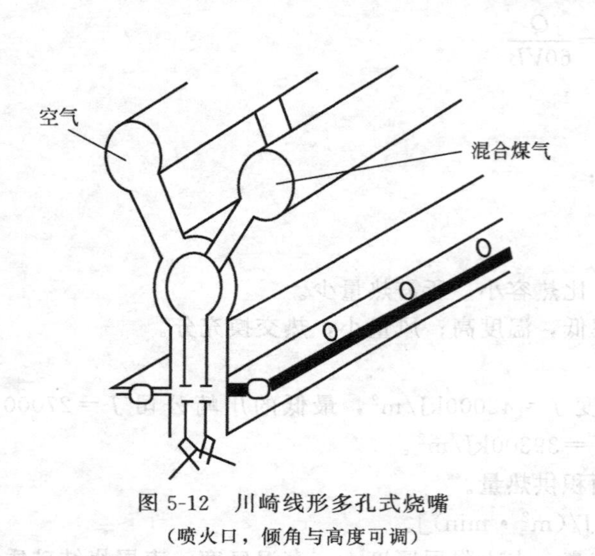

图 5-12 川崎线形多孔式烧嘴
（喷火口，倾角与高度可调）

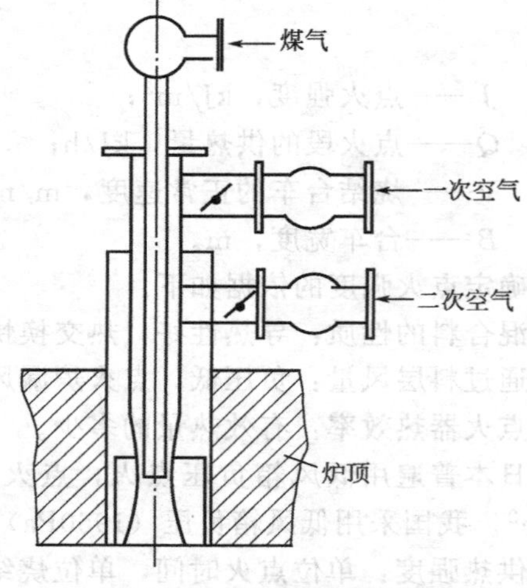

图 5-13 住友多缝式烧嘴

新日铁面燃烧式烧嘴（图 5-14）由预混器和透气性面板组成。焦炉煤气与空气预先在混合器内混合、均压，混合气流经烧嘴和三维交叉的多孔燃烧面板（用陶瓷或合金制作，孔隙率 90%，孔径为 1.8mm）。喷口呈缝隙状，间隙为 6mm，火焰成带状，并在台车料面上均匀分布，火焰短，燃烧效率高，每吨烧结矿的点火燃耗已降至 9～15MJ。

5.4.3 烧结

烧结主要工艺参数选择：风量与负压；料层厚度；返矿平衡。

(1) 风量与负压 主要有大风量高负压烧结，低负压大风量烧结，低负压小风量烧结。风机可以从设计角度，确定其风量与风压，如：高风压大风量；低风压大风量。

根据理想风机轴功率 N_t： $N_t=0.2803Q\Delta p$

或 N_t 与 Δp^{n+1} 成正比，即：降低烧结负压有利于电耗的降低。

Voice 公式与烧结机利用系数：按照 Voice 公式，烧结风量与下列因素有关：

$$Q=PeF(\Delta p/h)^n$$

即：对于确定烧结面积（F）和料层高度（h）的烧结机，烧结风量与料层透气性和烧结负压成正比。

根据第3章烧结机利用系数：$r=\dfrac{60Qk}{QsF}$

即：烧结产量与风量成正比。

风机的风量与负压在一定范围内是可以选择的；烧结负压与风量间有确定的正比关系，在一定负压条件下，提高烧结风量的途径为：减少漏风；改善透气性。目前倾向：低负压大风量烧结，风量 $100m^3/(m^2 \cdot min)$，负压15000Pa。

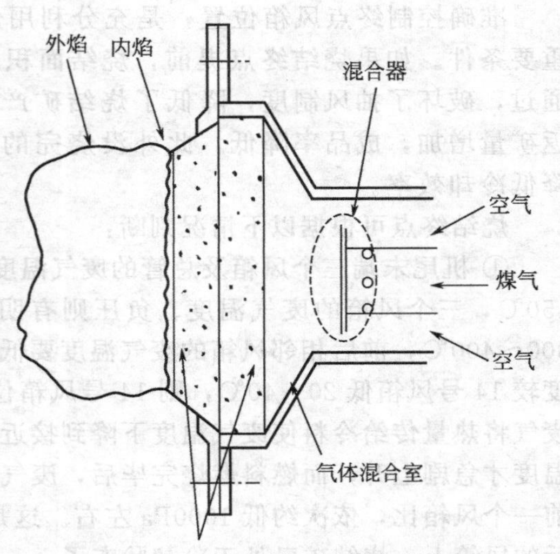

图5-14 新日铁面燃烧式烧嘴

(2) 料层厚度　料层厚度直接影响烧结矿的产量、质量和固体燃料消耗。一般来说，料层薄，机速快，生产率高。但薄料层操作时表层强度差的烧结矿数量相对增加，使烧结矿的平均强度降低，返矿和粉末增多，成品率下降，同时还会削弱料层的自动蓄热作用，增加燃料用量，降低烧结矿的还原性。生产中，在烧好、烧透的前提下，应尽量采用厚料层操作。这是因为烧结矿层有自动蓄热作用，提高料层厚度能降低燃料消耗。而低碳厚料层操作一方面有利于提高烧结矿强度，改善烧结矿的粒度组成，使烧结矿大块减少，粉末减少，粒度趋于均匀，成品率提高；另一方面又有利于降低烧结矿氧化亚铁含量，改善烧结矿的还原性；此外还有利于减轻劳动强度，改善劳动条件。国内烧结厂对磁铁矿、赤铁矿烧结料一般采用400～500mm厚的料层操作，其中宝钢、柳钢、济钢、太钢等超过600mm。

提高料层厚度影响与对策：料层阻力增加，提高烧结负压，改善料层透气性；蓄热增加，降低焦粉用量，加强偏析布料。料层厚度增加，垂直烧结速度降低，烧结矿强度提高，使成品率增加，蓄热量增加，固体燃料消耗下降，降低焦粉用量，FeO降低，还原性改善，水分冷凝现象加剧。为减少过湿层的影响，厚料层烧结应预热混合料，同时采用低碳低水操作。目前倾向：600～750mm逐渐成为一般料高，800～1000mm在运行或研究中。

(3) 烧结机的速度与烧结终点　在烧结过程中，机速对烧结矿的产量和质量影响很大。机速过快，烧结时间过短，导致烧结料不能完全烧结，返矿增多，烧结矿强度变差，成品率降低。机速过慢，则不能充分发挥烧结机的生产能力，并使料层表面过熔，烧结矿FeO含量增高，还原性变差。

应根据料层的透气性选择合适的机速。合适的机速是在一定的烧结条件下，保证在预定的烧结终点烧透烧好。影响机速的因素很多，如混合料粒度变细，水分过高或过低，返矿数量减少及品质变坏，混合料制粒性差，预热温度低，含碳波动大、点火煤气不足及漏风损失增大等，需要降低机速，延长点火时间来保证烧结矿在预定终点烧透烧好。

烧结机的速度是根据料层厚度及垂直烧结速度而决定的，机速的快慢以烧结终点控制在机尾倒数第二或第三个风箱为原则（机上冷却除外）。在正常生产中，一般稳定料层厚度不变，以适当调整机速来控制烧结终点。机速的调整要求稳定、平缓，防止忽快忽慢、不能过猛过急。10min内调整的次数不能多于一次，每次增减不得大于0.5m/min。

控制烧结终点，就是控制烧结过程全部完成时台车所处的位置。中小型烧结机的终点控制在倒数第二个风箱的位置上，大型烧结机的终点一般控制在倒数第三个风箱上。

准确控制终点风箱位置，是充分利用烧结机有效面积，确保优质高产和冷却效率的重要条件。如果烧结终点提前，烧结面积未得到充分利用，同时使风大量从烧结机后部通过，破坏了抽风制度，降低了烧结矿产量。而烧结终点滞后时，必然造成生料增多，返矿量增加，成品率降低，此外没烧完的燃料卸入冷却机，还会继续燃烧，损坏设备，降低冷却效率。

烧结终点可根据以下情况判断：

① 机尾末端三个风箱及总管的废气温度、负压水平。一般，总管废气温度控制在110～150℃，三个风箱的废气温度、负压则有明显特征：在终点处，废气温度最高，一般可达300～400℃，前后相邻风箱的废气温度要低20～40℃，如75m^2烧结机13号及15号风箱温度较14号风箱低20～40℃，则14号风箱位置为烧结终点。因为终点前，通过料层的高温废气将热量传给冷料使废气温度下降到接近于冷料温度水平，直到燃烧层接近炉箅时，废气温度才急剧上升，而燃料燃烧完毕后，废气温度又立即下降。负压则由前向后逐步下降，与前一个风箱比，依次约低1000Pa左右。这是由于终点前的风箱上，料层还未烧透，而终点后的风箱上，烧结矿已处于冷却状态了。

② 从机尾矿层断面看，终点正常时，燃烧层已抵达铺底料，无火苗冒出，上面黑色和下面红色矿层各占2/3和1/3左右。终点提前，黑色层变厚，红矿层变薄；终点延后，则相反，且红层下缘冒火苗，还有未烧透的生料。

③ 从成品和返矿的残碳看，终点正常时，两者残碳都低而稳定；终点延后，则残碳升高，以至超出规定指标。

发现终点变化时，应及时调节纠正，尽快恢复正常。其方法是：当混合料透气性变化不太大时，以稳定料层厚度、调节机速来控制终点。若发现终点提前，应加快机速；若终点滞后，则减慢机速。但若透气性发生很大变化，仅靠调节机速难以控制终点，且影响烧结料正常点火时，则应调整料层厚度，再注意机速的适应，以正确控制终点。

(4) 返矿平衡　返矿来源于烧结筛下产物：未烧透和没有烧结的混合料，运输过程中产生的小块烧结矿；返矿包括热返矿、整粒筛分返矿、高炉槽下返矿。作用：改善烧结料层透气性，作为物料的制粒核心。已烧结的低熔点物质，它有助于烧结过程液相的生成。热返矿用于预热混合料，可减轻过湿现象。

返矿的质量和数量直接影响烧结矿的产量和质量，应当严格加以控制，正常的烧结生产是在返矿平衡的条件下进行的。所谓返矿平衡：就是烧结生产中筛分所得的返矿（RA）与加入到烧结混合料中的返矿（RE）的比例为1时，称之为返矿平衡。

$$B=RA/RE=1\pm 0.05$$

返矿不参加配料，产生多少，加入多少，返矿量波动会影响料流的稳定性和燃料配比的稳定性。返矿参与配料，则可稳定操作。控制与调节：调整返矿配比；调整料层高度或燃料用量，以调整返矿率。

5.5 烧结矿处理

从机尾自然落下的烧结矿靠自重摔碎，粒度很不均匀，部分大块甚至超过200mm，不符合高炉冶炼要求，而且给烧结矿的储存、运输带来不少问题。烧结产品的处理就是对已经烧好的烧结矿进行破碎、筛分、冷却和整粒，其目的是保证烧结矿粒度均匀，温度低于150℃，并除去未烧好的部分，避免大块烧结矿在料槽内卡塞和损坏运输皮带，为高炉冶炼创造条件。

烧结矿处理包括烧结矿的破碎筛分、烧结矿的冷却和烧结矿的整粒。

5.5.1 烧结矿的破碎筛分

破碎设备 剪切式单辊破碎机，破碎过程中的粉化程度小，成品率高；结构简单、可靠，使用维修方便；破碎能耗低。

筛分设备 热矿振动筛（热振筛），可减少冷却工序、冷却除尘；整粒系统负荷；改善冷却料层的透气性；可获得热返矿预热混合料。缺点：目前设备事故多，影响烧结作业率；热振筛与热返矿的链板运输机投资大；烧结机机尾扬尘。设计烧结厂，取消热振筛为设计主流，多采用固定筛，筛孔18～25mm。

5.5.2 烧结矿的冷却

烧结矿冷却就是将机尾卸下的红热烧结矿冷却至130～150℃以下。冷却是为了便于整粒，以改善高炉炉料的透气性。冷矿可用胶带机运输和上料，延长转运设备的使用寿命，改善总图运输，使冶金厂运输更加合理，容易实现自动化，适应高炉大型化发展的需要（图5-15）。改善高炉上料系统使用条件，提高炉顶压力。采用鼓风冷却时，有利于冷却废气的余热利用并有利于改善烧结厂和炼铁厂厂区的环境。

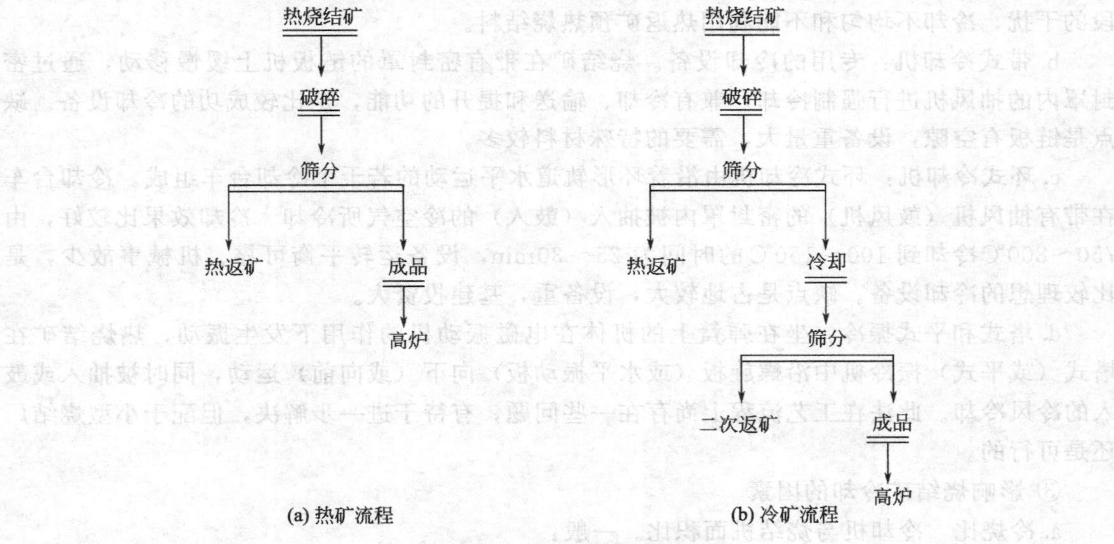

图5-15 烧结矿处理流程

根据冷却装置，烧结矿冷却可分为机上冷却和机外冷却；根据冷却方式，烧结矿冷却可以分为自然冷却和强制通风冷却（见表5-2）。

① 自然冷却

a. 在矿车中冷却：在矿车中借空气的自然抽力冷却烧结矿，比较简单，但冷却效率低，冷却时间长，从850℃冷却到100℃需要3天以上时间。需要大量矿车和很长的停放线，矿车烧坏量也比较大。

b. 露天堆放、自然冷却：冷却时间更长，一个1800t的矿堆冷却150℃需要6d时间；占地面积大，经多次装卸和运输，破碎较严重。

c. 在料仓中冷却：在底部有百叶窗式通风孔的特制料仓中通过自然通风冷却，冷却效果比前两种方法好。据国外试验，3800t的大料仓，由600℃冷却到100℃，需10～15h。

② 强制通风冷却

a. 带式烧结机上冷却：烧结终了后，在烧结机上通过抽风或鼓风进行冷却，冷却效率较

表 5-2　冷却方式比较

项　目	鼓风冷却	抽风冷却
料高/mm	1000～1500	300～500
冷却时间/min	约 60	约 30
冷烧比	冷却面积小，为 0.9～1.2	冷却面积大，为 1.25～1.50
冷却风量	料层高，烧结矿与冷却风热交换较好（2000～2200m^3/t 烧结矿）	料层低，烧结矿与冷却风的有效热交换较差，所需风量较大（3500～4800m^3/t）
风机电容量	风机是在常温下吸风，风机电容小	风机在高温下吸风，风机容量大
风机压力	高	低
风机维护	风机小，风机转子磨损小，维修量小	风机大，风机转子磨损大维修量大
风机安装	安装在地面，容易维修	安装在高架上，不易维修

高，冷却速度快，改善了烧结矿的破碎和筛分条件。某厂一台 115m^2 烧结机，将前 65m^2 用于烧结，后 50m^2 用于冷却，冷却时间只需 11～13min。缺点是功率消耗大，烧结段受冷却段的干扰，冷却不均匀和不能利用热返矿预热烧结料。

b. 带式冷却机：专用的冷却设备。烧结矿在带有密封罩的链板机上缓慢移动，通过密封罩内的抽风机进行强制冷却。兼有冷却、输送和提升的功能，是比较成功的冷却设备。缺点是链板有空隙，设备重量大，需要的特殊材料较多。

c. 环式冷却机：环式冷却机由沿着环形轨道水平运动的若干个冷却台车组成。冷却台车在带有抽风机（鼓风机）的密封罩内被抽入（鼓入）的冷空气所冷却。冷却效果比较好，由 750～800℃冷却到 100～150℃的时间为 25～30min，设备运转平衡可靠、机械事故少，是比较理想的冷却设备。缺点是占地较大，设备重，基建投资大。

d. 塔式和平式振冷：坐在弹簧上的机体在电磁振动机的作用下发生振动，热烧结矿在塔式（或平式）振冷机中沿螺旋板（或水平振动板）向下（或向前）运动，同时被抽入或鼓入的冷风冷却。此法在工艺流程上尚存在一些问题，有待于进一步解决，但配于小型烧结厂还是可行的。

③ 影响烧结矿冷却的因素

a. 冷烧比　冷却机与烧结机面积比。一般：

抽风冷却：1.25～1.50；

鼓风冷却：0.9～1.20；

机上冷却：约 1.0。

b. 冷却风量　冷却风量按吨烧结矿计，抽风冷却：3500～4800m^3；鼓风冷却：2000～2200m^3。冷却时间加长，每吨烧结矿冷却所需风量减少。延长冷却时间，冷却面积扩大，基建投资增加；运行电费减少，废气的温度有所提高，余热利用价值高（图 5-16）；降低冷却热应力，烧结矿的强度相应改善（图 5-18）。

c. 料层厚度　料层厚度提高，冷却时间延长，料层阻力提高。采用高料层，低风速，延长冷却时间的设计有利（图 5-17）。

d. 风压　风压取决于料层阻力的大小，包括：料层高度；风速；料层阻力系数。

图 5-18 为烧结设计手册提供的烧结冷却时，料高、风压、产量、风速的关系。

e. 烧结矿块度　粒度大，透气性改善，料层阻力降低，传热表面减少，热交换速度减慢，冷却时间延长。

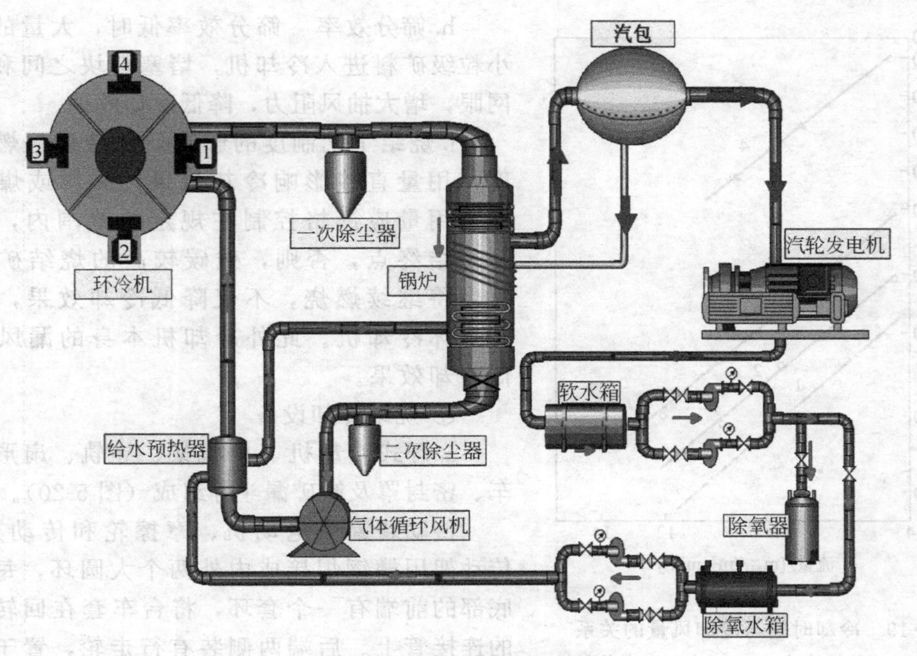

图 5-16 烧结环冷机余热利用

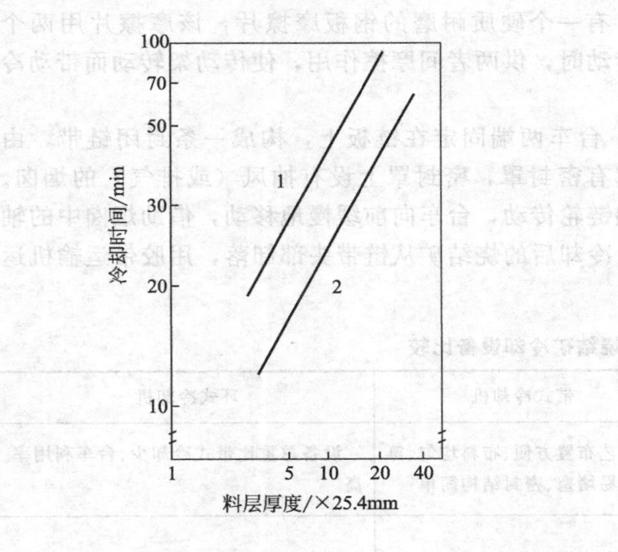

图 5-17 冷却时间与料层厚度的关系

风速：1—30.48m³/（m²·min）

2—60.96m³/（m²·min）

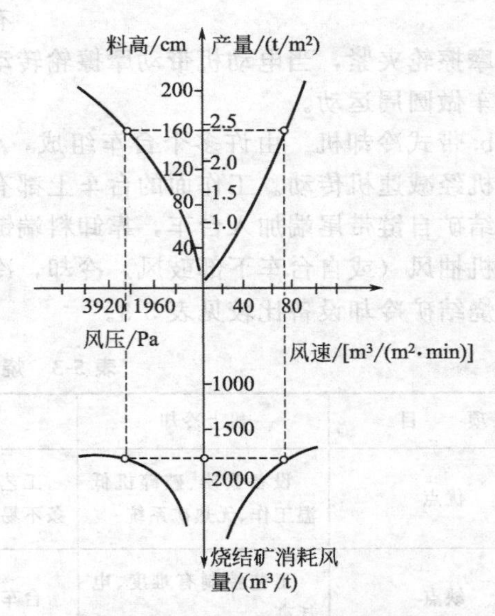

图 5-18 影响烧结矿产量的因素

f. 冷却时间　冷却时间短，将达不到预期的冷却效果，但过长的冷却时间将降低冷却机的处理能力（图 5-19）。

g. 铺料的影响　当铺料不均时，料层薄处的气流阻力小，冷空气势必在此大量通过，降低了冷却效果。热矿的粒度大小对冷却效果的影响很大。

因此要求操作人员要根据料层厚度、粒度大小等情况，调整机速或料层厚度，使冷却效果达到最佳值。

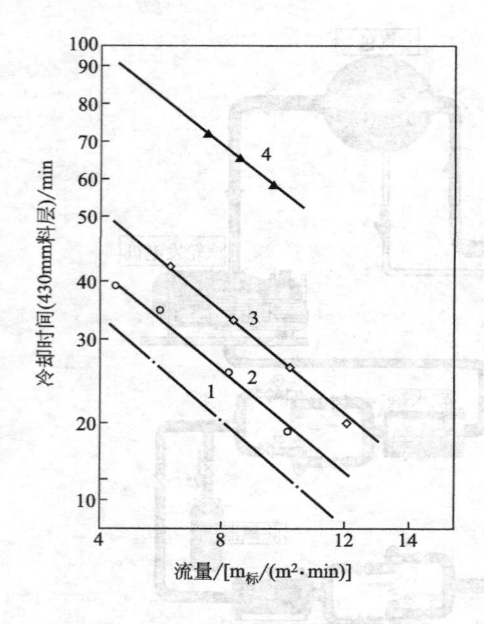

图 5-19　冷却时间与冷却风量的关系

1—>9.5mm 的烧结矿；2—>6.3mm 的烧结矿；3—>3.15mm 的烧结矿；4—未筛分的烧结矿

h. 筛分效率　筛分效率低时，大量的粉尘或小粒级矿料进入冷却机，堵塞料块之间和台车的网眼，增大抽风阻力，降低冷却效果。

i. 烧结工艺制度的影响　烧结过程燃料的粒度与用量直接影响冷却效果，焦粉或煤粉的粒度与用量应严格控制在规定的范围内，严格控制烧结终点，否则，残碳较高的烧结矿在冷却机内将继续燃烧，不仅降低冷却效果，严重时会烧坏冷却机。此外冷却机本身的漏风也会降低冷却效果。

④ 烧结冷却设备

a. 环式冷却机　由机架、导轨、扇形冷却台车、密封罩及卸矿漏斗等组成（图 5-20）。

传动装置由电动机、摩擦轮和传动架组成。传动架用槽钢焊接成内外两个大圆环，每个台车底部的前端有一个套环，将台车套在回转传动架的连接管上。后端两侧装有行走轮，置于固定在内外圆环间的两根环形导轨上运行。外圆环上焊有一个硬质耐磨的钢板摩擦片，该摩擦片用两个铸钢摩擦轮夹紧，当电动机带动摩擦轮转动时，供两者间摩擦作用，使传动架转动而带动冷却台车做圆周运动。

b. 带式冷却机　由许多个台车组成，台车两端固定在链板上，构成一条封闭链带，由电动机经减速机传动。工作面的台车上都有密封罩，密封罩上设有抽风（或排气）的烟囱。热烧结矿自链带尾端加入台车，靠卸料端链轮传动，台车向前缓慢地移动，借助烟囱中的轴流风机抽风（或自台车下部鼓风）冷却，冷却后的烧结矿从链带头部卸落，用胶带运输机运走。烧结矿冷却设备比较见表 5-3。

表 5-3　烧结矿冷却设备比较

项　目	机上冷却	带式冷却机	环式冷却机
优点	设备紧凑、破碎机低温工作、无热矿系统	工艺布置方便、布料均匀、箅条不易堵塞、密封结构简单	设备总重比带式冷却少、台车利用率高
缺点	工艺控制有难度、电耗高	台车多半空载运行	设备制造、安装难度大

5.5.3　烧结矿的整粒

为满足高炉现代化、大型化和节能需要，提高高炉料柱的透气性，降低高炉吹损，往往需要对烧结矿进行整粒（图 5-20），就是对冷却过的烧结矿进行破碎及多次筛分，控制烧结矿的粒度上、下限，并按需要进行粒度分级。目的就是减少高炉入炉粉末（筛出 −5mm 粒级作为返矿），缩小入炉烧结矿的料度范围（限制烧结矿粒度上限 50mm）。分出 10～20mm（或 15～25mm）粒级粉末作为烧结铺底料。

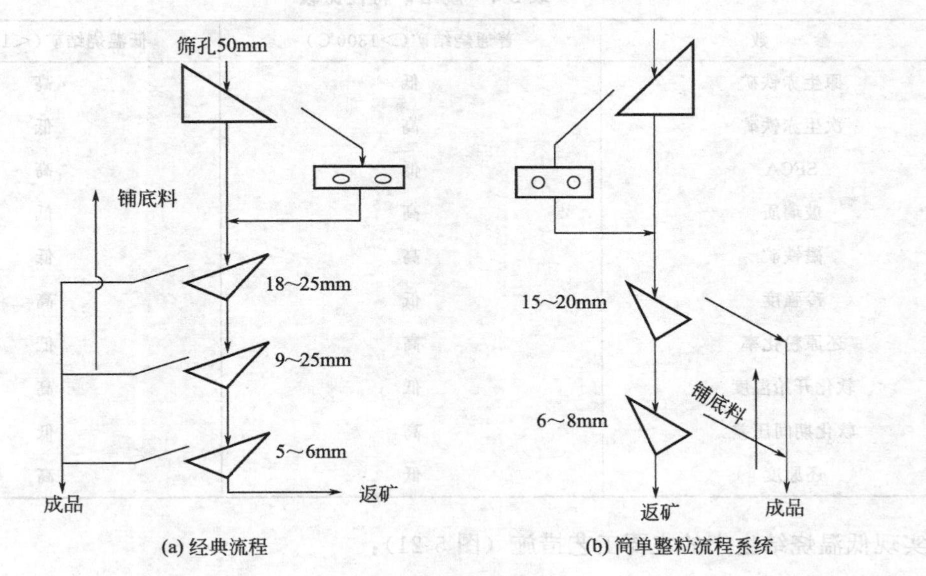

(a) 经典流程　　(b) 简单整粒流程系统

图 5-20　烧结矿整粒

简单整粒流程系统包括：一台固定筛，一台齿面对辊破碎机，两台振动筛。系统能达到整粒和分出铺底料的目的，但是铺底料粒度偏细。

5.6　新型烧结技术

5.6.1　低温烧结法

低温烧结是指控制烧结最高温度不超过 1300℃，通常在 1250～1280℃范围内即可生成理想的粘结液相。低温烧结法是目前世界上烧结工艺中一项先进技术，与普通熔融型（烧结温度大于 1300℃）烧结矿相比，低温烧结矿具有强度高、还原性好、低温还原粉化率低等特点，是一种优质的高炉原料。

低温烧结实质：一种优化原料化学成分和粒度组成，使之可以形成理想结构的准颗粒，在较低温度（1250～1300℃）下，生产理想结构烧结矿的方法。可减少高温型次生赤铁矿的形成，改善烧结矿的低温还原粉化性能；降低磁铁矿、硅酸盐含量，生产高还原性能的烧结矿。

低温烧结理论：高碱度下生成的铁酸盐-铁酸钙，还原性好，强度高。铁酸钙主要是由 Fe_2O_3 和 CaO 组成。烧结温度超过 1300℃后，Fe_2O_3 易发生热分解，形成 Fe_3O_4 和 FeO。而 Fe_3O_4 是不能与 CaO 结合的。相反，FeO 的出现会导致 $2FeO \cdot SiO_2$，$CaO \cdot FeO \cdot SiO_2$ 的生成，从而恶化烧结矿还原性。

温度为 1100～1200℃时，针状铁酸钙生成（10%～20%），但晶粒间尚未连接，故强度较差；温度为 1200～1250℃，20%～30%的针状铁酸钙生成，晶桥连接，且有交织结构出现，强度较好；温度为 1250～1280℃，呈交织结构的铁酸钙生成，强度最好；温度为 1280～1300℃，铁酸钙量下降至 10%～30%，结构由针状变为柱状，强度上升，但还原性变坏。

低温烧结法与普通烧结法烧结矿特性比较见表 5-4。

表 5-4 烧结矿特性比较

参 数	普通烧结矿（>1300℃）	低温烧结矿（<1300℃）
原生赤铁矿	低	高
次生赤铁矿	高	低
SFCA	低	高
玻璃质	高	低
磁铁矿	高	低
冷强度	低	高
还原粉化率	高	低
软化开始温度	低	高
软化期间压差	高	低
还原度	低	高

实现低温烧结生产的主要工艺措施（图 5-21）：

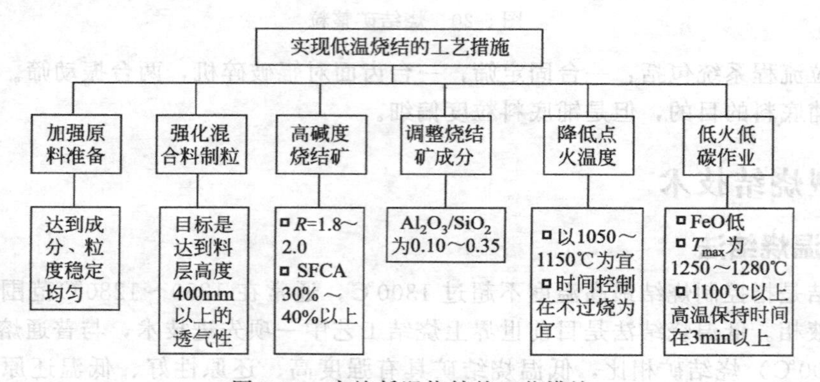

图 5-21 实施低温烧结的工艺措施

原燃料粒度细，化学成分稳定。要求富矿粉粒度小于 6mm；石灰石小于 3mm 的大于 90%；焦粉小于 3mm 的大于 85%，其中小于 0.125mm 的小于 20%。铝硅比（Al_2O_3/SiO_2）：一般为 0.1～0.37；Al_2O_3 促使 CF 生成，SiO_2 有利于针状 CF 生成。

强化混合料制粒，烧结温度：1250～1280℃，采用低水低碳厚料层（大于 400mm）操作工艺。

生产高碱度烧结矿，碱度以 1.8～2.0 较为适宜；SiO_2 含量不小于 4.0%，尽可能降低混合料中 FeO 的含量。

此外，应尽量提高优质赤铁富矿粉的配比。适当降低点火温度和垂直烧结速度。

5.6.2 小球烧结法

小球烧结法发挥烧结矿和球团矿两者的优势，取长补短，日本称为“混合球团烧结矿”工艺（HPS）(图 5-22)，目的：降低 Al_2O_3 含量，增加精矿配比，提高烧结矿铁品位。HPS 由日本钢管公司（NKK）开发，于 1988 年在日本福山 550m² 烧结机上投产，年产 600 万吨小球烧结矿。利用系数大幅度提高，达到 2.91t/(m³·d)，成品率由 80%上升到 85%以上。FeO 含量小于 4%，还原度由 65%提高到 80%，烧结燃耗下降 20%，电耗下降 30%。

采用圆盘或圆筒造球机将混合料制成适当粒度的小球（3～8mm 或 5～10mm），然后在

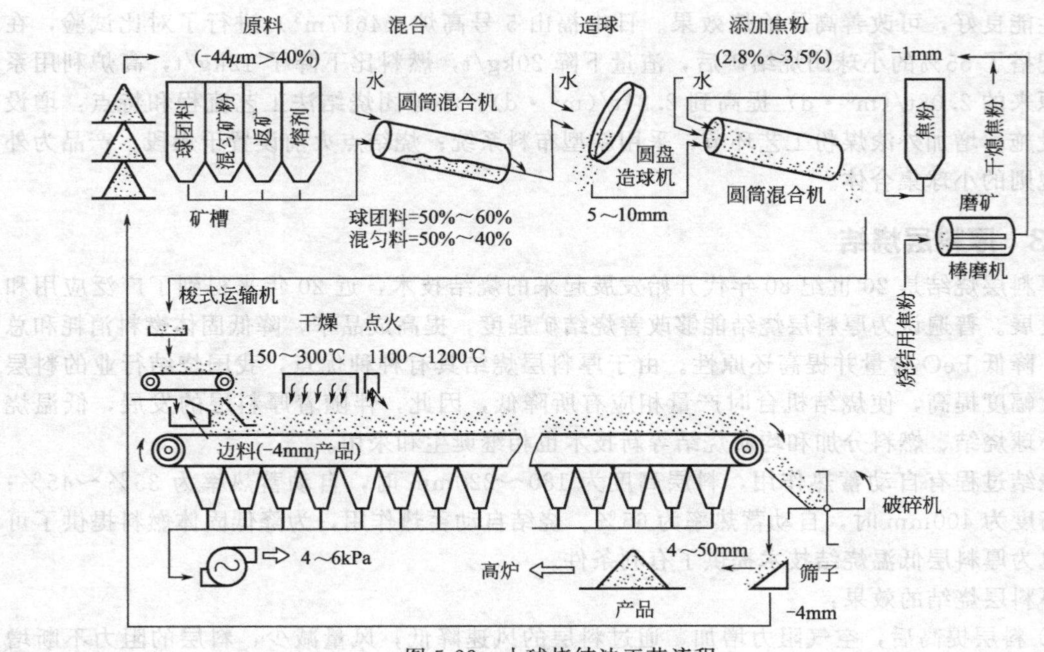

图 5-22　小球烧结法工艺流程

小球表面再滚上部分固体燃料（焦粉或煤粉），布于台车上点火烧结的方法，称为小球烧结。此法的燃料添加方式是以小球外滚煤粉为主（70%～80%），小球内部仅添加少量煤粉（20%～30%）。

球团烧结工艺与烧结、球团工艺比较见表 5-5。HPS 工艺具有如下主要特征：能适应粗、细原料粒级，扩大了原料来源；降低 SiO_2 含量，提高品位（增加精矿用量，减少高 Al_2O_3 进口矿用量）；矿相结构主要由扩散型赤铁矿和细粒型铁酸钙组成。还原性和低温粉化性都得到了改善；采用圆盘造球机制粒，提高了制粒效果，改善了料层透气性，提高了烧结矿产量。

表 5-5　球团烧结工艺与烧结、球团工艺比较

项　目	烧结工艺	球团工艺	球团烧结工艺
原料	烧结料 (−125μm 占 20%)	球团料 (−0.44μm 占 70%)	烧结料＋球团料
制粒	准粒度(3～5mm) 圆筒混合机	球团(8～15mm) 圆盘，圆筒造球机	小球团(5～8mm)圆盘造球机， 圆筒混合机外滚焦粉
产品形状	不规则(5～50mm)	球状(8～15mm)	小球团(5～8mm)和块状物
产品结构	渣相固结	扩散固结	扩散固结
产品 TFe	55%～58%	60%～63%	58%～61%
渣量	15%～20%	5%～10%	7%～12%
JIS 还原度	60%～65%	60%～75%	70%～80%
低温粉化率	35%～45%		30%～40%

小球料粒度均匀，强度好，粉末少，所以烧结料层的原始透气性及烧结过程中透气性都比普通烧结料好，阻力小，可在较低的真空度下实行厚料层烧结，产量高，质量好，能耗和成本降低；加上采用了燃料分加技术，使固体燃料分布更加合理，燃烧条件改善，降低了固体燃料消耗，一般小球烧结产量可提高 10%～50%。此外，小球团烧结矿还原性、强度等

冶金性能良好，可改善高炉冶炼效果。日本福山5号高炉（4617m^3）进行了对比试验，在高炉配搭了55%的小球团烧结矿后，渣量下降20kg/t，燃料比下降了12kg/t，高炉利用系数由原来的2.08t/(m^3·d)提高到2.21t/(m^3·d)。小球团烧结法工艺流程和特点：增设造球设施、增加外滚煤粉工艺环节；采用新型布料系统；烧结点火前设置干燥段；产品为外形不规则的小球集合体。

5.6.3 厚料层烧结

厚料层烧结是20世纪80年代开始发展起来的烧结技术，近20年来得到了广泛应用和快速发展。普遍认为厚料层烧结能够改善烧结矿强度，提高成品率，降低固体燃料消耗和总热耗，降低FeO含量并提高还原性。由于厚料层烧结具有种种优点，我国烧结行业的料层厚度大幅度提高，使烧结机台时产量相应有所降低，因此，伴随着厚料层的发展，低温烧结、小球烧结、燃料分加和均质烧结等新技术也相继诞生和采用。

烧结过程有自动蓄热作用，料层高度为180～220mm时，自动蓄热率为35%～45%；料层高度为400mm时，自动蓄热率为65%。烧结自动蓄热作用，为降低固体燃料提供了可能，也为厚料层低温烧结技术提供了有利条件。

厚料层烧结的效果：

① 料层提高后，空气阻力增加，通过料层的风速降低，风量减少，料层的阻力不断增大，烧结机的抽风负压随之升高，造成漏风率上升，通过料层的有效风量减少，垂直烧结速度下降。

② 节省固体燃耗，降低总热耗（自动蓄热作用所致），生产统计数据表明，烧结料层厚度每提高10mm，固体燃料消耗可降低1～3kg/t。

③ 由于强度低的表层烧结矿相对减少，高温保持时间长，矿物结晶充分，晶粒发育良好，使烧结矿的结构得到改善，可以改善烧结矿强度，提高成品率。

④ 由于低配碳的原因，使氧化性气氛加强，料层最高温度下降，抑制过烧现象，可增加低价铁氧化物的氧化反应，又能减少高价铁氧化物的分解热耗，有利于生成低熔点粘结相，烧结矿结构改善，FeO含量降低，烧结矿还原性得到改善。

厚料层烧结既然有改善烧结矿质量，降低燃耗等优点，那么制约料层继续提高的关键是什么？如何选择最适宜的料层厚度？

首先，料层厚度提高至一定极限后，由于料层阻力急剧增加，漏风率提高，造成产量明显降低。其次，随料层不断提高，烧结床上层与下层的温度水平差距也越来越大。那么，如何解决厚料层与产量的矛盾，以及如何减小上下烧结矿层温度水平的差距，成为厚料层烧结所要解决的问题。

(1) 强化混合料制粒，改善料层透气性

① 改善料层透气性，首先应从改善原料结构入手，争取多用粒度较粗，且较均匀的富矿粉，适当添加生石灰或消石灰，强化制粒，实行小球烧结。

② 延长混合制粒时间，改变加水方式，改善混合料制粒效果。

③ 严格控制混合料水分，根据原料特性，将混合料水分控制在最佳范围内。

④ 提高混合料温度至露点以上，以消除过湿层的影响。

⑤ 严格控制燃料粒度及其配比，适当降低烧结过程中的高温水平和熔融层厚度。

⑥ 加强生产操作，做到铺好料，点好火，调整好机速，均稳定在最佳范围内。

(2) 降低漏风率　由于料层越厚，阻力越大，风箱负压越高，漏风率也相应增加，这给堵漏风工作增加了难度。因此，有必要对烧结机滑道系统及机头、机尾密封板等部位进行改造，加强密封；同时，应加强对整个抽风机系统的维护检修，及时堵漏风，将漏风率降至最低程度。

(3) 热风烧结　料层厚度已经达到600～700mm。由于配碳量降低，烧结机台车上层约1/3的烧结矿略显热量不足，强度较差，成品率低。而靠近底部的1/3料层则因蓄热量大，热量过剩，高温熔融层加厚，透气性恶化，因而降低了烧结速度，影响了产量。对此，有必要采用热风烧结技术来解决厚料层烧结时上层与下层温度差别大的问题。

5.6.4 双层烧结

双层布料烧结法是20世纪50年代提出的。其主要目的是克服烧结矿上下层质量不均匀和节约燃料，使烧结（图5-23）混合料层含碳量自上而下逐层减少。双层布料烧结采用配碳量不同的两个系统供料，含碳量低的物料布在下部，含碳量较高的物料布在料层上部。日本、前苏联和印度等国都曾经采用过双层布料。

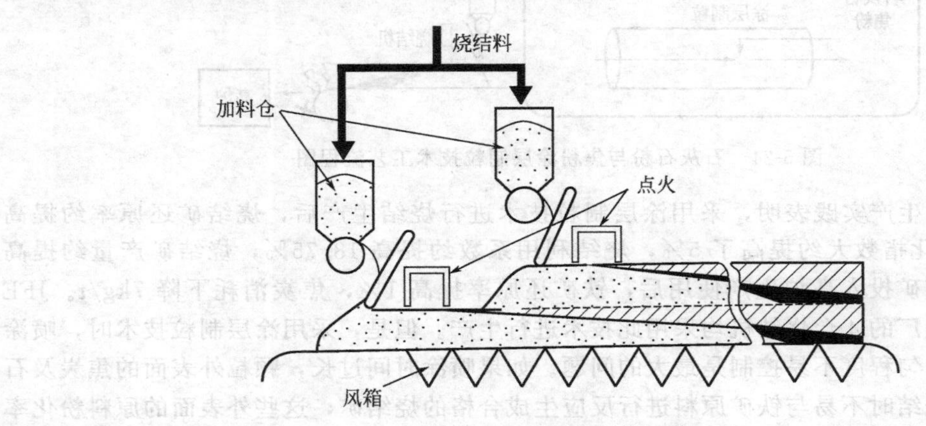

图5-23 双层布料烧结法

采用双层布料后，可使料层上下部的温度分布趋于合理，以解决下部烧结矿过熔和FeO含量高的问题。每吨烧结矿焦粉耗量下降10%，点火煤气耗量有所增加，烧结矿中FeO含量降低，成品率提高。

缺点：双层布料从配料开始至烧结机布料均为双系统，基建投资增加，工艺复杂，日本的双层布料烧结的经济效益并不十分明显，故该工艺没有得到推广。

5.6.5 燃料分加技术

燃料分加就是将配入烧结混合料中的燃料分两次加入。一部分燃料在配料室加入，与铁料、熔剂在一次混合机内混匀，再运送到二次混合机内造球；另一部分燃料则在混合料基本成球后再加入，使之存在于料球表面，这种操作称为外配燃料。这样做既可改善燃料的燃烧条件，又可减少燃料与铁料接触发生还原反应而造成的燃料损失。同时，由于燃料的密度小，在布料过程中可增加上层的燃料量而形成燃料的合理偏析。在燃料分加时，应根据混合料的性质，选择合适的内、外燃料配比。

燃料分加技术的优点：①固体燃料成球性能较差，制粒时物料中无固体燃料，可提高小球强度，改善物料粒度及粒度组成，提高料层透气性，为厚料层操作创造条件；②改善燃料在料层中分布状态，减少以大颗粒燃料为核心的成球，避免偏析，使沿料层高度自上而下燃料含量逐步减少，使燃料分布小球表面，改善燃料燃烧条件。

5.6.6 涂层（分流）制粒技术

日本JFE公司为了增加低价矿配比，降低烧结燃料消耗、高炉还原剂比而开发出涂层制粒技术。该技术是将焦粉、石灰石粉混匀后涂于已成型颗粒的表面，物料在烧结过程中会形成铁酸钙从而改善烧结矿还原性。生产工艺是先将各烧结原料装入一次混匀设备内混匀制粒，再将焦粉和石灰石粉从二次混匀设备后段喷入，对输送至二次混匀设备内的已制粒物料进行喷涂。其工艺流程如图5-24所示。

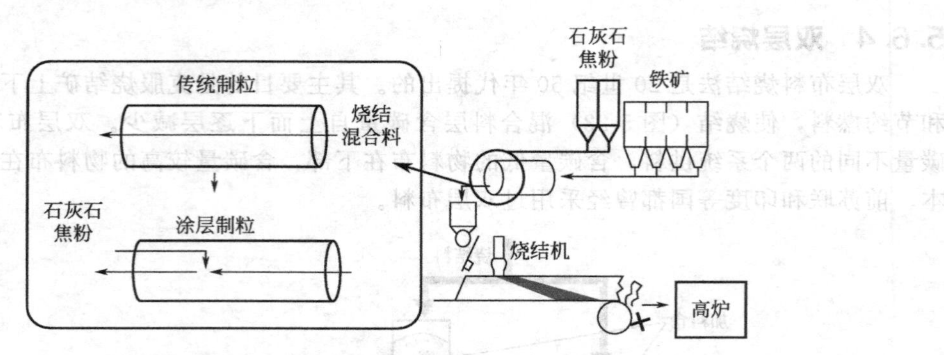

图5-24 石灰石粉与焦粉涂层制粒技术工艺流程图

JFE公司的生产实践表明，采用涂层制粒技术进行烧结生产后，烧结矿还原率约提高7.3%，还原粉化指数大约提高了5%，烧结利用系数约提高18.75%，烧结矿产量约提高0.69%。该烧结矿投入高炉生产使用后，铁矿还原率提高1%，焦炭消耗下降7kg/t。JFE公司西日本钢铁厂的4台烧结机均采用此技术进行生产。但是，采用涂层制粒技术时，喷涂时间和喷涂的均匀程度不易控制是最大的问题。如果喷涂时间过长，颗粒外表面的焦炭及石灰石粉过多，烧结时不易与铁矿原料进行反应生成合格的烧结矿，这些外表面的原料粉化率增加使得烧结料层的透气性变差、烧结矿产率下降；如果喷涂时间过短，铁矿粉表面的焦粉与石灰石粉涂层厚度不够且不均匀，铁矿原料不能得到足够的熔剂和燃料参与反应，将使烧结矿的强度下降。JFE公司经过研究、生产摸索，确定出较适宜的喷涂时间大约为40s。通过JFE公司的生产实践可以看出，涂层制粒工艺简单，不需要对原有的制粒工序进行大的改动，不需要增加设备，根据来料情况，精准控制喷涂时间，就可实现平稳操作。

分流制粒烧结工艺：即将含铁精矿和粉矿分别制粒，形成低碱度内核、高碱度外壳的准颗粒进行烧结。就是利用选定的高效制粒设备，对添加25%左右的高品位铁精矿粉内配一定量的生石灰做粘结剂（也是熔剂）进行强化分流制粒，制备出理想的准颗粒结构，使局部碱度达到3.0以上（烧结料的总碱度仍维持在1.8左右），以增强亲水性差的铁精矿的黏附性能，改善烧结料层透气性。通过熔剂和固体燃料分加技术，控制烧结温度和气氛，生成局部高碱度且残余赤铁矿比例高、具有高强度和高还原性、以针状铁酸钙为主要粘结相且伴有一定量的钙铁橄榄石的非均质烧结矿。由于高碱度部分CaO含量较高，生成的液相总的表面张力因子增加，故表面张力较大，且黏度较低，易于促使气孔由不规则大孔变为总体分布较为均匀且大小适中的规则球形，改善了烧结矿的还原性和强度，提高了烧结矿的成品率。采用分流制粒工艺后，烧结混合料中细颗粒比常规工艺明显减少（−3mm粒级含量由48%减少至32%），中间粒级明显增多，准颗粒的加权调和平均粒径增大，混合料层气体阻力减小，烧结过程透气性得到改善。分流制粒工艺强化烧结取得如下指标：烧结矿转鼓强度达到65%～70%，利用系数在1.9t/（m^2·h）以上，成品率在82%～85%，固体燃耗为51～52kg/t，FeO含量在7.2%～8.8%，SiO_2含量下降到4.5%。与常规烧结试验相比，烧结矿转鼓强度可提高近10个百分点，利用系数和成品率也有所上升，固体燃耗下降了3.6%～4.8%，而烧结矿中FeO含量明显降低，烧结矿产质量得到改善。

5.6.7　烧结强力混合与制粒新技术

传统的烧结原料混匀制粒是将所有铁原料的细粉和粗颗粒料与其他原料混合一起投入到混合和制粒设备中进行混匀制粒的。但是，在传统烧结工艺中由于铁原料细粉的水亲和力比较差，很难使得水分均匀地分布在各种粒径的铁原料中，而水分的均匀分布对于制粒造球效果非常关键。因此，精矿烧结由于其制粒效果差影响了烧结料层的透气性，从而影响了烧结机的生产效率及烧结矿成品率。日本新日铁、住友等公司最早开始采用强力混合机进行混匀制粒，提高精矿烧结中原料的混匀度和制粒效果。通过住友在和歌山第三烧结厂的实践，使用强力混合机代替传统的圆筒混合机进行混匀制粒，使烧结原料的制粒效果增强，烧结料层透气性增加，生产率提高了8%～10%，同时降低焦比0.5%。

与传统圆筒混合机相比，强力混合机的强力搅拌混匀工作制度可以使焦粉及原料能够被更好地分散，节约焦粉用量；同时由于细粉能更好地被包覆在颗粒表面，提高烧结料层的透气性，增加烧结矿强度。因此，在烧结生产中应用强力混合机代替传统混合机，可以节能减排、减少原燃料消耗、提高烧结生产率。但是，目前在国内强力混合机的应用面对进口设备价格偏高、操作维护成本高、转子桨叶耐磨性等问题还需有待进一步解决。我国台湾龙钢的烧结厂采用圆筒制粒和强力混合结合的工艺处理了100%的烧结原料（包括钢厂回收的废料）。经过这套系统处理后的烧结混匀料具备极高的混匀度，所以在龙钢不需要对铁原料进行预混合，这就大大减少了铁原料预处理需要的储存空间和作业面积。巴西Usiminas烧结厂采用两套强力混合和制粒系统，对来自1～3号烧结厂的原料混匀制粒处理，其中两台强力混合机还配有除潮装置、带式输送机和气力输送系统、二次除尘装置。

1. 烧结生产一般由哪些环节组成？
2. 对烧结原料进行中和的目的是什么？
3. 返矿和铺底料的作用是什么？
4. 如何实现厚料层烧结和低温烧结？
5. 如何判断烧结终点？
6. 进行球团烧结工艺与烧结、球团工艺比较。

第6章 铁矿球团生产现状

现代铁矿开采中富铁块矿（TFe≥58%）已越来越少，能利用的绝大部分是粉矿和经细磨、选别后的细粒精矿。粉矿一般通过烧结工艺造块后供炼铁使用，而经细磨选别后的铁精矿宜采用球团工艺生产成球团矿供炼铁使用。如果将细磨铁精矿用于烧结，对烧结生产是十分不利的，不仅所产烧结矿强度差，含粉率高，FeO 含量高，还原粉化指数高，烧结矿产量明显受到制约，此外还会严重地恶化生产环境。球团矿的冶金价值优于烧结矿是不容置疑的。细磨铁精矿合理的造块工艺是球团，细磨铁精矿其粒度很细，在配加少量粘结剂的情况下，很容易造出具有一定强度的小球，经高温氧化焙烧后具有很高的强度。这种大小均匀、形状规则的球团矿对竖式冶金炉（高炉是其中之一）生产是十分有利的。因而细磨铁精矿用于球团矿生产，比用于烧结矿生产更加合理。

球团矿消费量的增长主要受钢材需求增加以及钢厂期望利用更多较高铁含量的铁矿石来提高高炉生产效率所驱动。较高的铁矿石价格已经促使钢厂通过利用球团矿来提高高炉和直接还原铁设备的生产效率。同时，采用球团矿也具有环保作用。

球团矿作为一种优质、低耗的炼铁原料，随着我国球团产能、产量在未来几年的逐步释放，必然会在高炉炉料结构比例中逐渐升高。我国所产铁矿石绝大多数为细磨铁精矿，必须走球团生产之路。

6.1 球团法——先进造块法

将配有粘结剂或熔剂及燃料的细精矿粉（仅土烧球团可配燃料），经过滚动成型（造球）、焙烧固结、冷却过筛，成为粒度均匀、强度较好的球团矿。球团法按生产设备形式：竖炉焙烧、带式机焙烧、链箅机-回转窑焙烧及隧道窑、平地吹土球等多种。根据球团的理化性能和焙烧工艺不同，球团成品有氧化球团、还原性球团（金属化球团）以及综合处理的氯化焙烧球团之分。目前国内生产以氧化球团矿为主，竖炉工艺、链箅机-回转窑工艺及带式机焙烧是生产氧化球团矿的主要方法。

6.2 国外球团发展状况

（1）国外球团矿发展历史　1912 年和 1913 年，瑞典人安德生和德国人布莱克尔斯贝尔格分别就球团技术取得专利。1926 年，克虏伯公司建造第一座球团试验厂；1944 年明尼苏达大学取得球团技术突破；1950～1951 年，竖炉球团试验成功；1955 年，带式球团焙烧机投入生产；1960 年，链箅机-回转窑铁矿球团生产线建成投产；20 世纪 80 年代后，国外球团得到长足发展。

从世界先进的高炉炼铁炉料结构（见表 6-1）看，球团矿在高炉炉料中的比例不断增加，一般已增加到 30%～50%。

表 6-1 国外一些高炉的炉料结构

国家	炉料结构		渣量/(kg/t)
	烧结矿/%	球团矿/%	
瑞典	0.5	99.5	146
加拿大	0	100	194
德国	51.1	48.9	184
荷兰	48.0	52.0	205
芬兰	73.7	26.3	203
比利时	87.0	13.0	259

当今世界最先进的高炉炼铁在西欧，西欧高炉炼铁球团矿用量已发展到30%～70%。最典型的阿姆斯特丹、霍戈文公司艾莫依登厂的炉料结构是50%球团矿+50%烧结矿。高炉冶炼焦比为234kg/t，喷煤212kg/t，高炉利用系数平均为2.8t/(m^3·d)，最高达3.1t/(m^3·d)。

2000年，全世界有近20多个国家生产球团矿，球团矿总生产能力约为3.181亿吨。炼铁高炉用球团矿2.36亿吨/a，占76.6%；直接还原用球团矿7200万吨/a，占23.4%；全世界球团出口量约为9000万吨。北美球团矿产量最高，每年生产能力约为1.002亿吨，加拿大的球团矿80%供出口，而美国球团矿基本上供本国钢铁厂消费。

此后，全球球团矿产量不断增长。2002年，全球球团矿产量增长11%；2003年增长8%。2006年，全球球团矿产量增加了1200万吨，达到3.23亿吨，总产量比2005年增长4%。2006年世界球团矿出口量为1.43亿吨，比2005年增长5%。2006年中国球团矿同比增长13%，达到4500万吨；2007年全球球团矿产量增加2600万吨，达到3.49亿吨，增长8%；2008年全球球团矿产量达到3.64亿吨，增长10%；2010年全球球团矿产量3.881亿吨，创历史新高。2011年，中国成为全球最大的氧化球团矿生产国，产量增至2.04亿吨。

2010年全球球团矿出口量为1.45亿吨，同比增长46%。巴西依然是最大的球团矿出口国，出口量较2009年增长77%至5360万吨。加拿大居第二，出口量为2120万吨。球团矿消费量的增长主要受钢需求增加以及钢厂期望利用更多的较高铁含量铁矿石来提高高炉生产效率所驱动。较高的铁矿石价格已经促使钢厂通过利用球团矿来提高高炉和直接还原铁设备的生产效率。同时，采用球团矿也具有环保作用。

(2) 国外球团发展趋势　一些炼铁技术先进的国家，球团矿的比例已越来越高，从20%到50%，直到几乎100%，各项高炉指标领先，产品质量好；北美：北美所产铁矿石主要是经细磨精选后的精矿，绝大部分都加工成球团矿供炼铁使用（见图6-1、图6-2）。

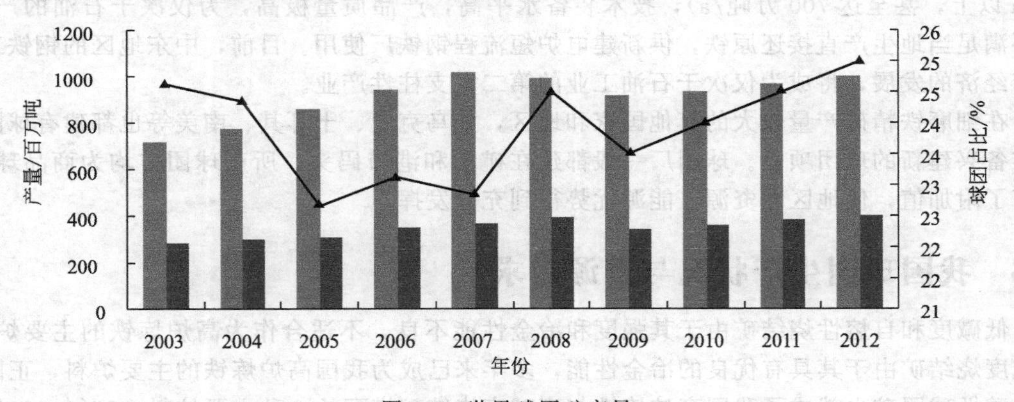

图 6-1 世界球团矿产量

■ 铁产量/百万吨；■ 球团需求量/百万吨；—▲— 球团占比/%

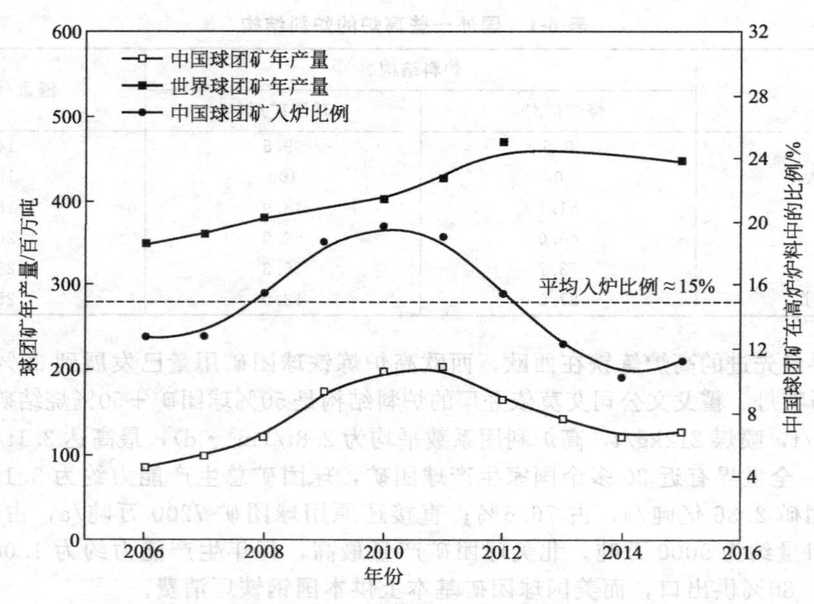

图 6-2 世界及中国球团矿产量及球团矿在中国高炉中的入炉比例

加拿大 Algoma（阿尔戈马）厂 7 号高炉熔剂性球团矿比例达到了 99%；墨西哥 AHMSA 公司 Monclova 厂 5 号高炉熔剂性球团矿比例为 93%；美国 AK Steel 公司 Ashland，KY 厂 Amanda 高炉熔剂性球团矿比例为 90%；欧洲的瑞典和德国部分高炉球团矿比例也很高。

巴西是世界上最大的铁矿石生产国和出口国，占全世界球团矿贸易量的 36%，其次是美国和加拿大，分别占 20%和 13%左右。巴西铁矿的特点：绝大部分为赤铁矿，含铁品位极高，TFe 含量一般都在 67.5%以上，以细粉矿为主，其粒度都较细，除少量可作为烧结粉以外，大部分适合于生产球团矿。巴西建有 10 多个大型球团厂（采用带式焙烧工艺，用重油作燃料），年产球团矿 4000 万吨以上，单系统能力达到了 700 万吨/a。巴西生产赤铁矿球团，要求焙烧温度高，燃耗高，加工费高。这些球团工厂目前都为 CVRD 公司掌握，所产球团矿质量标准统一，品种齐全，有供高炉用的、有供直接还原铁生产用的，有酸性的、碱性的、高硅的、低硅的，等等，可满足各类钢铁生产的需求。

中东及其他地区：在中东地区兴建的大型球团厂，不但单系统规模大（一般都在 500 万吨/a 以上，甚至达 700 万吨/a），技术装备水平高，产品质量极高，为仅次于石油的产业。主要满足当地生产直接还原铁，供新建电炉短流程钢铁厂使用。目前，中东地区的钢铁工业随着经济的发展，将成为仅次于石油工业的第二大支柱性产业。

在细磨铁精矿产量较大的其他国家和地区，如乌克兰、土耳其、南美等也都建有球团厂或准备兴建新的球团项目。球团厂一般都建在矿山和港口码头，所产球团矿均为商品球团，提高了附加值，使地区和资源、能源优势得到充分发挥。

6.3 我国球团生产状况与资源需求

低碱度和自熔性烧结矿由于其强度和冶金性能不良，不适合作为高炉炼铁的主要炉料，高碱度烧结矿由于其具有优良的冶金性能，多年来已成为我国高炉炼铁的主要炉料，正因如此，酸性球团矿也就成了我国高炉炼铁与高碱度烧结矿搭配的一种主要炉料。25%～30%球团矿的配入可提高入炉矿铁品位 1.5%以上，同时可降低 15%的冶炼渣量，高炉总体可降低焦比 4%，产量提高 5.5%，球团矿使用对改善高炉技术经济指标起着十分重要的作用。

我国球团矿的年生产能力已达到2亿吨，占高炉炉料的比例已接近20%。但距离25%～30%的配比，还有5000万～10000万吨的发展空间，且随着我国工业化和农村城镇化的进展，优质高效高炉炼铁的产能还有发展的空间，因此我国球团矿生产有着广阔的发展前景。1952～2010年中国钢铁及球团矿生产增长趋势见图6-3。

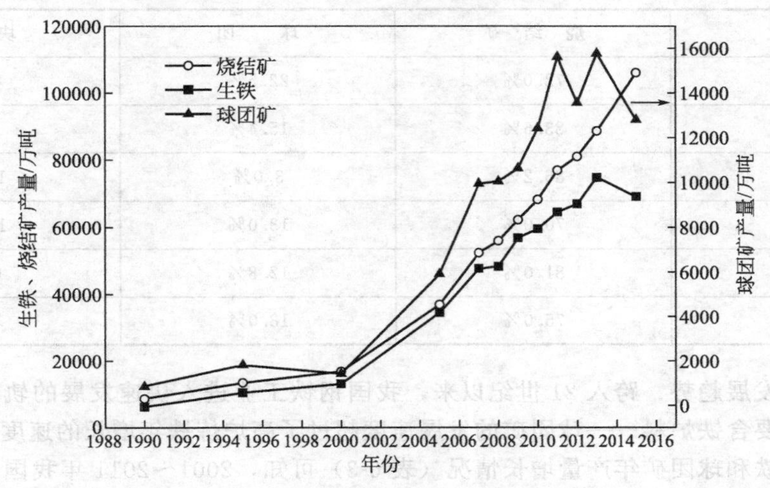

图6-3　中国钢铁及球团矿生产增长趋势

据统计，2003年，我国球团矿产量为3000万吨，其中竖炉球团矿产量为2400万吨，带式机产量为325.3万吨，链算机-回转窑产量为193.3万吨，所占比例分别为82.2%、11.2%和6.6%。到2011年我国年产球团矿能力已经达到2亿吨以上，其中建成的链算机-回转窑氧化球团矿生产线140余条，年产量约1.03亿吨；带式焙烧机生产线3条，年产量约728万吨；竖炉200余座，年产量约0.9亿吨，所占比例分别为51.5%、3.5%和45%。

（1）国内球团矿发展史　1958年中南大学（原中南矿冶学院）开始铁矿球团试验研究；1959年，鞍钢、武钢分别进行工业化球团生产；1968年，济钢竖炉球团建成投产；20世纪70年代初，承德、杭州、莱钢等竖炉球团建成，包钢引进带式焙烧机；1982年，承德钢铁厂建成链算机-回转窑铁矿球团生产线；1989年，首钢矿业公司在迁安建成链算机-回转窑金属化（直接还原）球团生产线，1999年截窑后改为生产氧化球团矿，年产量100万吨，2003年建成第二条链算机-回转窑铁矿球团生产线，年产量200万吨。

自20世纪60年代以来，随着我国钢铁工业的发展，生产了大量的细磨铁精矿。由于受当时前苏联钢铁生产技术的影响，这些精矿大都用来生产烧结矿，配比低，效率低。

从国内的情况来看，目前流行的“80%高碱度烧结矿＋15%球团矿＋5%块矿”的炉料结构模式，是根据日本和宝钢的铁原料来源而研究确定的，是以主要使用澳大利亚进口赤铁矿粉为前提的。

20世纪末，我国仅建成了两个带式焙烧机工厂，生产能力不足400万吨/a；链算机-回转窑的生产能力仅有100万吨/a左右；另外还有竖炉二三十座，生产能力在800万吨/a左右。

在国家产业政策的支持下，2000年开始，短短五六年内建成了五六千万吨的生产能力。其中，绝大部分是采用先进的链算机-回转窑工艺。而且大型化发展速度很快，单窑生产能力从几十万吨到120万吨/a；到240万吨/a；到500万吨/a，技术装备水平有了极大的进步。但是小型球团厂数量仍太多，总产能达8000万吨/a（占40%）。近年来新建的单系统规模在120万吨/a以上的球团生产线也存在着装备水平偏低、工艺技术不高、产品质量差的状况。我国球团矿产品质量从总体上看还是不高，且品种单一，与国际水平有差距。

我国部分钢厂高炉配比见表6-2。

表6-2　我国部分钢厂高炉配比

单　位	烧　结　矿	球　团	块　矿
鞍钢	72.0%	22.5%	5.5%
本钢	83.6%	15.4%	1.0%
唐钢	86.2%	3.0%	10.8%
邯钢	70.0%	13.0%	17.0%
济钢	81.0%	12.8%	6.2%
宝钢	75.0%	18.0%	7.0%

（2）国内发展趋势　跨入21世纪以来，我国钢铁工业进入快速发展的轨道，作为高炉炼铁的一种主要含铁炉料——球团矿的发展速度超过了高炉炼铁年增长的速度。

由我国生铁和球团矿年产量增长情况（表6-3）可知，2001～2011年我国生铁和球团矿年产量增长情况见表6-3。我国生铁年产量由2001年的15554万吨增长到2011年的62969.5万吨，11年间年均增长27.71%，球团矿年产量由2001年的1784万吨增长到2011年的20410万吨，年平均增长速度103.28%，其中还受2008年的国际金融风暴影响及此后两年的发展速度调整。

表6-3　2001～2011年我国生铁和球团矿年产量增长情况

年份	2001	2002	2003	2004	2005	2006	2007	2008	2009	2010	2011
生铁/万吨	15554	17085	19375	25785	34375	41245	47652	47824	54942	59022	62969
同比增长/%	18.7	9.8	25.1	25.6	28.1	20.0	15.5	0.4	13.7	7.4	8.4
球团量/万吨	1784	2620	3484	4628	5828	8500	9934	12000	17500	19810	20410
同比增长/%	30.7	41.62	32.98	32.84	25.93	45.85	16.87	20.80	45.83	13.2	3.03
占炉料比例/%	6.95	9.29	10.38	11.14	10.69	12.72	12.77	15.45	18.73	19.74	19.07

澳大利亚铁矿业已有3家以上的矿业公司（金达必、中信泰富Sino矿、RHA矿业公司等）开始着手磁铁矿开采（澳-中合资），经磨选以后可获得1000万吨/a以上的优质磁铁精矿。按当地政府的要求，其中一部分铁矿石要进行深加工提高附加值后才能出口，因而都将建设一定规模的球团厂。这些球团厂采用大型设备，其单系统能力在500万～700万吨/a；武钢已在鄂州建成了单窑500万吨/a规模的球团厂；鞍钢在营口鲅鱼圈正筹建400万吨/a规模的球团工程；宝钢在湛江建成了500万吨/a规模的球团工程；杭钢、沙钢、新疆、首钢也将在新的基地建设更大规模的球团厂，均采用目前世界上最先进的Metso链箅机-回转窑球团技术（表6-4）。

表 6-4 2001～2011 年我国回转窑球团的主要技术经济指标

年份	台产量/(万吨/a)	成品球质量指标/%				原材料消耗及工序能耗指标				
		TFe	FeO	SiO_2	转鼓指数	膨润土/(kg/t)	精矿粉/(kg/t)	煤气/(MJ/t)	电耗/(kW·h·t)	工序能耗/(kg标煤/t)
2001	70.98	62.87	0.68		90.88	37.43	992.0	1506.16	37.70	65.35
2002	58.26	63.27	1.92	—	91.73	36.10	982.0	1256.75	38.84	47.70
2003	64.44	63.67	2.65	—	91.07	24.09	1014.0	1199.08	37.92	49.3
2004	108.07	64.40	1.20	—	91.23	30.32	989.4	1461.55	39.93	42.49
2005	128.95	64.62	1.16	—	92.78	36.15	1022.8	1109.50	36.08	32.16
2006	163.83	64.74	0.71	—	93.77	27.21	977.5	1771.20	34.37	31.80
2007	168.25	63.73	0.69	5.43	94.60	21.65	1014.2	858.58	32.34	28.95
2008	172.52	63.46	0.65	5.98	95.00	18.69	998.45	638.50	31.76	27.61
2009	176.83	62.70	1.09	5.64	94.46	20.00	987.2	657.14	30.40	31.50
2010	182.06	63.55	0.74	5.72	95.07	19.27	1001.9	686.62	29.80	24.92
2011	175.13	63.49	0.95	5.84	94.58	19.53	999.6	752.0	31.54	27.42

由此可见，我国球团生产的现状所表现的特征：①我国球团矿的年产能跨入 21 世纪以来，也有很快的发展，2011 年年产量达到了 20410 万吨（年均增幅达到 18%），球团矿占炉料结构的比例已接近 20%的程度。

② 我国球团矿的质量：链箅机-回转窑球团矿的含铁品位 2005—2006 年度曾上升到高于 64.5%的水平，随着矿价的急剧上涨，2011 年又下降到低于 63.50%；竖炉球团一直处在 62%～63%的水平，球团矿的 SiO_2 含量在 2007 年前无数据公布，近几年链箅机-回转窑球团矿 SiO_2 含量高于 5.5%接近 6.0%，竖炉球团 SiO_2 含量高于 6.20%。链箅机-回转窑球团矿的转鼓指数达到95.0%，竖炉球团矿为 91%～92%。

近几年，首钢和鞍钢链箅机-回转窑球团矿的含铁品位在 65.50%以上，接近巴西进口球团矿的水平；武钢程潮链箅机-回转窑球团矿成品球的 SiO_2 含量达到 3.75%的优良水平。邯钢球团厂成品球的转鼓指数已达到 97.0%的水平。

③ 我国生产球团矿的原材料消耗下降，为钢铁生产节省原材料，是资源循环实现可持续发展的一项重要举措。

目前，回转窑球团吨球精矿粉消耗已基本上稳定在 1000kg（程潮球团为 965kg）之内，竖炉球团精矿粉消耗也由 2001 年的 1060kg，下降到接近 1000kg 的水平。球团矿生产的粘结剂用量，链箅机-回转窑球团吨球膨润土用量已由 2001 年的 37.43kg 逐年下降到 2011 年的 19.53kg，竖炉球团膨润土用量也已由 2001 年的 35.05kg 逐年下降到 2011 年的 21.04kg。国外球团生产膨润土的用量为 4～8kg/t 球，因此我国球团生产膨润土用量还有一个较大的改善空间。我国首钢和鞍钢弓长岭铁矿球团生产的膨润土用量近几年下降到了 10～11kg/t 球，已接近国际先进水平。

④ 我国球团生产的工序能耗，链箅机-回转窑球团已由 2001 年的 65.35kg 标煤/t 球下降到 2011 年的 27.42kg 标煤/t 球，竖炉球团的工序能耗由 2001 年的 42.84 下降到 2011 年的 31.76kg 标煤/t 球。带式焙烧机是球团生产的一种装备和生产工艺，几十年来我国仅鞍钢和包钢 2 条生产线，2010 年京唐钢铁公司建设和投产了一条生产 400 万吨（面积 $504m^2$）的大型带式焙烧机，经过短短一年的运营，取得了良好的效果。

(3) 我国球团发展方向

① 继续坚持大型化发展方向。

其一，能大幅度降低单位产品的投资，而且能大幅度降低能源消耗，提高劳动生产率。

其二，能为提高产品质量、降低成本创造条件，有利于提升企业的市场竞争力。

其三，能为先进技术的采用和提高装备水平奠定基础，充分发挥环保设施的作用，有利于生产环境的改善。

② 必须瞄准世界先进水平。回转窑和带式焙烧机在我国球团生产工艺中将占据主导地位，特别是带式焙烧机工艺在我国将有进一步发展，这是由于为了能够更加节约能源和降低生产成本，同时也是为了满足产量不断扩大的需要。

③ 发展商品球团矿生产。由于球团产品质量好，可以长途运输和海运，不必紧靠高炉建设，可建在矿山和港口码头，发展商品球团的生产基地，对降低成本、减轻钢铁企业的环保压力有好处。随着直接还原工业的发展和新的炼铁技术的采用（如 COREX 炉），以及钢铁企业环保压力越来越大，商品球团有着很大的发展空间。

④ 提高球团碱度和 MgO 含量是改善球团焙烧性能和冶金性能的有效技术手段，自熔性球团及镁质球团在国内将进一步快速发展。由于不同冶炼工艺对球团矿质量和性能的要求不同，要满足这些需求，还必须实现球团矿品种的多样化。

目前我国钢铁生产中进口矿的比例已超过 60%，十三五期间可能稳定在 80%以上，巴西矿的用量也将越来越多，而大部分巴西矿和国产铁矿都是适于生产球团矿而不宜用于烧结的。澳大利亚铁矿开采中，磁铁矿的量不断增加，而且这种矿都经过细磨精选，适合于生产球团矿。随着钢铁生产技术的发展，对炉料提出了越来越严格的要求，因而高炉炼铁对高品位优质球团矿的需求会越来越大。

关于球团生产工艺的关键技术：铁精粉的粒度－200 目（－0.074mm）高于 85%，含铁品位不低于 68%；原料预处理（高压辊磨）技术；提高造球效率和生球质量的技术；进行球团用添加剂的研发和应用技术（包括研发新型高效不含 K、Na 的球团添加剂）；开发大幅度降低各种球团焙烧能耗的技术；实现球团烟气脱 SO_x、NO_x 及降低生产过程 CO_2 产生量的技术。实现以上目标，球团界还有较大的差距和大量工作要做，特别是降低各种球团焙烧的能耗和改善环保差距很大，球团矿生产过程中，还需加大力度解决烟气的净化问题。

6.4 我国高炉对球团矿的要求

我国高炉炼铁矿比为 1650kg/t 左右，渣铁比为 320kg/t，燃料比为 520kg/t；北欧瑞典高炉炼铁矿比为 1300kg/t，渣铁比低于 160kg/t，燃料比为 450kg/t。两者相比吨铁用矿就相差 350kg，相当于吨铁用矿相差 350 元左右（2014 年行情）。在我国球团矿与烧结矿的差价为 150 元/t 左右，因此从矿价而言，考虑到炼铁生产的燃料比和排放等因素，采用球团矿比采用烧结矿有优势。球团矿生产的能耗仅为烧结矿的 43%，烧结生产还有烟气脱硝、脱二噁英问题难以解决，需要较大的投入。安赛乐米塔尔和美钢联（USS）的高炉炉料结构都是 80%的高品位球团矿＋20%的高碱度烧结矿，采用高品位球团矿炼铁有利于实现低燃料比消耗，既有节能减排的优势，还有改善环保的巨大社会效益。

球团矿含铁品位比烧结矿高，高炉多用球团矿可以有效提高入炉矿含铁品位，可以降低燃料比、提高产量（表 6-5）。一般而言，入炉矿含铁品位提高 1%，高炉燃料比下降 1.5%，生铁产量增长 2.5%。如果炼铁 100%使用球团矿，比 100%使用烧结矿燃料比下降 11.52%，生铁产量增长 19.2%，经济效益、社会效益和环境效益十分可观。

表 6-5 2012 年我国 22 家钢铁企业球团矿与烧结矿生产成本对比

企业名称	烧结矿质量与生产成本					球团矿质量与生产成本					球团与烧结成本比较/(元/t)
	TFe /%	SiO_2 /%	CaO/SiO_2	原材料 /(元/t)	生产成本 /(元/t)	TFe /%	SiO_2 /%	CaO/SiO_2	原材料 /(元/t)	生产成本 /(元/t)	
鞍钢总厂	57.24	5.26	1.97	765.83	893.84	65.44	5.46	0.06	911.47	973.22	+79.38
沙钢	57.04	5	2.03	948.72	1050.16	63.85	5.68	0.06	1090.46	1152	+101.84
普钢京唐	55.78	5.39	2.02	778.65	926.66	65.65	3.2	0.18	994	1098.78	+172.12
武钢	55.7	5.71	1.88	945.41	1080.9	64.23	3.83	0.27	927.24	1083.36	+2.46
包钢	56.88	4.76	1.94	589.17	724.27	64.31	3.51	0.27	936.99	1064.14	+339.87
首钢	56.11	5.54	2.02	831.31	922.65	65.25	4.98	0.05	—	—	—
太钢	58.02	5.12	1.91	932.23	1025.85	64.3	6	0.08	819	944	−81.85
马钢二铁	55.06	5.19	2.24	876.87	982.14	62.02	6.2	0.16	908.72	962.45	−19.69
莱钢	54.4	6.05	2	771.25	981.95	62.53	6.75	0.17	900.41	1010.08	+28.13
柳钢	52.95	6.53	2.06	858.8	966.29	62.17	—	0.05	1054.27	1209.01	+242.72
昆钢	48.4	7.87	2.09	690.4	893.57	58.57	878	0.08	728.65	869.12	−24.45
湘钢	54.8	6.18	1.7	783.12	920.13	61.3	8.1	—	1015.37	1080.3	+160.17
宣钢	54.74	5.46	2.06	882.26	983.6	61.93	—	—	887.39	985.08	+1.48
淮钢	56.77	5.31	1.87	923.84	1040.76	63.3	5.7	0.16	1013.32	1101.34	+60.58
通钢	53.15	6.67	2.05	648.82	801.95	63.56	7.39	—	841.8	920.52	+118.57
唐山建龙	50.02	6.71	2.02	660.34	809.09	61.44	6.15	0.24	932.67	999.19	+190.1
承德建龙	52.7	6.16	1.92	734.42	849.62	60.07	6.05	0.33	872.67	938.14	+88.52
津西钢铁	51.34	6.07	1.91	798.16	936.89	61.14	5.17	—	928.67	984.6	+47.71
承钢	55.43	—	2.14	805.63	893.43	59.88	—	0.25	807.19	873.51	−19.92
山东泰钢	54.92	5.7	1.83	824.07	888.62	62.19	7.66	0.1	971.17	1100.06	+211.44
新余钢铁	54.46	6.64	1.69	800.13	901.11	62.18	—	—	—		
长治钢铁	53.1	6.59	1.86	948.84	1027.95	62.45	—	0.1	1134.12	1179.73	+151.78
新抚钢	53.76	6.69	1.84	750.75	867.05	63.59	7.18	0.08	910.39	954	+86.95
圣戈班钢	58.06	5.27	1.74	1047.35	1211.22	64.05	6.78	0.12	1158.91	1436.41	+225.19

提高炼铁炉料中球团矿配比，可以促进炼铁系统节能减排。据统计，2013 年我国重点钢铁企业球团工序能耗为 28.26kg 标煤/t，烧结工序能耗为 49.14kg 标煤/t；球团工序能耗比烧结低 20.88kg 标煤/t。如果用 1t 球团矿代替 1t 烧结矿炼铁，就会使炼铁系统降低 20.88kg 标煤/t 的能耗。此外，提高炼铁炉料中球团矿配比，还可以降低污染物排放，减少烟气治理的费用。

由于我国产有大量的磁精矿粉，适合于球团生产，我国球团矿生产得到了快速发展。全国球团矿的生产能力已从 2001 年的 1784 万吨增长到 2011 年的 2.04 亿吨，10 年时间年产量增长了 11.4 倍。但对比北欧和美国的球团生产，我国球团矿的质量还存在突出问题，主要是用于球团矿生产的原料准备不精，粒度粗、SiO_2 含量高，造成成品球团矿粒度大、品位低、SiO_2 含量高、球团矿质量差，严重影响了球团矿在我国钢铁企业处于困境时期的使用效果和地位。因此，改善我国球团矿的质量（重点是提高品位和降低 SiO_2 含量），真正发挥球团矿高品位、低渣量的优势，取得低耗（表 6-6）、环保的冶炼效果图 6-4，是我国发展球团矿的当务之急。

表 6-6　重点统计钢铁企业烧结和球团工序能耗指标　　单位：标煤

指标名称	2015 年	2014 年	2013 年	2012 年
烧结工序能耗	47.20	48.90	49.98	50.43
球团工序能耗	27.65	27.49	28.47	28.84

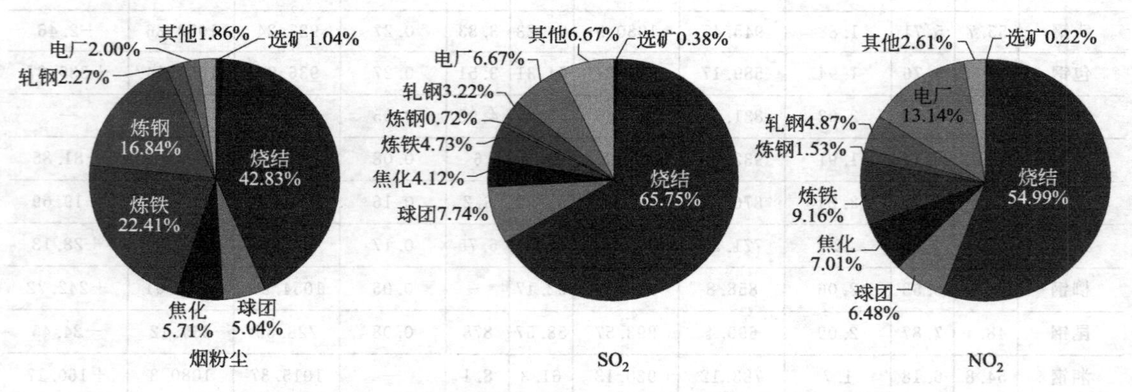

图 6-4　重点大中型钢铁企业各工序主要污染物平均排放比例

国内高炉对球团矿的要求：

(1) 铁品位高、化学成分稳定　铁品位高低直接影响到高炉的操作技术指标和经济指标。实践证明：高炉入炉料含铁品位每提高 1%，焦比可降低 2%，出铁量可增加 3%。在保证球团矿冶炼性能的同时，应尽可能地做到不降低或少降低含铁品位。

化学成分的稳定程度也就是影响高炉经济技术指标的重要因素，如表 6-7。实践证明：当铁品位波动范围从 1.0%降到 0.5%，高炉焦比可降低 1.3%，产量可增加 1.5%左右。这也就是国外钢铁企业对原料的混匀中和给予高度重视的原因之一。

表 6-7　铁矿石 SiO_2 含量对高炉冶炼指标的影响

入炉矿 SiO_2 含量/%	入炉矿品位/%	铁矿石用量/(kg/t)	渣铁比/(kg/t)	渣量增长比例/%	燃料比变化/(kg/t)	高炉产量变化/%
3.5	63	1508	233.5	0	490	0
4.5	60	1583	283.0	+21.2	520	−7.5
5.5	57	1667	344.6	+47.5	560	−15.0
6.5	54	1759	406.0	+73.9	600	−22.5
7.5	51	1863	479.0	+102.1	650	−30.0

(2) 还原性能好　高炉的冶炼过程实质上是个还原过程，因此只有炉料还原性能好，才能做到低消耗、高产量。对于入炉的含铁原料来说大致有以下规律：a. 就铁的氧化物而言其还原性顺序为 $Fe_2O_3 > Fe_3O_4 > FeO$；b. 就含铁炉料种类而言天然矿石的还原性顺序是褐铁矿＞赤铁矿＞磁铁矿；c. 人造块矿的还原性顺序是球团矿＞烧结矿；d. 炉料气孔率高，还原性好。

(3) 合适的粒度和粒度的组成　高炉内还原的实质是以焦炭燃烧后产生的还原气体去还原，这就是希望气体在炉内上升的阻力小。而炉料的粒度及组成则直接影响这种阻力的大小，粒度越均匀其阻力越小，最理想的粒度值为 10～15mm。

球团替代烧结是铁前提质、节能、低碳、污染减排的重要途径，中国钢铁工业科学与技术发展指南（2006～2020 年）指出：中国高炉炉料中球团比约 20%，从当前优化炉料结构发展趋势看，中国应大力发展球团生产，并全面提高球团生产水平。球团技术的发展目标：实现装备大型化，形成以不小于 200 万吨年产量的链箅机回转窑为主体的球团生产工艺与装备，加快淘汰小竖炉球团工艺装备。

6.5　球团与烧结的比较

烧结和球团都是粉矿造块的方法，但它们的生产工艺和固结成块的基本原理却有很大区别，在高炉上冶炼的效果也有各自的特点。烧结与球团的区别主要表现在以下几方面：

① 富矿短缺，必须不断扩大贫矿资源的利用，而选矿技术的进步可经济地选出高品位细磨铁精矿，其粒度从－200 目(小于 0.074mm）进一步减少到－325 目(小于 0.044mm)。这种过细精矿不益于烧结，透气性不好，影响烧结矿产量和质量的提高，而用球团方法处理却很适宜，因为过细精矿易于成球，粒度愈细，成球性愈好，球团强度愈高。

对原料的条件要求：球团生产要求原料粒度细，要求－325 目(小于 0.044mm）粒级必须大于 60%，比表面积 1500～2000cm^2/g，甚至更高；烧结相对粒度粗，希望原料中－150 目(小于 0.010mm）粒级在 20%以下，原料较为广泛。

② 成品矿的形状不同：烧结矿是形状不规则的多孔质块矿，而球团矿是形状规则的 10～25mm 的球，球团矿较烧结矿粒度均匀，微气孔多，还原性好，强度高，且易于储存，有利于强化高炉生产。

③ 适于球团法处理的原料已从磁铁矿扩展到赤铁矿、褐铁矿以及各种含铁粉尘，化工硫酸渣等；从产品来看，不仅能制造常规氧化球团，还可以生产还原球团、金属化球团等；同时球团方法适用于有色金属的回收，有利于开展综合利用。

④ 固结成块的机理不同。烧结矿是靠液相固结的，为了保证烧结矿的强度，要求产生一定数量的液相，因此混合料中必须配有燃料，为烧结过程提供热源。而球团矿主要是依靠矿粉颗粒的高温再结晶固结的，产生液相量少，热量由焙烧炉内的燃料燃烧提供，混合料中不加燃料。

⑤ 生产工艺不同。烧结料的混合与造球是在混合机内同时进行的，成球不完全，混合料中仍然含有相当数量未成球的小颗粒。而球团矿生产工艺中必须有专门的造球工序和设备，将全部混合料造成 6～25mm 的球，小于 5mm 的小球要筛出重新造球。球团：靠高温焙烧，在炉内进行，不可以直接目测，需要添加剂；烧结：用火直接接触，生产情况可直接观察，不需要添加剂，但需要熔剂。

⑥ 冶金效果和经济效果。球团：提高高炉产量，降低焦比；球团：前期投资较高，燃料费用低，动力费用高，投资回收及投资后收益远高于烧结。

球团厂一般建在矿山或港口，减轻了钢铁厂的环境压力。球团矿的生产成本低。一般情况下，球团生产的工序能耗比烧结要低（较好的烧结工序能耗指标为 60～70kg/t，而球团工序能耗一般为 30～50kg/t，特别是在使用磁铁矿的情况下，更是如此）。

⑦ 环境状况比较。生产球团矿比生产烧结矿排入大气的灰尘量要少，同时烟气含尘量少，有利于改善环境（表 6-8、表 6-9）。

表 6-8 炼铁排放标准

标准	烧结机及球团焙烧设备					热风炉			原料场，喷煤，高炉出铁场
	粉尘 /(mm/m³)	SO_2 /(mg/m³)	NO_x /(mg/m³)	氟化物 /(mg/m³)	二噁英 /(ng-TEO/m³)	粉尘 /(mg/m³)	SO_2 /(mg/m³)	NO_x /(mg/m³)	粉尘 /(mg/m³)
旧标准	80	600	500	6.0	1.0	50	100	300	50
新标准	50	200	300	4.0	0.5	20	100	300	25
特殊地区标准	40	180	300	4.0	0.5	15	100	300	15(高炉出铁场) 10(其他区域)

旧标准实施时间为 2012.10.1～2014.12.31；新标准实施时间为 2015.1.1～今。

表 6-9 铁矿烧结球团工序吨产品废气污染物排放因子 单位：kg/t 产品

污染物	烧结工序	球团工序	炼铁工序
TSP	0.071～0.85	0.014～0.15	0.0054～0.20
SO_2	0.22～0.97	0.011～0.21	0.009～0.34
NO_x	0.31～1.03	0.15～0.55	0.0008～0.17
F	0.0004～0.0082		—
二噁英	0.15～16		—
CO	8.78～37	0.01～0.41	

注：二噁英单位为 μg/t 产品

球团矿比烧结矿在冶金性能上的优势（参见表 6-10 和表 6-11）。

a. 粒度小而均匀，有利于高炉料柱透气性的改善和气流的均匀分布。通常球团粒度在 8～16(20)mm 的占 90%～95%以上，这一点即使整粒最好的烧结矿也难以相比。

b. 冷态强度（抗压和抗磨）高。在运输、装卸和储存时产生粉末少。

c. 铁分高和堆密度大，有利于增加高炉料柱的有效重量，提高产量（工序能耗降低 15kg/t）和降低焦比 15kg/t。

d. 还原性好，有利于改善煤气化学能的利用。测定表明，在用低 SiO_2 的优质原料时，球团矿与烧结矿的还原性相差不大，而在使用 SiO_2 较高的原料时，球团的还原性优于烧结矿。

球团矿存在的缺点：还原膨胀率要高于烧结矿。

表 6-10 球团矿和烧结矿的质量指标比较

项目		气孔率/%	密度/(g/cm³)	落下强度 (>10mm)/%	抗磨性 (<6目)/%	单球抗压强度 /N	备注
赤铁矿	普通球团矿	22.0	2.11	98.7	2.2	3873.6	1200℃焙烧
	普通烧结矿	42.7	1.49	84.1	1.9		6%焦粉
磁铁矿	普通球团矿	25.0	2.27	98.9	3.8	3344.1	1200℃焙烧
	普通烧结矿	41.0	1.52	87.6	4.8		4%焦粉
褐铁矿	普通球团矿	25.3	1.94	98.2	2.7	1304.3	1200℃焙烧
	普通烧结矿	26.7	1.60	84.2	2.1		9%焦粉

表 6-11 球团矿与其他炼铁原料指标比较

主要指标 \ 原料种类		球团矿			烧结矿		天然块矿	
		普通	自熔性	金属化	普通	自熔性	天然矿	整粒矿
原料性质	Fe/%	61.9	57.2	81.8	61.8	54.8	50.9	55.4
	<20%颗粒所占比例/%	1.0	1.0	1.0	1.0		18.0	2.0
冶炼指标	石灰石/(kg/t 铁)	200	0	186	749		258	233
	焦比/(kg/t)	495	450	270	554	576	765	593
	生铁生产指数①	155	170	256	139	140	100	127

① 生铁生产指数以天然矿为 100 计算得出。

第7章 造 球

7.1 球团原料特征

现代球团对原料的适应范围更加广泛。最初，生产铁矿球团所用的原料仅限于磁铁精矿。

近年来，赤铁精矿、褐铁精矿、混合精矿以及富铁矿粉都已经大量用作球团原料。绝大部分含铁原料是天然铁矿石，或者是富矿粉，或者是由贫矿经选矿而得到的精矿。

(1) 我国铁矿造球原料长期存在的问题

① 含铁品位低 2014年全国球团厂年铁精矿的含铁品位平均为64.90%，其中含铁品位最高的是首钢球团厂和密云球团厂，TFe>67.70%，含铁品位最低的仅为57.0%。

② SiO_2 含量高 2013年全国球团厂铁精矿 SiO_2 含量平均为5.50%，SiO_2 含量最高的达到8.0%。

③ 铁精矿的粒度粗 2013年全国球团厂铁精矿的平均粒度（−0.074mm）为65.75%左右，最粗的铁精矿粒度−0.074mm含量不足50.0%。

④ 膨润土配加比例高 由于用于球团的铁精矿粒度偏粗，成球性差，导致配加膨润土比例偏高。增加了成品球的 SiO_2 含量，降低了成品球的含铁品位。2013年，全国球团厂成品球平均含铁品位为62.86%，比铁精矿的平均品位降低了2.16%，成品球的 SiO_2 含量根据膨润土配比测算平均为8.31%，比铁精矿的 SiO_2 含量平均高2.81%。

⑤ 水分高 由于选矿工艺的局限性，绝大多数球团厂铁精矿水分较高，大于11.0%，个别企业铁精矿水分达到12%以上。

(2) 我国球团原料进步的方向

① 加强原矿的细磨深选 2002年以来，我国冶金矿山采取提铁降硅新工艺，铁精矿品位大幅度提高，SiO_2 降至5%以下，精矿粒度变得更细，更适合球团矿生产。鞍钢2002年年均精矿品位在68.9%以上，SiO_2 降至4%，−0.074mm粒级达到95%左右，−0.044mm粒级达到70%左右。球团矿TFe 65%，抗压强度2500N/个，生产能力已达200万吨/a；首钢迁安矿山将铁精矿品位由原来的67.0%最高提高到68.0%。

② 增设润磨、辊磨，强化造球，减少膨润土用量 根据各球团厂精矿具体性质，在造球之前实时增设润磨或辊磨工艺，不仅可提高铁精矿细度和比表面积，而且可大大改善铁精矿在造球过程中的成球性和球团的焙烧性能，以达到减少膨润土用量、提高生球质量和成球率的目的。

③ 采用先进过滤设备，严格控制铁精矿水分 铁精矿特别是磁铁精矿造球的最佳水分应小于10%，水分过高，除对于成球过程不利，不能造球，导致膨润土用量的增加，影响球团的铁品位，给生产过程带来诸多麻烦。为此，应从选矿着手解决水分过高问题。

近年来，许多大型选矿厂采用陶瓷过滤机有效地解决了精矿水分问题。如武钢资源集团金山店铁矿和大冶铁矿在采用陶瓷过滤机后，可将铁精矿水分控制在5%以下，为球团生产创造了有利条件。

④ 使用进口高品位铁精矿，改善球团原料质量 巴西铁精矿，经细磨后非常适于制造

球团矿。我国不少企业正在利用进口铁精矿生产球团矿，尤其在港口建厂生产，在某种意义上可缓解生产对环境的污染问题，经济上也是合理的。在现有的竖炉球团生产中配加少量的巴西铁精矿改善球团矿质量，已取得成功经验。

如智利磁铁矿精矿 TFe 68%～69%，SiO_2＜2%，CaO、MgO 含量均在 1%左右，－0.074mm 粒级＞95%，－0.044mm 粒级＞60%。我国新建的如柳钢Ⅱ期球团工程、武钢 500 万吨球团厂，杭钢大榭 300 万吨球团厂、沙钢 2×240 万吨球团厂，所使用的原料采用 80%或 100%进口赤铁精矿。南京钢铁公司 2002 年使用巴西赤铁精矿比例曾高达 41.5%，最高使用比例达到 50%。

⑤ 建立我国完整的球团用铁精矿评价标准　根据我国高炉用酸性铁矿球团质量要求(GB/T 27692—2011)，推进我国球团原料进步。

铁矿石（铁精矿）质量高低应严格采用 Fe、SiO_2、Al_2O_3、MgO、S、P、Pb、Zn、As 的含量作为评价标准。它们的含量均直接影响球团质量、环境保护、高炉炼铁等。

国外对铁精矿的 SiO_2、Al_2O_3、S、P 等含量有着系统严密的分析方法和指标。铁品位相同的精矿，CaO、SiO_2、Al_2O_3、MgO 含量不同，其影响和价值是不同的。这种情况的出现，反映出人们对贯彻高炉“精料方针”的认识不足。

大量研究表明，散料物料制粒是物体本身固有的自然力和机械外力共同作用的结果。散料物料本身的自然力包括固体颗粒间的范德华力、磁力和静电力，颗粒之间的相互作用的摩擦力，不能移动的连接桥中的附着力和内聚力以及由于液相存在的界面力和毛细力。无论是哪种作用力占主要因素，对于同一粘结剂，同样的造球工艺，对不同铁精矿种类而言，影响生球强度的原料性质的因素主要有：

a. 比表面积、粒度及粒度组成；

b. 表面亲水性能；

c. 表面电位；

d. 颗粒表面形貌。

研究表明，要使物料（铁矿物）能成球，其－325 目(－0.045mm) 粒度必须达到 35%以上，否则，不论采取什么措施企图借滚动成球都比较困难。

理论与实践都证明，为了稳定造球过程和获得足够强度的生球，精矿粉必须有足够细的粒度和一定的粒度组成。

据国外的生产经验，适合造球的精矿其－0.044mm(－325 目) 部分应控制在 60%～80%之间或－0.074mm(－200 目) 粒级控制在 90%以上，尤其是其中的－20μm 部分不得少于 20%，且要求精矿的粒度上限不超过 0.2mm(－65 目)。

对于粉状物料细度的表示方法，通常采用比表面积法。对于造球而言，比表面积法较粒度组成法能更好地反映原料的成球性能。粒度与比表面积并不成直线关系。

目前国外球团厂家含铁原料比表面积一般控制在 1300～2100cm^2/g 之间。我国要求铁精矿小于－0.074mm 应在 80%以上为宜。

应该指出的是，对球团整个生产过程来说，精矿的粒度也并不是越细越好。

第一，粒度越细，脱水越困难。因而需要干燥，带来工艺复杂化；

第二，粒度过细必须加大磨矿过程的能量消耗。

印度精矿虽然粒度细，但粒度均匀，而且多显圆形，生球内粒度嵌布不紧密，致使生球强度低。在同样配料比（膨润土 1%）、同等造球、焙烧条件下，精矿的不同（磨矿）粒度对生球、成品球质量的影响在不同区间不一致：开始随着比表面积的增大，生球强度、成品球强度显著增大，当比表面积大到一定程度后，再增大比表面积，对生球及成品球质量不带来什么好处。

当物料细到一定程度后，物料中细料部分显著增多，由于造球是在一定时间内进行的，这就有可能使物料来不及均匀湿润，物料颗粒将产生偏析，不能很好地填充其空隙，从而影响到生球内部的不均匀，也就影响到生球强度，进而影响成品球的强度。

(3) 表面性质和颗粒形貌　铁精矿的粒度是保证造球过程顺利进行的基本影响因素。但更要有一个适宜的粒度组成和理想的颗粒形貌，单纯提高磁铁矿－0.074mm粒级含量，即使达到100％，造球效果也不一定好。

对某矿－0.074mm含量为60％的磁铁矿通过再磨达到97％，然后对原精矿、再磨矿及各含50％混合矿进行造球试验：

试验表明生球强度为：混合矿＞原精矿＞再磨精矿。

比较理想的精矿颗粒形状：呈板状、楔状、条形状而且表面粗糙，使生球内的颗粒之间接触面积增大而紧密，有利于提高生球强度。

造球所用的各种铁精矿的颗粒形状不尽相同，晶体大致是呈球状、立方体状、针状、片状和由许多极细颗粒组成的聚集体。颗粒形状决定了生球中物料颗粒间接触面积的大小，颗粒接触面积越大，生球强度越高。

研究表明，具有针状和片状的颗粒比立方体和球形的颗粒所形成的生球强度好。不同物料在相同比表面积的条件下生球性能也呈现不同结果，因此，有必要对影响生球强度的物料的颗粒形貌和比表面积进行研究比较，揭示产生这一现象的主要因素。

矿物的亲水性是表征铁精矿颗粒的表面被水润湿难易的标志，通常用（接触角）θ表示，$\theta=0°$表示完全被润湿；$\theta<90°$，能润湿；$\theta>90°$，不能被润湿；$\theta=180°$，完全不润湿。颗粒表面亲水性好，被水润湿的能力大，毛细作用强，毛细水的迁移快，成球速度也快，毛细力和分子结合力大，物料的成球性就好。同时，由于铁矿石中的脉石成分对矿物的亲水性有很大的影响，例如，含SiO_2多的石英和云母类物质亲水性差，所以成球性差。另一方面，铁精料中含有亲水性强的黏土质或蒙脱石类物质，可以使铁矿石具有较好的成球性。

铁精矿中应尽力减少石英等脉石矿物的存在，以改善铁精矿的成球性能；并添加亲水性强的黏土质或蒙脱石类物质，这也是目前绝大部分球团生产中配加膨润土作粘结剂的原因。

磁铁矿一般在自然pH值水溶液中颗粒表面带负电，在相同的pH体系下，若铁精矿的表面电位绝对值越大，则颗粒间存在的排斥作用越强，生球紧密程度受到一定影响，在一定程度上对生球强度产生不利影响。

(4) 适宜的水分　原料水分的控制和调节对造球是极其重要的。水分的变化不但影响生球质量（粒度、强度）和产量，也影响后续干燥、焙烧工艺，严重时还影响到设备（如造球盘）的正常运转。一般而言，磁铁矿和赤铁矿精粉的适宜水分为7.5％～10.5％，硫酸渣造球水分12％～13％，人工磁铁矿适宜水分15％以上。造球物料的最宜水分是受多种因素影响的。需经过工业试验确定，而对于稳定造球说，其水分的波动越小越好。水分波动不应超过±0.2％。

(5) 均匀的化学成分　化学成分的稳定及其均匀程度直接影响生产工艺的复杂程度和球团质量。一般而言，球团对铁精粉的化学成分要求比烧结可以稍宽一些，但必须考虑其他元素（如Ti、V）和有害杂质含量。

7.2　原料准备

7.2.1 配料

为获得化学成分稳定、机械强度高、冶金性能符合高炉冶炼要求的球团矿，并使混合料具有良好的成球性能和生球焙烧性能，必须对各种铁精矿和粘结剂进行精确的配料。

一般球团厂由于使用的原料种类较少，配料工艺较烧结简单。配料计算前必须掌握：①各种原料的化学成分和物理性能；②成品球团矿的质量技术要求和考核标准；③原料的堆放、储存和供应等情况；④配料设备的能力。

根据生产规模的大小，使用原料品种的多少，自动化程度的高低及因地制宜等不同因素，其配料形式基本上可以分为两大类，即集中配料和分散配料。集中配料是把各种准备好的球团原料，全部集中到配料室，分别储存在各自配料仓内，然后根据不同配比进行配料。分散配料是将各种球团原料分散于几个地方（或工序）然后按比例进行配料。

目前，我国球团厂都采用集中配料，因为集中配料较分散配料有许多优越性。集中配料比较准确，配合料成分稳定，球团矿质量易于控制；集中配料操作简便，便于管理，变更配比时，易于调整；作业率高、设备简单、利用率好、运输距离短；有利于实现配料自动化。配料方法包括容积配料法和重量配料法。

容积配料法是根据物料堆密度，借助给料设备控制其容积数量，达到所要求配比的配料方法。优点是设备简单，操作方便。由于物料的堆密度并不是一个固定值，所以尽管料仓闸门开度不变，但不同时间的给料量往往不一样，配料误差较大。为提高容积配料准确率，常常配以质量检测（即跑盘）。除了物料堆密度变化会引起配料量波动外，还有设备、物料偏析等方面的原因。

目前，我国部分球团厂采用此法配料，由于使用的铁精粉含水量高，又大多为磁铁精粉，易造成配料仓下料不畅。配料误差一般在5%～10%，瞬时误差可超过20%以上。

重量配料法是按原料的重量进行配料的一种方法。其优点在于比容积配料法精确，特别是添加数量较少的组分（如膨润土）时，这一点就更明显。此外，重量配料法可实现自动化配料。重量自动配料是借助电子皮带秤（或核子秤）和定量给料自动调节系统来实现的。

影响配料作业的因素：

① 物料水分的影响　由于物料水分的提高，物料在矿槽内经常产生“棚料”“悬料”“崩料”现象，破坏了配料的连续性和准确性。

② 物理性质、化学成分的影响　化学成分的波动，直接影响球团矿成分的波动，如全烧单一精矿粉时，原料TFe±1%，影响球团矿TFe波动±(1%～4%)。同一种物料，由于组成粒度不同，则不同粒度的堆密度和其他物理性质是有差别的，因此在同一闸门开度情况下料量也不会一样。

③ 矿槽存料量的影响　圆盘给料是借助摩擦力、离心力和机械作用力来完成的，而摩擦力的大小是与料柱的正压力成正比例关系。矿槽内存料量的波动会破坏圆盘给料的均匀性。

④ 设备性能的影响　设备性能的好坏对保证均匀给料、准确称量是很重要的，如圆盘的水平度、衬板的磨损情况、圆盘与矿槽的同心度、电子皮带秤的精度或调速电动机的稳定性、配料皮带的运行速度等都会影响配料的质量。

⑤ 操作不当和岗位人员失职带来的影响　如混料、断料和操作不精心会带来误差。

⑥ 取样、制样代表性不强、化验的失误等。

7.2.2 混匀

球团生产中将配合料物料的各种成分经过精心的混匀，从而得到成分均一的混合料。保证造球过程的稳定，是得到密度和粒度均匀的生球及优质球团矿的基础。球团配合料混合是否均匀，已成为造球和焙烧固结的关键。

影响物料混匀的因素：

（1）原料性质

原料的粘结性。粘结性大的物料容易成团，它的分散性差，易于制粒，对混匀十分不利。

原料的水分和粒度。物料的水分大，易成团块，物料的粒度差别大，混合时容易产生偏析，难于混匀。

原料的密度。在混合料中各原料之间密度相差太大，会影响物料间的穿插混杂，是不利于混匀的。

随着氧化球团工艺的发展，新设备的引进，高压辊磨机的应用逐渐增多，在应用高压辊磨机的氧化球团工业生产中，必须在其后用混合机，用以对铁精粉与粘结剂的混合，通常使用的粘结剂是膨润土，其形态为固态，掺入量1%～2%。混合机的作业工况：混合铁精粉与膨润土，其组分体积比约为98∶2，物料水分约为8%。铁精粉细度为：−0.074mm目占70%～80%以上。在该工艺中混合机还可能用来混合布料系统滚轴筛筛下的粒度不合格物料。

（2）设备影响　我国球团生产的混合工序中，较普遍的是采用圆筒混合机（见图7-1）。

图7-1　强力混合机

① 混合机的倾角　圆筒混合机安装的倾角大小，决定物料在混合机中的停留时间，倾角越大，物料混合的时间越短，因此混匀效果也越差；如果倾角太小，则混合机的产量受到影响，容易造成物料堆积，混匀效果也不好，所以圆筒混合机的倾角一般在2.5°～4°之间。

② 混合机转速　圆筒混合机的转速决定着物料在筒体内的运动状态。转速太小，筒体所产生的离心力也较小，物料带不到一定的高度，形成堆积状态，混匀效率低。转速过大，筒体所产生的离心力太大，使物料紧贴于圆筒壁上，以致完全失去混匀的作用，据计算表明，圆筒混合机的临界转速（r/min）为

$$n_{临}=\frac{30}{\pi}\sqrt{\frac{g}{R}}（R 为圆筒半径）$$

一般圆筒混合机的转速采用临界转速的0.2～0.3，即为6～8r/min。

③ 混合机的长度　增加混合机的长度，等于增加了物料在圆筒内的停留时间，有利于提高混匀效果。

④ 混合机的充填率　混合机内物料充填率增大，在混匀时间不变时，能提高产量，由于料层增厚，物料在筒体内的运动受到阻碍和限制，甚至遭到破坏，对混匀不利。充填率过

小，生产率低，使物料间相互作用小，对混匀也不利。一般混合机的充填率在10%～15%为好。

⑤ 筒壁粘料　圆筒混合机在工作时，筒壁粘料较厚，会阻碍物料的运动，使物料带不到应有的一定高度而降低混匀效果。

(3) 立式混合机的使用　为了提高球团产品质量，强化混合效果，程潮铁矿球团厂于2009年12月从德国引进了爱利许R24立式混合机。经过一段时间的摸索和操作优化，立混机作业率由可达到91%，刮刀使用寿命达到1个月，膨润土用量由原来的2.8%降至2.6%，极大地改善了物料的成球性，提高了生球质量，效益显著。

爱利许R24立式混合机主要由：筒体、混合驱动盘、转子驱动电机、循环油泵、冷却风扇、液压装置驱动电机、卸料门等部件构成。转子驱动电机带动刮刀，对物料强力搅动，使各种物料充分接触，混合均匀（如图7-2所示）。

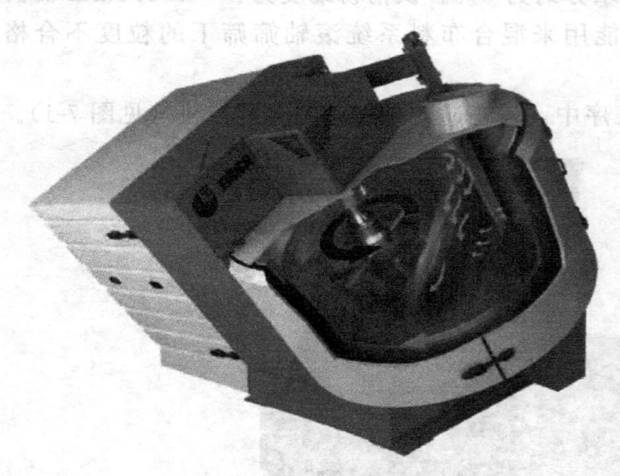

图7-2　立式强力混合机工作示意图

工作原理：精矿粉与添加剂通过混合机一端的上部入口连续加入，物料受到高速转动刮刀的强力搅动，产生剧烈运动，将细粒物料猛烈地抛散，投向筒壁再反弹回来，与其他颗粒交叉碰撞，这样，物料在筒体内形成一种紊动状态，各个矿粒都能与添加剂或水相接触，使添加剂分布均匀，水分彻底吸附，形成质量完全均匀的混合料。最后，混匀后的混合料在重力作用下由立混机底部的刮刀刮至出料口排出。

(4) 给料量　混合机的给料量应做到稳定均匀，否则会造成混合机充填率的变化而引起混匀效果及造球质量的波动。

在球团生产中，膨润土的配比很小，为使其在矿粉颗粒间均匀分散，使物料同水良好混合，成为成分、粒度和水分均匀的混合料，才能改善物料的成球性，提高生球强度和热稳定性，故造球料必须保持优良的混匀效果。可从原料、混合工艺和设备及操作等方面改善混匀效果：

① 降低铁精粉和膨润土水分，进行预先干燥处理；

② 粉碎粘结成团的大块；

③ 采用高效率的混合机；

④ 采用润磨工艺；

⑤ 采用多段混合工艺；

⑥ 在操作上保证料流稳定，经常清理筒体粘料。

7.2.3 脱水工艺

造球原料最佳水分与物料的物理性质（粒度、密度、亲水性、颗粒孔隙率等）、造球机生产率、成球条件等有关，磁铁矿、赤铁矿一般适宜水分7.5%～10.5%，黄铁矿烧渣、焙烧磁选精矿水分12%～15%（多孔）；褐铁矿适宜水分可达17.0%。三者亲水性：褐铁矿＞赤铁矿＞磁铁矿。造球前原料适宜水分低于最佳成球水分2%～3%，脱水一般先过滤，再干燥，脱水设备为圆筒式或圆盘式真空过滤机。

精矿过滤后水分如果大于适宜的造球水分，则需进行干燥。采用仓库储存自然脱水——效果差、占地面积大、投资高；圆筒干燥机干燥——效果好，干燥中易成球或结块需再破碎。

所谓干燥作业，是采用某种方法将热量传递给含水物料，并将此热量作为潜热而使水分蒸发、分离的操作。对于铁精粉的干燥经常是在回转式烘干机（即圆筒干燥机）内进行的。干燥机有直接作用式和间接作用式：直接作用式就是使热风直接与物料接触；间接作用式就是被干燥物料不直接与热风相接触。球团生产中混合料干燥几乎全部为直接接触式。

直接接触式按物料流与干燥气流方向又可分为顺流与逆流两种。顺流即物料流向与热介质方向相同；逆流即物料流向与热介质方向相对。一般对于要求最终水分含量低的物料干燥则采用逆流比较合适。

球团厂一般使用圆筒干燥机（见图7-3）进行干燥，热源为其他工序（如有焙烧工艺的）热废气或燃烧室热烟气（气体流速2～3m/s）。铁精粉进入筒体后，被扬料板反复抛起形成料幕，在重力和回转作用下流向后端，并与进入筒内的热气流进行热交换，由于物料反复扬撒，所含的水分逐渐被烘干。物料在带有倾斜度的抄板和热气流的作用下，可调控地运动到干燥机另一段排出成品。圆筒干燥机与普通烘干机相比具有输送能力大、烘干效率高等特点。

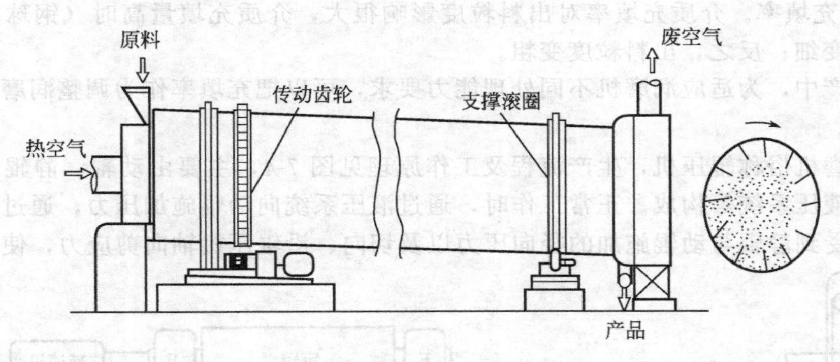

图7-3 圆筒干燥机

7.2.4 润磨与高压辊磨工艺

润磨就是将含一定水分的原料，按接近造球需水分（即润湿状态下）在特殊的周边排料式的球磨机（润磨机）中进行磨矿和混碾。对于造球来说，不仅要求原料要有一定的细度，还必须达到合适的粒度组成、适宜的塑性、含水均匀的润湿状态。干磨或湿磨所得的物料，经加水或脱水而后（用一般方法）混合所产生的混合料不能获得造球所需的足够的塑性；润磨是物料在一定水分条件下进行的，它对物料不仅有磨细作用，还有混捏、碾磨作用。巴西、美国、日本、印度、澳大利亚部分球团厂，均采用润磨或高压辊磨工艺强化造球原料预处理。

造球要求铁精矿粉颗粒有不规则的表面形态。表面形态的不规则可以增加比表面积，同时在微细颗粒填充在颗粒空隙中时，有利于使毛细管变细，增加毛细力，从而改善生球质量。润磨作用：改变物料的粒度组成（增大比表面积）、颗粒的表面形态、增加物料颗粒间的接触面及粒子表面结合力。混碾的结果使粒子间的水分被挤压到颗粒的表面，使之充分润湿，隔离分散的颗粒更加密实地粘结，充填密度提高，毛细凝聚力增大，能提高物料的成球性。

球团混合料实施润磨的目的：

① 提高混合料的细度，使混合料粒度及粒度组成趋于合理；

② 通过润磨增加矿物的晶格缺陷，增大矿物的表面活性；

③ 物料在润磨过程中，通过被搓揉、挤压，塑性增大；

④ 粘结剂与矿粒紧密接触，以增大粘结剂与矿粒之间附着力，借助这种附着力，使粗颗粒能被包裹进球团内部。

混合料润磨的要求：

① 混合料润磨不是磨矿，它对降低铁精矿粒度的作用不如干磨或湿磨明显，粒度太大的物料如粉矿或球团返矿一般不宜加入润磨，因为这些物料容易成母球，对造球不利。

② 混合料润磨一般都会降低生球的爆裂温度，球团原料不同，降低的幅度不同。一般降低100℃左右，高的可以降低150～200℃。

③ 随着润磨时间延长，爆裂温度降低，因此混合料润磨时间不宜长，生产上一般润磨4～5min较适宜。

④ 混合料水分不宜过大。水分过大，润磨机出料困难；润磨生球爆裂温度本来就低的原料时，对生球干燥不利。物料进入润磨机时的水分最高应不超过7.5%。

⑤ 混合料部分润磨不可取。因为润磨前进行分料，润磨后还必须进行再混匀，否则造球机操作不稳定，而且使混合料准备工艺复杂化。润磨部分的比例小于50%，润磨效果不明显。

⑥ 介质充填率。介质充填率对出料粒度影响很大，介质充填量高时（钢球加得多）出料粒度明显变细；反之，出料粒度变粗。

实际生产中，为适应润磨机不同处理能力要求，可以把充填率作为调整润磨机产量的主要手段之一。

高压辊磨机俗称辊压机，生产流程及工作原理见图7-4，主要由动辊、静辊，两台主电动机，以及液压系统等构成。正常工作时，通过液压系统向动辊施加压力，通过静辊与动辊之间的料饼受到静辊与动辊施加的径向压力以及切向、沿辊压机轴向剪应力，使铁精矿颗粒

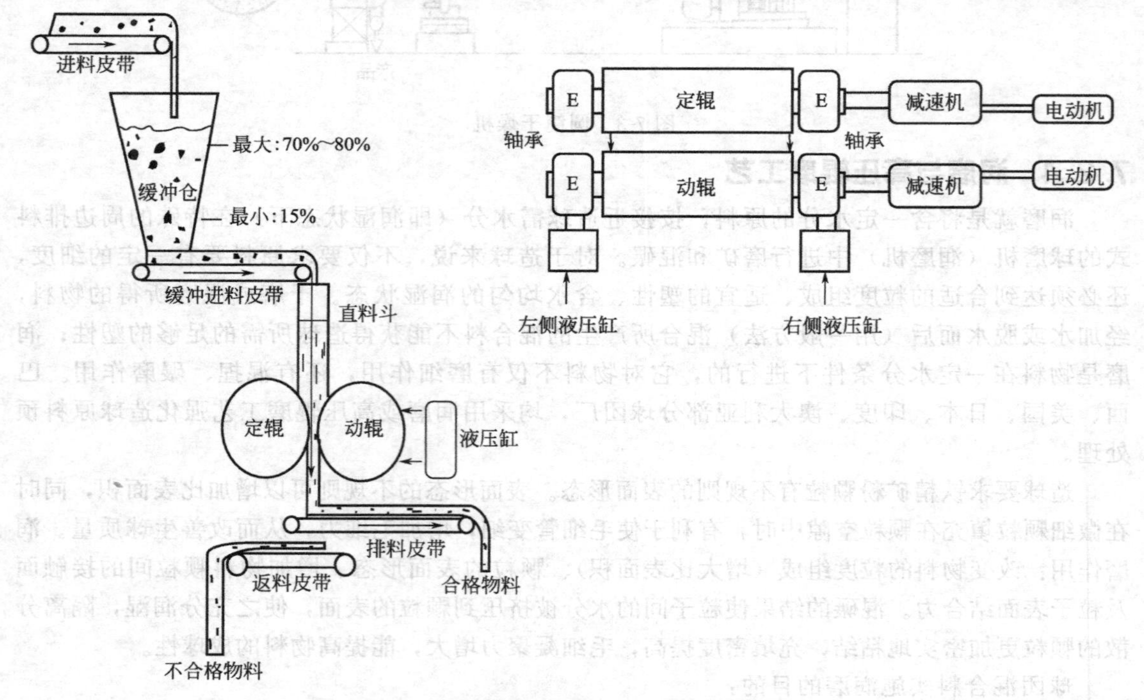

图7-4 高压辊磨机的生产流程及工作原理

在相互之间的径向压力以及切向剪应力、沿辊压机轴向的等多方向力作用下，再次被破碎，达到改变物料的粒度、粒度组成、物料颗粒形状以及物料的比表面积的目的。

20世纪90年代初后，高压辊磨机开始应用于钢铁行业的球团原料处理。优点：①节能，较传统润磨和球磨预处理工艺节省20%～50%能耗，特别是处理镜铁矿等坚硬矿石；②处理能力大，可达到700t/h以上；③明显改善球团原料的成球和预热焙烧性能。

高压辊磨工艺能提高生球强度，降低膨润土用量，主要是由于高压辊磨工艺增加了造球原料中－325目粒级（－0.044mm）的含量，大幅度地提高了原料的比表面积和体系的分散度。高压辊磨工艺使物料的晶格缺陷增强，将一部分机械能转化为自由能，物料的表面活性增强，颗粒表面出现不饱和的力场和带电的结构单元，使颗粒处于不稳定的高能状态。

因此，在较弱的外引力作用下，颗粒间也比较容易产生团聚，从而使矿粒的成球性能得到改善。此外，部分颗粒粉碎后，在断裂面上出现不饱和键和带电的结构单元，使颗粒表面的吸附性能（亲水性）增强。

高压辊磨预处理能显著提高生球强度，降低膨润土用量同时改善球团的预热焙烧性能，是强化镜铁矿、硫酸渣、高结晶水锰矿粉、铬铁矿等一系列特殊球团原料球团制备的关键技术，其作用机理主要在于：

① 高压辊磨工艺使物料的微细颗粒含量明显增多，比表面积变大，改善了原料的颗粒形貌和粒度组成，使得颗粒在成球过程中堆积更加紧密，同时扩大了其在高温固结时颗粒间的（反应）接触面积，使得球团固结更加紧密；

② 高压辊磨作为一种机械活化作用能够将一部分机械能转化为自由能，通过结构的破坏如物料的非晶化，表面积、晶粒大小和强度的改变以及相位转变，内部破裂形成了大量的晶格缺陷使物料的表面活性增强，从而降低了反应所需的活化能，促进了焙烧过程中的质点迁移和连接颈的形成。

武钢鄂州球团厂年产氧化球团矿500万吨，造球及链箅机-回转窑-环冷机焙烧工艺全部由美国Metso公司设计，采用国内外成熟的先进技术，关键设备和自动控制系统全部从国外进口，各项技术经济指标达到了国际先进水平。所用铁精矿为80%进口巴西赤铁精矿和20%自产磁铁精矿。由于铁精矿粒度较粗，难以满足造球工艺对精矿细度的要求，因此配置了高压辊磨工艺。使用的高压辊磨机是由德国KHD洪堡·威达克股份公司提供，设计处理量为760t/h(10%水分)、855t/h(8%水分)，物料比表面积平均可以增加900cm^2/g左右；能耗仅2.2kW·h/t。

7.3 成球理论基础

7.3.1 颗粒成球机理

粉状物料成球粘结力包括：连接力——自然力（物理力）和机械力。自然力包括范德华引力、磁力、静电力、摩擦力、毛细力等，影响自然力的因素有颗粒的尺寸、表面电荷、结晶构造、添加剂。机械力主要是指滚动成球、挤压紧密等行为。影响因素主要是物料本身的性质；造球设备参数和操作工艺参数。

粉状物料成球行为：

① 成核　造球机转动产生机械力的作用，使颗粒互相靠紧，靠近的粒子在毛细力的作用下，聚集粘结在一起形成球核；

② 成层长大　球核在运转的造球机内滚动，粒子不断发生紧密，毛细管内的水分被挤到球核表面（或往球核表面撒水分），使球核表面产生过湿层，当新料加入，由于球核的不

断滚动而黏附新料形成连续层，依次往复，使球核长大；

③ 聚结长大　两个或几个小球核粘连在一起；

④ 粉碎（散开）　已经形成的球核，在受到撞击或挤压等作用下，被破碎成为粉末；

⑤ 破损　已经形成的生球在继续长大过程中，由于受到较大的冲击或碰撞而破裂成碎片；

⑥ 磨损　生球在继续长大的过程中，有些球的表面层由于水分子不足而黏附不牢，在互相碰撞搓揉过程中，表面部分细粒被磨剥下来，叫作磨损；

⑦ 磨剥转移　在成球过程中，球核由于相互作用和磨剥，一定数量的细粒，从一个球核转移到另一个球核上，称为磨剥转移。

粉状物料成球行为见图 7-5。

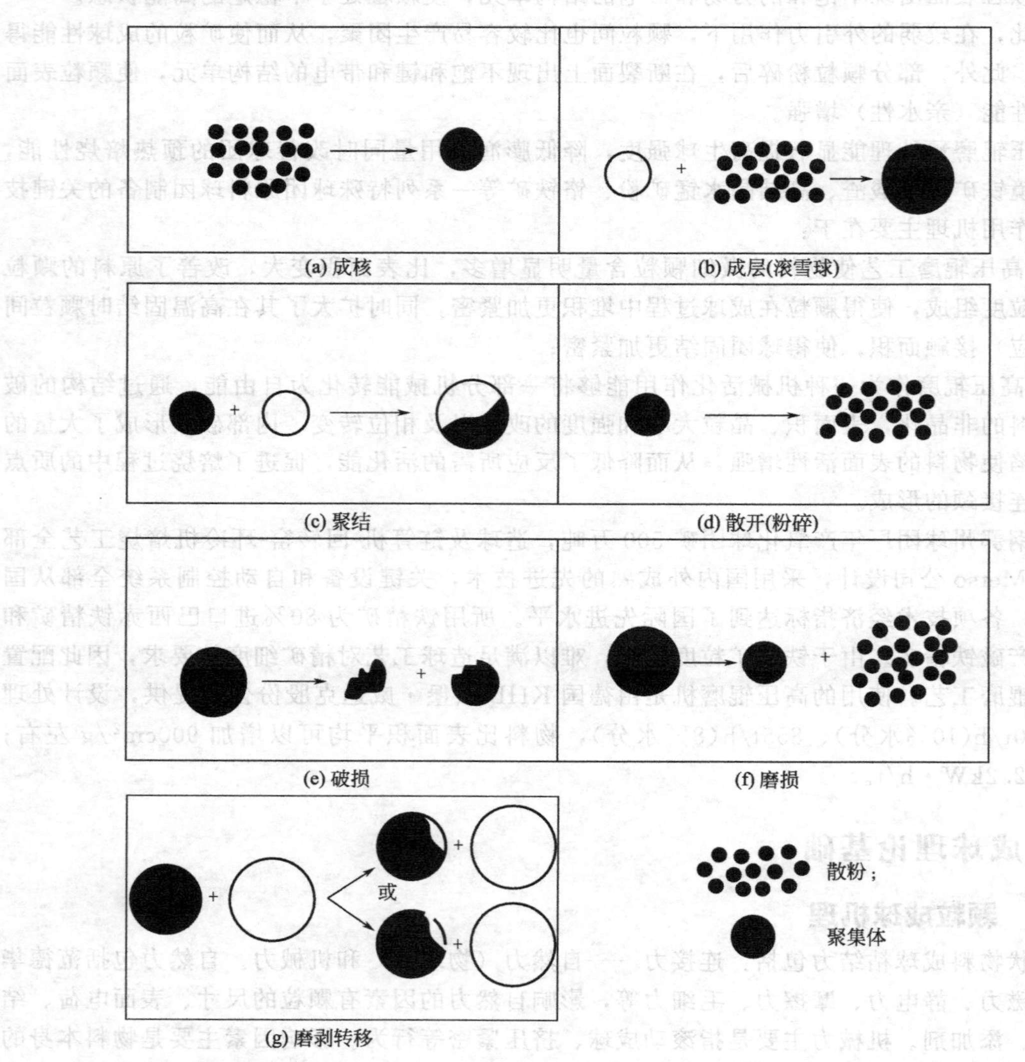

图 7-5　粉状物料成球行为过程

7.3.2　水在成球过程中的作用

水是矿物中很重要的化学组成之一，它对许多矿物的性质有很重要的影响。按水在矿物中存在形式和它在晶体结构中的作用，可将水分为吸附水、结晶水、结构水三种基本类型和两种过渡类型，即沸石水和层间水。

从细磨物料成球的观点来看，影响成球过程的主要是分子结合水（吸附水、薄膜水）的自由水（毛细水、重力水），对成球过程起主导作用的是毛细水。

干燥的细磨物料在造球过程中被水润湿，一般认为可分四个阶段进行，首先吸着吸附水、薄膜水，然后吸着毛细水和重力水。

（1）吸附水　在静电引力作用下被吸附在固体颗粒表面的水分子叫做吸附水，它以中性水分子（H_2O）存在，不参与矿物的晶格构成，只是被机械地吸附于矿物颗粒表面或缝隙中。其含量受环境湿度影响。当温度达到100～110℃时，吸附水就全部从矿物中溢出而不破坏晶格。

用于造球的细磨铁精矿粉具有较大的分散性、比表面积和表面能；当其与周围介质（气体或液体）发生接触时，会发生物理化学变化，使颗粒的表面带有一定荷号的电荷，在颗粒的周围空间形成电场。

吸附水的形成不一定是将颗粒放入水中，或往颗粒中加水，当干燥的颗粒与潮湿大气接触时，会吸附大气中的气态水分子。当相对水蒸气压很低时，靠颗粒表面的离子和水的偶极分子之间的静电吸引形成单分子层吸附，这种吸引力的作用半径约1Å（$1Å=10^{-10}$m）或几个埃。在距颗粒表面超出水分子直径的地方，被吸附的多水分子层是靠范德华力的作用。被吸附的水偶极分子在吸附作用下失去了活动性，同时水偶极子以正极或负极靠拢吸着点而呈定向排列状态，第一层偶极分子吸引着第二层偶极分子，第二层又吸着第三层，以此类推。矿物成分或亲水性不同，吸附水层的厚度不同，同时也随着料层中相对水蒸气压力的增加而增大。吸附水层的厚度一般在0.002～0.008μm之间。当相对水蒸气压达到100%时的吸附水含量达到最大值，称为最大吸附水。

吸附水与液态的自由水完全不同，常被称为固态水，具有以下几个性质：

① 没有溶解盐类的能力；

② 密度很大，为1.2～2.4g/cm^3，一般采用1.5g/cm^3；

③ 不导电，在低于−78℃的温度时不结冰；

④ 具有较大的黏滞性、弹性和剪切强度；

⑤ 没有自由地迁移，更不能从一个颗粒转移到另一个颗粒；

⑥ 蒸气压比自由水小，所以在颗粒烘干时，吸附水能变为蒸汽挥发。

当细磨物料（颗粒直径为0.1～1.0mm）呈砂粒状态时，如果仅含有吸附水，仍是散粒状。当细磨物料呈黏土状态时（颗粒直径约为1μm），如果只含有吸附水，可以成为坚硬的固体。适宜滚动成型的物料层中，如果仅存在吸附水，则说明成型（球）过程尚未开始。

（2）薄膜水　在细磨颗粒达到最大吸附水后，颗粒表面还有未被平衡掉的分子力，当进一步润湿颗粒时，吸附更多的极性分子，在吸附水的外围形成的一层水膜，这层水膜被称为薄膜水（见图7-6）。

薄膜水与颗粒之间是靠范德华力结合的（主要是颗粒表面引力的作用，其次是吸附水内层的分子引力）。因为水的偶极分子能围绕吸附水层呈定向排列，所以在较大的程度上是受扩散层离子的水化作用。

吸附水和薄膜水合起来被称为分子结合水（一般称分子水），在力学上可以看作是颗粒的外壳，在外力作用下和颗粒一起变形，并且分子水膜颗粒彼此粘结，这就是细磨物料成球紧密后具有强度的原因之一。

① 薄膜水的形成　固体颗粒表面达到最大吸附水层后，再进一步润湿颗粒，由于颗粒

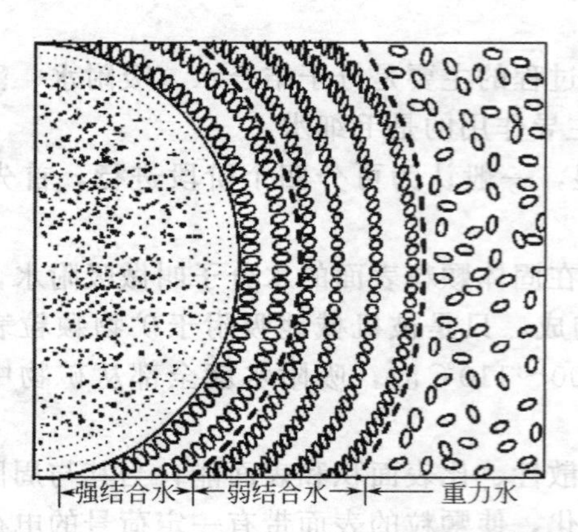

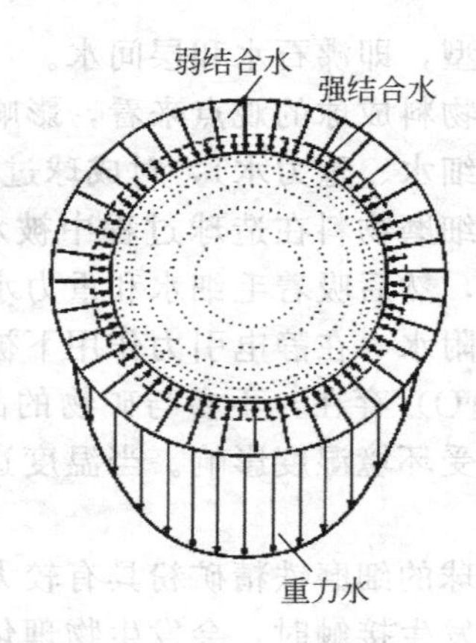

图 7-6 薄膜水的形成

表面吸着吸附水后，还有存在未被平衡掉的静电引力（颗粒表面的引力和吸附水内层的分子引力），在这些残余静电引力的作用下，在吸附水的周围就形成薄膜水。

薄膜水是由形成吸附水以后剩余的未被平衡的分子力所吸引的分子水层；分为强结合水和弱结合水。

a. 强结合水　最接近固相表面的薄膜水称为强结合水，一般仅相当于几个水分子的厚度；结合水具有固态和液态水的双重性质；即自身重力作用下不能运动，施加外力作用下，才能够流动和变形。移动方向与重力无关，速度远慢于普通水，冰点小于零度。矿粒具有强结合水时，为牢固状态，无塑性。

b. 弱结合水　薄膜水外缘部分的水，性质接近自由水。受电分子引力的吸引，具有黏滞性。薄膜水由于受静电力和分子力的作用，水分子排列紧密，具有很大黏滞性，使相邻的矿粉颗粒不容易发生相对移动。

② 薄膜水的特点　残余静电引力较小使水分子定向排列较差，较松弛。薄膜水与颗粒表面的结合力比吸附水和颗粒表面的结合力要弱得多，但难使它从颗粒表面排出。薄膜水内层与最大吸附水相接，引力为 304×10^4 Pa，外层为 61×10^4 Pa。薄膜水的平均密度为 1.25×10^3 g/cm³，溶解溶质的能力较弱，冰点为−4℃。在分子力的作用下，薄膜水可从水膜厚处移向水膜薄处（图 7-7）。

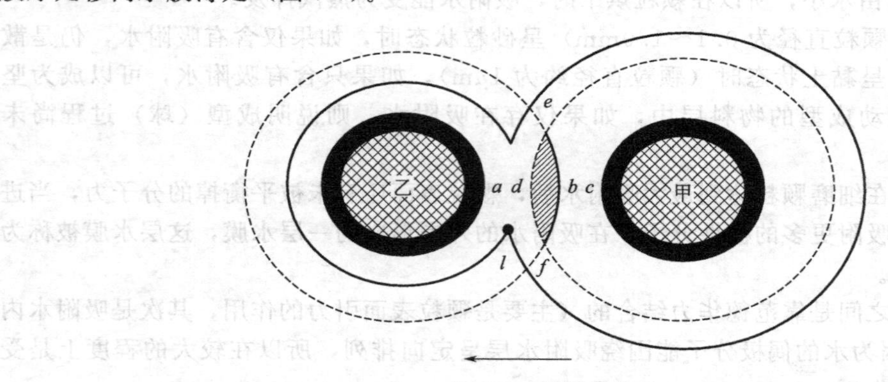

图 7-7 薄膜水移动

③ 薄膜水的迁移方式　薄膜水由于受到表面引力的吸引，具有比普通水更大的黏滞性。相邻且直径相等的颗粒甲和乙，当甲颗粒薄膜水较乙颗粒薄膜水厚，颗粒甲薄膜水 a 开始向颗粒乙移动。直到两个颗粒的水膜厚度相等时为止，这种迁移速度非常缓慢。

当两个颗粒间的距离 ac 小于两个颗粒的表面引力半径 ab、cd 之和时，两颗粒间引力相互影响范围 $ebfd$ 内的薄膜水，它同时受到两个颗粒的分子引力的作用，而具有更大的黏滞性。颗粒间距离越小，薄膜水的黏滞性就越大，颗粒就越不容易发生相对移动。对成型制品来说，制品的强度就越好。

吸附水和薄膜水合起来组成分子结合水，在力学上可以看作是颗粒的外壳。在外力作用下结合水和颗粒一起变形，分子水膜使颗粒彼此粘结。即为细磨物料成型后具有强度的原因。就铁矿石而言，致密的磁铁矿最大分子结合水的含量，亦与其本性有关。亲水性最好，比表面最大的膨润土，具有最大值，消石灰次之。

当物料达到最大分子结合水后，细磨物料就能在外力（搓揉滚压）的作用下表现出塑性性能，在造球机中，成球过程才明显开始。

(3) 毛细水　当细磨物料达到最大分子结合水时，再继续润湿，在物料层中就会形成毛细水，毛细水是颗粒的电分子引力作用范围以外的水分，毛细水的形成是由于表面张力的作用。因细磨物料层中存在着很多大小不一的连通的微小孔隙，组成错综复杂的通道，当水与这样的颗粒料层接触后，引起毛细现象。概括地说，就是存在于细磨物料层大小微孔中具有毛细现象的水分称为毛细水。

毛细管：内径很细，内径小于 2mm 的管子。如果将毛管插入液体内，管壁的内外液面就产生高度差。若液体润湿管壁，则管内液面升高；若液体不润湿管壁，则管内液面较管外液面低，这种浸润液体在毛细管里升高的现象和不浸润液体在毛细管里降低的现象叫做毛细现象（毛细管现象，见图 7-8）。毛细管内液面上升的规律：如果液体能润湿管壁，管内的弯月面是凹形的，附加压力向上，因此，液面下的压力小于大气压。一般毛细管的截面为圆形，此时弯月面也近似地为球面的一部分。毛细管内液面下降的规律：如果液体不能润湿管壁，管内液体的弯月面是凸形的，这弯月面所产生的附加压力是正的，管内液面将下降。

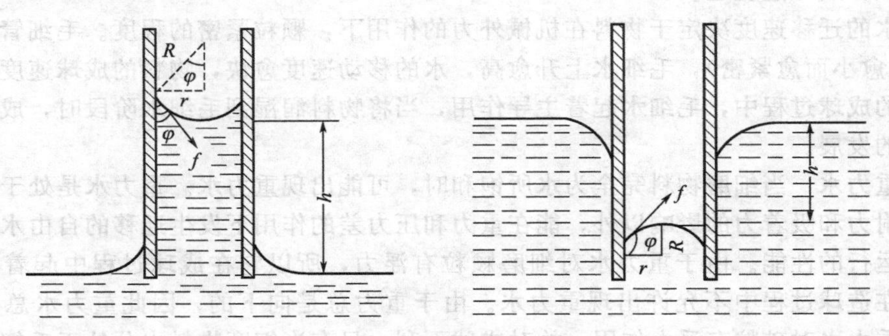

图 7-8　毛细管现象

管子越细，液体上升高度越高，凹液面附加压力为负，液面上升高度为正：

$$p_{附}+\rho gh=0$$

凸液面附加压力为正，液面上升高度为负：$p_{附}=\rho gh$

根据 Julen 公式计算：$p_{附}=\dfrac{2\alpha}{R}=\rho gh$　　$h=\dfrac{2\alpha\cos\varphi}{r\rho g}$

弯曲液面下的附加压力：弯曲液面对液体内部都施以附加压力，凸面为正，凹面为负。

$$p_{附}=\gamma\left(\frac{1}{\gamma_1}-\frac{1}{\gamma_2}\right)$$

式中，γ 是表面张力系数。

当细磨物料被润湿，并超过最大分子结合水时，物料层中就出现毛细水。它是颗粒表面引力作用范围以外的水分。毛细水的形成是靠表面张力的作用，毛细水是在直径为0.001～1mm的毛细管中，受毛细管引力作用保持的一种水分。根据物料的亲水性和毛细管的直径，其所受引力大小在0.98×10^4～2.45×10^4Pa之间。

当颗粒被水润湿超过薄膜水时，在颗粒之间出现了毛细水，开始出现的毛细水叫做触点态毛细水，它使颗粒连接起来（见图7-9）。继续增加水，在毛细水表面张力或外力作用下使颗粒靠拢，在它们之间形成蜂窝状毛细水，毛细水在颗粒之间开始连接起来，可以迁移。进一步润湿，则出现了饱和毛细水，这时达到了最大毛细水含量。

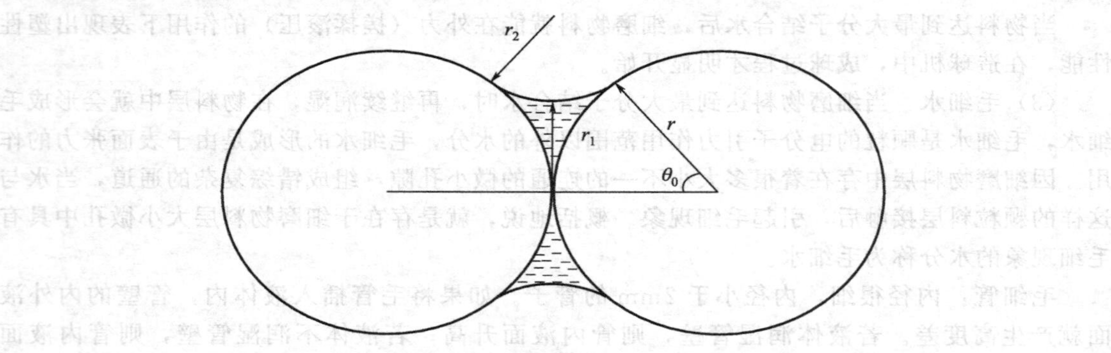

图7-9　球形颗粒间的触点水连接

r_1—触点水环曲率半径；r_2—弯月面曲率半径；
r—球形颗粒半径；θ_0—弯月面半径

毛细水能够在毛细压力的作用下，以及在能引起毛细管形状尺寸改变的外力作用下，发生较快的迁移。毛细水的迁移速度决定着物料的成球速度。表面亲水性的物料，毛细水迁移的速度就快，成球速度也快。

毛细水的迁移速度决定于物料在机械外力的作用下，颗粒紧密的程度。毛细管直径愈小（颗粒尺寸愈小而愈紧密），毛细水上升愈高，水的移动速度愈快，物料的成球速度愈快。在细磨物料的成球过程中，毛细水起着主导作用，当将物料润湿到毛细水阶段时，成球过程才获得应有的发展。

（4）重力水　当细磨物料完全为水所饱和时，可能出现重力水。重力水是处于物料颗粒本身的吸附力和吸着力的影响以外，能在重力和压力差的作用下发生迁移的自由水，重力水具有向下运行的性能。由于重力水对细磨颗粒有浮力，所以它在成球过程中起着有害的作用。一般在造球过程中不允许出现重力水。由于重力总是向下的，因此重力水总是向下运动。由于重力水对矿粒有浮力作用，故对成球不利。只有当细磨物料水分处于毛细水含量范围以内时，对矿粉成球才有实际意义。

综上所述，不同形态的水分对造球过程有不同的作用，颗粒表面上的吸附水、薄膜水、毛细水和重力水的总和称为全水量（见图7-10）。毛细力能将矿粒拉向水滴而成球，而范德华力能使矿粒黏附在一起。毛细水在形成生球的过程中起主要作用，分子水在某种程度上增加生球的机械强度，重力水对成球过程是有害的。

四种形态水的作用如下。

吸附水——静电引力，是无效水，呈固态水性质；

薄膜水——范德华力，增加球团机械强度，呈黏滞性；可提高生球强度，可使物料呈现塑性；

毛细水——表面张力，起主导作用，使颗粒成核；

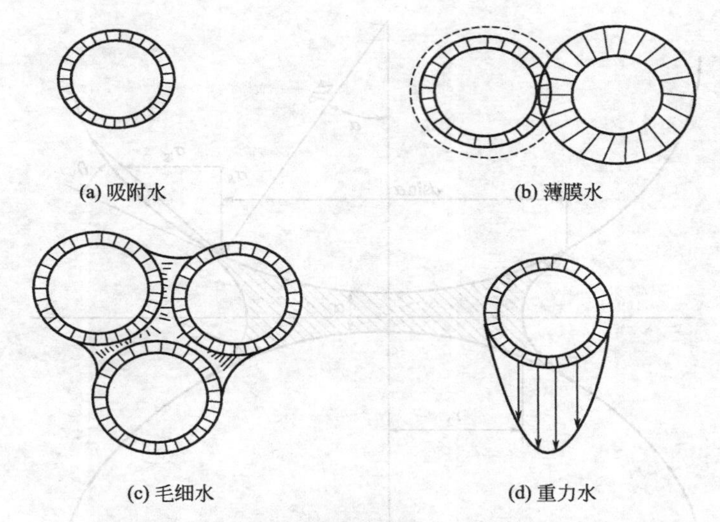

图 7-10 粉状物料成球过程中四种形态的水

重力水——重力作用，饱和水，对成球不利。

造球过程中，毛细力将颗粒拉向水滴而成球，范德华力能使颗粒粘在一起；毛细水在形成生球的过程中起主要作用；分子水在某种程度上能增加生球的机械强度；重力水对成球过程是有害的。

保证生球强度的通常有四种粘结力：胶体粘结力、机械粘结力、分子粘结力和毛细粘结力。铁精矿造球时胶体物质很少，因此胶体粘结力不是主要的。即使加入 0.07%～0.09% 的淀粉，生球强度也不会有多大提高。机械粘结力实质上是球团中颗粒之间在受力时所产生的摩擦力，当外力去除时，摩擦力消失，它对球团的强度起一定的作用。

在铁矿球团中主要粘结力是分子粘结力和毛细粘结力。当物料颗粒之间孔隙中液体充满率较小时，颗粒间存在界面力和毛细力。如果孔隙完全被液体充满，并且液体表面呈弧形时，颗粒之间的粘结力主要为毛细力。应用毛细管原理解释湿球强度。球团中的气孔可以认为是无数个毛细管，管的两端在球的表面上。在管的两端，当水充满毛细管时会产生凹液面，它拉紧颗粒产生强度。毛细水对球的强度和造球过程中球的长大均起主导作用。为保证造球的正常进行，原料的水分应低于毛细水含量，并高于最大分子水含量，不足的水分在造球过程中添加。

两个大小相同球形颗粒之间形成一个双凹透镜形的液体连接桥（见图 7-11)。由于它的侧面是凹凸形的、所以具有两种曲率半径 r_1 和 r_2。根据拉普拉斯公式：

$$P_{\mathrm{k}}=\sigma_{\mathrm{lg}}\left(\frac{1}{r_1}+\frac{1}{r_2}\right)$$

P_{k} 为毛细压，凹液面毛细压为负，凸液面为正值。

因为

$$|1/r_1|>|1/r_2|$$

那么就得出毛细力 F_{k} 为：

$$F_{\mathrm{k}}=P_k A=\sigma_{\mathrm{lg}}\left(\frac{1}{r_1}-\frac{1}{r_2}\right)\frac{\pi}{4}(d\sin\alpha)^2$$

两颗粒的三相（气液固）界面力 F_{R} 为：

$$F_{\mathrm{R}}=\sigma_{\mathrm{lg}}\mathrm{COS}(90^\circ-\alpha-\theta)\pi d\sin^2\alpha$$
$$=\sigma_{\mathrm{lg}}\sin(\alpha-\theta)\pi d\sin^2\alpha$$

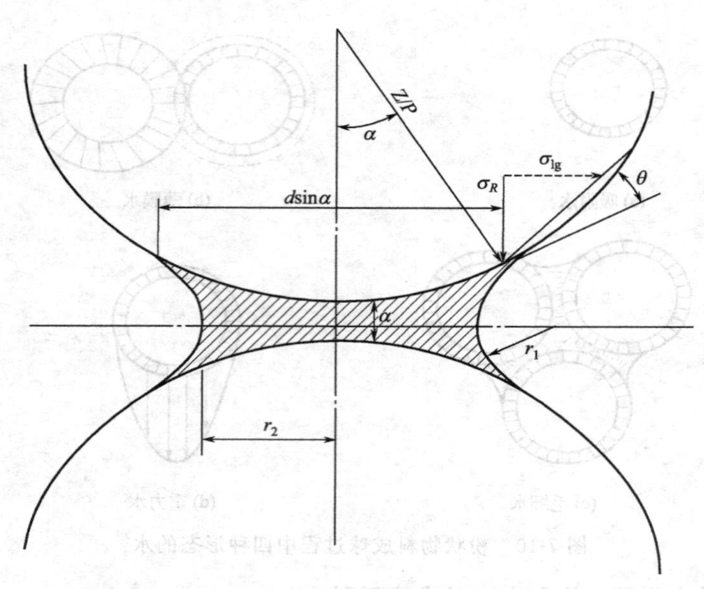

图 7-11 成球过程中的界面毛细力

总粘结力 F_H：

$$F_H = F_K + F_R$$

即：

$$\sigma_{lg}\pi d\left[\cos(90°-\alpha-\theta)\sin\alpha + \frac{d}{4}\left(\frac{1}{r_1}-\frac{1}{r_2}\right)\sin^2\alpha\right]$$

r_1 和 r_2 与连接桥所对半角 α、接触角 θ、颗粒直径 d 和两颗粒之间的距离 a 有关：

$$F_H = \sigma_{lg} d f(\alpha, a/d)$$

当 $\theta=0°$，$a=0$ 及 $\alpha=10°\sim40°$时，

$$F_H = (2.8 \sim 2.2)\sigma_{lg} d$$

当 $\theta=0°$，$a=0$，可以得出

$$F_{H,\max} = \pi\sigma_{lg} d$$

此时，颗粒之间连接桥非常小。

如图 7-12 所示，当液固体积比（V_L/V_S）变小时，粘结力对距离比值的变化反应很灵敏。

如果液体连接桥由于颗粒之间的距离增大而被拉长，当颗粒距离达到临界值时，连接桥变得不稳定而脱落。连接桥越小，这种不稳定状态就越容易出现。这解释了生球水分太低，生球强度小的原因。

7.3.3 成球过程

细磨物料的成球过程，分为三个阶段，由于加料方法不同，目前对三个阶段的划分略有差别。在间断给料的情况下，根据生球的成长特性，将三个阶段划分为：成核阶段、过渡阶段、生球长大阶段。

（1）成核阶段　加入少量添加剂的细磨造球物料呈松散絮状体，加水后最先是薄膜水围绕粒子，由于颗粒表面这种薄水层的存在，此时颗粒表面的自由能就相当于水的表面张力（标准状态下为 $72\times10^{-7}\text{J/cm}^2$）。絮状物料进一步被润湿，进入造球设备中，在机械力的作用下，粒子彼此靠近而形成核，有效地减少了空气和水膜的外表面和系统表面能，如图 7-13 所示。

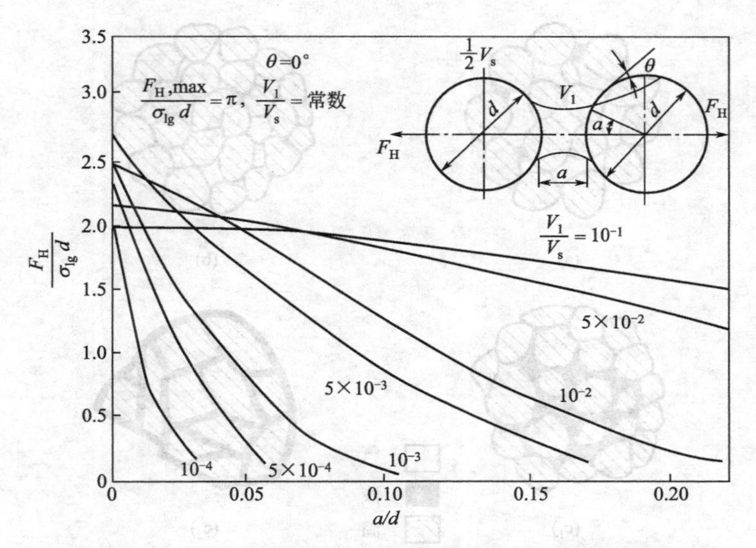

图 7-12　颗粒之间粘结力与距离比 a/d 的关系

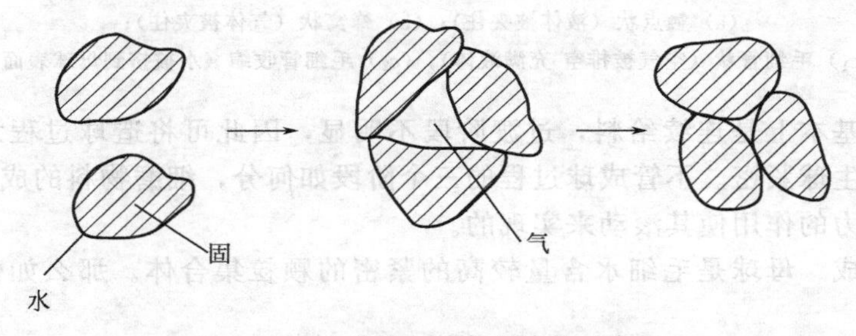

图 7-13　气-液界面降低的成核示意图

此时，球核的自由能 ΔG 为：

$$\Delta G=(S_b-S_t)\alpha$$

式中　S_b——原料的外表面积；

S_t——球核的外表面积；

α——水的表面张力系数。

（2）过渡阶段　间断造球的过渡阶段比较明显，而连续造球则难以观察到。首先是母球碰撞；蜂窝状毛细水过渡到饱和毛细水（见图 7-14）；最后母球聚结、紧密、毛细管收缩，水分挤出，母球迅速长大；密度增加，粒度范围较宽。

（3）生球长大阶段　间断造球中，以成核和聚结的成球机理占主导地位，即成核之后，球核以聚结方式长大，并有一定的磨剥转移、破损和成层行为发生。在这种无新料加入的造球过程中，母球的长大是靠两个或几个母球的聚结进行的，以及在运动中由于破损而产生的碎片又以聚结方式再分配到留下的球上滚动长大，对有些磨剥下来的粉末或很小的聚集体则是被留下的球以滚雪球的方式（成层）聚集长大。以聚结方式长大的球，初期时长大较快（即过渡期），以后随着表面水分的减少，聚结效率逐步降低，直到球中水分不能再被机械作用力压出为止。此外，机械长大还与当时所产生的力矩有关，当力矩趋向分离两个粘在一起的母球时，以及力矩大得足以使两个母球不能粘在一起时，聚结便停止。原料的湿含量和塑性影响球的尺寸，当球以聚结机理长大时，水分高塑性大的原料比水分低塑性小的原料所制出的生球尺寸大。因此，母球主要是依靠水的表面张力、毛细作用力和机械作用力而长大。

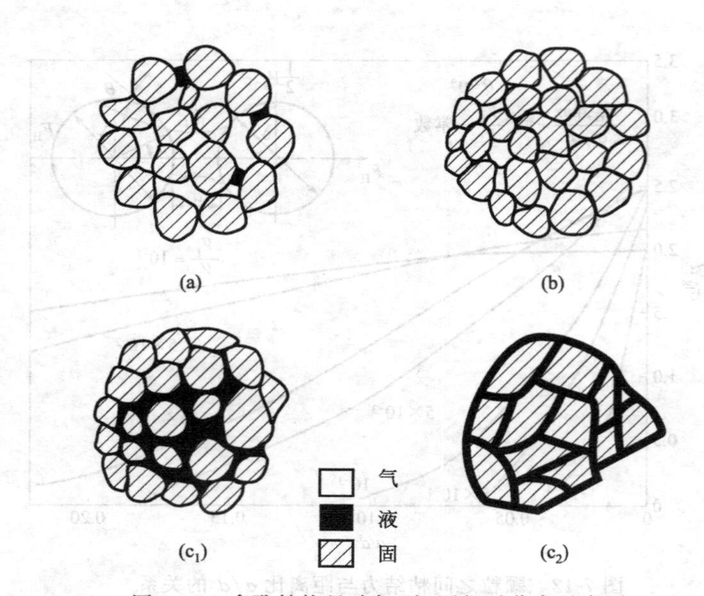

图 7-14　多孔结构母球气-液-固相对分布示意图

(a) 触点状（液体被夹住）；(b) 蜂窝状（气体被夹住）；

(c_1) 毛细管状（空气被排空-充满液体）；(c_2) 毛细管收缩（水被挤到母球表面）

工业生产中基本上是连续给料，过渡阶段不明显，因此可将造球过程划分为：母球形成；母球长大；生球紧密。不管成球过程的三个阶段如何分，细磨物料的成球，主要是依靠加水润湿和机械力的作用使其滚动来实现的。

(1) 母球形成　母球是毛细水含量较高的紧密的颗粒集合体。那么如何使物料形成母球呢？

a. 利用机械外力作用于造球物料层的个别部分，使该部分颗粒之间接触发生紧密，同时生成很细的毛细管来形成母球。

b. 在造球物料层中进行不均匀的点滴润湿。物料中的水分由于毛细力的作用而向四周扩散，并将周围颗粒拉向水滴的中心，形成毛细水含量较高的颗粒集合体。

实际生产中，两种方法同时被采用来形成母球，如物料在旋转的造球机中受到重力、离心力和摩擦力的作用而产生滚动和搓动，并进行补充喷水。

在这里应该指出，形成母球后，如果停止润湿过程，母球是很难继续长大的。

当细磨物料被润湿到最大分子结合水以后，颗粒表面形成一层较薄的薄膜水膜，开始表现出塑性性质，成球过程才明显开始，当物料被继续润湿到毛细水阶段时，成球过程才得到应有的发展。因为在造球设备机械力的作用下，被润湿到毛细水阶段的物料颗粒，当彼此靠近或接触时，颗粒表面的水膜在接触处形成水环，将几个粒子粘在一起，而形成许多小聚集体，这时形成的小聚集体内部空隙还相当大［见图 7-15(a)］，水分仅在接触点处存在，形成的水环称触点态毛细水。

当物料仍为触点态毛细水时，还不能成核，只有继续加水润湿和在造球机中滚动和搓动的情况下，聚集体中的颗粒发生重新排列，部分填充和挤压在一起，引起毛细管尺寸和形状的变化，部分孔隙被水填充形成较稳定的多孔的球形聚集体，这种球形小聚集被称为球核，这时已形成蜂窝状连接［见图 7-15(b)］。

形成的球核在造球设备中继续滚动，互相搓揉、碰撞、挤压，球核聚结长大而形成母球。球核形成母球有两个过程：

a. 球核进一步紧密　球核受到撞击，使空隙和体积连续减小，最后孔隙完全被水填充，由蜂窝状毛细水过渡到饱和毛细水，球核为毛细管连接。

b. 球核聚结长大　球核过渡到饱和毛细水后，进一步紧密，多余的毛细水被挤到球核表面，使球核表面包裹着一层水膜，互相碰撞时，由于水的表面张力和毛细力的作用，使球核聚结长大而形成母球（图 7-16）。

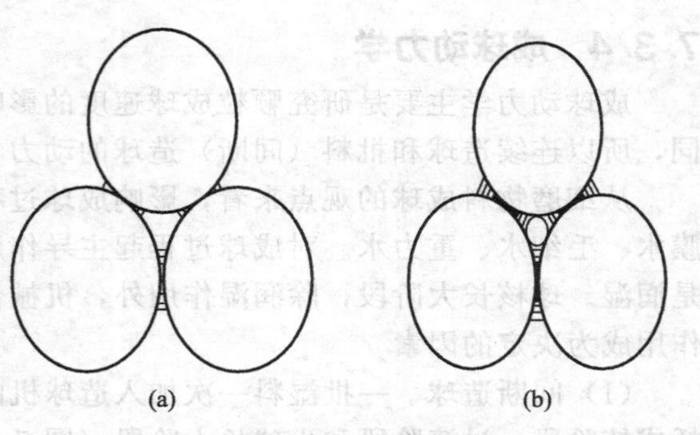

图 7-15　各球形颗粒间触点水和蜂窝水
(a) 触点态毛细水连接；(b) 蜂窝态毛细水连接

(2) 母球长大　母球长大的方式有两种：聚结长大；成层长大。在成球过程中究竟以哪种长大方式为主，主要取决于造球工艺制度及原料的天然性质。

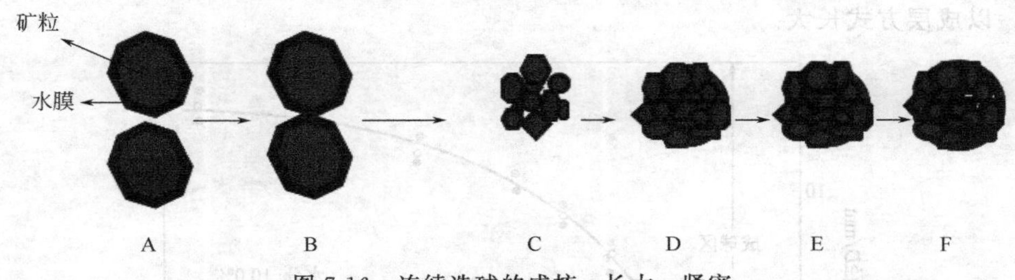

图 7-16　连续造球的成核、长大、紧密

在工业生产中生料被连续加入到造球系统，当球核生成后，以成层机理长大。母球在不断的压实，引起毛细管形状和尺寸的改变，而使过剩的毛细水被挤压到母球表面，润湿的母球在滚动中又不断粘结其他新湿料，这一长大过程多次重复发生，直到母球中颗粒间的摩擦力较滚动时的机械压密作用力大时为止。在此情况下仅少量球被压碎，这是由于松散物料起到的衬垫作用所致。在任何时候总是少数最小的团粒消失，其余的球则获得新料长大。此时，除成层机理之外，其他成球机理作用不大。除工艺制度外，不同性质的原料，其成球机理亦不相同。

(3) 生球紧密　长大到符合要求尺寸的生球，继续在造球机运动的机械力作用下，产生滚动和搓动，会使生球内的颗粒选择性地按接触面积大小来排列，生球内的颗粒被进一步压紧；生球内多余的毛细水被挤到生球表面，使生球内颗粒间的薄膜水层有可能互相接触，由于薄膜水能沿颗粒表面迁移，形成一个或几个颗粒所共有的薄膜水层，使各颗粒间产生强大的分子粘结力、毛细粘结力和内摩擦阻力，生球的机械强度随之提高。在生球的紧密阶段，应该停止加水润湿，而让未充分润湿的物料去吸收生球表面被挤出的多余水分，防止因生球表面水分过大而发生粘结现象和降低强度。

物料在加入造球机之前，把水分控制在略低于适宜的生球水分，对于圆盘造球机，造球物料的水分应比适宜的生球水分低 0.5%～1%。

在造球过程中加入少量的补充水。补充水既能容易形成适当数量的母球，又能使母球迅速长大和压密。采用“滴水成球、雾水长大、无水紧密”的操作方法。大部分的补充水应以成滴状加在“母球区”的料流上，这时在水滴的周围，由于毛细力和机械力的作用，散料能很快形成母球；一部分少量的补充水则以喷雾状加在“长球区”的母球表面上，促使母球迅速长大。“紧密区”长大的生球在滚动和搓压的过程中，毛细水从内部被挤出，会使生球表面显得过湿，因此应该禁止加水，以防止降低生球的强度和产生生球的粘连现象。在“排球区”更不应该加水了。

7.3.4 成球动力学

成球动力学主要是研究颗粒成球速度的影响因素。随着成球机理不同，成球过程也不相同，所以连续造球和批料（间断）造球的动力学也有差异。

从细磨物料成球的观点来看，影响成球过程的主要是分子结合的自由水，即吸附水，薄膜水、毛细水、重力水。对成球过程起主导作用的是毛细水。成核阶段具有决定意义的作用是润湿。球核长大阶段，除润湿作用外，机械作用也起着重大的影响。生球紧密阶段，机械作用成为决定的因素

(1) 间断造球　一批湿料一次加入造球机的方法称为间断造球或批料造球，间断造球包括成核阶段、过渡阶段和生球长大阶段（图 7-17、图 7-18），间断造球的母球长大是以聚结长大为主，成层长大为次要的。当母球在造球机内滚动压密，颗粒间的毛细水被挤到球表面而形成过湿层，因为没有新料加入，所以母球长大是靠两个或几个母球产生聚结；母球聚结在运动时小球破损的碎片；小球与母球聚结而长大。但有些被磨剥下来的粉末，被其他的母球吸收，以成层方式长大。

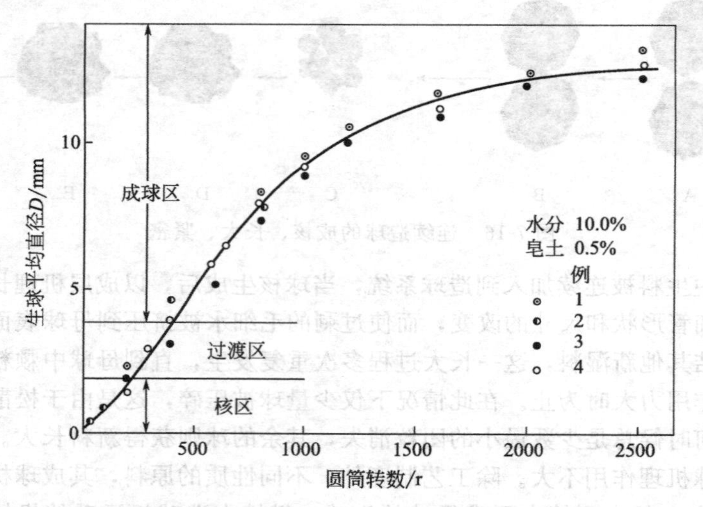

图 7-17　细磨铁隧岩加膨润土混合的生球平均直径与圆筒转数的关系

1—标料 2500g；2—3500g；3—5000g；4—6000g

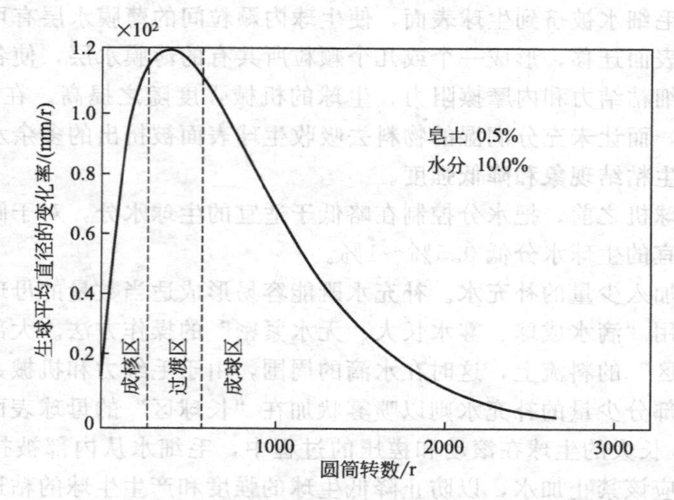

图 7-18　生球平均直径变化率与圆筒转数的关系

以聚结方式长大的生球，在初期长大的速度较快，以后随着表面水分减少，长大速度逐渐降低，直到生球中的水分不能再被机械作用力压出时为止；聚结长大还与当时所产生的力矩有关，当力矩趋向分离两个粘结在一起的母球时，聚结停止，力矩大的以致使两个球不能粘结在一起，聚结停止；聚结长大时的生球尺寸，受球的湿含量和塑性的影响。实践证明，当生球聚结长大时，水分含量高的，塑性也大的物料，所制出的生球尺寸也大，因此以聚结方式长大的生球粒度分布较宽。

(2) 连续造球　在生产中，生球主要以成层方式长大。母球在造球机中不断滚动而被压密，引起毛细形状和尺寸的改变，从而使过剩的毛细水被迁移到母球表面，潮湿的母球在滚动中很容易粘上一层润湿程度较低的湿料。再压密，表面又粘上一层湿料，如此反复多次，母球不断长大，一直到母球中的摩擦力比滚动时的机械压密作用力大为止，如果要使母球继续长大，必须人为地使母球的表面过分润湿，即往母球表面喷水，母球成层长大有3个条件：

① 机械外力的作用，使母球滚动黏附料层和压密；

② 有润湿程度较低的物料，能黏附在过湿的母球表面；

③ 母球表面必须有过湿层，必要时可通过添加雾水来实现。

在连续造球过程中，当物料的水分增高和生球塑性增大，聚结长大的比例也会增加，生球的尺寸就会变大。

Sastry 和 Fuerstenau 将铁隧岩精矿预先以制成 6.7～11.2mm 的母球，而后连续均匀地向母球表面加料，实验结果表明，生球的平均直径也是圆筒转数的函数（图 7-19）。由曲线可以看出，母球最初的生长率较低，随后逐渐加快，而且生球的平均直径与圆筒转数呈直线关系。说明新料被连续加到球核表面以后，生球的长大过程是均匀的，与聚结长大曲线不同。在连续造球过程中，生球的长大以成层机理进行。

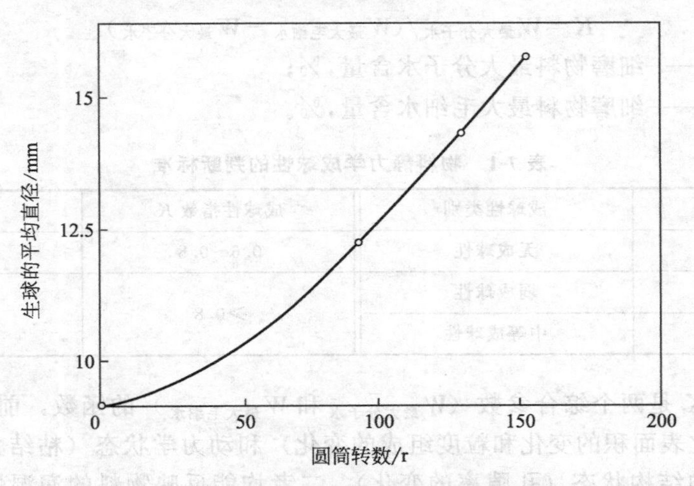

图 7-19　铁隧岩精矿生球的平均直径与圆筒转数的关系

(3) 其他因素的影响　不同性质的物料，生球长大方式不一样，由物料能否亲水的性质而决定，亲水性好的物料以聚结长大，亲水性差的物料以成层方式长大。如石英粉以成层长大为主，石灰石粉以聚结长大为主，而铁精矿粉介于两者之间，既可聚结长大，又可以层成长大，主要受造球的工艺制度和含水量所决定。生球长大行为上的差异，主要是物料被水润湿的性质不同所引起的。润湿性好的物料，水膜能紧紧地牢固地附着在球的表面，当两个球碰撞时，在球之间能夹住水环，靠表面张力能把球粘住，聚结长大；润湿性不好的物料，水膜是疏松地束缚在球表面上，碰撞时球之间不容易形成水环，聚结的概率就很小。母球的长大也是由于毛细效应，主要是依靠水的表面张力、毛细粘结力和分子粘结力、机械作用力。

间断造球也可称为成核性试验：将铁精矿粉（或加入粘结剂）润湿到适宜的水分条件下，一次加入模拟造球设备中，观察其随着成球时间的延长，原料的成球情况。一般采用下述三种指数为试样成球性能指标：

① 成核率——以粒度大于 2mm 粒级占总试样质量的百分分数表示；

② 成球率——以粒度大于 8mm 粒级占总试样质量的百分分数表示，说明试样的成球性能；

③ 成球速度——以成球试样的平均直径与造球时间的比值表示，说明试样的成球速度；

成球速度（V）按下式计算：

$$V=D/t(\mathrm{mm/min})$$

式中 D——成球试样平均直径，mm，$D=\sum d_iX_i$；

X_i——成球试样中某粒级百分含量，以小数表示；

d_i——成球试样中某粒级的平均直径，mm；

t——造球时间，min。

从上式可知，造球过程中，成核率远高于成球率，但成核率过高（皂土过多），成球率不高，可能导致成球速度下降，因为合格生球大量减少。成核率与成球率之间的关系应该以达到最佳成球速度为宜。

(4) 成球性指数　成球性是利用松散料柱在不运动的情况下，原料自动吸水能力的大小（即最大分子水和最大毛细水含量），来判别成球性的一种方法（表 7-1）。常用成球性指数 K 来表示。成球性指数 K 值可以用下列经验公式求得。

$$K=W_{最大分子水}/(W_{最大毛细水}-W_{最大分子水})$$

式中 $W_{最大分子水}$——细磨物料最大分子水含量，%；

$W_{最大毛细水}$——细磨物料最大毛细水含量，%。

表 7-1　物料静力学成球性的判断标准

成球性指数 K	成球性类别	成球性指数 K	成球性类别
<0.2	无成球性	0.6～0.8	良好成球性
0.2～0.35	弱成球性	>0.8	优等成球性
0.35～0.6	中等成球性		

成球性指数 K 是两个综合参数（$W_{最大分子水}$ 和 $W_{最大毛细水}$）的函数，前者综合了细磨物料的表面性质（比表面积的变化和粒度组成的变化）和动力学状态（粘结力的变化），后者反映了细磨物料的结构状态（孔隙率的变化），二者均能反映物料的润湿性能。实验表明，上述公式有一定的实际意义。

静态成球性指数可以在一定程度上反映细粒物料的聚集过程、固相与液相间的相互作用。一般静态成球性指数越大越好。

(1) 最大分子水含量的测定　压滤法的基本原理，对矿粉施加一定的机械压力将其含有的毛细水和重力水压出，用滤纸吸收。而留在试样中的水分就是最大分子水。仪器设备如下：一台压力机，一台烘箱，一整套 $\Phi60\times100$mm 的压模。压滤法的具体测定方法如下。

① 取100g待测定的矿样到烧杯中，加水浸没矿样，静置2h。

② 取直径为60mm的滤纸40张，其中20张整齐平放在下压筛面上，取适量矿样（80%左右）均匀平铺在压膜内。

③ 将剩余的20张滤纸盖在压膜内的试样上，装上压塞。再将压模放在液压机上，把压力大小调至6.55MPa/m²，保持5min。取出试样并称量记为G_1。将试样放入恒温烘箱中干燥，记录恒重G_2。

④ 计算最大分子水含量的公式：

$$W_{分}=\frac{G_1-G_2}{G_1}\times 100\%$$

注意：测量矿样的最大分子水含量时，需要进行三次平行试验，同时要保证三次试验的误差低于0.5%，三次试验的平均值即为所求。

（2）最大毛细水含量的测定　本试验测定矿样的最大毛细水含量的方法是容量法，容量法最大毛细水测定仪是该试验中的主要仪器设备（图7-20）。

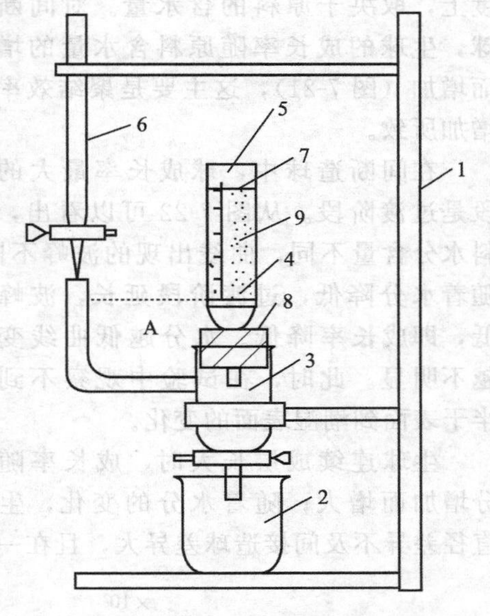

图7-20　毛细水测定装置

1—支架；2—烧杯；3—玻璃贮水器；4—筛板；5—玻璃装料器；6—滴定管；7—标尺；8—橡皮塞；9—试样

容量法的测定方法：

① 正确组装试验仪器，将两张滤纸放进玻璃装料器内的筛板上，并用药匙捣平整。

② 称取矿样100g，并以自然堆积状态装进装料器，并用药匙慢慢捣平磁铁精矿。

③ 前面的工作完成后，往贮水器里缓缓加入蒸馏水，当矿样开始吸水时记录此时滴定管的读数V_1，调节使矿样的吸水速度和滴定管的加水速度相同，矿样吸水停止时记录滴定管的读数V_2。最大毛细水的含量的计算公式：

$$W_{毛}=\frac{G_{水}}{G_{水}+G_{干}}\times 100\%$$

式中，$W_{毛}$为最大毛细水含量，%；$G_{水}$为矿样吸水后的质量，g；$G_{干}$为加入干燥矿样的质量，g。

7.4　影响成球的因素

7.4.1　原料水分

水在细磨物料中可以处于不同的形状，有些性质与普通水相比大不一样。按照通常土壤学的分类，在多孔的散料层中，水可以呈现如下的一些状态：

① 汽化水；

② 分子结合水——吸附水、薄膜水；

③ 自由水——毛细水、重力水；

④ 固态水；

⑤ 结晶水和化学结合水。

从细磨物料成球的观点来看，影响成球过程的主要是分子结合水和自由水，即吸附水、薄膜水、毛细水和重力水。干燥的细磨物料在造球过程中被水润湿，首先吸着吸附水、薄膜水，然后吸着毛细水和重力水。

对于细粒原料造球而言，在很大程度上，取决于原料的含水量。对间断造球，生球的成长率随原料含水量的增加而增加（图 7-21），这主要是聚结效率的增加所致。

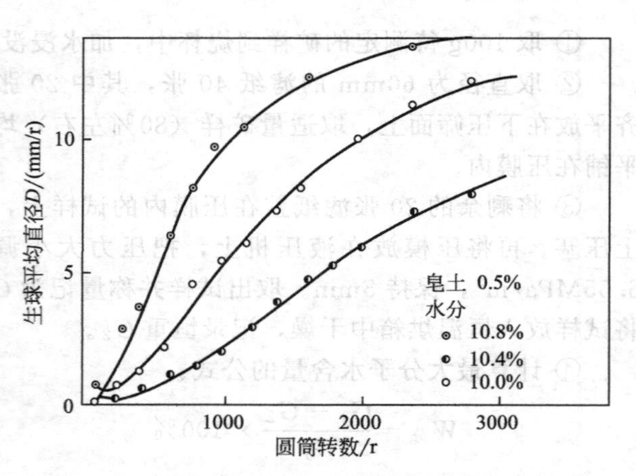

图 7-21　生球间断造球原料水分含量对生球成长的影响

在间断造球中，球成长率最大的阶段是过渡阶段。从图 7-22 可以看出，原料水分含量不同，曲线出现的波峰不同。随着水分降低，过渡阶段延长，波峰降低，即成长率降低。水分越低曲线变化越不明显。此时，在试验中观察不到从半干表面到潮湿表面的变化。

生球连续成层长大时，成长率随水分增加而增大；随着水分的变化，生球直径差异不及间接造球差异大，且在一定范围内成长率不受原料水分影响。

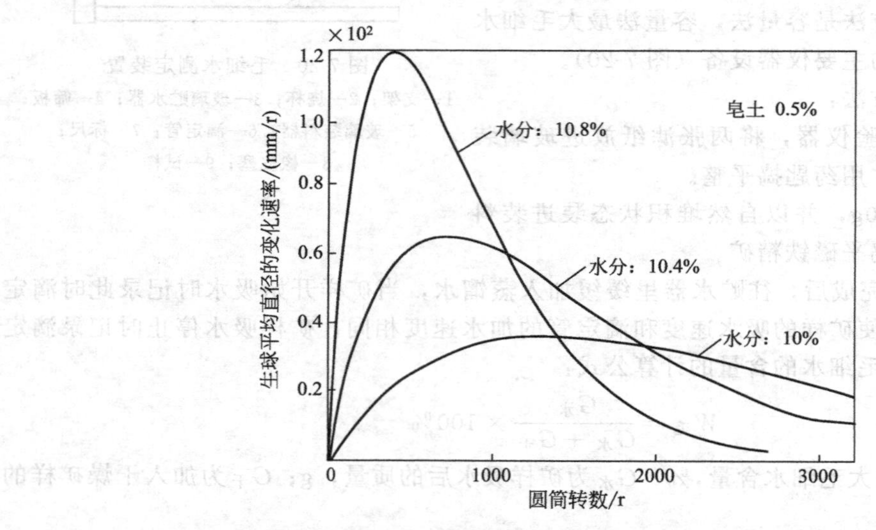

图 7-22　不同含水量原料造球时生球成长率与圆筒转数的关系

原料的湿度（即含水量）在很大程度上决定着生球的成长率，影响生球的强度（图 7-23～图 7-25）：

① 用干燥的物料造球时，会引起矿尘飞扬，劳动条件恶劣，生球的形成很慢，结构非常脆弱疏松。

② 用水分不足的原料造球时，生球难长大：一方面在挤压过程中，很难使母球表面潮湿，生球的长大速度很慢；另一方面，在成核初期，矿粒之间的毛细水不足，矿粒之间的颗粒接触得不紧密，存在的空隙就可能被空气填充，使母球脆弱疏松，故生球强度差。生球达到指定平均质量时圆筒转数与水分的关系见图 7-24。

③ 原料湿度过大，成球速度快，但形成过湿的母球，容易粘结和变形，易聚结周围的颗粒和母球，致使生球的粒度偏大且不均匀，同时过湿的物料和过湿的母球，容易粘在造球盘上，使造球机操作发生困难。

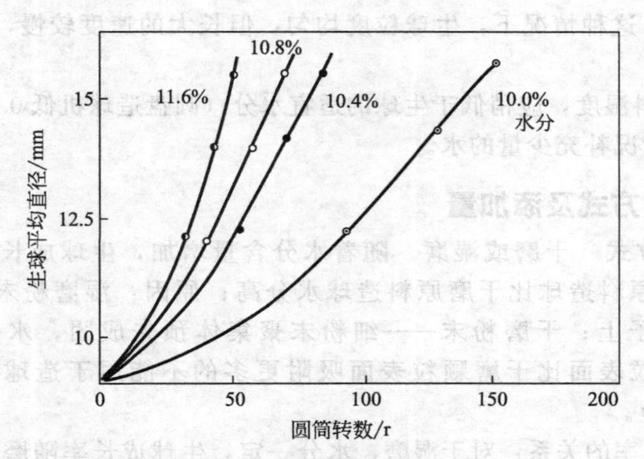

图 7-23 原料水分含量对生球成长的影响

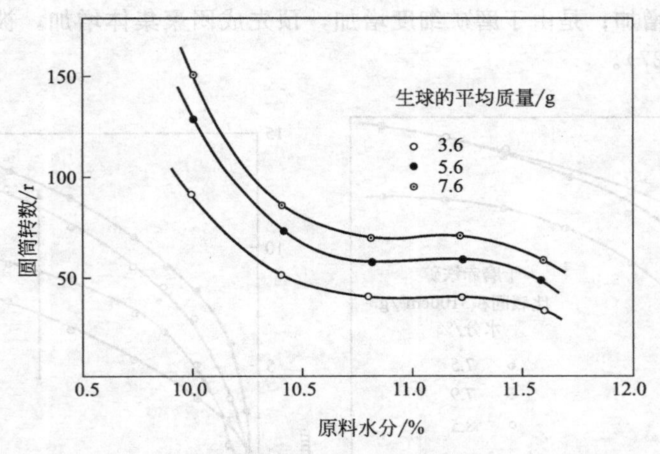

图 7-24 生球达到指定的平均质量时圆筒转数与水分的关系

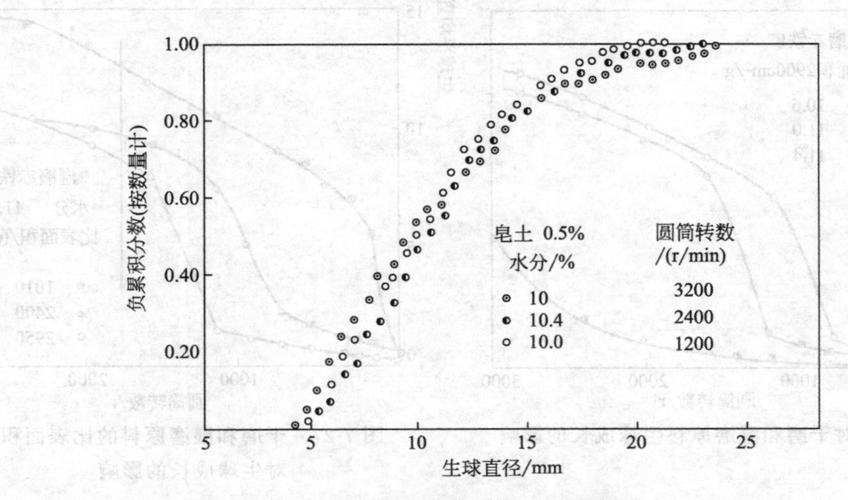

图 7-25 水分对生球粒度分布的影响

过湿的原料必然形成过湿的生球，其强度小、塑性大，在运输过程中容易粘结和变形，使料层透气性恶化，延长干燥和焙烧时间，影响球团矿的产量和质量。

④ 原料水分适宜，在造球过程中不用添加水，生球长大靠毛细水向外扩展，使母球表

面潮湿以聚结新料。这种情况下，生球粒度均匀，但长大的速度较慢，造球机的生产率低（图 7-25）。

⑤ 最理想的原料湿度，应稍低于生球的适宜水分（圆盘造球机低 0.5%～1%），这样在成球过程中，根据情况补充少量的水。

7.4.2 原料准备方式及添加量

（1）原料准备方式　干磨或湿磨。随着水分含量增加，生球成长速度相应增加；磨碎程度相近，湿磨原料造球比干磨原料造球水分高；原因：湿磨粉末——单体存在，水分分配在分散的粒子上；干磨粉末——细粉末聚集体预先成团，水分分布在聚集体表面。因此，湿磨颗粒表面比干磨颗粒表面吸附更多的不能用于造球的分子水，造球总水分增加（图 7-26）。

磨矿细度与成长率的关系：对于湿磨，水分一定，生球成长率随磨矿细度增加而降低；这是因为原料颗粒细，毛细管细，水分迁移速度慢，生球成长缓慢。对于干磨，生球成长率随比表面积增加而增加；是由于磨矿细度增加，预先成团聚集体增加，被分子束缚的水少，水分迁移快（图 7-27）。

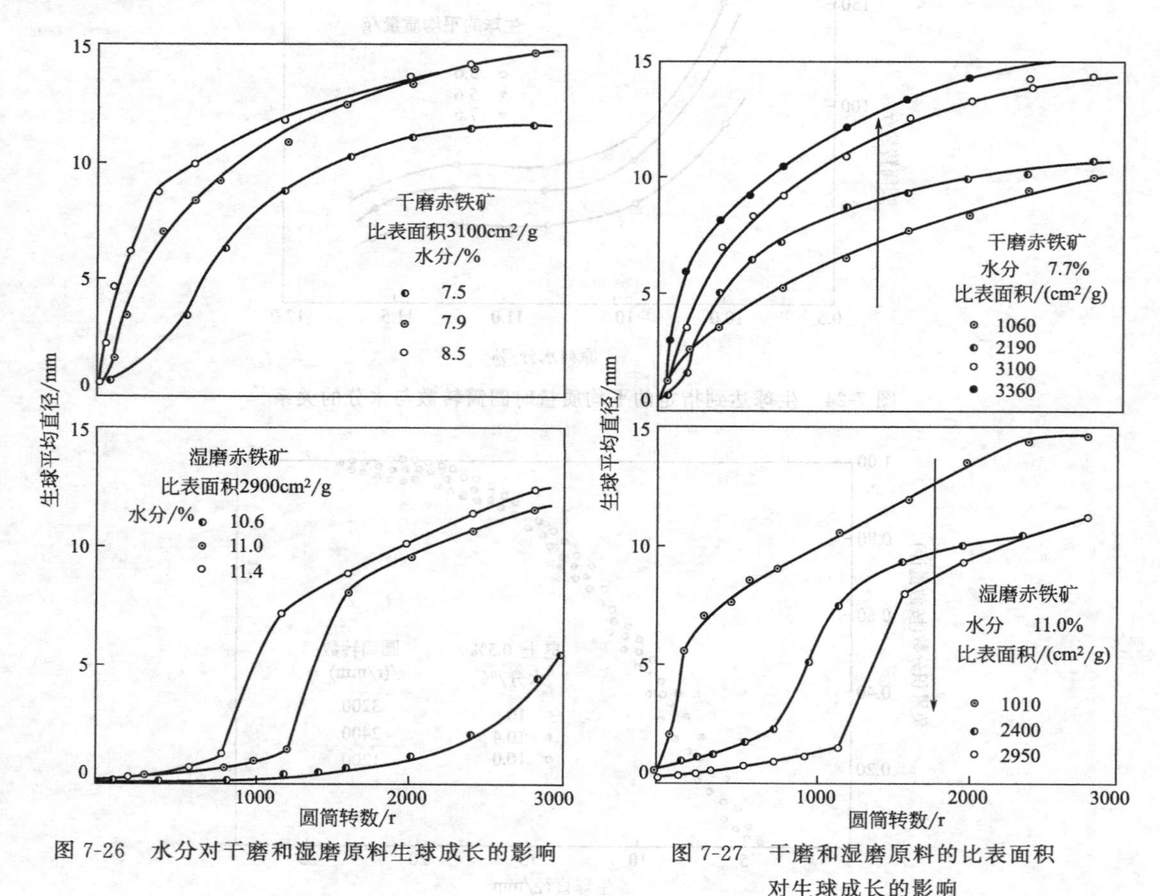

图 7-26　水分对干磨和湿磨原料生球成长的影响

图 7-27　干磨和湿磨原料的比表面积对生球成长的影响

（2）加料量　在间断造球系统中，在不超过造球机最大充填率的情况下，生球的成长率不受给料的影响，见图 7-28。造球机的转数相同时，不同给料量的生球成长率相同。因此只要增加给料量，便可增加给定平均直径的生球产量。

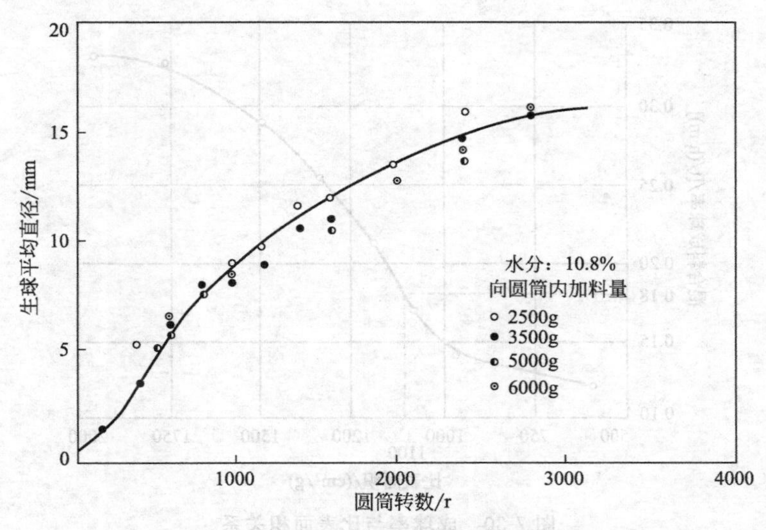

图 7-28 加料量对生球成长率的影响

当预先制成一定数目的母球，然后连续循环向母球加新料，母球以成层机理长大时，情况则不相同。加料量较低时，新料均消耗在母球的长大上。当加料量较高时，有一部分新料成为母球。此时，造球机在相同转数下其母球成长率下降，即生球的成层率随给料量的增大而降低（图 7-29）。这一情况亦适合于实际生产上连续循环造球中生球长大的行为。即若单位时间内给料量较低，新料仅消耗于球的长大，不产生母球。当单位时间内给料量增加至某一数值时，则生成的母球数目与排出的成品球数目相同。若再增加给料量就会使母球大量增加，在造球机转数相同时，排出的成品球尺寸减小。即随着给料量的增加，成层率降低，生产率提高。因此，生产尺寸较小的球，可使造球机产量增加。

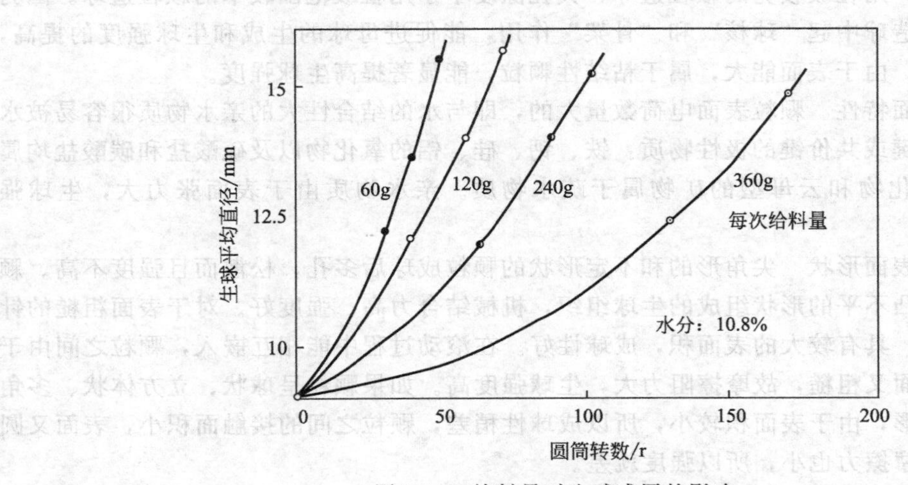

图 7-29 给料量对生球成层的影响

7.4.3 原料的粒度、粒度组成和表面特性

（1）原料的粒度 粒度是影响造球的决定因素。当造球原料的比表面积在 $1100cm^2/g$ 时，成球率为 0.18t/(h·m)。当比表面积大于 $2000cm^2/g$ 时，成球率变化不显著。比表面积在 $1100 \sim 1300cm^2/g$［相当于成球率 0.15～0.25t/(h·m)］是烧结混合料与造球原料的分界线，即造球原料的比表面积必须在 $1300cm^2/g$ 以上（图 7-30）。

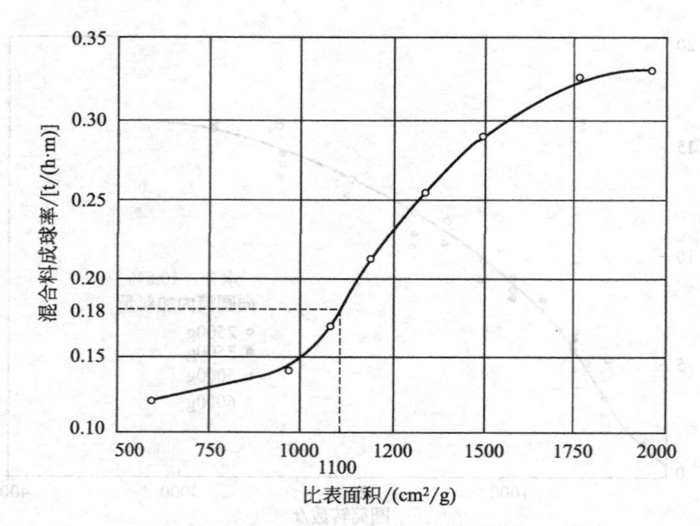

图 7-30 成球率与比表面积关系

成球率在 0.18t/(h·m)以下时，造出的是松散的 5～8mm 的小球。成球率增加，意味着生球产量的提高和强度的改善。成球率大于 0.35t/(h·m)时，所造的生球强度好但形状不规则，而且粒度组成不好。精矿粒度过细，毛细管缩小，管数增多，因而毛细压力增大，生球强度提高。但是水在物料中的迁移速度下降，毛细阻力加大，生球干燥困难。

(2) 原料的粒度组成　粒度组成与生球强度有很大关系，影响颗粒间的毛细力和分子结合力不仅同原料的粒度有关，还同生球的孔隙度有关，而孔隙度的大小，主要同原料的粒度组成和排列有关。生球内颗粒最紧密的堆积理论，就是大颗粒之间嵌入中颗粒，中颗粒之间嵌入小颗粒。在这种情况下颗粒的排列才最紧密，生球强度才最高。用于造球的原料应该由不同的粒度组成，用粒级较宽的颗粒造球，其孔隙度小于用粒级范围较窄的颗粒造球。因为适当的粗粒度在造球中起“球核”和“骨架”作用，能促进母球的生成和生球强度的提高，而对于微细颗粒，由于表面能大，属于粘结性颗粒，能显著提高生球强度。

(3) 物料表面特性　颗粒表面电荷数量大的，即与水的结合性大的亲水物质很容易被水湿润。例如离子键或共价键的极性物质：铁、钙、硅、铝的氧化物以及硫酸盐和碳酸盐均属于这一类，而硫化物和云母型的矿物属于疏水物质。亲水物质由于表面张力大，生球强度高。

(4) 颗粒的表面形状　尖角形的和不定形状的颗粒成球后多孔，松散而且强度不高。颗粒表面粗糙、凹凸不平的形状组成的生球组织，机械结合力高、强度好。对于表面粗糙的针状和片状的颗粒，具有较大的表面积，成球性好。在滚动过程中能相互嵌入，颗粒之间由于接触面积大，表面又粗糙，故摩擦阻力大，生球强度高。如果颗粒呈球状、立方体状、多角状或星状共生体形，由于表面积较小，所以成球性稍差，颗粒之间的接触面积小，表面又圆滑，颗粒之间的摩擦力也小，所以强度就差。

7.4.4 添加剂的影响

(1) 膨润土　必须确定合适的造球原料水分和最佳的加入量。根据矿石种类和粒度的不同，一般在原料水分为 8%～10%的情况下，膨润土添加量为 0.5%～1.0%。添加膨润土使生球和干球强度明显改善。表 7-2 为磁铁矿添加 0.6%膨润土和不加膨润土制出的 ϕ11～12.5mm 生球强度比较。

表 7-2 膨润土对生球强度的影响

膨润土添加量/%	生球落下强度/(次/个球)	湿球抗压强度/(kgf/个球)	干球抗压强度/(kgf/个球)
0	3.6	1.18	0.54
0.6	9.8	1.60	4.7

注：1kgf=9.80665N。

每种铁精矿粉造球都有适宜的膨润土配比范围（根据高炉对球团的质量要求通过试验确定），当配比增加后，生球粒度变小，造球机的产量降低，长大速度下降，加水量增加，且加水困难。生球形状不圆，容易塑性变形，特别是生球的爆裂温度和铁品位同时降低，这是最不可取的。当配比低于适宜值，生球的强度难以保证。

膨润土在造球过程中的作用及机理：膨润土具有高度的粘结性、吸附性、分散性和膨胀性，在铁粉造球中加入膨润土能起到如下作用：提高物料的成核率、提高生球强度、降低生球长大速度。

随着膨润土用量增加，生球长大速度下降，成球率降低，生球粒度变小并趋向均匀，对细粒度铁精矿粉更为明显，主要是由于膨润土的强吸水性和持水性所决定的（图 7-31）。

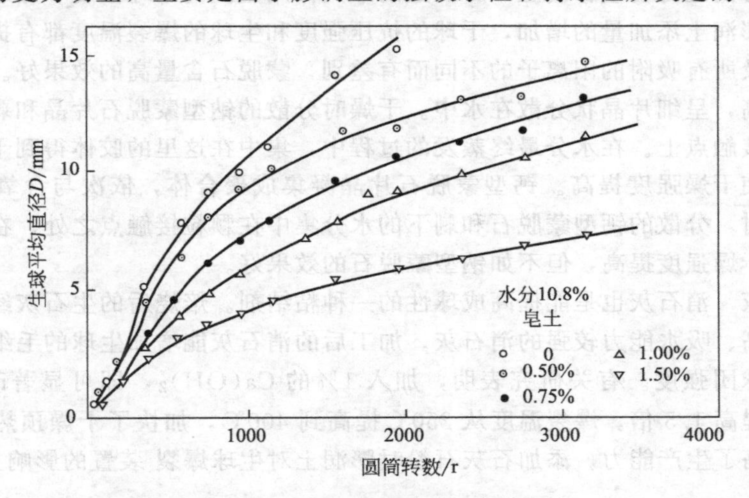

图 7-31 膨润土对生球成长率的影响

成核阶段：球核因碰撞发生聚结长大，球核内的水因被膨润土吸收，不易在滚动中挤出到球核表面，从而降低了水分向球核表面的迁移速度，当球核表面未能得到充分湿润，球核在碰撞过程中得不到再聚结的条件下，生球长大速度（即成球速度）降低，相应成核量就会增多，使总的生球粒度小并均匀化，这大大有利于生产中等粒度（直径为 6～12mm）的球团。

膨润土降低成球速度的原因：

在造球物料中加入膨润土提高物料的成核率，降低生球的成长速度，使生球粒度趋向小而均匀，提高造球机的出球率。

① 减少碰撞效果　球团长大的速度由碰撞机理来决定，球团直径增加的比值，取决于碰撞频率和碰撞效果的概率，而有效概率的大小，取定于造球过程中母球是否容易破碎，母球强度好，意味着球团直径的增长总比值降低。

由于膨润土是极细的颗粒，在造球过程中易于吸水膨胀并能分解成片状组织，具有黏性和很好的成球性（膨润土成球性指数>0.9 属优等成球性），母球有了稳定的结构，提高了母球强度，减慢了生球的成长率。

② 膨润土降低了有效造球水分　膨润土是典型的层状结构，它和水有特殊的亲和力，大

量的水分吸附在层状结构中，这种层间吸附水黏滞性大，在造球过程中不能沿着毛细管迁移。

当原料水分一定时，随着膨润土用量增加，被吸附在层间的水分就多，对成球起主导作用的毛细水就相应减少，使母球在滚动过程中表面很难达到潮湿要求，母球的成层或聚结长大效果也就因此降低，生球的长大速度就减慢。

③ 膨润土能提高生球和干球的强度　随着膨润土用量增加，生球强度增强，但成球速度降低。膨润土是层状结构，遇水后，不仅表面吸水，其晶层间也要吸附一定量的水分，成为层间结合水，因而减少了造球过程的有效水，使生球长大速度降低。

膨润土对成球动力学的影响：

随着膨润土所吸附的阳离子不同而异。钙型膨润土对降低成球速度的影响比钠型膨润土的影响小。

试验表明，钙型蒙脱石添加量小于0.75%，对成球速度无影响，钠型蒙脱石只添加0.25%，就引起成球速度下降。这是由于钠型膨润土动电位高，水化膜可以较厚，能使更多的水分转化为水化膜中的弱结合水。

(2) 钠基膨润土与钙基膨润土　膨润土的最大作用是提高干球强度和爆裂温度，强化了干燥过程。随膨润土添加量的增加，干球的抗压强度和生球的爆裂温度都有提高。其作用随着蒙脱石含量及所有吸附的阳离子的不同而有差别，蒙脱石含量高的效果好。钠型膨润土的电位较钙型的高，呈细片晶状分散在水中。干燥时分散的钠型蒙脱石片晶和剩下的水分集中在矿粒之间的接触点上。在水分最终蒸发的过程中，集中在这里的胶体得到干燥并形成固态胶泥连接桥，使干燥强度提高。钙型蒙脱石片晶凝集成聚合体，依次与含氧离子的颗粒凝聚。当球干燥时，分散的钙型蒙脱石和剩下的水分集中在颗粒接触点之处，在干燥状态下将颗粒粘结，使干燥强度提高，但不如钠型蒙脱石的效果好。

(3) 消石灰　消石灰也是能提高成球性的一种粘结剂。焙烧后的生石灰经过消化也可以得到分散度较高、吸水能力较强的消石灰。加工后的消石灰能增加生球的毛细粘结力和分子粘结力，提高球团强度。有关研究表明，加入1%的$Ca(OH)_2$，即可显著改善生球强度，干球强度也可提高1.5倍。爆裂温度从250℃提高到400℃，加快了干燥预热速度，缩短了焙烧时间，提高了生产能力。添加石灰石粉时膨润土对生球爆裂 装置的影响见表7-3。

表7-3　添加石灰石粉时膨润土对生球爆裂温度的影响

石灰石粉/%	膨润土/%	爆裂温度/℃	石灰石粉/%	膨润土/%	爆裂温度/℃
7.5	0	380	7.5	2.0	＞750
7.5	1.0	660	7.5	2.5	＞750
7.5	1.5	750			

(4) 其他粘结剂　有机粘结剂是依靠自身的附着力和内聚力以及它们对颗粒的附着力，形成矿物颗粒间的桥连。在造球中使用过淀粉作粘结剂，能够提高生球和干球的强度，但价格昂贵，没能推广使用。其他含硫的有机粘结剂，目前也不用。有机物在低温时发生分解或高温焙烧时挥发，导致球团强度下降。

这些粘结剂的固结机理尚不十分清楚。大多数盐会使水的表面张力加大，可能是增强球团强度的重要原因所在。

采用无机盐类作粘结剂，除钙盐之外，都会给生产操作带来困难。钠的存在将会损坏高炉炉衬，硫酸根和氯根在焙烧时挥发进入废气，对除尘净化系统有腐蚀作用。所以除为了去除球团中的有害杂质而必须添加外，几乎没有单一为提高球团强度而使用无机盐类作为粘结剂的。无机粘结剂对球团强度的影响见表7-4。

表 7-4 无机粘结剂对球团强度的影响

粘结剂	溶液浓度/%	球团强度/(kgf/个)		
		湿球	干球	1300℃焙烧球
未加	—	1.0	0.30	678
NaOH	2	1.15	5.40	1150
Na_2CO_3	3	1.20	4.60	1350
K_2CO_3	3	0.75	1.50	—
$CaCl_2$	3	0.80	2.00	910
$MgCl_2$	3	1.30	4.00	320
$MgSO_4$	3	0.75	2.70	—

7.4.5 工艺设备参数对造球的影响

(1) 圆盘造球机的直径

对产量的影响 圆盘造球机（见图 7-32）的直径大，造球面积增大，造球盘接受料增多，物料在球盘内的碰撞概率增加，物料成核率和母球的成长速度得到提高，生球产量提高。

对生球强度的影响 由于造球盘直径增大，使母球或物料颗粒的碰撞和滚动次数增加，产生的局部压力提高，生球较为紧密，气孔率降低，生球强度提高。

首钢自主研制的直径为 7.5m 的国内最大规格圆盘造球机在包钢和首钢京唐球团厂成功使用，该造球盘采用回转支撑型式，单机生产能力大于 90t/h。与常规 6m 直径造球盘相比，单机造球能力大幅提高，减少了设备数量和厂房面积，有利于生产操作和设备管理。圆盘直径的加大也增加了球团的滚动次数和滚落高度，可以显著提高生球的强度。造球盘结构如图 7-33 所示。该造球盘外承圈与支架固定连接为一整体，使转盘支撑面加大，从而提高了系统的稳定性，并简化了整个装置结构。造球盘可调整倾角，可变频调速，成球率高，利用系数高。

图 7-32 圆盘造球机

(2) 圆盘转速 周速过小，离心力也小，物料提升不到圆盘的顶点，造成母球区“空料”，物料和母球向下滑动，盘面的利用率降低，影响产量；由于母球上升的高度不大和积蓄的动能少，当母球向下滚动时得不到必要的紧密，生球强度低。周速过大，离心力过大，盘内的物料就会被甩到盘边，造成盘心“空料”，使物料和母球不能按粒度分开，甚至造成母球的形成过程停止。如果刮板强迫物料下降，则会造成急速而狭窄的料流，严重恶化滚动成型特性。因此，只有适宜的转速才能使物料沿造球盘的工作面滚动，并按粒度分级而有规则地运动。

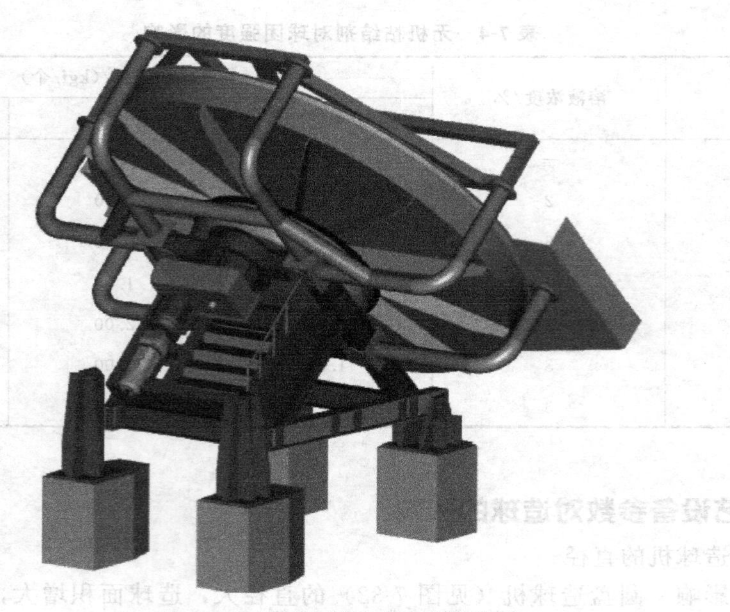

图 7-33 回转支撑造球盘设计结构

（3）倾角与周速　圆盘造球机的倾角大，为使物料能上升到规定高度，要有较大的周速；周速一定，倾角的适宜值就一定。小于适宜倾角时，物料的滚动性能变坏，盘内的物料会全甩到盘边，造成盘心“空料”，滚动成型条件恶化；当大于适宜倾角时，盘内的物料带不到母球形成区，造成有效工作面积缩小。

在一定的范围内（圆盘造球机的适宜倾角一般为45°～50°，大于物料安息角），适当增大倾角，可以提高生球的滚动速度和向下滚落的动力，对生球的紧密过程是有利的。当倾角过分增大时，生球往下滚动的动能过大，它们与圆盘周盘内的停留时间缩短，使生球的气孔率和抗压强度降低，这些都不利于提高圆盘造球机的产量和质量。

在造球机正常运转范围内，生球平均直径长大率不受造球机转速的影响（图 7-34），仅与总的转数有关。因此，在提高转速时即可提高相应生产率，在不破坏造球机正常运转的情况下，提高转速是提高生产率的一个有效途径，对于间断造球和连续造球均是如此。

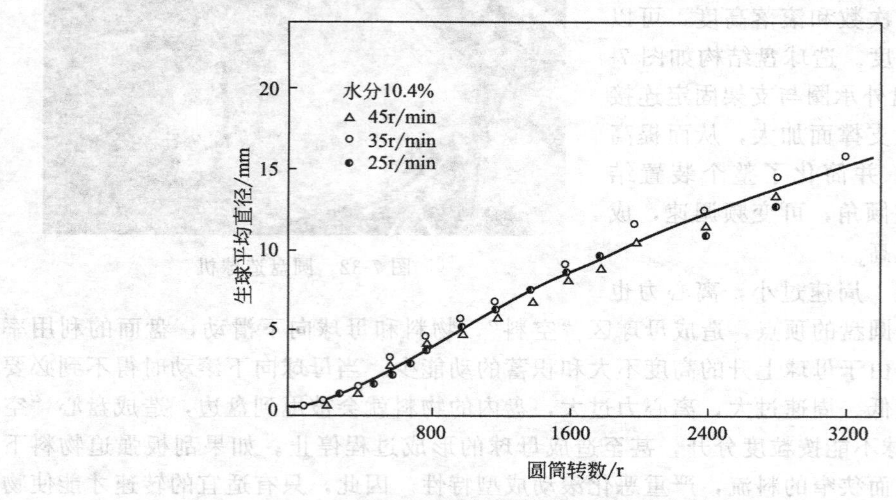

图 7-34 圆筒转数对生球成长率的影响

(4) 边高和填充率　圆盘造球机的边高和圆盘的直径与造球物料的性质有关。物料的粒度粗、黏度小，则要求盘边高；若物料的粒度细，黏度大，盘边可低一些。圆盘造球机的边高可按 $H=(0.1\sim0.12)D$ 来选择（D 为球盘直径）。边高大小还与圆盘造球机的填充率紧密相关。边高愈大，倾角愈小，填充率愈大。单位时间内给料量一定，填充率愈大，成球时间愈长，生球的尺寸就变大、强度好、气孔率降低。如果边高愈小、倾角愈大，则填充率小，生球在圆盘造球机内的停留时间短，生球气孔率增加和强度降低。根据经验，圆盘造球机填充率一般为 8%～18%。

如果边高过高，由于填充率大，使合格粒度的生球不易排出，继续在圆盘内运动，一方面使合格粒度生球变得过大无法排出；另一方面使物料在盘内的运动轨迹受到破坏，生球不能很好地滚动和分级，达不到高生产率。边高过低，生球很快从球盘中排出，不可能获得粒度均匀而强度高的生球。

(5) 刮刀的位置　为了使圆盘造球机能正常工作，必须在造球盘上设置刮刀，清理粘结在盘底和盘边上的积料，圆盘造球机刮刀运行轨迹如图 7-35 所示。刮刀的作用：解决底料的问题；是提高造球盘的生产率和生球强度的有效措施。

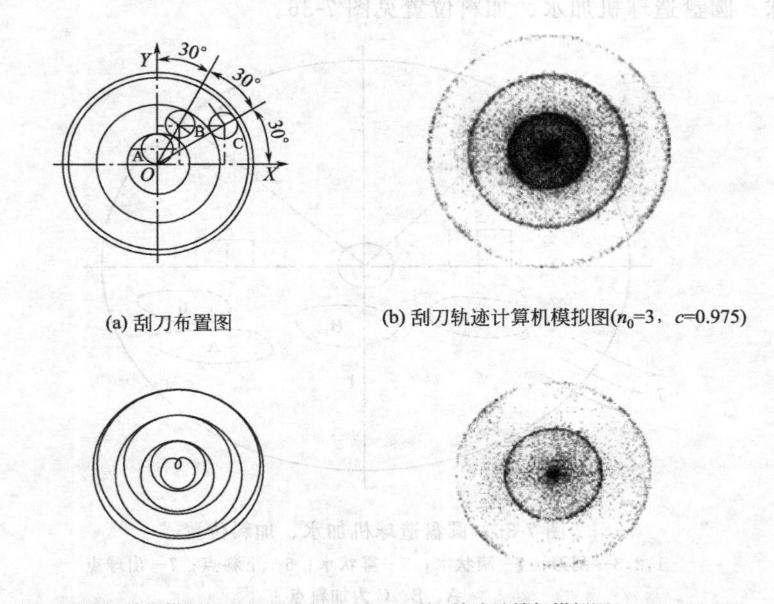

(a) 刮刀布置图　(b) 刮刀轨迹计算机模拟图(n_0=3，c=0.975)

(c) 刮刀轨迹计算机模拟图(n_0=3，c=0.5)　(d) 刮刀轨迹计算机模拟图(n_0=2，c=0.975)

图 7-35　圆盘造球机刮刀运行轨迹

n_0—刮刀数；$c=n_2/n_1$，n_1—圆盘转速，r/min；n_2—刮刀转速，r/min

① 固定刮刀　构造简单、容易制作，但磨损快、寿命短、粘结料块。

② 活动刮刀　分为旋转式、移动式、押运式三种。活动刮刀不仅能比较干净地清理盘底和盘边，而且不会将物料压成死料层和产生粘结料块，这样能保持圆盘最理想的工作状态，可提高和保证造球机的产量、质量。活动刮刀和圆盘的摩擦力远比固定刮刀小得多，所以还可以降低造球机的功率消耗。

③ 刮料板位置　粘在造球盘上的物料刮下，保持适当的底料厚度，避免粘料过多，加重驱动电动机的负荷。刮料板还起疏导料流的作用，使成核区和长大区分开，以便控制生球的成长。刮板位置应不破坏料流运动轨迹，保证制粒分区为宜。

7.4.6 操作工艺条件对造球的影响

(1) 加水方法 造球前物料的水分等于造球时的最适宜水分时，在造球中不再补充加水；造球前物料的水分大于造球时的适宜水分，在造球过程中或造球前需要添加适量干的物料吸收多余水分；造球前物料水分不足，在造球过程中补加不足部分的水；物料在加入造球机之前，造球物料的水分应比适宜的生球水分低 1.0%～0.5%，然后在造球过程中加入少量的补充水，补充水即能容易形成适当数量的母球，又能使母球迅速长大和压密。一般采用"滴水成球、雾水长大、无水紧密"的加水操作方法。

(2) 加料位置和方法 符合"既易形成母球，又能使母球迅速长大和紧密"的原则。为此必须把物料分别加在"母球区"和"长球区"，而禁止在"紧密区"下料。这样在造球机转运过程中，有一部分未参加造球的散料会被带到"紧密区"吸收生球表面多余的水分。形成母球所需要的物料较母球长大所需物料要少，必须使大部分的物料下到"长球区"，在"母球区"只能下一小部分物料。

从最大限度地利用圆盘造球机面积来看，最好的加料方法，从圆盘两边同时加入或以面布料方式加入，可以将大部分物料大面积地散布在母球上，促使母球迅速长大，而少部分的物料形成母球。圆盘造球机加水、加料位置见图 7-36。

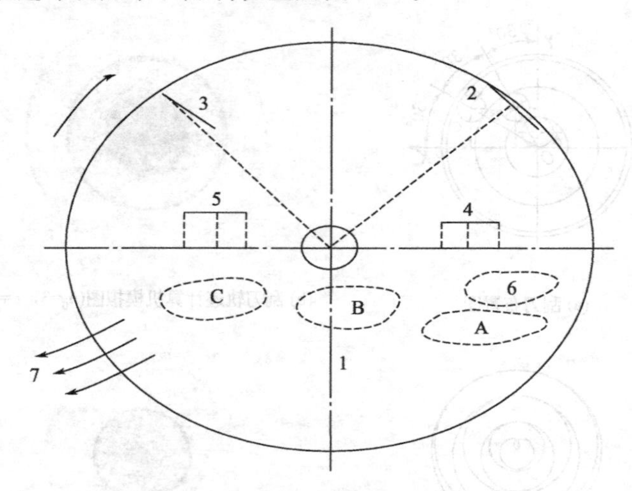

图 7-36 圆盘造球机加水、加料位置

1,2,3—刮刀；4—滴状水；5—雾状水；6—下料点；7—出球点

A、B、C 为加料点

(3) 生球的尺寸 生球的粒度，在很大程度上决定了造球机的生产率和生球的强度。生球的尺寸小，造球机的生产率就高。要生产尺寸较大的生球，需要较长的造球时间，因此使造球机的生产率就降低。落下强度：尺寸大的生球比尺寸小的生球差，因为不同粒度的生球，各颗粒间的结合力大致是相同的，而生球的尺寸愈大，重量也愈大，因此落下强度也就差些。抗压强度：生球尺寸愈大，体积也就愈大，所能承受的压力也愈大，抗压强度愈高。生球的抗压强度与其直径的平方成正比。目前在生产中，8～16mm 的球团供高炉使用，≥25mm 的球团则供平炉或电炉使用。

(4) 造球时间 生球的压缩强度随造球时间的延长而提高，对于粒度愈细的物料，延长造球时间的效果愈显著。落下强度同样也是随造球时间的延长而提高，在造球时间短的情况下（造球时间在 8min 内），物料粒度对落下强度影响不大，可能是物料粒度愈细，填充不均一性也愈显著所致。物料粒度很细时，生球强度对造球时间的依赖性较大。延长造球时间对提高生球强度有好处，但可降低产量。一般情况下，造球时间为 6～8min。

(5) 物料的温度　造球通常在室温下进行。提高原料的温度，会使水的黏度降低，流动性变好，可以加速母球的长大。随着温度的升高，水的表面张力降低，使生球的结构脆弱化，机械强度降低。不过由于温度上升时，水的黏度降低会比表面张力减小大得多；总的来说，预热物料对造球是有利的，但物料温度最好不要超过50℃，其缺点是水分蒸发快，使劳动条件恶化，必须从造球机将潮湿的热空气抽走。

7.5 造球设备

混合料的造球设备常用有圆筒造球机和圆盘造球机，其运动轨迹见图7-37，个别厂也有采用圆锥造球机的。

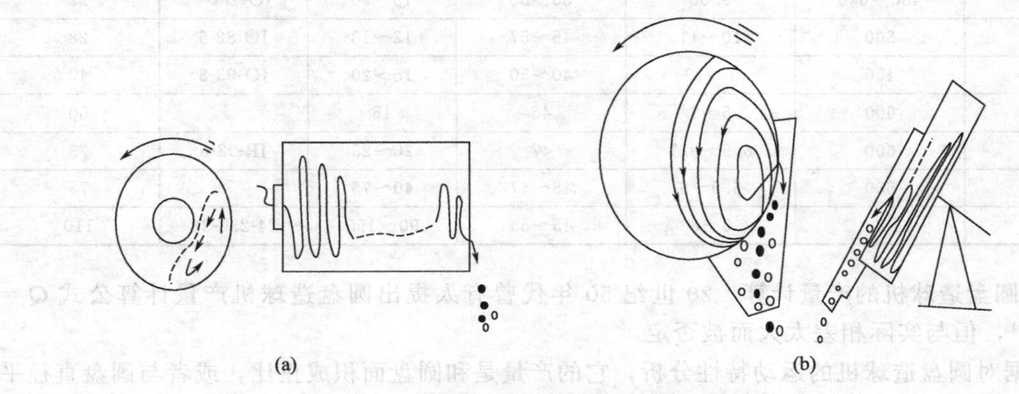

图7-37　圆盘造球机和圆筒造球机物料运动轨迹

7.5.1 圆盘造球机

(1) 圆盘造球机的构造及技术特性　伞齿轮传动的圆盘造球机见图7-38。目前使用的圆盘造球机规格见表7-5。

圆盘由钢板制成，通过主轴与主轴轴承座和横轴而承重于底座，带动滚动轴承的盘体（托盘）套在固定的主轴上；主轴高出盘体，可固定随圆盘变更倾角的刮刀臂，刮刀臂上固定上一个刮边的刮刀和两个活动刮刀，清除粘结在盘边和盘底上的造球物料；主轴的尾端与调角机构的螺杆连接，通过调角螺杆可使主轴与圆盘在一定的范围内上、下摆动，以满足调节造球盘倾角的需要，内齿圈传动的圆盘造球机转速通常有三级（如ϕ5.5m造球盘，转速有6.05r/min，6.75r/min），它是通过改变皮带轮的直径来实现的，其他圆盘造球机转速可通过电动机变频调节。

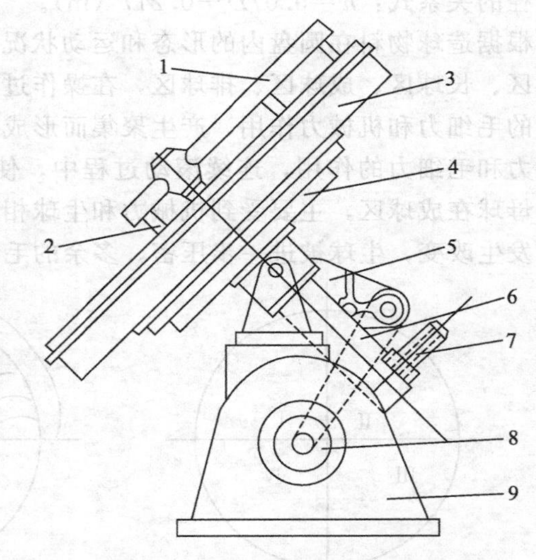

图7-38　伞齿轮传动的圆盘造球机

1—刮刀架；2—刮刀；3—圆盘；4—伞齿轮；5—减速机；6—中心轴；7—调倾角螺杆；8—电动机；9—底座

① 圆盘造球机工作特点　造球过程中，圆盘中物料能按其本身颗粒大小有规律的运动，都有各自的轨道。粗粒度运动轨迹靠近盘边，路程短。粒度小或未成球的物料，远离盘边。这种按粒度大小沿不同轨迹运动就是圆盘造球机能够自动分级的特点。

表 7-5　目前使用的圆盘造球机规格

规格(ϕ)/mm	圆盘边高/mm	转速/(r/min)	倾角/(°)	产量/(t/h)	电动机	
					型号	功率/kW
1000	250	19.5～34.8	35～55	1	JO-51-4	4.5
1600	350	19	45	3	JO-62-8	4.5
2000	350	17	40～50	4	JO-63-4	14
2200	500	14.25	35～55	8		
2500		12	35～55	8～10	JO_2-71-8	13
3000	380	15.2	45	6～8		17
3200	480～640	9.06	35～55	15～20	JO_2-71-4	22
3500	500	10～11	45～57	12～13	JO-82-6	28
4200	450	7～10	40～50	15～20	JO-93-8	40
5000	600	5～9	45	16		60
5500	600	6.5～8.1	47	20～25	JR-92-6	75
6000	600	6.5～9	45～47	40～75		75
7500	1000	5～8	45～53	90～150	24-280-32	110

② 圆盘造球机的产量计算　20 世纪 50 年代曾有人提出圆盘造球机产量计算公式 $Q=0.35\gamma D^4$，但与实际相差太大而被否定。

根据对圆盘造球机的运动特性分析，它的产量是和圆盘面积成正比，或者与圆盘直径平方成正比。

圆盘造球机的填充率也与产量有很大关系。当填充率为每平方米圆盘面积（包括盘边面积）在 0.15～0.20t 以下时，随着填充率的增加，产量提高。但超过这个负荷时，造球操作状况和生球质量恶化，产量下降。

盘边高度是影响填充率的因素，盘边高度也是有限度的，不能太高。盘边高度 h 与圆盘直径的关系式：$h=0.07D+0.217$ (m)。

根据造球物料在圆盘内的形态和运动状况，可把圆盘分为四个工作区域（图 7-39）：即母球区、长球区、成球区、排球区，在操作过程中要使圆盘工作区域分明。粉料在母球区受到水的毛细力和机械力作用，产生聚集而形成母球。母球进入长球区，受到机械力，水的表面张力和毛细力的作用，连续滚动过程中，使湿润的表面不断黏附粉料，母球长大。紧密区：母球在成球区，主要受到机械力和生球相互间挤压、搓揉的作用，使毛细管形状和尺寸不断发生改变，生球被进一步压密，多余的毛细水被挤到表面，使生球的孔隙率变小，强度

圆盘的工作区域

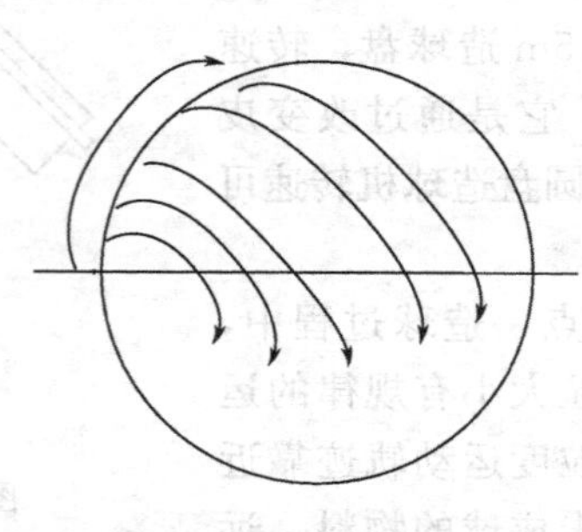

圆盘内生球粒度的自然分级

图 7-39　圆盘的工作区域和生球粒度分级示意图

提高，成为尺寸和强度符合要求的生球。

排球区：质量达到要求的生球，在离心力的作用下，被溢出盘外（脱离角与圆盘垂直中心线成30°左右）。大粒度球团，因本身的重力大于离心力，浮在球层上，始终在成球区来回滚动；生球粒径甚至可达到200mm以上；粒度未达到规定要求的小球，由于重力作用小于离心力，被带到圆盘，仍返回长球区继续长大。

③ 加水　任何一种物料，均有一个最适宜的造球水分和生球水分，当造球料的水分和生球水分达到适宜值时，造球机的产、质量最佳。但当所添加水分的方式不同时，生球的产、质量有差别。通常有三种加水方法：a. 造球前预先将造球物料的水分调整至生球的适宜值；b. 先将一部分造球物料加水成过湿物料，造球时再添加部分干料；c. 造球物料进入造球前含水量低于生球水分适宜值，不足的在造球时盘内补加。

④ 加料　加料可以从圆盘造球机两边同时给入或者以“面布料”方式加入，这种加料方式，母球长大最快。加入圆盘造球机的物料，应保证物料疏松，有足够的给料面，在母球形成区和母球长大区都有适宜的料量加入。给料量的控制也有一个适宜值，给料量过多时，出球量就增多，生球粒度变小，强度降低。给料量过少，出球量就减少，产量降低，生球粒度就会偏大，强度提高。所以调节给料量，也可以控制生球的产量、质量。

(2) 圆盘造球机的操作方法

控制混合料给料量：当盘内球粒度大于规定要求，且不出球盘时，要增加给料量。

根据球料状况调节给水方法和给水量：形不成母球时，将球盘内加水位置，选在母球区，3～5min后，根据盘内成球状况，调节料量、加水量，直至生球达到标准要求。

根据生球状况判断原料配比并及时反馈信息，出现整盘小球，整盘大球及生球不出球时，及时检查混合料中皂土配加和混合料水分，发现皂土过多、过少或水分过大、过小，及时向主控室反馈进行调整。

控制生球质量，满足焙烧需要：根据链箅机机速，结合盘内状况，调节球盘下料量，当料量与机速相差太大时，要通过调整造球盘的开盘数来保证机速要求。

(3) 造球操作过程中异常现象的处理

生球粒度偏大　检查圆盘下料量是否正常，有无卡块现象，如有要及时处理；发现“堵塞”、“棚仓”现象要及时开启电振器，振打料仓壁，增加造球下料量；检查原料水分是否正常，根据水分大小，调整盘内加水量；若以上两种方法还不能使粒度恢复正常，就调整圆盘倾角，缩短生球在盘内的停留时间。

物料不出盘，盘内物料运动轨迹不清　检查盘下料量是否增多，适当调整料量；适当增加盘内加水量；检查原料皂土配比是否正常，皂土要通知配料岗位及时调整；检查底刮刀是否完好，底料床是否平整，发现刮刀损坏及时更换。

造球时盘内物料不成球　检查物料的粒度是否合适，粒度大时，延长成球时间。检查球盘转速是否过快，若快要适当降低转速。检查水分是否适宜，加水位置是否正常。检查皂土配加量是否适宜，配加量多时减皂土，少时加皂土。

7.5.2 圆筒造球机

随着链箅机-回转窑新工艺在我国的迅速推广应用，其大型设备链箅机、回转窑和环式冷却机的设计和制造技术日趋成熟，但大型造球机的发展才刚刚起步，只得配置多数量的圆盘造球机，由于其规格的限制和占地问题，其生产能力已不能适应大型球团生产的需要。因此，应尽量采用单机生产能力大的圆筒造球机。

圆筒造球机（图7-40）是由筒体、滚圈、衬板装置、传动装置、托辊装置、挡轮装置、润滑装置、喷油及电动干油润滑装置、筒体内保护支架、整体支架、支座、喷水系统等组成。它是由电动机带动减速机驱动小齿轮和大齿轮，带动筒体（含衬板）作圆周转动，物料在筒体内随机滚动，由圆筒造球机的进料端滚大到出料端，持续4～5min，完成滴水成球到喷雾长大的造球过程。其托辊装置支承筒体上的两个滚圈，与挡轮装置共同支承整个筒体。

图 7-40　圆筒造球机

圆筒造球机的筒体内装有与筒壁平行的刮刀，在筒体的前段设有喷水装置（亦可喷入液状的造球所需的粘结剂，以增强生球的强度）。从筒壁上刮下的物料大部分已粘结成块，在圆筒中翻滚，很快就成球，加速了造球的作用。由于刮刀从筒壁上刮下的料块度和水分都不均匀，尽管造球的时间相等，但生球的粒径不够均匀。

(1) 圆筒造球机的成球原理及运动特性　洒水管的水滴落在物料上而产生聚集，由于受到离心力的作用，物料随圆筒壁向上运动，带到一定高度后滚落，形成母球。在旋转圆筒的带动下，母球不断地得到滚动和搓揉、向前运动，母球中的颗粒逐步密实，水分不断挤向表面，和周围的造球物料产生了一个湿度差，造球物料不断地黏附在母球表面上，母球逐渐长大。长大的母球在滚动、搓揉和挤压中受到紧密，强度得到提高，随粉料和球粒同时被排出圆筒外，经筛分得到合格生球。物料在圆筒造球机中的运动：在圆筒的横向绕某一中心做回转运动之外，沿着圆筒的轴向运动着。其运动是一条不规则的螺旋线。物料在圆筒中的运动特性与圆筒的填充率、圆筒内表面状况以及圆筒转数有关。

滚动状态　当圆筒造球机的转数处于最佳值时，随着物料不断给入圆筒，物料的重心与圆筒垂线的偏转角大于物料的安息角。物料便开始向下塌落，形成一个滚动层以恢复其自然堆积状态。

瀑布状态　当圆筒转数较大时，常出现瀑布运动状态。它的运动轨迹由三段组成（图7-40）：ab 段是圆形曲线，bc 为抛物线，ca 为滚动段。当物料从圆形轨迹离开时，便在空气中沿抛物线运动，落在物料上以后，又继续滚动，在这个运动状态下，滚动段很少。在物料向下抛落时，冲击较大，不利于造球。

封闭环形状态　当圆筒转速很快时，每个单元料层的轨迹都成了封闭的曲线。这些曲线互不相交，且没有滚动段，只有圆形线段和抛物线段，构成了一个环形。在这种运动状态下，物料围绕一个中心以一个相同的角速度"回转"。

（2）圆筒造球机工艺流程　见图7-41。将准备好的混合料装入圆筒造球机上端给料口，必要时往规定区域上喷水，以达到最佳造球状态。混合料沿着平滑的螺旋线向排料口滚动。根据圆筒长度、倾角、转速和填充率的不同，圆筒造球机造球能力依矿石种类而变化，成球性能是：褐铁矿比赤铁矿好，赤铁矿比磁铁矿好。按照这种方式造球，圆筒造球机在实际的造球过程中不能产生分级作用。因此，圆筒造球机的排料须经过筛分，将所需粒度的生球分离出来。全部筛上大块均经过破碎之后再同筛下碎粉和新料汇合后一起返回圆筒造球机。根据操作条件的不同，循环负荷量可以为新料的100%～200%。随着循环负荷的加入，造球混合料要反复通过圆筒造球机，直至制成合格生球排出时为止。为了分出合格粒级生球，保持生球的质量，生球筛必须具有足够的能力，以弥补混合料较大的波动。

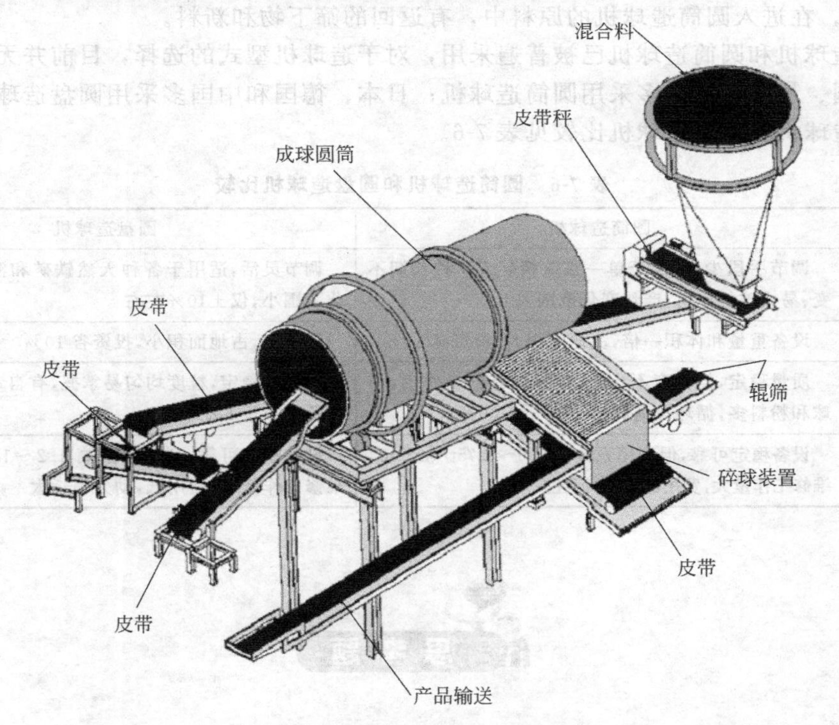

图7-41　圆筒造球机辊筛配置示意图

研究圆筒造球机内物料运动特性的目的是确定物料在圆筒中的停留时间、计算圆筒的产量和决定圆筒的尺寸以及制定合理的操作制度。物料在圆筒中的停留时间可用下式计算：

$$T=\frac{0.037(\phi_{\mathrm{m}}+24)L}{nDS}$$

式中　L——圆筒有效长度，m；

ϕ_m——造球物料安息角，(°)；

D——圆筒直径，m；

n——圆筒转数，r/min；

S——圆筒倾角，(°)。

通常圆筒造球机的利用系数大约为每平方米造球面积日产生球7～12t。圆筒造球机的长度（L）与直径（D）之比：圆筒长度与直径之比（L/D）为2.5～3.5；圆筒造球机转速范围一般为8～16r/min（临界转速的25%～35%）。物料在圆筒内旋转的速度，大约为圆筒转一圈，料层转5～9圈，随着填充率的增加，料层旋转的速度降低。圆筒的倾角：圆筒造球机的倾角一般在6°左右；圆筒造球机的填充率只占筒体积的5%左右；刮刀的速度15～40次/min。

(3) 圆筒造球机加水方法　在其端部喷洒雾状水是实现上述成球要求的简单而有效的方法。因此，在圆筒造球机的中间通常喷洒雾状水。生球紧密阶段的主要目的是提高生球的机械强度，所以在圆筒造球机的后部都不加水。加水应面向整个圆筒造球物料和生球表面，尽量避免将水喷洒在筒壁上而导致筒壁大量粘料。

圆筒造球机具有结构简单、设备可靠、运转平稳、维护工作量小、单机产量大、劳动效率高等优点。圆筒造球机的圆筒利用面积小，仅为40%，且设备重、电耗高、投资大；本身无分级作用，排出的生球粒度不够均匀，在连续生产中，必须与生球筛分形成闭路。通常筛下物超过成品生球的100%，有个别情况达到400%(一般随着圆筒长度的增加，筛下量减少)。因此，在进入圆筒造球机的原料中，有返回的筛下物和新料。

圆盘造球机和圆筒造球机已被普遍采用，对于造球机型式的选择，目前并无明确的规定原则。美国、加拿大等国多采用圆筒造球机；日本、德国和中国多采用圆盘造球机。

圆筒造球机和圆盘造球机比较见表7-6。

表7-6　圆筒造球机和圆盘造球机比较

项目	圆筒造球机	圆盘造球机
适应性	调节手段少，适用于单一磁铁精矿或矿种长期不变、易成球的原料，产量变化范围大	调节灵活，适用于各种天然铁矿和混合矿，产量变化范围小，仅±10%左右
基建费用	设备重量和体积一倍，占地面积大，投资高10%	设备轻，占地面积小，投资省10%
生球质量	质量稳定，但粒度不均匀，自身没有分级作用，小球和粉料多，循环负荷高达100%～400%	质量较稳定，粒度均匀易掌握，有自动分级作用，循环负荷小于5%
生产、维修	设备稳定可靠，但利用系数低0.6～0.75t/(m²·h)，维修工作量大，费用高，动力消耗少	设备稳定可靠，利用系数高1.2～1.5t/(m²·h)，维修工作量小，费用低，动力消耗大

1. 对造球用铁精矿的粒度和表面性质的要求是什么？
2. 球团混合料实施润磨目的和作用是什么？
3. 毛细水在粉状物料成球过程中的作用是什么？
4. 简述连续造球三个阶段各自的特点。
5. 膨润土降低成球速度的原因是什么？
6. 水分在造球中的作用是什么？

第8章 球团焙烧固结

8.1 生球干燥

8.1.1 生球干燥机理

生球干燥的目的是使经干燥的球团能够安全承受预热阶段的较高温度下的内应力。它是球团焙烧过程中的中间作业，由于生球的破裂温度低于预热温度，故应先干燥，否则生球结构遭破坏，球层透气性下降，焙烧温度、气氛不均匀，焙烧作业生产率下降，成品球质量变差。干燥过程中生球结构破坏形式有两种：干燥初期表面出现裂纹及干燥末期整个生球炸裂散开。生球干燥时结构遭破坏时的初始温度称为破裂温度；生球干燥时表面开始产生裂纹的初始温度称为裂纹温度；生球干燥时炸裂散开时的初始温度称为爆裂温度。

生球的热稳定性，一般称之为“生球爆裂温度”，是指：生球在焙烧设备上干燥受热时，抵抗因所含水分（物理水与结晶水）急剧蒸发排出而造成破裂和粉碎的能力，或称热冲击强度。

在焙烧过程中生球从冷、湿状态被加热到焙烧温度的过程是很快的，干燥的原动力是湿度差，生球在干燥时便会受到两种强烈的应力作用——水分强烈蒸发和快速加热所产生的应力，从而使生球产生破裂式剥落，结果影响了球团的质量。研究球团的干燥机理，为不同类型球团干燥提供合理的热工制度（干燥时间、干燥温度、介质流速），并为球团干燥装备（如链箅机）参数设计提供依据。

在干燥过程中，虽然水的内部扩散与表面汽化两个过程是同时进行的，但速度不尽一致，机理也不尽相同，而且由于原料性质和生球的物理结构不同，干燥过程亦有差别。有些物料的水分表面汽化速度大于内部扩散速度，有些物料则正好相反。

① 表面汽化控制　指干燥中在物体表面水分蒸发的同时，内部的水分能迅速地扩散到表面，使表面保持潮湿。水分的除去，决定于物体表面上水分的汽化速度。干燥介质与物体表面间的温度差为一定值，其蒸发速度可按一般水面汽化计算。特性：取决于干燥介质的状态，与物料性质无关。

② 内部扩散控制　指干燥时，物体内部扩散速度较表面汽化速度小。当表面水分蒸发后，受扩散速度的限制，内部水分不能及时扩散到表面。当生球的干燥过程为内部扩散控制时，必须设法增加内部扩散速度，或降低表面的汽化速度。否则，将导致生球表面干燥而内部潮湿，最终使表面干燥收缩并产生裂纹。特性：受干燥介质和物料特性共同决定。

内部扩散速度与表面汽化速度不平衡，或提高内部扩散速度，或降低表面汽化速度，使两者速度同步。否则表面出现干壳，表面收缩，产生裂纹。

生球内部的水分迁移服从导湿定律，导湿现象是由于生球表面的汽化作用使内部与表面之间产生湿度差，水分由较湿的内部向较干的表面迁移而引起的。

热导湿现象是导湿现象的逆过程，是由于生球导热性不良，使内部和表面之间产生温度差，促使热端（表面）水分向冷端（内部）迁移而引起的。

热导湿现象的存在减缓了生球的干燥过程。经过一段时间的加热后，生球内外温度趋于平衡，此时生球的干燥主要受导湿现象的支配，内部水分不断向表面迁移，表面水分不断汽化，直到表面蒸汽压力与介质中的水汽分压相等为止，至此干燥过程结束。

生球干燥时，当外层水的蒸气压大于气相中水汽分压时，外层水分不断地蒸发到干燥介质中，造成了生球内外湿度差。球团内部水分不断向外扩散，使整个生球温度不断降低，以致水分最后去除为止。由此可见，加热气流愈干燥（即蒸汽分压愈小），温度愈高，气流速度愈大，则球团干燥的速度愈快。

生球在干燥过程中，随着水分的蒸发将发生体积收缩，其收缩程度对干燥速度和干燥后生球质量都有影响。如果收缩不超过一定限度（尚未引起开裂），就会形成圆锥形毛细管，使水分由中心加速迁移到表面，从而加快干燥速度。

生球发生不均匀收缩时，表层水分去除得多，收缩量大于平均收缩量，而中心收缩量小于平均收缩量，当表层的拉应力超过其极限抗压强度时，则产生裂纹。其破坏形式一般有两种：干燥初期的低温表面裂纹；干燥末期的高温爆裂。

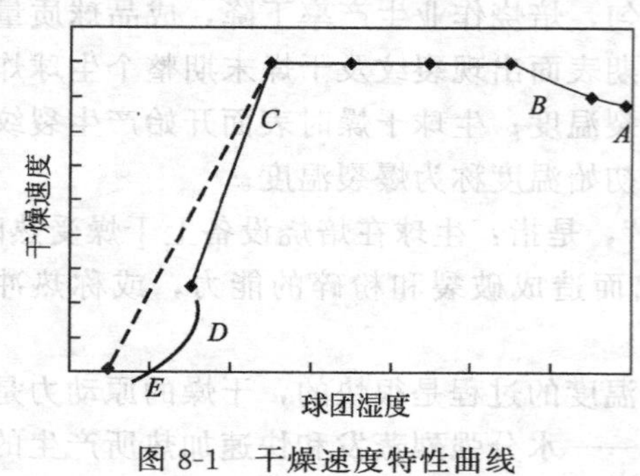

图 8-1　干燥速度特性曲线

生球在干燥介质中时，表面温度升到湿球温度，水分便开始汽化，干燥速度很快达到最大值（见图 8-1），即由 $A \rightarrow B$，进入等速干燥阶段；$B \rightarrow C$，等速干燥阶段；$C \rightarrow D$，第一降速阶段；$D \rightarrow E$，第二降速阶段。

（1）等速干燥阶段（BC）

① 干燥特点：表面汽化控制，生球表面的水分以等温蒸发，产生导湿现象—生球干燥为表面汽化控制时，因生球表面水分蒸发，生球内外产生湿度差，水分由生球内部向表面扩散，且 $V_{扩} > V_{蒸}$，使生球表面保持潮湿。

② $V_{干} = \mathrm{d}w/F\mathrm{d}t = a/r_{表}(t_{介} - t_{表}) = K_p(p_H - p_n)$

式中　$\mathrm{d}w/F\mathrm{d}t$—干燥速度，$kg/(m^2 \cdot h \cdot ℃)$；

a—传热系数，$kJ/(m^2 \cdot h \cdot ℃)$；

$r_{表}$——水分在生球表面上温度为 $t_{表}$ 时的汽化潜热，kJ/kg；

$t_{介}$—干燥介质的温度，℃；

$t_{表}$——生球表面温度，℃；

K_p—汽化系数；

p_H——生球表面水蒸气压力，Pa；

p_n——干燥介质中水蒸气分压，Pa。

等速干燥时，干燥速率取决于干燥介质（热废气）的温度、湿含量、流速。与生球大小和最初湿含量无关。

（2）第一降速阶段（CD）　球水分到达临界点 C 以后，$V_{扩} < V_{汽}$，生球表面出现干壳，且水分下降，毛细管管径变小，阻力增大。蜂窝状毛细水消失，触点毛细水与矿粒结合紧密，扩散速度变小。湿度差减小，导湿现象减弱。

（3）第二降速阶段（DE）　生球干燥外壳形成，表面温度升高，热量向内传递，水分在与干燥外壳交界处汽化成水蒸气后扩散到球表面，然后进入介质中。此时只剩吸附水和薄膜水，与矿粒表面结合更牢固，不能自由迁移，只有变成蒸汽后才能扩散到表面。干燥速率取决于蒸汽扩散速度，受原料性质、生球结构的影响。

干燥速率计算：　$\mathrm{d}w/F\mathrm{d}t = K_c(C - C_E)$

式中　K_c——比例系数，$kg/(m^3 \cdot h)$。

C——在 t 时生球的湿含量，kg(水)/kg(干球)；

C_E——球的平衡湿含量，kg(水)/kg(干球)。

8.1.2　干燥过程生球强度的变化

生球主要靠毛细力的作用，使粒子彼此粘在一起而具有一定的强度。干燥进程中，毛细水减小，毛细管收缩，毛细力增加。粒子粘结力增强，球团强度提高，大部分毛细水排除后，剩下触点毛细水，强度最大；毛细水消失，失去毛细粘结力，球团强度下降。失去弱结合水瞬间，颗粒靠拢，分子力的作用，球的强度增大。

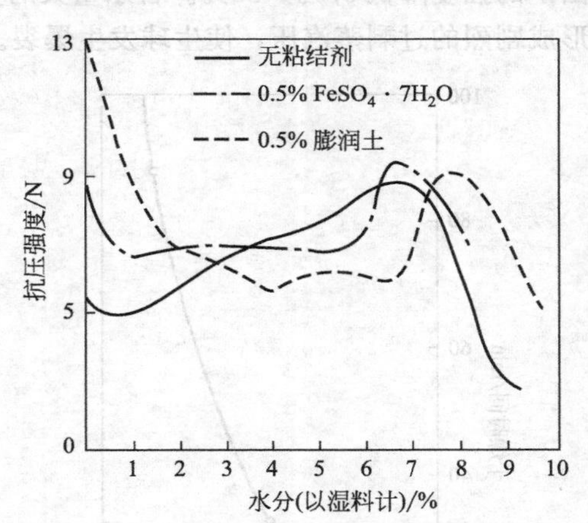

图 8-2　天然磁铁矿生球干燥过程水分的变化与抗压强度的关系

对于含有胶体颗粒的细磨精矿所制成的球，由于胶体颗粒分散度大，填充在细粒之间，形成直径小而分布均匀的毛细管。水分干燥后，球体积收缩，颗粒间接触紧密，内摩擦力增加，使球团结构坚固。未加任何粘结剂的球团，尤其是粒度较粗的物料，则干燥后由于失去毛细粘结力，球的强度几乎完全丧失。天然磁铁矿生球干燥过程水分的变化与抗压强度的关系见图 8-2 。

生球干燥过程中破坏主要表现为裂纹和爆裂。发生破坏的原因：湿度差引起收缩不均，表里收缩不匀时产生应力，应力大于球表面的拉应力或剪应力极限时，生球表面产生裂纹，削弱球团强度。在降速干燥阶段，内部扩散控制为主，水分主要通过蒸汽由内向外扩散的方式进行干燥，当传热过多，蒸汽多，来不及扩散到表面，球内蒸汽压升高，当压力超过干燥表层的径向和切向抗压强度时，球团产生爆裂，结构遭破坏。

8.1.3　影响生球干燥的因素

（1）干燥介质的温度　生球的干燥介质最高温度受到生球破裂温度的限制，应低于干球的破裂温度。对各种不同物料所制成的生球，其破裂温度有差别，必须经试验确定。生球在流动的干燥介质中的破裂温度总比在不动的干燥介质中低。这是因为在流动介质中，生球表面的水蒸气压力与介质中水蒸气分压之差，较静态介质干燥时大，加速了水分的蒸发，致使生球表层汽化速度与内部水分扩散的速度相差更大，造成在较低温度下生球的破裂（图 8-3）。

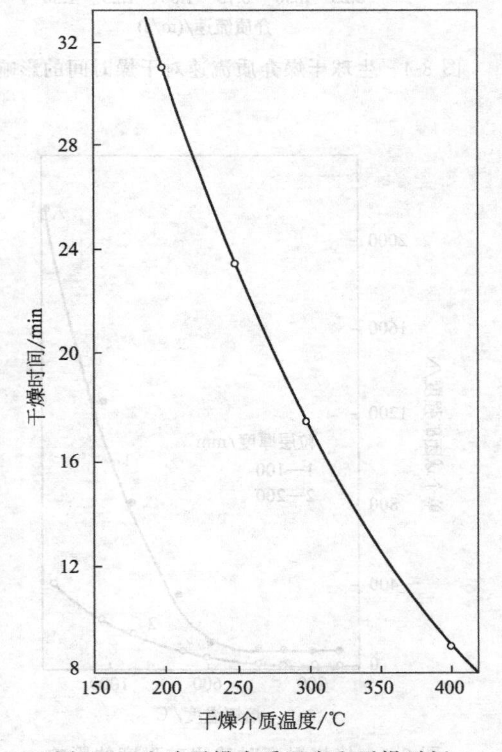

图 8-3　生球干燥介质温度和干燥时间

（2）干燥介质的流速　干燥介质流速大，干速的时间短，可以保证球面的蒸气压与介质中水蒸气分压与介质中水蒸气分压有一定差值，有利于球表面的水分蒸发，干燥速度加快（图 8-4）。流速大，可适当降低干燥温度，否则将导致生球破裂。对于热稳定性差的生球，干燥时往往采用低温、大风量（风流速度快）的干燥制度。

（3）生球的初始湿度与物质组成　生球的最初湿度越大，干燥时间也越长，对于同一种原料所制成的生球，初始湿度增高，生球的破裂温度降低，限制了在较高介质湿度和较高流速中干燥的可能性。生球含水量大导致破裂温度低的原因：球内外湿度差大引起不均匀收缩严重，球团产生裂纹。干燥产生的裂纹可导致焙烧球团矿的强度降低 67%～80%。含水量大的生球，当蒸发面移向内部后，由于内部水分的蒸发而形成剧烈的过剩蒸汽压，使生球发生爆裂。

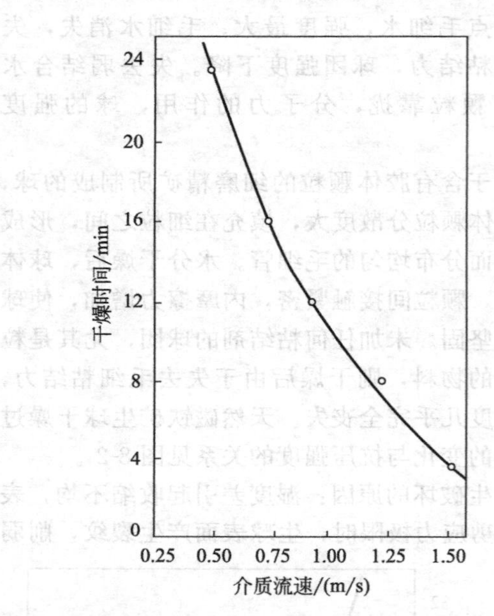

图 8-4　生球干燥介质流速对干燥时间的影响

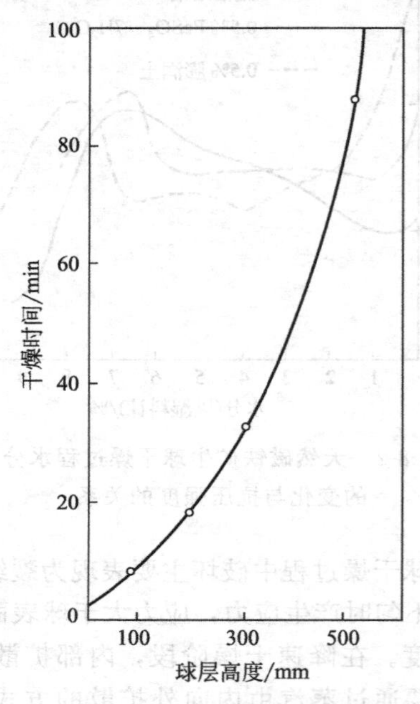

图 8-5　球层高度对干燥时间的影响

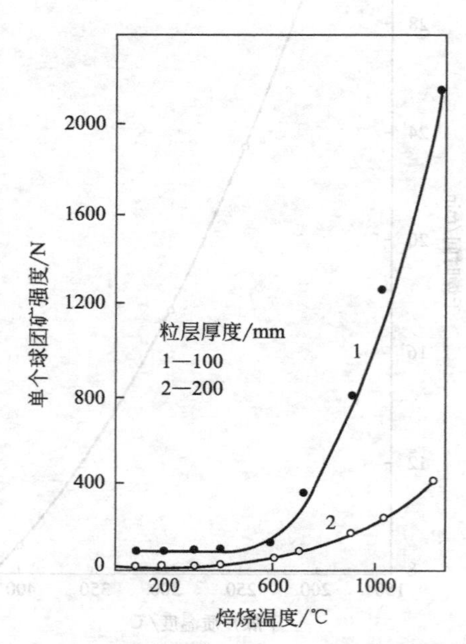

图 8-6　焙烧温度对球团矿强度的影响

（4）球层高度　生球干燥时，下层生球水气冷凝的程度取决于球层高度，球层愈高，水气冷凝愈严重，降低了下层生球的破裂温度。当球层高度为 100mm 时，干燥介质流速为 0.75m/s，温度为 350～400℃，生球不开裂。球层高度为 300mm，干燥介质流速为 0.75m/s，而介质温度仅升高至 250℃时，生球即开始破裂。因此，采取薄层干燥，可以依靠提高介质的温度和流速来加速干燥过程。在介质温度为 250℃及流速为 0.75m/s 的条件下，球层高度对干燥时间的影响如图 8-5 所示。只有在球层高度不大于 200mm 时，才能保证生球有满意的干燥速度。

不同料层厚度时，焙烧温度对球团矿强度的影响见图 8-6。

（5）生球尺寸　生球尺寸影响干燥速率。尺寸大时由于水分从内部向外扩散的路程远，故对干燥不利。由于生球的预热性差，球径越大时，则热导湿性现象越严重，生球干燥速率下降。

8.1.4 生球爆裂温度的影响因素

生球的爆裂温度：通常用在1.0～2.0m/s气流速度下，10%生球（一般生球总数50个）有裂纹或爆裂时的温度。爆裂温度是评价生球质量的重要指标，《铁矿球团工艺技术规范（试行）》规定：竖炉生球的爆裂温度必须高于650℃，这是由于竖炉焙烧生球干燥脱水时间短，干燥温度高，因此竖炉一般仅适合焙烧磁铁矿球团。提高生球的爆裂温度，可减少生球在竖炉干燥床上的爆裂，改善炉内料层透气性，减少结瘤结块事故。提高生球的爆裂温度，可以强化带式焙烧机与链箅机-回转窑的干燥过程，爆裂温度愈高愈有利于加速干燥过程。

膨润土能提高生球的强度和生球的爆裂温度，如图8-7所示。对35种膨润土进行了造球研究，经多元逐步回归分析计算，建立膨润土特性（胶质价、蒙脱石含量 X_1、pH值 X_2、膨胀倍 X_3、2h吸水率 X_4、阳离子交换量 X_5、碱性系数 X_6）与生球爆裂温度 Y 的关系数学模型。

$$Y=5.86-1.374\times10^{-2}X_1X_6+0.266X_2X_3+6.255\times10^{-6}X_3$$

数学模型表明，除膨胀倍数和碱性系数外，膨润土其余特性均对生球爆裂温度具有显著影响。蒙脱石含量和pH值之间的交互作用相当强烈，呈正相关性。

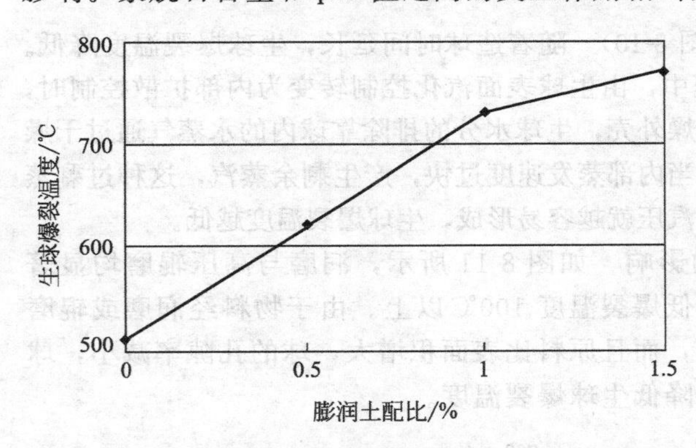

图8-7 膨润土配比对生球爆裂温度的影响

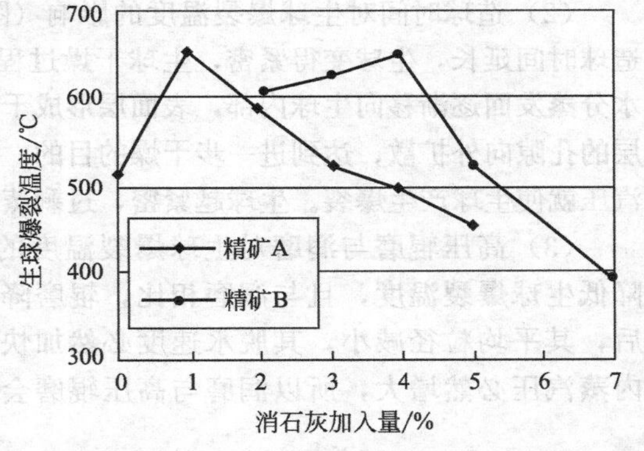

图8-8 生石灰对生球爆裂温度的影响

精矿A比表面积为1020cm²/g，－0.074mm占85.02%；

精矿B比表面积为433cm²/g，－0.074mm占43.25%

消石灰是由生石灰遇水消化而生成，其化学式为 $Ca(OH)_2$，平均比表面积达 $30m^2/g$。消石灰的颗粒表面带负电荷，水分子有偶极性，它可以吸附水分子，周围仍呈负电性，因此有很强的亲水性和天然的粘结力，从而改善物料的成球性。消石灰对粗、细两种铁精矿的生球爆裂温度的影响相差较大。

如图8-8所示，对于细精矿A而言，添加适量的消石灰可以提高生球爆裂温度，但添加过多的消石灰，反而会降低生球爆裂温度。主要是消石灰提高了干球强度和造球物料的最大分子含水量，但过多添加消石灰，会降低生球孔隙率而使生球爆裂温度降低。精矿B因粒度较粗，生球孔隙率高，在不加任何粘结剂时，生球爆裂温度已大于1000℃，消石灰的加入，生球爆裂温度急剧下降。

其他对生球爆裂温度的影响主要包括生球水分、造球时间、高压辊磨与润磨及原料性质对生球爆裂温度的影响。

(1) 生球水分对生球爆裂温度的影响　如图8-9所示，生球水分从7.4%提高到8.7%时，爆裂温度降低了100℃左右。这是由于生球水分增大，在干燥过程中，生球内部的水分受热蒸发量增多而使生球内部形成了很大的内压力，故生球爆裂温度降低。

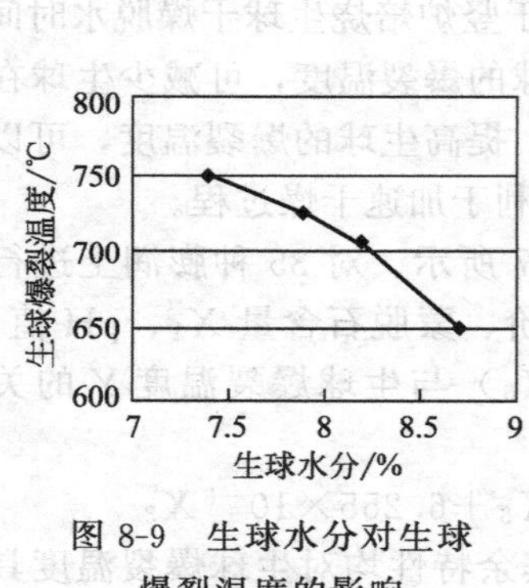

图 8-9 生球水分对生球爆裂温度的影响

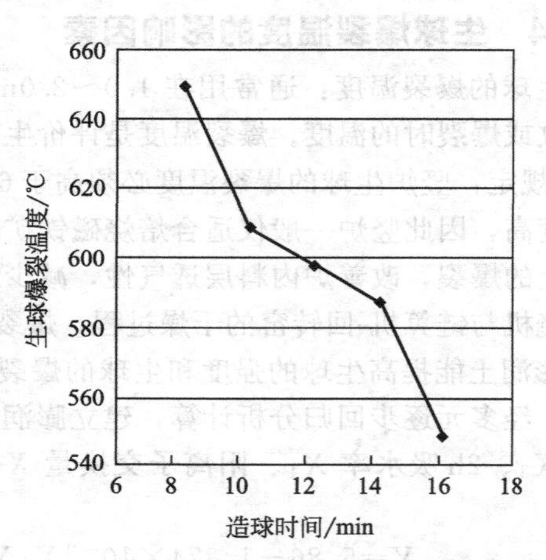

图 8-10 造球时间对生球爆裂温度的影响

(2) 造球时间对生球爆裂温度的影响（图 8-10） 随着造球时间延长，生球爆裂温度降低。造球时间延长，生球变得紧密，生球干燥过程中，由生球表面汽化控制转变为内部扩散控制时，水分蒸发面逐渐移向生球内部，表面层形成干燥外壳，生球水分的排除靠球内的水蒸气通过干燥层的孔隙向外扩散，达到进一步干燥的目的。当内部蒸发速度过快，产生剩余蒸汽，这种过剩蒸汽压就使生球产生爆裂。生球越紧密，过剩蒸汽压就越容易形成，生球爆裂温度越低。

(3) 高压辊磨与润磨对生球爆裂温度的影响 如图 8-11 所示，润磨与高压辊磨均显著降低生球爆裂温度，且与润磨相比，辊磨降低爆裂温度 100℃以上。由于物料经润磨或辊磨后，其平均粒径减小，其脱水速度必然加快，而且原料比表面积增大，球的孔隙率减小，球内蒸汽压必然增大，所以润磨与高压辊磨会降低生球爆裂温度。

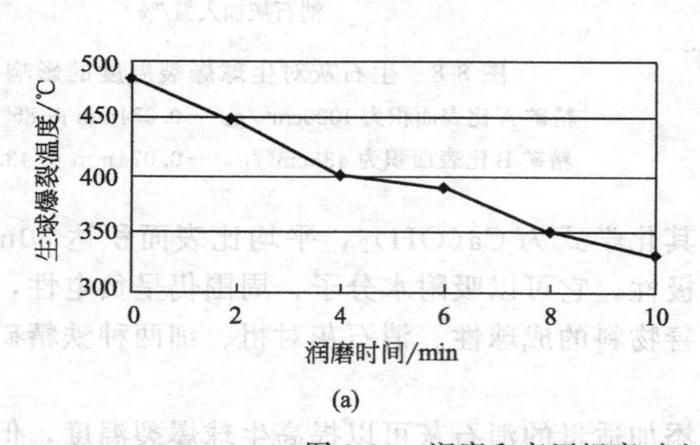

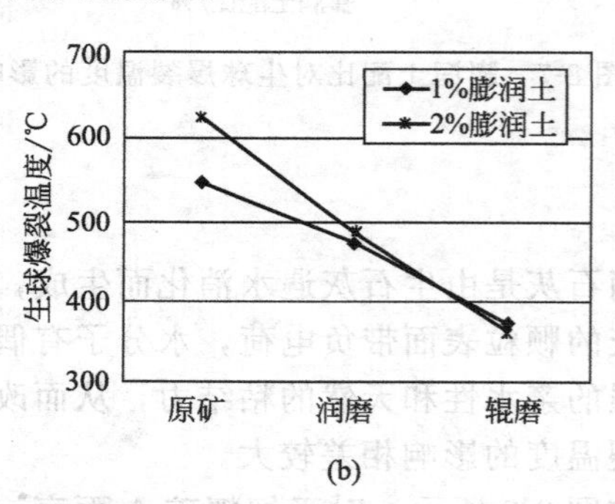

图 8-11 润磨和高压辊磨对生球爆裂温度的影响

(4) 原料性质对生球爆裂温度的影响

① 原料粒度 如图 8-12 所示，随着精矿粒度的降低，生球的爆裂温度急剧下降。随着精矿粒度的减小，生球结构变得紧密，球团孔隙减少，妨碍了球内蒸汽向外部扩散，使内部过剩蒸汽压增加，降低了生球爆裂温度。

② 碳酸铁精矿 如图 8-13 所示，某碳酸铁精矿的品位为 38.66%，烧损为 31.0%。图 8-13 表明随着碳酸铁精矿用量的增加，生球爆裂温度降低。

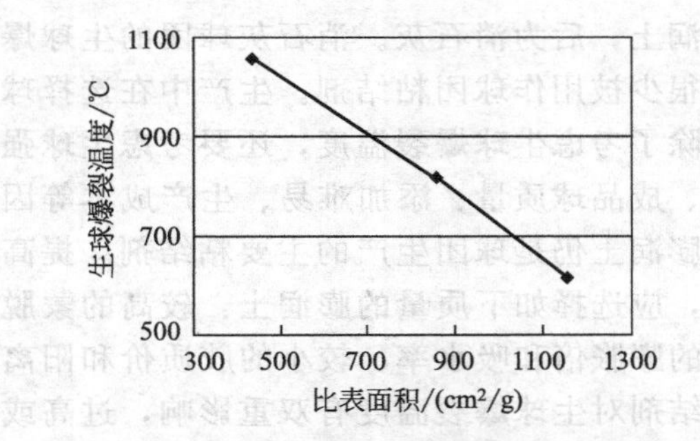

图 8-12 精矿粒度对生球爆裂温度的影响

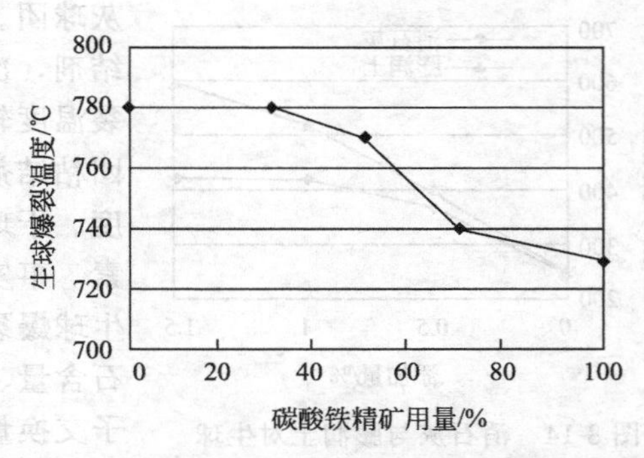

图 8-13 碳酸铁精矿对生球爆裂温度的影响

③ 褐铁矿　精矿 C 和精矿 D 为磁铁矿型。精矿 E 为赤铁矿并伴生褐铁矿型。从表 8-1 可以看出，精矿 C 和精矿 D 的生球爆裂温度远高于精矿 E，精矿 C 和精矿 D 的生球爆裂温度均大于 700℃，而精矿 E 的生球爆裂温度仅为 320℃。主要是因为精矿 E 中含有在 320℃ 分解的褐铁矿。

表 8-1　不同矿物生球的爆裂温度

名称	生球爆裂温度/℃	铁矿物种类
精矿 C	＞700	磁铁矿
精矿 D	＞700	磁铁矿
精矿 E	320	赤铁矿并伴生褐铁矿

④ 云母　云母是一种含钾、铝、镁、铁等元素的层状含水铝硅酸盐的总称，它属于层状结构硅酸盐。云母是一种耐热性很好的矿物，通常其莫氏硬度越高，耐热性越好。一般用加热云母膨胀时的温度表示其耐热性。云母还是热的不良导体，在 100～600℃范围内，白云母、金云母的热导率平均值为 0.67W/(m·K)。鉴于此，云母的存在必然会影响生球的爆裂温度。加入云母粉后，生球的静态爆裂温度降低：加入的云母粉越细，对生球静态爆裂温度的影响越大（见表 8-2）。该结论反映云母的热学性质。云母粒度越细，其比表面积越大，在生球中包裹的面积越大，对热传导的阻融效应越明显，故生球静态爆裂温度降低越厉害。

表 8-2　云母对生球的静态爆裂温度的影响

云母粉细度(−0.074mm)/%	云母粉添加量/%	生球静态爆裂温度/℃
	0	750
40	5	655
60	5	580
80	5	540

8.1.5　提高生球破裂温度的途径

（1）选择适宜的粘结剂　添加膨润土的生球爆裂温度明显高于添加消石灰的生球爆裂温度。其一，湿球加热时膨润土球团强度提高幅度比消石灰球团大许多，这是主要原因；其二，膨润土球团比消石灰球团脱水速度慢，从而降低湿球内的蒸汽压。消石灰与膨润土对生球爆裂温度的影响对比见图 8-14。

有机粘结剂球团的生球爆裂温度高于膨润土球团，膨润土球团的生球爆裂温度高于消石

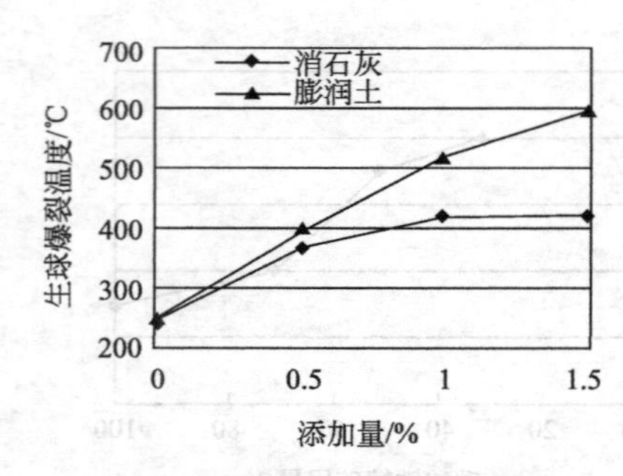

图 8-14　消石灰与膨润土对生球爆裂温度的影响对比

灰球团。因此，就生球爆裂温度而言，应先选择有机粘结剂，次为膨润土，后为消石灰。消石灰球团的生球爆裂温度较低，很少被用作球团粘结剂。生产中在选择球团粘结剂时，除了考虑生球爆裂温度，还要考虑生球强度、干球强度、成品球质量、添加难易、生产成本等因素。事实上，膨润土仍是球团生产的主要粘结剂。提高生球爆裂温度，应选择如下质量的膨润土：较高的蒙脱石含量、较大的膨胀倍和吸水率、较小的胶质价和阳离子交换量。粘结剂对生球爆裂温度有双重影响，过高或过低配比都不利于生球爆裂温度的提高，应根据不同的原料条件选择合适的添加量。

在造球原料中适量加入添加剂，爆裂温度得到提高，炉内粉末量减少，料柱透气性变好，气流分布均匀，球团的产量和质量得到较大提高。膨润土能提高生球破裂温度，主要与它的结构特点有关。膨润土的层状结构，能吸附大量的水而膨胀。从差热分析结果（图 8-15）可知，蒙脱石在差热曲线中反映出有三个吸热效应（减缓水分汽化）和一个放热效应。

第一吸热效应在 100～130℃之间，呈现一很强的低温吸热谷，属于排出外表的分子结合水和层间水，吸热谷的形式与层间可交换阳离子有关，若可交换阳离子数量是一价离子多于二价离子，则差热曲线呈单谷，若二价离子超过一价离子则呈复谷（在 200～250℃之间附加一小谷）。

在 550～750℃左右出现第二吸热谷，它标志结构水的排出和晶体结构的破坏，即膨润土物理性能的丧失。

在 900～1000℃又出现第三个吸热谷，紧接着一个放热峰，第三个吸热谷出现，表示蒙脱石结构完全破坏。

放热峰表示为一种新的矿物（如尖晶石）的形成。

膨润土提高爆裂温度的原因：膨润土含有大量水分，水分蒸发速度慢，表面汽化速度低，生球干燥外壳形成比较慢，不易造成内部过剩蒸汽压；球团能形成强度较好的外壳，能承受较大内压力冲击而不破裂；膨润土干燥收缩，使生球干燥外壳形成许多分布均匀的小孔，有利于蒸汽扩散到表面，减小了球内的过剩蒸汽压。

（2）优化造球参数　生球水分、造球时间等是影响生球爆裂温度的主要造球参数。在确保生球强度的条件下，应尽可能降低生球水分，以提高生球爆裂温度；同时对提高生球爆裂温度而言，在确保生球强度的前提下，应减少造球时间。

（3）选择适宜的原料　不同性质原料的生球爆裂温度相差很大，需根据不同的球团生产工艺选择

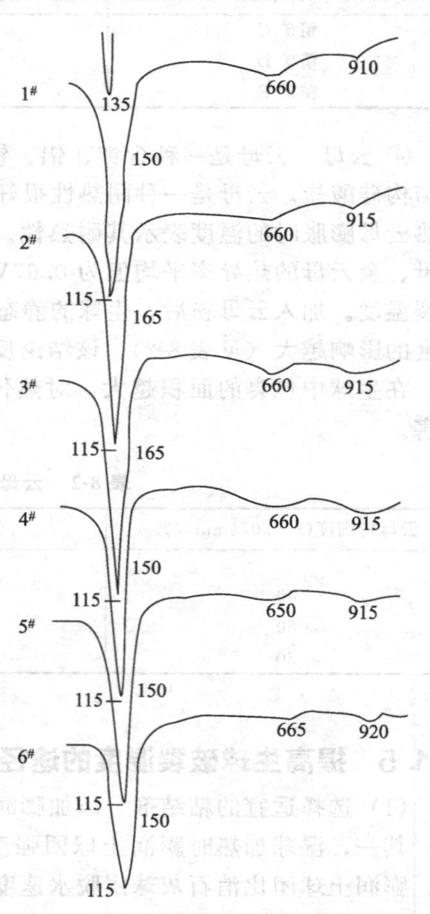

图 8-15　膨润土及酸化膨润土差热曲线

合适的原料。带式焙烧机和链箅机-回转窑对原料的适应性较强，而竖炉则对原料要求较高，尤其是要求原料有较高的爆裂温度；竖炉生球的爆裂温度必须高于650℃，爆裂温度较低的原料不能单独用于竖炉生产。前面的赤铁矿（表8-1）并伴生褐铁矿精矿，由于生球爆裂温度仅为320℃，不能单独用于竖炉生产；随着压滤精矿配比的增加，生球爆裂温度大幅度降低，当压滤精矿增至40%时，生球爆裂温度仅为260℃。压滤精矿不能高比例用于竖炉生产。对于爆裂温度低的铁精矿，可以采取将低爆裂温度的铁精矿与高爆裂温度铁精矿配矿，通过合理搭配使其满足球团生产要求。

(4) 合理的工艺操作

合理选择润磨或辊磨工艺　润磨或高压辊磨预处理铁精矿可以提高生球强度，降低膨润土用量，润磨或高压辊磨会降低生球的爆裂温度，球团原料不同，降低的幅度不同。润磨一般降低爆裂温度100～200℃；高压辊磨比润磨降低爆裂温度100℃。是否润磨或辊磨预处理铁精矿，应用试验来确定，对竖炉球团更是如此，避免因为原料润磨后生球在烘干床上爆裂，润磨机无法使用；生球爆裂温度受润磨时间的影响，随着润磨时间延长，爆裂温度降低，混合料润磨时间不宜过长，润磨4～5min为宜；高压辊磨的辊压、辊速、辊磨次数都不同程度地影响生球爆裂温度，增大辊压、增加辊磨次数将使生球爆裂温度降低，提高辊速将提高生球爆裂温度。因此辊压不宜过大、辊磨次数不宜过多，可以适当提高辊速。

逐步提高干燥介质的温度和气流速度　生球先在低于破裂温度以下干燥，随着水分不断减少，生球的破裂温度相应提高。在干燥过程中逐步提高干燥介质的温度与流速，以加速干燥过程。

鼓风干燥和抽风干燥相结合　在带式焙烧机或链箅机上采用抽风干燥时，下层球由于水汽的冷凝产生过湿层，使生球破裂，甚至球层塌陷。采用鼓风和抽风相结合的方法（如图8-16所示），先鼓风干燥，使下层的球蒸发一部分水分，下层的球已经被加热到超过露点，然后再向下抽风，就可以避免水分的冷凝，从而提高生球的热稳定性。

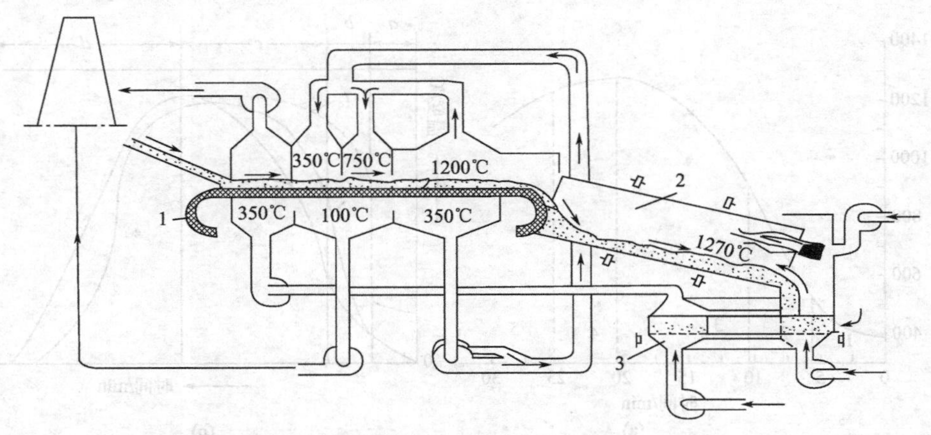

图8-16　鼓风和抽风相结合——链箅机-回转窑工艺

1—链箅机；2—回转窑；3—环冷机

薄层干燥　减少蒸汽在球层下部冷凝的程度，使最下层的球在水汽冷凝时，球的强度能承受上层球的压力和介质穿过球层的压力，获得良好的干燥效果。

表面改性剂或防爆剂　对于某些高硫磁铁精矿球团，通过配加表面改性剂来提高生球爆裂温度；添加防爆剂也是一种提高生球爆裂温度，有效抑制生球爆裂现象的方法。表面改性剂SB对提高生球爆裂温度非常有效，在添加1.5%膨润土的基础上，加入0.5%的SB后，高硫磁铁精矿球团生球爆裂温度超过640℃。在配加0.49%防爆剂的情况下，用钠基膨润土代替钙基膨润土且膨润土配比降低50%以上时，生球爆裂温度仍然得到提高。

8.2 球团焙烧固结机理

生球干燥后，干球的抗压强度只有80～100N/个。满足不了运输和高炉冶炼要求（>2500N/个）。提高球团矿的强度有许多方法，95%干球通过焙烧固结，5%干球通过低温（压团）固结。干球焙烧固结主要设备有：竖炉，带式焙烧机，链箅机-回转窑。

球团焙烧：通过低于混合物料熔点的温度下进行高温固结，使生球发生收缩而且致密化，球团具有良好的冶金性能（如强度、还原性、膨胀指数和软化特性等），保证高炉冶炼的工艺要求。生球的焙烧是球团生产过程中最为复杂的工序，它对球团矿生产起着极为重要的作用。

8.2.1 球团焙烧过程

球团焙烧过程分为五个阶段：干燥、预热、焙烧、均热、冷却；受热而产生的物理过程：如水分蒸发、矿物软化及冷却等；化学过程：水化物、碳酸盐、硫化物和氧化物的分解及氧化和成矿作用等。

如图8-17所示，球团焙烧过程中，干燥（200～400℃）-1段：水分蒸发，部分结晶水分解；预热（900～1000℃）-2段：脱除少量水，磁铁矿氧化成Fe_2O_3，碳酸盐硫化物分解，氧化，相反应；焙烧带（1200～1300℃）-3段：铁氧化物的结晶和再结晶，晶粒长大，固相反应，部分液相形成，球团矿体积收缩及结构致密化；均热带-4段：温度低于焙烧带，并保持一定时间使内部晶体长大，尽可能发育完善，矿物组成均匀化，消除部分内应力；冷却-5段：1000℃下降到100～200℃，冷却后便于皮带运输，冷却过程中，尚未氧化的Fe_3O_4继续氧化成Fe_2O_3。

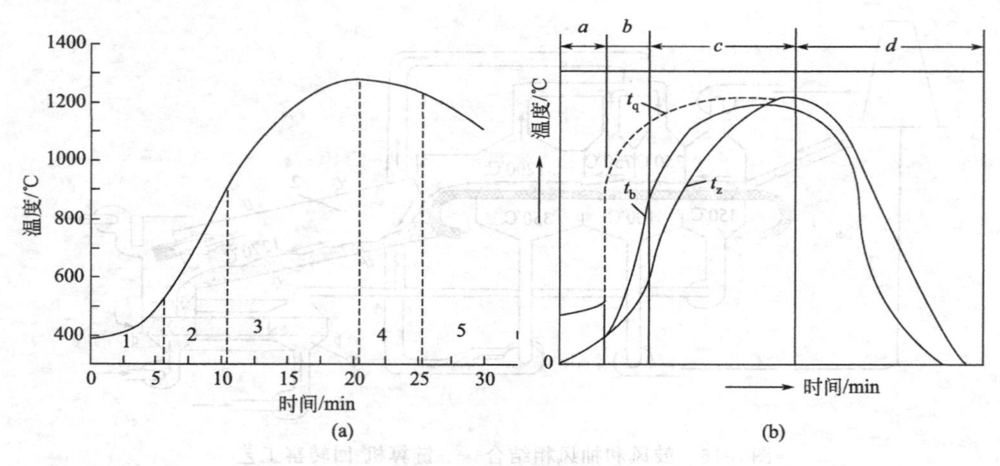

图8-17 球团焙烧过程

a—干燥；b—预热；c—焙烧（含均热）；d—冷却；t_q—气体温度（或炉温）；

t_b—球团表面温度；t_z—球团中心温度

球团焙烧过程主要变化：各组成间的某些固相反应，新物质出现，颗粒粘结；某些组成或生成物的结晶和再结晶，生成熔融物；孔隙率减少，球团密度增加，球团发生收缩和致密化；机械强度提高，氧化度提高，还原性变好等。

8.2.2 球团预热氧化

生球干燥后，在进入焙烧之前，存在一过渡阶段，即预热氧化阶段，预热氧化阶段的温度范围为300～1000℃。对成品球的质量和产量都有重要的影响，因此，在预热阶段内，预热速度应同化合物的分解和氧化协调一致。就磁铁矿而言，氧化对于球团矿的机械强度和还原性状具有决定性的影响。

预热（300～1000℃）是生球干燥后，在进入焙烧之前的一过渡阶段。在预热过程，各种不同的反应，如磁铁矿转变为赤铁矿；结晶水蒸发；水合物和碳酸盐的分解；硫化物的煅烧等。

（1）磁铁矿球团的氧化机理　磁铁矿的氧化从200℃开始，至1000℃左右结束，经过一系列的变化而最后完全氧化成$\alpha\text{-}Fe_2O_3$。有关磁铁矿氧化反应机理，人们已经做了大量的研究工作，但至今仍未得到透彻的阐明。这一氧化反应过程分为两个连续的阶段进行。

第一阶段：$4Fe_3O_4+O_2 \xrightarrow{>200℃} 6\gamma\text{-}Fe_2O_3$

在这一阶段，化学过程占优势，不发生晶型转变（Fe_3O_4和$\gamma\text{-}Fe_2O_3$都属立方晶系），只是由Fe_3O_4生成了$\gamma\text{-}Fe_2O_3$，即生成有磁性的赤铁矿。$\gamma\text{-}Fe_2O_3$不是稳定相。

第二阶段：$\gamma\text{-}Fe_2O_3 \xrightarrow{>400℃} \alpha\text{-}Fe_2O_3$

由于$\gamma\text{-}Fe_2O_3$不是稳定相，在较高的温度下，晶体会重新排列，而且氧离子可能穿过表层直接扩散，进行氧化的第二阶段。

在此阶段，晶型转变占优势，从立方晶系转变为斜方晶系，$\gamma\text{-}Fe_2O_3$氧化成$\alpha\text{-}Fe_2O_3$，磁性随之消失，此阶段的温度范围和第一阶段的产物，随磁铁矿的类型不同而异。

Fe_3O_4球团氧化符合未反应核收缩模型（图8-18）。磁铁矿（Fe_3O_4）球团的氧化成层状由表面向球中心进行，符合化学反应的吸附-扩散学说。大气中的氧被吸附在磁铁矿颗粒表面，从$Fe^{2+} \longrightarrow Fe^{3+}+e^-$的反应中得到电子而电离。由于以上反应引起$Fe^{3+}$扩散，使晶格连续重新排列而转变成固溶体。

大气中的O_2被吸附在磁铁矿球团表面，形成$\gamma\text{-}Fe_2O_3$薄层。随着焙烧温度的进一步升高，离子活动能力增大，在$\gamma\text{-}Fe_2O_3$层的外围形成稳定的$\alpha\text{-}Fe_2O_3$。

温度进一步升高时，内部Fe^{2+}向$\gamma\text{-}Fe_2O_3$层扩散→$\alpha\text{-}Fe_2O_3$与O_2的界面→与吸附的氧作用形成$Fe^{3+} \longrightarrow Fe^{3+}$则向里扩散。同时，$O^{2-}$以不断失去电子成为原子，又不断与电子结合成为$O^{2-}$的交换方式向内扩散到晶格的结点上，使$Fe_3O_4$全部成为$\alpha\text{-}Fe_2O_3$。

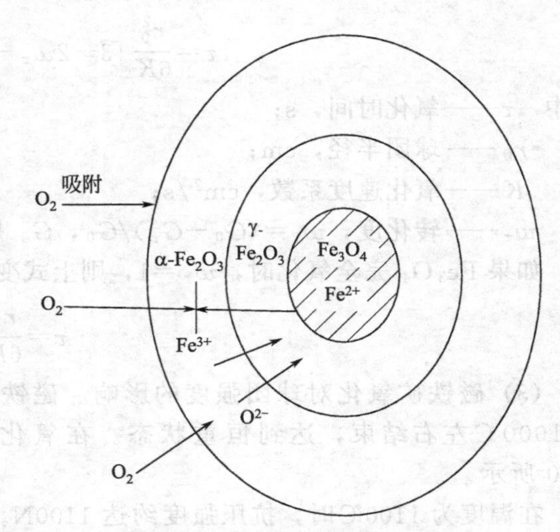

图8-18　磁铁矿球团氧化模型

球团氧化是Fe^{2+}向外扩散，Fe^{3+}向内扩散，以及O^{2-}向里扩散置换的一个内部晶格重新排列，最后成为固溶体的连续过程。

（2）氧化速度　人工磁铁矿具有不完整的晶格结构，固溶体形成迅速。因此，在低温下就能产生$\gamma\text{-}Fe_2O_3$，它的反应能力比天然磁铁矿强得多。因此人工磁铁矿在温度400℃时的氧化度，接近天然磁铁矿在1000℃时的氧化度，如图8-19所示。

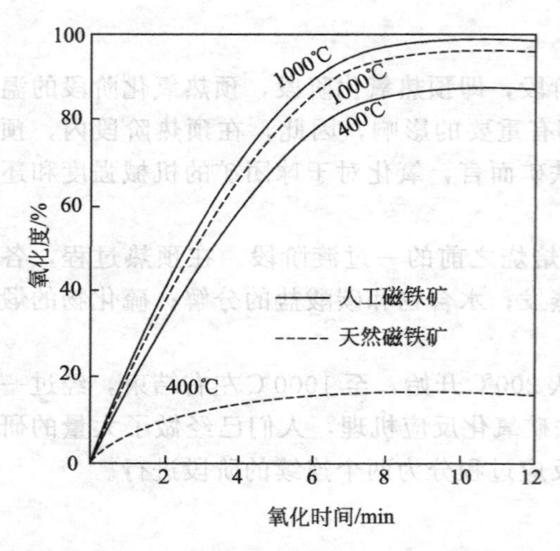

图 8-19 焙烧天然磁铁矿和人造磁铁矿的氧化反应

天然磁铁矿形成 Fe^{3+} 扩散相对较慢，氧化过程只在表面进行，能同时形成固溶体和 α-Fe_2O_3，而在颗粒内部只能形成固溶体。

在天然磁铁矿氧化的较高温度下，α-Fe_2O_3 是赤铁矿的稳定形式，由于发生氧化，颗粒内部固溶体也被转换，生成 α-Fe_2O_3。

人工磁铁矿晶格结构不完整，固溶体形成迅速。因此，在低温下就能产生 γ-Fe_2O_3。反应能力比天然磁铁矿强得多。

Fe_3O_4 的晶格常数为 0.838nm，γ-Fe_2O_3 的晶格常数为 0.832nm，两者相差甚微，因此，$Fe_3O_4 \longrightarrow$ γ-Fe_2O_3 的转变仅仅是进一步除去 Fe^{2+}，形成更多的空位和 Fe^{3+}。γ-Fe_2O_3 或 Fe_3O_4，与 Fe_2O_3（晶格常数 0.542nm）的晶格常数差别却很大，晶格重新排列时，Fe^{2+} 及 Fe^{3+} 有较大的移动，从 γ-Fe_2O_3 或 Fe_3O_4 转变到 α-Fe_2O_3 时，晶型改变，体积发生收缩，因此，低温时只能生成 γ-Fe_2O_3。

对氧化起主要作用的不是气体氧向内扩散，而是铁离子和氧离子在固相层内的扩散，这些质点在氧化物晶格内的扩散速度与其质点的大小和晶格的结构有关。O_2 的半径（0.14nm）比 Fe^{2+}（0.074nm）或 Fe^{3+}（0.060nm）的半径大，后两者扩散比前者大。O^{2-} 是以不断失去电子成为原子（氧原子的半径约 0.06nm），又不断与电子结合成 O^{2-} 的交换方式扩散的，但仅在失去电子变为原子状态下的瞬间，才能在晶格的结点间移动一段距离，所以 O^{2-} 比铁离子的扩散慢得多。

关于等温条件下，非熔剂性球团氧化所需要的时间，可用以下扩散方程表示：

$$\tau=\frac{r_0^2}{6K}\left[3-2w_\tau-3(1-w_\tau)^{\frac{2}{3}}\right]$$

式中 τ——氧化时间，s；

r_0——球团半径，cm；

K——氧化速度系数，cm^2/s；

w_τ——转化度，$w_\tau=(G_0-G_\tau)/G_0$，G_0 是氧化前 Fe_3O_4 质量，G_τ 是 τ 时 Fe_3O_4 质量。如果 Fe_3O_4 完全氧化时，$w_\tau=1$，则上式变为：

$$\tau=\frac{r_0^2}{6K}$$

（3）磁铁矿氧化对球团强度的影响　磁铁矿球团在预热阶段氧化时重量增加，氧化于 1000℃左右结束，达到恒重状态。在氧化过程中，球团抗压强度持续增大，如图 8-20 所示。

在温度为 1100℃时，抗压强度约达 1100N。同样条件下，赤铁矿球团重量不变，抗压强度仅为 200N。原因：磁铁矿球团在空气中焙烧时，较低温度下，矿石颗粒和晶体的棱边和表面就已生成赤铁矿初晶，新生的晶体活性较大，在相互接触的颗粒之间扩散，形成初期桥键，促进球团强度提高。

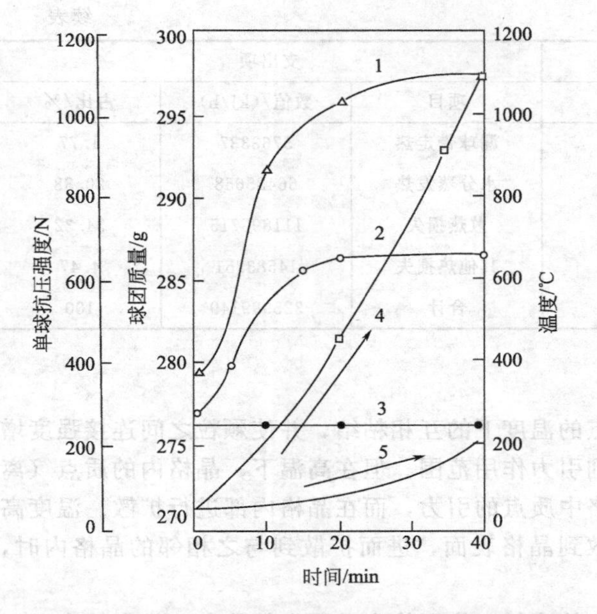

图 8-20　氧化温度和时间对干球重量和强度的影响

1—气流温度；2—磁铁矿球团重量；3—赤铁矿球团重量；4—磁铁矿球团强度；5—赤铁矿球团强度

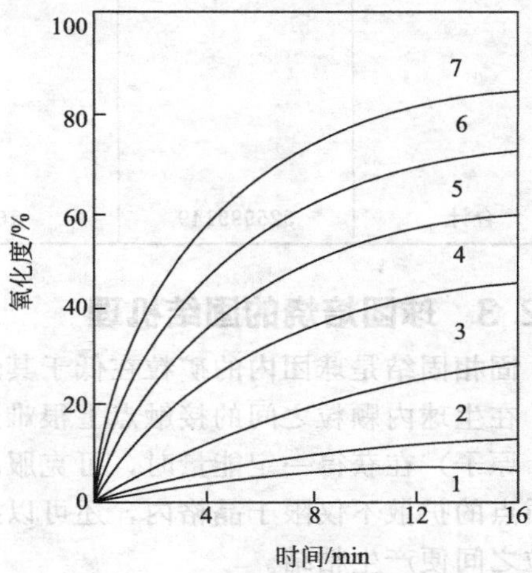

图 8-21　非熔剂性球团氧化特性

1—300℃；2—400℃；3—500℃；4—600℃；5—700℃；6—800℃；7—900℃

(4) 非熔剂性球团氧化特性　如图 8-21 所示。磁铁矿球团氧化最初表面氧化生成赤铁矿晶粒，后形成双层结构：赤铁矿外壳和磁铁矿核，氧穿透球的表层向内扩散，使内部氧化。氧化速度随温度增加而增加。氧化时间相同，温度升高，氧化度增加。加温速度过快，球团未完全氧化就发生再结晶，球壳变得致密，核心氧化速度下降。

温度高于 900℃时，磁铁矿发生再结晶或形成液相，氧化速度下降。为此，有球团完全氧化的最佳温度和加温速度。

用微细粒磁铁矿所制成的球，加温速度过快，外壳收缩严重。使孔隙封闭，一方面妨碍内层氧化；由于收缩应力的积累引起球表面形成小裂纹，在以后的焙烧过程中很难消除，磁铁矿氧化属放热反应，并按下式进行：

$$2Fe_3O_4 + \frac{1}{2}O_2 \rightleftharpoons 3Fe_2O_3 + Q_{放} \qquad Q_{放} \approx 260kJ/mol$$

以磁铁矿为原料，采用链算机-回转窑-环冷机工艺生产氧化球团，磁铁矿氧化放热占热收入的 40%以上。本钢球团厂造球原料全部为磁铁矿，燃料（煤热值 22990kJ/kg）消耗为 18.79kg 煤/t 球，热平衡表见表 8-3。

表 8-3　本钢（全部为磁铁矿）球团厂热平衡表

收入项			支出项		
项目	数值/(kJ/h)	占比/%	项目	数值/(kJ/h)	占比/%
湿球显热	3467318	1.06	成品矿显热	14818248	4.55
风显热	6749460	2.07	鼓干废热	21942460	6.73
煤粉显热	37100	0.01	抽干废热	30043890	9.22
煤粉化学热	143831400	44.12	预热-废热	43476940	13.34
氧化放热	171913872	52.73	环冷四废热	17049650	5.23

续表

收入项			支出项		
项目	数值/(kJ/h)	占比/%	项目	数值/(kJ/h)	占比/%
			漏球带走热	5763337	1.77
			水分蒸发热	66425658	20.38
			散热损失	111895715	34.32
			其他热损失	14583251	4.47
合计	325999149	100	合计	325999149	100

8.2.3 球团焙烧的固结机理

固相固结是球团内的矿粒在低于其熔点的温度下的互相粘结，并使颗粒之间连接强度增大。在生球内颗粒之间的接触点上很难达到引力作用范围。但在高温下，晶格内的质点（离子、原子）在获得一定能量时，可克服晶格中质点的引力，而在晶格内部进行扩散。温度高的质点的扩散不仅限于晶格内，还可以扩散到晶格表面，进而扩散到与之相邻的晶格内时，颗粒之间便产生粘结。

固态下固结反应的原动力是系统自由能的降低。依据热力学平衡的趋向，具有较大界面能的微细颗粒落在较粗的颗粒上，同时表面能减小。在有充足的反应时间、足够的温度以及界面能继续减小的条件下，颗粒聚结成为晶粒的聚集体。造球精矿具有极高的分散性，具有严重的缺陷，有极大的表面自由能，处于不稳定状态，具有很强的降低其能量的趋势，达到某一温度后，呈现出强烈的扩散位移作用，使结晶缺陷逐渐地得到校正，微小的晶体粉末也将聚集成较大的晶体颗粒，变成活性较低的、较为稳定的晶体。

造球的铁精矿均含有脉石，为了生产或冶炼的需要，还要加入添加剂，如膨润土、消石灰、石灰石、白云石或橄榄石等。这些物质在焙烧时和铁氧化物或脉石发生固相反应，生成新的化合物。其熔点较之单体矿物的熔点低。固相反应的原因则是由于矿物晶体中质点扩散的结果。球团焙烧中可能出现的化合物主要有以下体系：

（1）硅酸盐体系（$FeO-SiO_2$） 铁精矿中，二氧化硅的存在是不可避免的。在普通氧化焙烧固结的条件下，赤铁矿和磁铁矿都不会与二氧化硅反应生成硅酸盐。焙烧温度达到1000℃，磁铁矿尚氧化不完全，或高温下赤铁矿分解时，可能出现硅酸盐体系的化合物。

FeO 和 SiO_2 发生固相反应的温度是 990℃，生成的化合物的熔点较低，铁橄榄石（$2FeO \cdot SiO_2$）熔点为 1205℃。

铁橄榄石很容易和 FeO 及 SiO_2 再生成熔点更低的化合物，如 $2FeO \cdot SiO_2-Fe_3O_4$，该共熔混合物熔点为 1142℃，$2FeO \cdot SiO_2-FeO$ 共熔混合物熔点为 1177℃，$2FeO \cdot SiO_2-SiO_2$ 共熔混合物熔点为 1178℃。铁橄榄石的强度和还原性均较差。

（2）铁酸钙体系（$CaO-Fe_2O_3$） 造球时添加石灰石或消石灰，焙烧时将出现铁酸钙体系，在 SiO_2 较少的情况下。铁酸钙体系化合物有 $CaO \cdot Fe_2O_3$、$2CaO \cdot Fe_2O_3$ 和 $CaO \cdot 2Fe_2O_3$，熔化温度分别为 1449℃、1216℃和 1226℃，$CaO \cdot Fe_2O_3$ 和 $CaO \cdot 2Fe_2O_3$ 形成的低共熔点化合物 $CaO \cdot Fe_2O_3-CaO \cdot 2Fe_2O_3$ 熔点为 1205℃。从 500～600℃开始，最初的固相反应产物是 $CaO \cdot Fe_2O_3$，随温度升高反应速率加快。CaO 过剩，在 1000℃时产生 $2CaO \cdot Fe_2O_3$。焙烧温度较高，Fe_2O_3 在熔体中溶解，形成 $CaO \cdot 2Fe_2O_3$。温度愈高，$CaO \cdot 2Fe_2O_3$ 愈多。$CaO \cdot 2Fe_2O_3$ 在低于 1155℃时处于热力学不稳定状态，将分解成铁酸钙和次生赤铁矿。次生赤铁矿析出产生应力使粘结受到破坏，导致球团强度下降。铁酸钙和铁酸二钙是强度高和还原性好的化合物，在还原过程中有良好的热稳定性。

生成铁酸钙粘结相的条件：①高碱度：虽然固相反应中铁酸钙生成早，生成速度也快，但一旦形成熔体后，熔体中 CaO 与 SiO_2 的亲和力和 SiO_2 与 FeO 的亲和力都比 CaO 与 Fe_2O_3 的亲和力大得多，因此，最初形成的 CF 容易分解形成 CaO·SiO_2 熔体，只有当 CaO 过剩时（即高碱度），才能与 Fe_2O_3 作用形成铁酸钙。②强氧化性气氛：可阻止 Fe_2O_3 的还原，减少 FeO 含量，从而防止生成铁橄榄石体系液相，使铁酸钙液相起主要粘结相作用。③低烧结温度：高温下铁酸钙会发生剧烈分解，因此低温烧结对发展铁酸钙粘结相有利。

当生产熔剂性球团矿或含 MgO 球团矿时，球团矿内出现了 CaO-Fe_2O_3 和 MgO-Fe_2O_3 二元系。在 500～600℃时开始进行固相扩散反应，首先生成 CaO·Fe_2O_3，其反应速率与温度的关系见图 8-22，且反应速率随温度升高而加快。800℃时已有 80%CaO·Fe_2O_3 生成，1000℃时已完全形成。

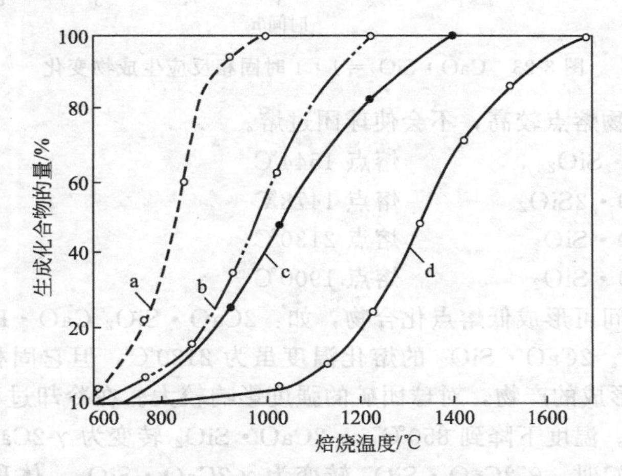

图 8-22 铁酸盐和硅酸盐的生成量与焙烧温度的关系

a—CaO·Fe_2O_3；b—2CaO·SiO_2；c—MgO·Fe_2O_3；d—2MgO·SiO_2

若有过剩 CaO 时，则按下式反应进行：

$$CaO \cdot Fe_2O_3 + CaO \xrightarrow{1000℃} 2CaO \cdot Fe_2O_3$$

到 1000℃时结束。

若球团矿中含 CaO 太少时，铁酸盐难以生成。

虽然 CaO 与 SiO_2 的亲和力大于 CaO 与 Fe_2O_3 的亲和力，但由于 Fe_2O_3 浓度大，在低温时优先生成 CaO·Fe_2O_3。但是这个体系中的化合物及其固溶体熔点比较低，出现液相后，SiO_2 就和铁酸盐中的 CaO 反应，生成 CaO·SiO_2，Fe_2O_3 便被置换出来，重新结晶析出。

MgO 与 Fe_2O_3 在 600 时℃开始发生固相反应，生成 MgO·Fe_2O_3。实际上总有或多或少的 MgO 进入磁铁矿晶格中，形成[$(1-x)$ Mg·Fe_x] O·Fe_2O_3，使磁铁矿晶格稳定下来，因此含 MgO 球团矿中 FeO 含量比一般球团矿的 FeO 高。

(3) 硅酸钙体系（CaO-SiO_2） 造球精矿中含 SiO_2 较多，生产熔剂性球团，则出现硅酸钙体系化合物（图 8-23）。虽然 CaO 与 SiO_2 的亲和力大，但 CaO 和 SiO_2 被氧化铁隔开，故先形成铁酸钙，当出现 CaO-Fe_2O_3 熔体后，由于表面张力作用，熔体流过孔隙，在熔体与二氧化硅接触时，二氧化硅进入熔体，形成化学性质稳定的硅酸钙，使 Fe_2O_3 析出。在球团中石灰和二氧化硅直接接触而生成硅酸钙的可能性较小。

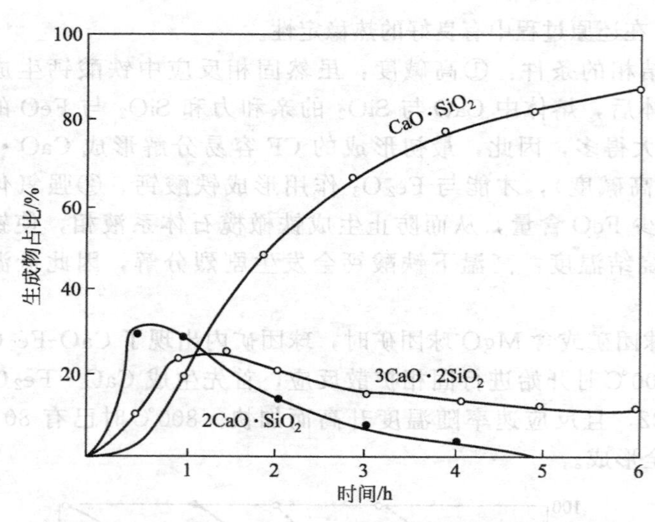

图 8-23　$CaO : SiO_2 = 1 : 1$ 时固相反应生成物变化

硅酸钙体系化合物熔点较高，不会使球团过熔。

硅灰石	$CaO \cdot SiO_2$	熔点 1544℃
硅钙石	$3CaO \cdot 2SiO_2$	熔点 1478℃
正硅酸钙	$2CaO \cdot SiO_2$	熔点 2130℃
硅酸三钙	$3CaO \cdot SiO_2$	熔点 1900℃

与铁酸钙体系之间可形成低熔点化合物，如：$2CaO \cdot SiO_2$-$CaO \cdot Fe_2O_3$-$CaO \cdot 2Fe_2O_3$（低共熔点为 1192℃）。$2CaO \cdot SiO_2$ 的熔化温度虽为 2130℃，但它固相反应开始的温度低（约 600℃），是最初形成的产物，对球团矿的强度影响较大。在冷却过程中，晶型转变体积膨胀，球团强度下降。温度下降到 850℃，α-$2CaO \cdot SiO_2$ 转变为 γ-$2CaO \cdot SiO_2$，体积增大约 12%。冷却至 675℃时，β-$2CaO \cdot SiO_2$ 转变为 γ-$2CaO \cdot SiO_2$，体积又增大 10%，而且是不可逆转变。由于晶型转变体积膨胀，导致球团强度下降。

（4）氧化铁-CaO-MgO-SiO_2 体系　该体系对添加白云石的熔剂性球团极为重要。在 CaO-MgO-SiO_2 体系中最低熔点为 1300℃。由于 CaO、MgO 和 SiO_2 之间缺乏接触，因此它们不能直接发生反应。首先发生的反应是在 CaO 和 Fe_2O_3 之间，以及 MgO 和 Fe_2O_3 之间的固相反应。最初出现的液相铁酸钙，根据 CaO-MgO-Fe_2O_3 相图，铁酸钙对于 MgO 无可溶性。只要在钙-铁硅酸盐形成之后，MgO 才有可能进入渣相。焙烧后期，MgO 才有可能进入硅酸盐渣相。在球团焙烧固结时，MgO 可能进入渣相，也可能进入氧化铁晶体颗粒，或残留下来。MgO 进入渣相或进入氧化铁中都能够提高球团的熔点和改善还原性。

球团固结生成化合物体系的比较见表 8-4。

表 8-4　球团固结生成化合物体系的比较

化合物体系	产生条件	熔点/℃	强度	还原性	对球团的影响
硅酸盐体系	存在 FeO	1100～1200	差	差	降低熔点和还原性
铁酸钙体系	存在 CaO,SiO_2 较少	1200～1450	高	好	提高强度和还原性
硅酸钙体系	SiO_2 较多,存在 CaO	1150～2150	中	—	强度下降
氧化铁-CaO-MgO-SiO_2 体系	存在 MgO	1300～1575	高	好	提高熔点、改善还原性

液相对球团固结的作用：①由于液相的存在，可加快结晶质点的扩散，使晶体长大的速

度比在无任何液相的结晶结构中快。②熔体将颗粒包裹，在表面张力的作用下，矿石颗粒互相靠拢，结果使球团体积收缩，孔隙率减少，球团致密化。③液相充填在粒子间，冷却时液相凝固，将相邻粒子粘结起来。④使固体颗粒溶解和重结晶，重结晶析出的晶体，消除晶格缺陷，提高晶桥强度。

液相过多的危害：①过早地出现液相使磁铁矿氧化不完全，导致亚铁溶解。②液相数量过多时将阻碍氧化铁颗粒直接接触而影响再结晶。③液相沿晶界渗透，使已聚晶长大的晶体“粉碎化”。④过多的液相还会使球变形，互相粘结。液相的数量不宜过多，一般不超过7%，而且希望均匀分布。

8.2.4 铁矿球团固结的形式

生球通过在低于混合物熔点的温度下进行高温焙烧可使其发生收缩并致密化，从而具有足够的机械强度和良好的冶金性能。球团在高温焙烧时会发生复杂的物理化学变化，如碳酸盐、硫化物、氧化物等的分解、氧化和矿化作用，矿物的软化、液相的产生等。这些变化过程与球团本身的性质，加热介质特性，热交换强度以及控制升温速度有关。球团在焙烧时，随生球的矿物组成与焙烧制度的不同将有不同的固结方式。

（1）磁铁矿球团固结形式　如图 8-24 所示，磁铁矿球团，在氧化气氛中焙烧时，氧化过程在 200～300℃时开始，并随温度升高氧化加速。氧化先在磁铁矿颗粒表面和裂缝中进行。温度达 800℃时，颗粒表面基本上已氧化成 Fe_2O_3。在晶格转变时，新生赤铁矿晶格中，原子具有很大的活性，在晶体内发生扩散，毗邻的氧化物晶体也发生扩散迁移，在颗粒之间产生连接桥（即连接颈），称为微晶键连接，见图 8-24(a)。

磁铁矿球团，在氧化气氛中焙烧，能得到较好的焙烧效果。因为，磁铁矿氧化成 Fe_2O_3 后，质点迁移活化能比未氧化的磁铁矿小（见表 8-5）。因此，在氧化气氛中焙烧所获得的 Fe_2O_3，其原子扩散速度大，有利于粒子间固相固结和再结晶。

表 8-5　不同铁矿的活化能

原料	赤铁矿	磁铁矿	磁铁矿氧化成赤铁矿
质点迁移活化能/(kJ/mol)	58.604	376.74	50.232

所谓微晶键连接，是低温下形成的细小 Fe_2O_3 晶粒的连接形式。颗粒之间产生的微晶键使球团强度比生球和干球有所提高，但仍较弱。

Fe_2O_3 再结晶连接［图 8-24(b)］是铁精矿氧化球团固相固结的主要形式，是第一种固结形式的发展。当磁铁矿球团在氧化气氛中焙烧时，氧化过程由球的表面沿同心球面向内推进，氧化预热温度达 1000℃时，约 95%的磁铁矿氧化成新生的 Fe_2O_3，形成微晶键。在最佳焙烧制度下，残存的磁铁矿继续氧化，另一方面赤铁矿晶粒扩散增强，产生再结晶和聚晶长大，颗粒之间的孔隙变圆，孔隙率下降，球体积收缩，球内各颗粒连接成致密的整体，使球的强度大大提高（图 8-25）。

Fe_3O_4 再结晶固结如图 8-24(c) 所示，在焙烧磁铁矿球团时，若为中性气氛或氧化不完全，内部磁铁矿 900℃开始发生再结晶，使球团内部各颗粒连接。但 Fe_3O_4 再结晶的速度比 Fe_2O_3 再结晶的速度慢。随温度升高，以 Fe_3O_4 再结晶固结的球团，其强度比 Fe_2O_3 再结晶固结的低。实验所用精矿成分：Fe 71.34%，FeO 23.86%，SiO_2 0.52%。生产中采用的磁铁矿精矿，均含有一定量 SiO_2，在 1000℃左右时便产生部分 $2FeO \cdot SiO_2$ 并出现液相，液相的多少随球团中 SiO_2 的含量而定。如果有明显的液相生成，磁铁矿呈自形晶，球团强度降低。

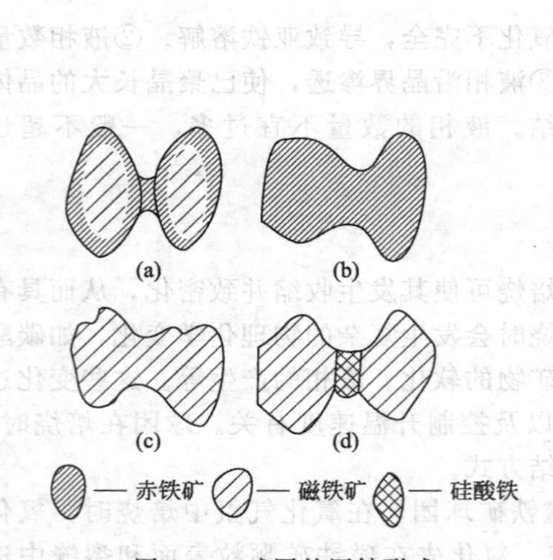

图 8-24 球团的固结形式

(a) Fe_2O_3 微晶键连接；(b) Fe_2O_3 再结晶连接；(c) Fe_3O_4 再结晶固结；(d) 渣键连接

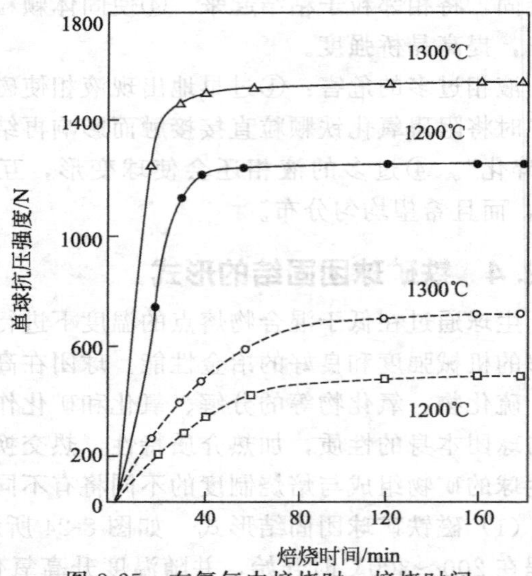

图 8-25 在氮气中焙烧时，焙烧时间与球团强度的关系

—预热化的铁精矿球团；---未氧化的铁精矿球团

渣键连接［图 8-24(d)］是指磁铁矿生球中含有一定数量 SiO_2 时，若焙烧在还原气氛或中性气氛中进行，或 Fe_3O_4 氧化不完全，那么在焙烧温度 1000℃时即能形成 $2FeO\cdot SiO_2$：

$$2Fe_3O_4+3SiO_2+2CO \longrightarrow 2FeO\cdot SiO_2+2CO_2$$

$$2FeO+SiO_2 = 2FeO\cdot SiO_2$$

$2FeO\cdot SiO_2$ 熔点低，极易与 FeO 及 SiO_2 再生成熔化温度更低的共熔体。在冷却过程中，因液相的凝固，使球团固结。焙烧温度高于 1350℃，即使在氧化气氛中焙烧，Fe_2O_3 也将发生部分分解，形成 Fe_3O_4，同样会与 SiO_2 作用产生 $2FeO\cdot SiO_2$。

$2FeO\cdot SiO_2$ 在冷却过程中很难结晶，常成玻璃质，性脆，强度低，冶炼中难以还原，因此，渣键连接不是一种良好的固结形式。

综合上述磁铁矿球团的四种固结形式，第一种和第二种最为理想，它不仅使球团矿具有很高的强度，而且磁铁矿氧化时释放出热能；第三种固结形式，虽然也能使球团矿具有一定强度，但是能耗高，更难免生成难以还原的液相，如硅酸铁、钙铁橄榄石等；第四种固结形式，在生产自熔性球团矿时，难以避免。若生产酸性球团矿，应力求避免液相粘结，因为它对提高球团矿的强度不一定有利，反而会降低球团矿的还原性。

(2) 赤铁矿球团固结形式

Fe_2O_3 再结晶——较纯赤铁矿精矿球团的高温再结晶固结　赤铁矿精矿球团的固结机理，是一种简单的高温再结晶过程。用含 Fe_2O_3 99.70%的赤铁矿球团进行试验，在氧化气氛中焙烧，赤铁矿颗粒在 1300℃时才结晶，且过程进行缓慢，在 1300～1400℃温度范围内，颗粒迅速长大。焙烧 30min，赤铁矿晶粒尺寸由 20μm 增至 400μm。较纯的赤铁矿球团的固结机理是一种简单的高温再结晶过程。

较纯赤铁矿精矿球团的双重固结形式　对较纯赤铁矿精矿球团固结形式的另外一种观点是双重固结形式。这种观点认为，当生球加热至 1300℃以上温度时，赤铁矿分解生成磁铁矿，而后铁矿颗粒再结晶长大，此为一次固结。当进入冷却阶段时，磁铁矿则被重新氧化，球团内各颗粒会发生 Fe_2O_3 再结晶和相互连生而受到一次附加固结，即所谓的二次固结。

Fe_3O_4 再结晶——较高脉石含量的赤铁矿精矿球团的再结晶渣相固结 当温度 1100℃时，开始出现 Fe_2O_3 再结晶；1200℃时赤铁矿结晶明显得到发展，即产生高温再结晶固结。这种 Fe_2O_3 再结晶一直发展到 1260℃以上的高温区。焙烧温度大于 1350℃时，Fe_2O_3 部分又被分解成 Fe_3O_4，Fe_3O_4 与 SiO_2 生成铁橄榄石 $FeO \cdot SiO_2$，形成渣相固结。还原气氛中，由于赤铁矿颗粒被还原成磁铁矿和 FeO，900℃以上时，即产生 Fe_3O_4 再结晶而使球团固结，当生球中含一定量的 SiO_2 时，在高于 1000℃的温度下将出现 Fe_2SiO_4 的液相产物，使生球得到固结。此焙烧制度下所得到的球团还原性差且强度低。

液相固结 当生球中含有一定数量的 SiO_2 时，在中性和还原性气氛中焙烧，温度达到 900℃以上后，可能出现 Fe_2SiO_4 液相产物；若用赤铁矿粉生产熔剂性球团矿时，氧化气氛下，当焙烧温度达到 600℃以后，就有铁酸钙等低熔点固相产物生成，温度升高到 1200℃左右时，这些低熔点物质相继熔化，使矿粉颗粒润湿，在球团冷却时将其固结起来。

加入石灰石等添加物的生球在氧化气氛焙烧时，主要是靠形成 $CaO \cdot Fe_2O_3$ 或 $CaO \cdot SiO_2$ 而使球团固结。生成这些化合物的过程在温度达到 1000～1200℃时即已完成。继续加热生球，最初引起铁酸钙的熔化（1216℃），此后是二铁酸钙的熔化（1230℃），最后是硅酸钙的熔化（约 1540℃）。

在不同的原料和焙烧条件下，球团矿的这些固结形式可能会有几种同时发生，但将以一种固结方式为主。就球团矿的质量而言，以磁铁矿氧化后生成 Fe_2O_3 再结晶长大连接、辅以铁酸钙液相固结为最好，它使得球团矿具有强度高、还原性好的冶金性能。

根据以上分析和生产实践，在铁矿氧化球团生产中提出了“晶相为主体，液相作辅助，发展赤结晶，重视铁酸钙”的固结原则，要实现这一原则，在温度控制上总结了如下经验：“九百五氧化，一千二长大；一千一不下，一千三不跨”。

(3) 熔剂性球团固结形式 添加 CaO 熔剂，目的在于提高球团矿的碱度和强度。焙烧时 CaO 与 Fe_2O_3 反应，生成各种类型的铁酸钙，铁酸钙可显著加快晶体长大，在 1300℃以后，晶体长大更加明显，原因是铁酸钙的熔融加速了单个结晶离子的扩散，使晶体长大速度加快。

生产中熔剂的添加量在不断增大，除了提高球团矿强度，更重要的是为了改善球团矿的冶金性能。熔剂性球团矿在高炉中还原时，还原度较高。

含 CaO 熔剂性球团矿在高炉冶炼时，还原度高，但熔化和软化温度低，在球团核心部分产生一种低熔点的液态富 FeO 渣。当这些液态渣把球团矿的孔隙充满后，又通过这些孔隙渗到表面，在表面形成一层密实的金属外壳，阻碍气体向内部渗透。

MgO 熔剂性球团矿：目前熔剂性球团矿生产中，往往添加含 MgO 的物质，如白云石、蛇纹石和橄榄石等。MgO 熔剂性球团矿，其矿物组成为赤铁矿（部分磁铁矿）、铁酸钙、铁酸镁和渣相，各相的数量随碱度、MgO 含量及焙烧温度变化而变化。MgO 的赋存状态：MgO 大多数赋存于铁相中，少量赋存于渣相。因此，形成镁铁矿（$MgO \cdot Fe_2O_3$）和尖晶石固溶体［$(Mg, Fe)O \cdot Fe_2O_3$］。

碱度和焙烧温度很高时，MgO 易进入渣相，生成钙镁橄榄石，阻碍难还原铁橄榄石和钙铁橄榄石的形成。球团焙烧时软化温度提高，含 MgO 磁铁矿球团，在焙烧过程中，随着氧化的进行，铁离子的外扩散使空位形成，这些空位一部分被 Mg^{2+} 占据，稳定了磁铁矿晶格，随着 MgO 含量的增加，磁铁矿相增加。焙烧时，氧化速度很快，铁离子的扩散亦较快，相反镁离子扩散速度较低，尤其在低温情况下更为明显。在高温条件下，镁与铁离子扩散速度为同一数量级，镁离子向磁铁矿空位扩散，稳定磁铁矿相。

进入磁铁矿相的镁离子存有一临界值，超过此值即可稳定磁铁矿相。研究证实，在约1300℃的固结温度下，在晶粒中仅仅需要5%的MgO就能稳定磁铁矿的结构。由于MgO稳定了磁铁矿相，而磁铁矿相与浮氏体具有类似的晶格结构，在此还原阶段很少有应力产生，降低球团的膨胀率。在一般球团焙烧条件下，溶于氧化铁中的MgO将促进磁铁矿之间粘结，对于低温粉化的控制是有利的。

高镁熔剂性球团矿有如下优点：①有较高的还原度；②有较高的软化和熔融温度；③能降低高炉焦比；④提高高炉产量。

熔剂性球团矿生产中，往往添加含MgO的物质：白云石 [$CaMg(CO_3)_2$]；蛇纹石 [$(Mg,Fe,Ni)_3Si_2O_5(OH)_4$]；镁橄榄石（$Mg_2SiO_4$）。

8.2.5 球团矿矿物组成和显微结构

球团矿矿物组成比烧结矿简单：①生产球团矿的含铁原料品位高，杂质少，而且混合料的组分比较简单，一般只包含有一种铁精矿，最多也是两种，两种以上铁精矿的则很少。所以球团矿铁品位也较高，杂质较少。②与高碱度烧结矿相比，粘结剂添加量少。③焙烧气氛简单，自始至终为氧化气氛，焙烧过程主要是高温氧化和再结晶反应。

（1）酸性球团矿矿物组成（见表8-6） 赤铁矿80%～94%；独立存在二氧化硅，来自铁精矿；由于在氧化气氛中石英与赤铁矿不进行反应，所以一般可看到独立的石英颗粒存在，赤铁矿经过再结晶和晶粒长大连成一片。由于球团矿的固结以赤铁矿单一相固相反应为主，液相数量极少，这与二氧化硅含量相关。

表8-6 酸性球团矿主要矿物组成 单位：质量分数/%

TFe	SiO_2	赤铁矿	磁铁矿	钙铁橄榄石	铁酸镁	独立二氧化硅	玻璃质
61.24	5.34	79.45	0.43	5.61	4.16	1.81	4.14
62.19	5.03	80.13	1.56	4.85	3.74	1.78	3.82
65.06	2.53	89.75	1.23	1.76	1.96	1.63	2.83
66.43	3.83	91.43	0.42	1.65	1.54	2.36	2.00
66.38	1.98	92.13	0.81	1.05	0.72	0.76	2.78

酸性球团矿气孔呈不规则形状。多为连通气孔，全气孔率与开口气孔率的差别不大。这种结构的球团矿，具有相当高的抗压强度和良好的低温、中温还原性。以赤铁矿生产的酸性球团矿，以赤铁矿再结晶为主，气孔率25%左右。以磁铁矿生产的酸性球团矿，主要矿物成分为赤铁矿、少量未熔的脉石、硅酸盐矿物、未被氧化的磁铁矿。球团中心液相量大，强度/还原性无法得到保证。

用磁铁精矿生产的球团矿，如果氧化不充分，其显微结构将内外不一致，沿半径方向可分三个区域：a.表层氧化充分，和一般酸性球团矿一样。赤铁矿经过再结晶和晶粒长大，连接成片。少量未熔化的脉石，以及少量熔化了的硅酸盐矿物，夹在赤铁矿晶粒之间。b.中间过渡带主要仍为赤铁矿。赤铁矿连晶之间，被硅酸铁和玻璃质硅酸盐充填，区域里仍有未被氧化的磁铁矿。c.中心磁铁矿带，未被氧化的磁铁矿在高温下重结晶，并被硅酸铁和玻璃质硅酸盐液相粘结，气孔多为圆形大气孔。具有这样显微结构的球团矿，一般抗压强度低，因为中心液相较多，冷凝时体积收缩，形成同心裂纹，使球团矿具有双层结构，即以赤铁矿为主的多孔外壳，以磁铁矿和硅酸盐液相为主的坚实核心，中间被裂缝隔开。因此用磁铁矿生产球团矿时，必须使它充分氧化。

(2) 熔剂性球团矿矿物组成　矿物组成比较复杂，主要包括赤铁矿、铁酸钙、硅酸钙、钙铁橄榄石等，液相量较多，平均抗压强度较低。

对于自熔性球团矿，主要矿物是赤铁矿。铁酸钙的数量随碱度不同而异。此外还有少量硅酸钙。含 MgO 较高的球团矿中，还有铁酸镁，由于 FeO 可置换 MgO，实际上为镁铁矿，可以写成 $(Mg \cdot Fe)O \cdot Fe_2O_3$。

对于自熔性球团矿，当焙烧温度较低，在此温度下停留时间较短时，它的显微结构为赤铁矿连晶，以及局部由固体扩散而生成的铁酸钙。当焙烧温度较高及在高温下停留时间较长时，则形成赤铁矿和铁酸钙的交织结构。

铁酸钙在焙烧温度下可以形成液相，故气孔呈圆形。当有硅酸盐同时存在的情况下，铁酸盐只能在较低温度下稳定。1200℃时，铁酸盐在相应的硅酸盐中固熔，超过 1250℃，铁酸盐发生下列反应：

$$CaO \cdot Fe_2O_3 + SiO_2 \longrightarrow CaSiO_3 + Fe_2O_3$$

再结晶析出，铁酸盐消失，球团矿中出现了玻璃质硅酸盐。

与酸性球团矿相比，自熔性球团矿矿物组成较复杂。除赤铁矿为外，还有铁酸钙、硅酸钙、钙铁橄榄石等。焙烧过程中产生的液相量较多，故气孔呈圆形大气孔，其平均抗压强度较酸性球团矿低。

影响球团矿矿物组成和显微结构的因素：原料的种类和组成，焙烧工艺条件。主要是焙烧温度、气氛、高温下保持时间。球团矿的矿物组成和矿物结构，对其冶金性能影响极大。

8.3 影响球团焙烧过程的因素

影响球团焙烧固结的因素除了原料特性和生球质量以外，还包括生球尺寸及球团焙烧制度等方面。

8.3.1 焙烧温度

球团焙烧温度越低，焙烧过程中发生的物理化学反应就越慢，不利于球团的焙烧固结。随着焙烧温度的提高，磁铁矿氧化就越完全，赤铁矿与磁铁矿的再结晶与晶粒长大的速度就越快，焙烧固结的效果也逐渐显著。适当提高球团的焙烧温度，可缩短焙烧时间，提高球团矿的强度和质量（见图 8-26）。

焙烧温度提高，磁铁矿氧化程度增大。焙烧之初氧化进行较快，而后逐步减慢。在中等温度（400～578℃），氧原子和铁离子穿透 γ-Fe_2O_3 层的扩散常数较小，氧化速度大大受到阻碍。在较高的温度（664～673℃），随着铁矿的磁性变化而形成微观裂纹和结晶晶格缺陷，磁铁矿氧化进程加快。加热温度提高，扩散常数亦增大。温度高于 1050～1100℃，氧化速度开始下降。在 1300～1350℃时，在任何焙烧时间里，FeO 含量是相同的，氧化停滞。

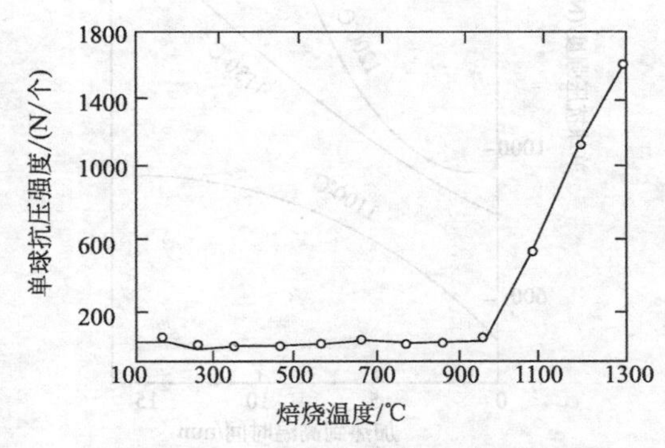

图 8-26　磁铁矿精矿球团强度与焙烧温度的关系

合适的焙烧温度也与原料条件有关，赤铁矿的焙烧温度比磁铁矿高，高品位精矿粉可以采用比低品位精矿粉更高的焙烧温度而不渣化。

从设备条件、设备使用寿命、燃料和电力

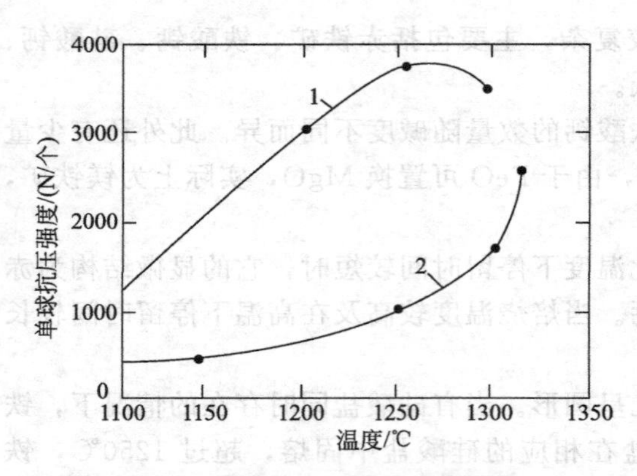

图 8-27 焙烧温度对球团强度的影响

1—磁铁矿球团；2—赤铁矿球团

消耗角度出发，应该尽可能选择较低的焙烧温度，因为高温焙烧设备的投资与消耗要高得多。然而降低焙烧温度也是有限制的，焙烧的最低温度应足以在生球的各颗粒之间形成牢固的连接。

酸性球团矿焙烧峰值温度高，熔剂性球团矿峰值温度较低，赤铁矿球团矿焙烧的温度要求比磁铁矿高。实际选择的焙烧温度，通常是兼顾各因素考虑的结果。在生产高品位、低 SiO_2 的酸性球团矿时，焙烧温度可达1300～1350℃；生产熔剂性磁铁矿球团时，焙烧温度范围是1150～1250℃；焙烧赤铁矿球团时，温度在1200～1300℃之间（图 8-27）。

8.3.2 加热速度

球团焙烧时的加热速度对球团的氧化、结构、常温强度和还原后的强度均能产生重大影响。通常认为，它比高温（1200～1300℃）保持时间对球团的影响更大，球团焙烧时的升温速度可以在57～120℃/min 的范围内波动。

（1）升温过快会使氧化反应难以进行或氧化不完全　快速加热时，生球中磁铁矿颗粒来不及全部氧化就达到软化或产生液相的程度。如果精矿中 SiO_2 含量偏高，在温度大于1000℃时，未氧化的 Fe_3O_4 和 FeO 会与 $2FeO \cdot SiO_2$ 产生共熔混合物，引起球核熔化，磁铁矿被液相所润湿，隔绝了与氧的接触，使球团内部的氧化作用停止，球团矿具有层状结构。

（2）升温过快会使球团产生差异膨胀　由于球团导热性不良，当升温过快时，使球团各层温度梯度增大，从而产生差异膨胀并引起裂纹。由于快速加热而形成的层状结构球团，在受热冲击和断裂热应力而产生的粗大或微小裂缝，往往以最高焙烧温度长时间保温（24～27min）也不能将其消除。因此，加热速度过快，球团强度变差（图 8-28）。

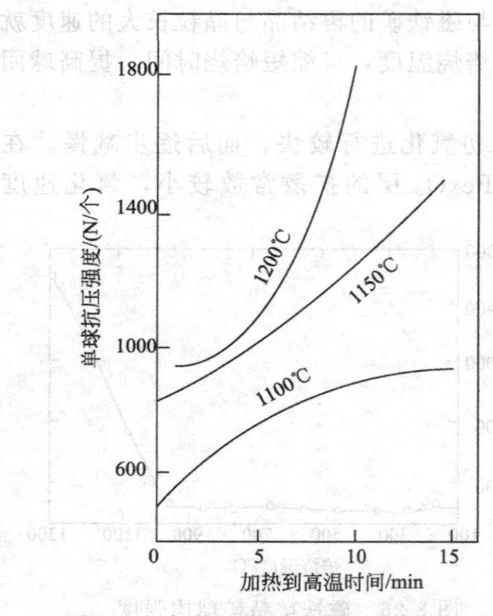

图 8-28 加热速度对球团矿强度的影响

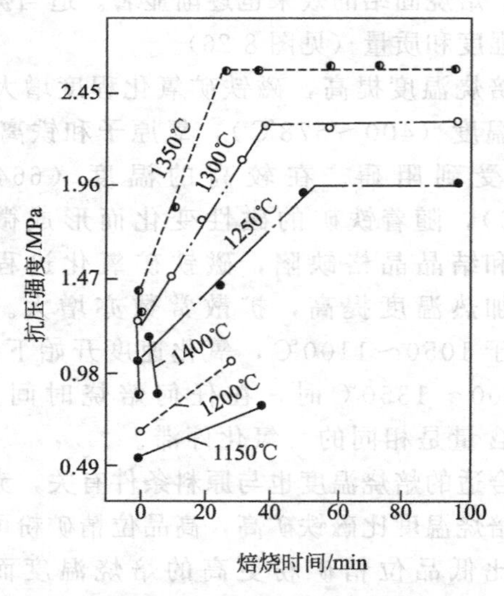

图 8-29 焙烧时间对赤铁矿球团抗压强度的影响

如图 8-28 所示，当球团矿加热速度减小到 57～80℃/min 时，在球团总的焙烧时间相同的条件下，高温焙烧时间缩短 10～16min，成品球团常温强度可增加 2.5～3.7 倍。

在最高焙烧温度为 1200℃时，单球常温强度可由 862N 增加到 2176N；最高焙烧温度为 1300℃时，可使单球常温强度由 882N 增加到 3234N。球团矿的加热速度还在很大程度上影响还原后的球团强度，在上述同样情况下，前者由单球 59N 增加到 735N，后者由单球 137N 增加到 892N。最适宜的加热速度，应由实验确定。例如精矿含 Fe66.5%，$SiO_2$14.4%，R 为 1.2 的熔剂性磁铁矿球团，其临界加热速度为 80～90℃/min。

8.3.3 焙烧时间

如图 8-29 所示，当温度小于 1350℃时，在一定的时间内，随着焙烧时间的延长，球团抗压强度升高，超过一定时间，则抗压强度保持一定值；有一个使抗压强度保持稳定的临界时间。在临界温度以内，焙烧温度越高，临界时间越短，抗压强度亦越大。达不到最适宜焙烧温度，即使长时间加热，也达不到最高抗压强度。

8.3.4 焙烧气氛

焙烧气氛的性质对生球的氧化和固结程度影响很大。焙烧气氛的性质以气流中燃烧产物的自由氧含量决定：氧含量大于 8%，为强氧化气氛；氧含量在 4%～8%之间，为正常氧化气氛；氧含量在 1.5%～4%时，为弱氧化性气氛；在氧含量为 1%～1.5%时，为中性气氛；氧含量小于 1%，为还原性气氛。

(1) 磁铁矿球团　气氛的氧化性对磁铁矿球团强度影响很大，当焙烧气氛中的氧含量为 3%～12%时，球团形成双重结构，强度有降低趋势。

有些磁铁矿（如 Fe 68.84%，FeO 8.92%，SiO_2 3.6%）球团，氧含量为 12%时，强度具有极大值。分析其 FeO 含量后可知，球团内不残留未氧化的核，球团强度在氧含量较高时的降低是由于孔隙率增高的缘故（图 8-30）。

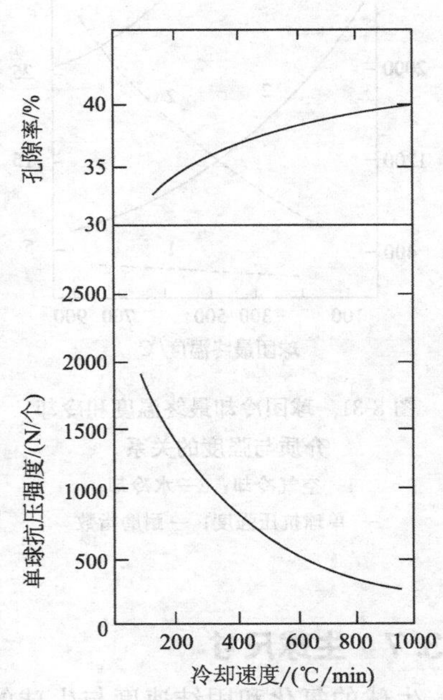

图 8-30　冷却速度与压缩强度和孔隙度的关系

(2) 赤铁矿球团　不同焙烧气氛对球团强度影响不大。

(3) 褐铁矿球团　在氮气、水蒸气、二氧化碳气氛中焙烧均能获得较高强度。随着氧含量的加大，球团强度反而降低，气孔率也随氧含量的增大而增大，从而影响球团强度。

氧化表面附近的含氧量对氧化程度有很大影响，使用纯氧时磁铁矿的氧化速度较之使用空气时的氧化速度快 10 倍以上。球团碱度提高可导致氧化度降低，焙烧过程中的气流速度对氧化度亦有明显影响。

焙烧气氛的性质与燃料有关。采用高发热值的气体或液体燃料时，可根据需要调节助燃空气与燃料的配比，从而灵活方便地控制气氛性质与焙烧温度，而用固体燃料时，则不具备这一优点。

8.3.5 燃料性质

使用液体或气体燃料时，由于加热速度、焙烧温度、废气速度和废气中氧含量等易于调节，焙烧也可以方便控制在氧化气氛中进行。因此，与固体燃料相比，可得到最好焙烧效果。

在熔剂性球团焙烧时，煤粉燃烧的还原性气氛严重地妨碍了 Fe_3O_4 的完全氧化。因此，对产生 $CaO \cdot Fe_2O_3$ 液相的固结形式极为不利。

焦粉作为固体燃料，除了着火温度比煤粉高之外，同样在燃烧时会妨碍磁铁矿颗粒的氧化，甚至使氧化作用完全停止。

8.3.6 球团冷却方式和冷却速度

炽热的球团矿运输和储存存在困难，必须进行冷却。同时，冷却是为了满足下步冶炼工艺的要求。球团矿冷却，将能有效地利用废气热能，节省燃料，如：被加热到750～800℃的热空气可返回均热带或作为二次助燃热风；被加热到300～330℃的热空气可作为干燥带的热介质或一次助燃热风。在带式焙烧机上，冷却时采用先鼓风后抽风的冷却方法，还可减少台车受高温的影响和强化冷却过程。球团的冷却速度与球的直径有关，研究证明冷却速度与球团直径 $D^{-1.4}$ 成正比。直径愈小冷却愈快。冷却速度是决定球团强度的重要因素。快速冷却将增加球团破坏的温度应力，降低球团强度。经过1000℃氧化和1250℃焙烧的磁铁矿球团矿，以从5℃/min（随炉冷却）到1000℃/min（用水冷却）的不同速度冷却到200℃，冷却速度为70～80℃/min时，球团强度最高。

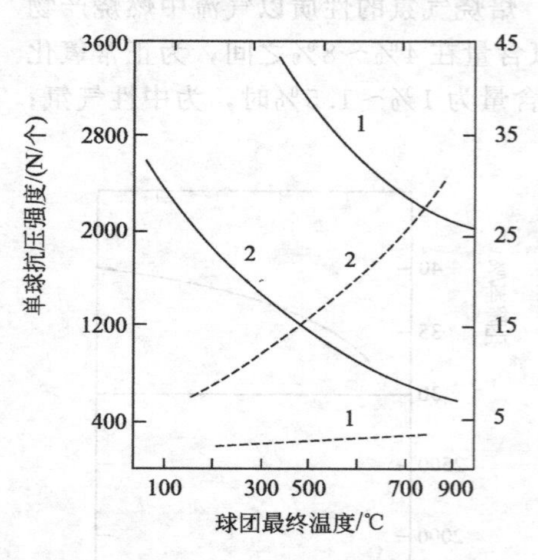

图 8-31 球团冷却最终温度和冷却介质与强度的关系

1—空气冷却；2—水冷却；

— 单球抗压强度；--- 耐磨指数

冷却速度超过最适宜值，抗压强度下降是由于球团结构中产生逾限应变引起焙烧过程中所形成的粘结键破坏所致，可由总孔隙率增加得以证明。以100℃/min的速度冷却时，球团强度与冷却的球团最终温度成反比。用水冷却时，球团抗压强度从单球2626N降至1558N，同时粉末粒级（0～5mm）含量增加3倍。为获得高强度的球团，应以100℃/min的降温速度冷却，进一步的冷却应该在自然条件下进行，严禁用水或用蒸气冷却。球团冷却最终温度和冷却介质与强度的关系见图8-31。

8.3.7 生球尺寸

生球的氧化和固结速度与生球的尺寸有关。球团矿的直径有最佳值，球的直径太小，由于比表面积大，相互剥磨厉害，所以转鼓强度差，球的直径太大，可能由于固结不好，转鼓强度也差。

赤铁矿生球焙烧的全部热量均需外部提供，由于生球的导热性较差，球尺寸不宜过大。在带式焙烧机上焙烧时，生球的尺寸显得更为重要，由于生球导热性差，若在较大的风速下进行焙烧，将导致部分热量随抽过的废气带走而损失掉。生球尺寸愈大氧气愈难进入球团内部，致使球团的氧化和固结进行得愈慢愈不完全。球团的氧化和还原时间与球团直径的平方成正比。带式机焙烧时，生球尺寸一般不应大于16mm，下限按冶炼要求不小于8～9mm。

球团直径与球团焙烧、球团质量之间的关系见图 8-32、图 8-33。直径为 10mm 的球团焙烧时间最短，直径 12mm 的球团所需冷却的时间最短。综合焙烧和冷却总的时间来看，11mm 的球所需要的时间最短。因为球径较大的，比表面积下降，则冷却速度慢，冷却需要的时间长；而球径很小的，则由于气流阻力增大所以冷却时间也长。

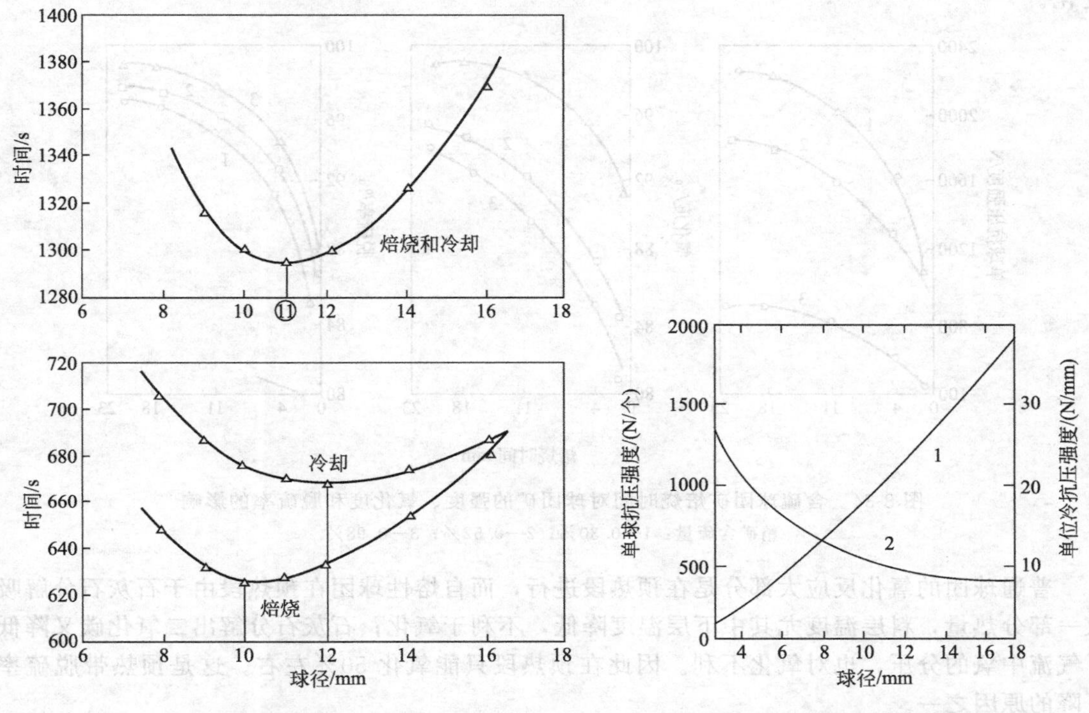

图 8-32 球团直径与焙烧和冷却时间的关系

图 8-33 抗压强度与球团直径的关系
1—冷抗压强度；2—单位冷抗压强度

研究表明，直径为 8mm 的生球焙烧单位热耗 1758kJ/kg；废气带走能耗 360kJ/kg；直径为 16mm 的生球焙烧单位热耗 1758kJ/kg；废气带走能耗 850kJ/kg。生球尺寸的减小，对造球、焙烧固结、节能降耗都有利，最有利尺寸为 10～12mm。

8.3.8 硫含量

精矿中硫含量偏高时，由于氧对硫的亲和力比氧对铁的亲和力大，故硫首先氧化，妨碍磁铁矿的氧化。含硫气体的力图外逸，隔断氧向球核的扩散，阻碍矿粒的固结。最终导致出现层状结构，其外壳呈氧化成了的赤铁矿，内核却是大量硅酸铁粘结相的磁铁矿。软化温度较之赤铁矿低，高温作用下内核发生收缩与外壳分离形成空腔，显著降低了球团的强度。根据测定，精矿中含硫量愈高，空腔尺寸就愈大。这种结构的球团在单球 980N 压力之下，其外壳即发生破裂，而核心则仍然完好无损，且具有较高的单球强度。

8.4 球团焙烧过程中有害杂质的去除

铁精矿中的硫，常以黄铁矿和磁黄铁矿的形态存在。因此脱硫过程首先是将 FeS_2 分解成 FeS（温度相当于 290～470℃），并将黄铁矿氧化生成赤铁矿和二氧化硫（温度相当于 330～590℃）。然而含硫高的铁精矿对生产自熔性球团会带来脱硫的困难。因为在 850～900℃时，石灰石分解成氧化钙。活性很大的氧化钙很容易与单体硫蒸气和二氧化硫蒸气互相作用而生成硫酸钙。这就使脱硫速度急剧减低。新生成的硫酸钙要在 1250℃的高温下停留 5～7min 才能分解。图 8-34 是不同原料和各种条件下脱硫率的变化。

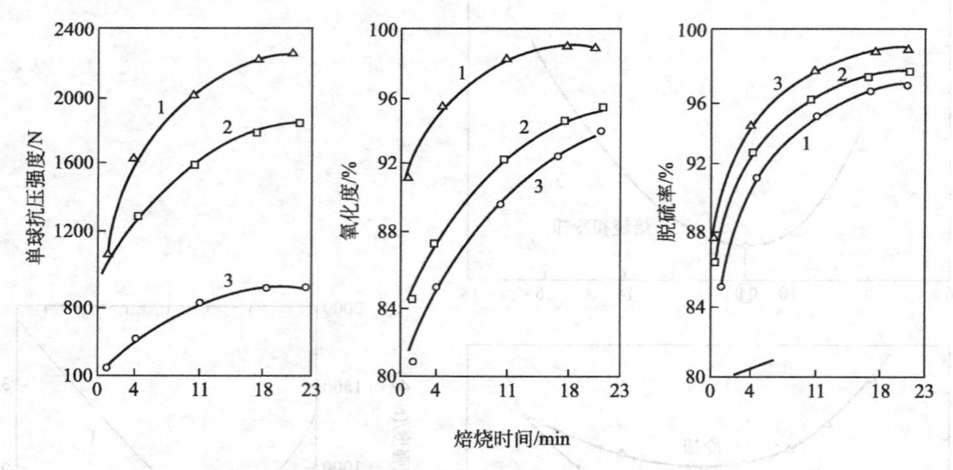

图 8-34 含硫球团矿焙烧时间对球团矿的强度、氧化度和脱硫率的影响

精矿含硫量：1—0.30%；2—0.52%；3—0.98%

普通球团的氧化反应大部分是在预热段进行，而自熔性球团在预热段由于石灰石分解吸收一部分热量，料层温度尤其中下层温度降低，不利于氧化；石灰石分解出二氧化碳又降低了气流中氧的分压，也对氧化不利。因此在预热段只能氧化 50%左右。这是预热带脱硫率下降的原因之一。

如果采用回转窑焙烧时，未充分分解的石灰石和未氧化完全的磁铁矿要在这里继续进行分解和氧化。这样从回转窑送入预热链箅机的废气含大量的二氧化碳和硫酸盐分解产生的二氧化硫，更加重了预热段氧化和脱硫的困难。

8.5 球团矿质量进步

我国球团生产近十几年来发展速度快，质量提高却不大，与国外球团矿质量相比存在着含铁品位低、SiO_2 含量高，膨润土配加比例大，粒度粗（8～16mm 粒级低于 85%）、表面粗糙不光滑，酸性球团 MgO 含量低，冶金性能差的问题。总的来说我国生产的球团矿质量不高，需要全方位改进球团的质量。现行的铁矿球团有了新的标准（GB/T 27692—2011），一级品粒级（10～16mm≥95%）、含铁品位大于 65%和 SiO_2 小于 3.5%，符合节能减排操作方针。要不断提高造球水平，球团生产首先要造好球，做到粒度均匀，表面光滑无裂缝。目前我国铁矿造球膨润土配加量高于 20kg/t 球，比国外先进指标 4～8kg/t 球高出一倍以上，应采取有机粘结剂或复合粘结剂的方案，大幅度降低膨润土配加量，达到低于 10kg/t 球。同时，应提倡大力发展 MgO 质酸性球团和熔剂性球团，改善球团矿的冶金性能，为高炉降低燃料比创造条件。因此，我们必须继续贯彻精料方针，提倡生产高品位（TFe≥65%）、低硅（SiO_2≤4%）和高镁（MgO≥1.5%）的优质球团。

1. 生球干燥机理是什么？
2. 生球干燥的目的是什么？
3. 球团焙烧的基本过程。
4. 磁铁矿球团氧化机理。
5. 影响生球爆裂温度的因素。
6. 磁铁矿球团固结的四种形式是什么？
7. 磁铁矿氧化对球团强度的影响是什么？
8. 简述提高生球破裂温度的途径。
9. 简述赤铁矿球团固结方式。

第9章 链箅机-回转窑球团工艺

球团生产应用较为普遍的工艺方法有竖炉球团法、带式焙烧机和链箅机-回转窑球团法（图 9-1）。竖炉球团法发展最早，一度发展很快，由于原料和产量的要求，设备大型化，相继发展了带式焙烧机和链箅机-回转窑球团法（表 9-1），本章主要对链箅机-回转窑球团法进行详细介绍。

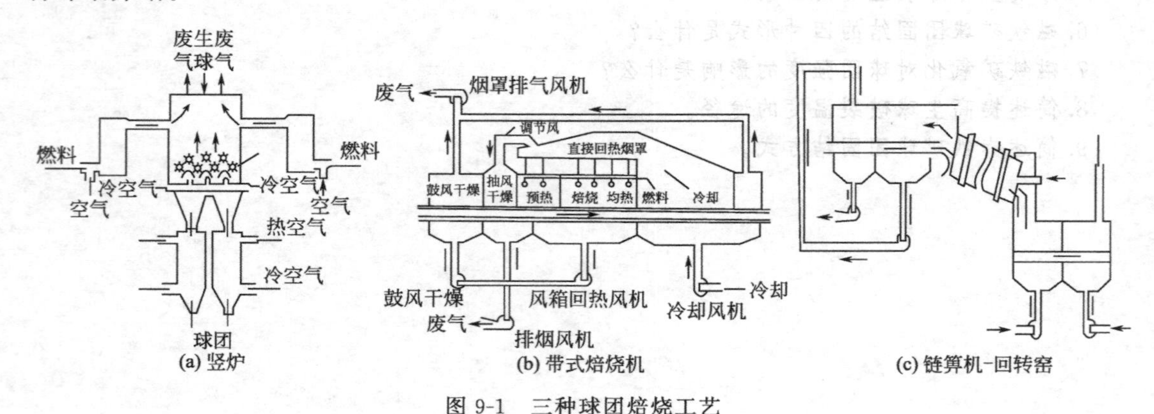

图 9-1　三种球团焙烧工艺

表 9-1　三种球团焙烧设备的主要优缺点

设备名称	优　点	缺　点
竖炉	设备简单，对材质无特殊要求，操作维护方便，热效率高，投资少，建设周期短，产品质量不稳定	单机生产能力小，最大的为 50 万吨/a，加热不均匀，对原料适应性差，主要为磁铁矿，适用气体燃料能耗高
链箅机-回转窑	设备简单、焙烧均匀，单机生产能力大，达 400 万吨/a，磁铁矿和赤铁矿混合精矿不适应单一赤铁矿，可使用天然气、重油、煤粉等燃料	设备多，干燥预热、焙烧和冷却需分别在三台设备上进行
带式焙烧机	设备简单、可靠，操作维护方便，热效率高，单机生产能力大，达 500 万吨/a，产品质量较好，对各种球团原料的适应性好，对各种燃料适应性好	电耗高，需要耐热合金钢较高

9.1　链箅机-回转窑球团工艺

链箅机-回转窑球团法是一种联合机组生产球团矿的方法（图 9-2、图 9-3）。它的主要特点是生球的干燥预氧化、预热球的焙烧固结、焙烧球的冷却分别在三个不同的设备中进行；作为生球脱水干燥和预热氧化的热工设备——链箅机，它是将生球布在慢速运行的箅板上，利用环冷机余热及回转窑排出的热气流对生球进行鼓风干燥及抽风干燥、预热氧化，脱除吸附水或结晶水，达到足够的抗压强度（300～500N/个）后直接送入回转窑进行焙烧；回转窑焙烧温度高，且回转，所以加热温度均匀，不受铁矿石种类的限制，可以得到质量稳定的球团。

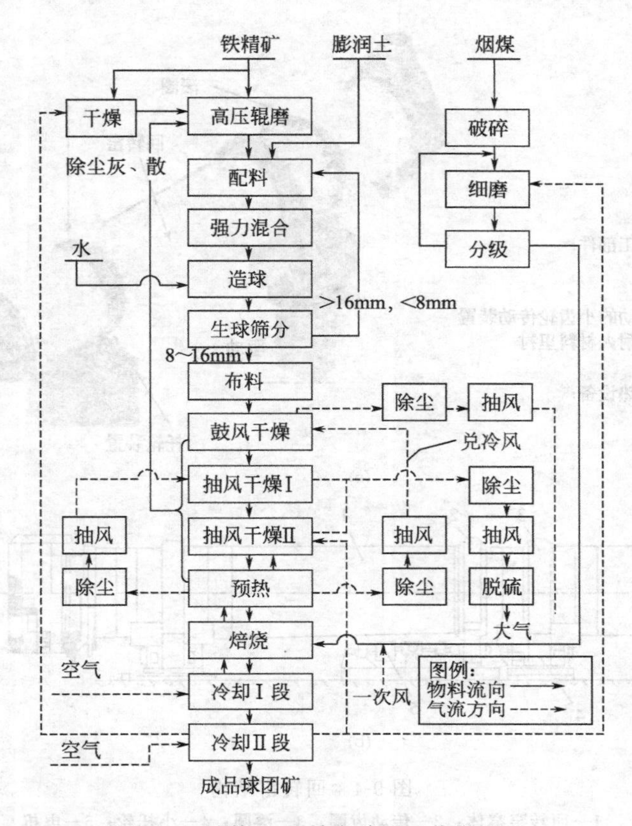

图 9-2　链算机-回转窑球团工艺流程

工艺流程自铁精矿接受开始至成品球团矿输出为止，包括精矿的细磨、干燥、配料、混合、造球、生球筛分及布料、生球干燥及预热、氧化焙烧、冷却、成品球团矿堆存和输出等主要工序。

链算机-回转窑工艺可采用气体燃料、液体燃料和固体燃料，视当地条件而定。精矿干燥可 100％以高炉煤气或系统冷却段热废气为热源，焙烧用燃料为煤粉、天然气、焦炉煤气或与高炉煤气组合型。

9.1.1 回转窑

回转窑是一个在卸料末端有一个烧嘴的柱形炉，在链算机内经过预热的球团进入回转窑，进一步氧化固结成为高强度的成品球团矿。回转窑主要由筒体，窑头，窑尾密封装置，传动装置，托轮支承装置（包括挡轮部分），滑环装置等组成。筒体由两组托轮支承，靠一套大齿轮及悬挂在其上的柔性传动装置、液压马达驱动筒体旋转，在窑的进料端和排料端分别设有特殊的密封装置，防止漏风、漏料。在进出料端的筒体外部，用冷风冷却，以防止烧坏筒体及缩口圈和密封鳞片，回转窑结构如图 9-4 所示。

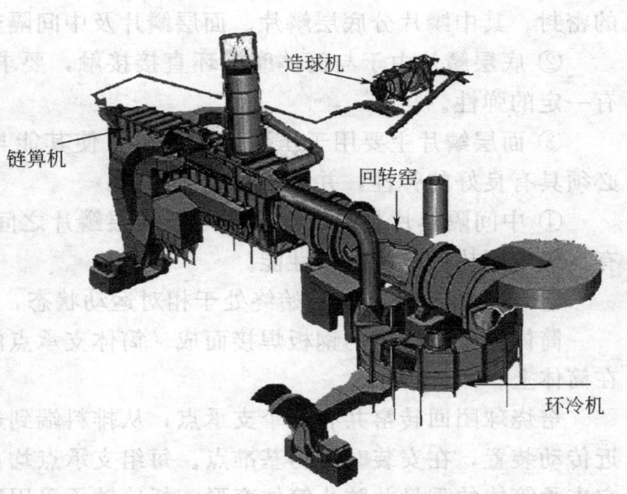

图 9-3　链算机-回转窑球团法系统

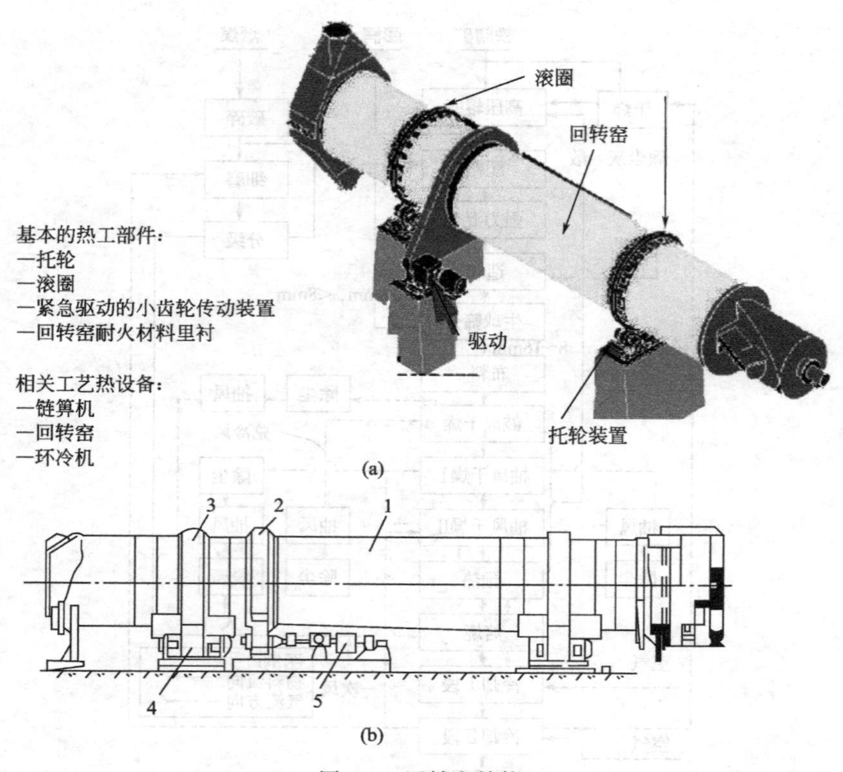

图 9-4　回转窑结构

1—回转窑窑体；2—传动齿圈；3—滚圆；4—小托轮；5—电机

窑尾密封装置由窑尾罩、进料溜槽及鳞片密封装置组成，用于联接链箅机头部与回转窑筒体尾部，组成链箅机与回转窑的料流通道。窑头密封装置由窑头箱及鳞片密封装置组成，主要用于联接回转窑头部与环冷机给料斗，由回转窑筒体来的焙烧球团矿，进入窑头箱后通过其下方的固定筛，由给料斗给到环冷机台车上进行冷却。头、尾密封的形式采用鳞片式密封，结构简单，安装方便，重量轻，且成本相对较低，主要结构特点：

① 通过固定在头、尾部灰斗上的金属鳞片与旋转筒体上摩擦环的接触实现窑头及窑尾的密封。其中鳞片分底层鳞片、面层鳞片及中间隔热片。

② 底层鳞片由于与筒体摩擦环直接接触，要求其有较好的耐温性能及耐磨性能，并具有一定的弹性。

③ 面层鳞片主要用于压住底层鳞片，使其能与筒体摩擦环紧密接触而达到密封效果，必须具有良好的弹性，并能耐一定的温度。

④ 中间隔热片是装在底层鳞片与面层鳞片之间的，主要是起隔热作用，能耐高温，并有良好的隔热性能及柔软性能。

⑤ 筒体摩擦环与鳞片始终处于相对运动状态，必须耐高温，且具有耐磨特性。

筒体由不同厚度的钢板焊接而成。筒体支承点的滚圈是嵌套在筒体上的，并用挡铁固定在筒体上。

焙烧球团回转窑共有两个支承点，从排料端到进料端分别标为 No1、No2；其中 No2 靠近传动装置，在安装时定为基准点。每组支承点均由嵌在筒体上的滚圈支承在两个托轮上，它支承筒体的重量并防止筒体变形。托轮轴承采用滚动轴承，轴承由通向轴承座内的冷却水来冷却。筒体安装倾斜角度 2.5°～3.0°，由推力挡轮来实现窜窑时筒体的纵向移动。推力挡轮是圆台形，内装有四个滚动轴承。No1、No2 支撑装置附设液压系统，用于自动控制窜窑，以实现滚圈与托轮的均匀磨损。

回转窑传动方式有两种：电机-减速机传动方式和柔性传动方式。

电机-减速机传动方式由于安全性差、噪声大，新设计的回转窑一般不予采用。柔性传动装置提供回转窑的旋转动力，它通过装在大齿轮上的连杆与筒体连接而使筒体转动。主要由动力站、液压马达及悬挂减速机等组成。液压马达压杆与扭力臂联接处采用关节轴承，压杆座采用活动绞接，以补偿因热胀（或窜窑）引起的液压马达与基础之间的各向位移。传动部分的开式齿轮副及悬挂减速机中的齿轮副采用干油通过带油轮进行润滑；悬挂装置轴承则由电动干油系统自动供脂润滑。

窑内温度一般用热电偶来测量。热电偶滑环装置用于将热电偶的测温信号送到主控仪表室进行监控，以作为温度控制的重要依据。一般在回转窑筒体的中部设测温点，热电偶滑环装置带有两根以上滑环，其中一根备用。

回转窑是一个尾部（给料端）高，头部（排料端）低的倾斜筒体。球团在窑内滚动瀑落的同时，又从窑尾向窑头不停地滚动落下，最后经窑尾排出，球在窑内的焙烧过程是一个机械运动、理化反应与热工的综合过程，比竖炉、带式机焙烧球团皆显得复杂，是焙烧球团质量较后两者均匀的原因的所在。回转窑工作方式见图 9-5。

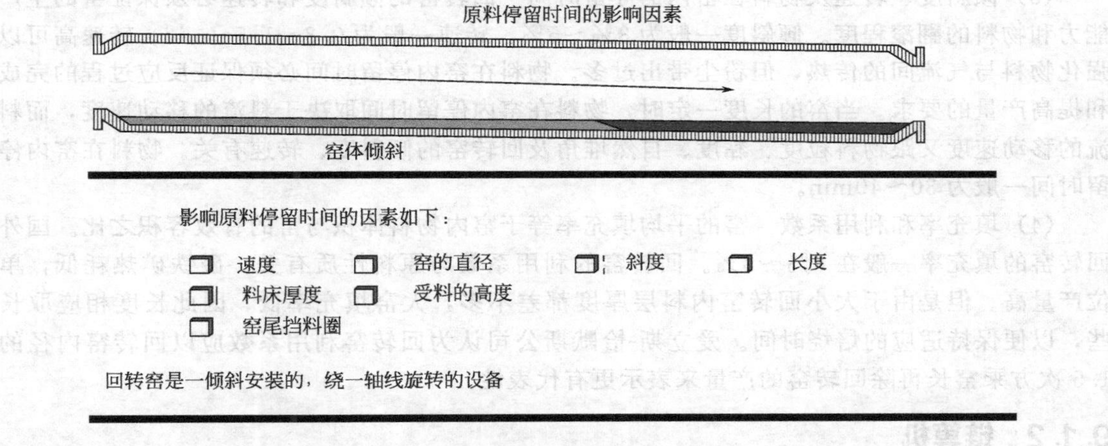

图 9-5　回转窑工作方式

回转窑的设备工艺参数：

(1) 长径比　长径比（L/D）是回转窑的重要参数。长径比的选择要考虑到原料性质、产量、质量、热耗及整个工艺要求，应保证热耗低、供热能力大、能顺利完成一系列物理化学过程。此外还应提供足够的窑尾气流量并符合规定的温度要求，以保证预热顺利进行。

生产氧化球团矿时常用的长径比为 6.4～7.7，早期为 12，近几年来，长径比已减少到 6.4～6.9。长径比过大，窑尾废气温度低，影响预热，热量容易直接辐射到筒壁，使回转窑筒壁局部温度过高，粉料及过熔球团粘结于筒壁造成结圈。长径比适当小些，可以增大气体辐射层厚度，改善传热效率，提高产量、质量和减少结圈现象。

① 原料在受料端慢慢被预热到焙烧区的温度；

② 通过回转窑窑头烟罩处的烧嘴，燃料燃烧产生火焰。

常规的回转窑窑头点火见图 9-6。

① 位于回转窑窑头处的一个烧嘴；

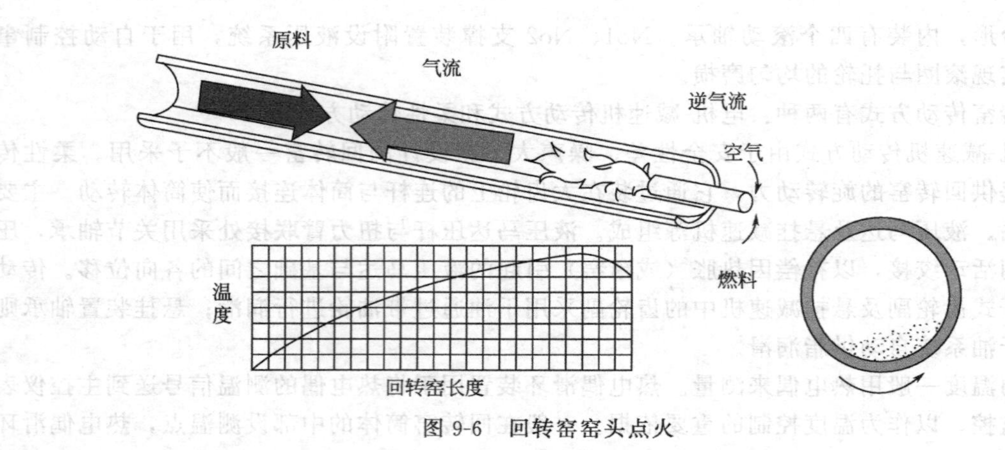

图 9-6 回转窑窑头点火

② 高温区在火焰的附近，通过火焰加热气体。

（2）内径和长度　美国爱立斯-恰默斯公司计算回转窑尺寸的方法：在回转窑给料口处的气流速度设计时取 28～38m/s，按此计算出给矿口直径，加上两倍的回转窑球层的厚度，得出回转窑的有效内径和选定的长径比即可求出有效长度。

（3）倾斜度、转速及物料在窑内的停留时间　回转窑的倾斜度和转速必须保证窑的生产能力和物料的翻滚程度。倾斜度一般为 3%～5%，转速一般为 0.3～1.5r/min。转速高可以强化物料与气流间的传热，但粉尘带出过多。物料在窑内停留时间必须保证反应过程的完成和提高产量的要求。当窑的长度一定时，物料在窑内停留时间取决于料流的移动速度，而料流的移动速度又跟物料粒度、黏度、自然堆角及回转窑的倾斜度、转速有关。物料在窑内停留时间一般为 30～40min。

（4）填充率和利用系数　窑的平均填充率等于窑内物料体积与窑的有效容积之比。国外回转窑的填充率一般在 6%～8%。回转窑的利用系数与原料性质有关。磁铁矿热耗低，单位产量高。但是由于大小回转窑内料层厚度都差不多，大窑填充率低，因此长度相应取长些，以便保持适应的焙烧时间。爱立斯-恰默斯公司认为回转窑利用系数应以回转窑内径的 1.5 次方乘窑长再除回转窑的产量来表示更有代表性。

9.1.2 链箅机

链箅机是将含铁球料布在慢速运行的箅板上，利用环冷机余热及回转窑排出的热气流对生球进行鼓风干燥及抽风干燥、预热、氧化固结，而后直接送入回转窑进行焙烧，链箅机上产生的粉料，由灰斗收集后再次返回配料系统循环利用。链箅机是在中低温和高温环境中工作的一种热工设备，主要零、部件采用耐热合金钢；对高温段（600℃以上）——预热段及抽风段上的托辊轴、传动主轴及铲料板支撑梁采用通水冷却措施，以延长使用寿命。头部卸料采用铲料板装置和排灰设施。

链箅机的核心是运行部分，由驱动链轮装置、从动链轮装置、侧密封、上托辊、下托辊、链箅装置及拉紧装置等组成。驱动链轮装置安装在链箅机头部，链轮轴上装有 6 个等间距的链轮。轴承采用滚动轴承，该轴承座设计成水冷式，同时侧板采用耐热内衬隔热。主轴为中间固定，两端可自由伸长，轴心部采用通水冷却，如图 9-7 所示。

链箅机侧密封包括静密封和动密封。静密封固定在链箅机的骨架上。动密封由链箅装置的侧板所形成，侧板置于上滑道的上方，与滑道形成一个滑动密封。因侧板孔为长孔，故侧板能上、下移动，以补偿因磨损带来的间隙。同时静密封每隔一段距离有一观察孔，侧密封用两种材质做成，一种是耐热钢，用于预热段，抽风干燥Ⅱ段；另一种为普通材质，用于抽

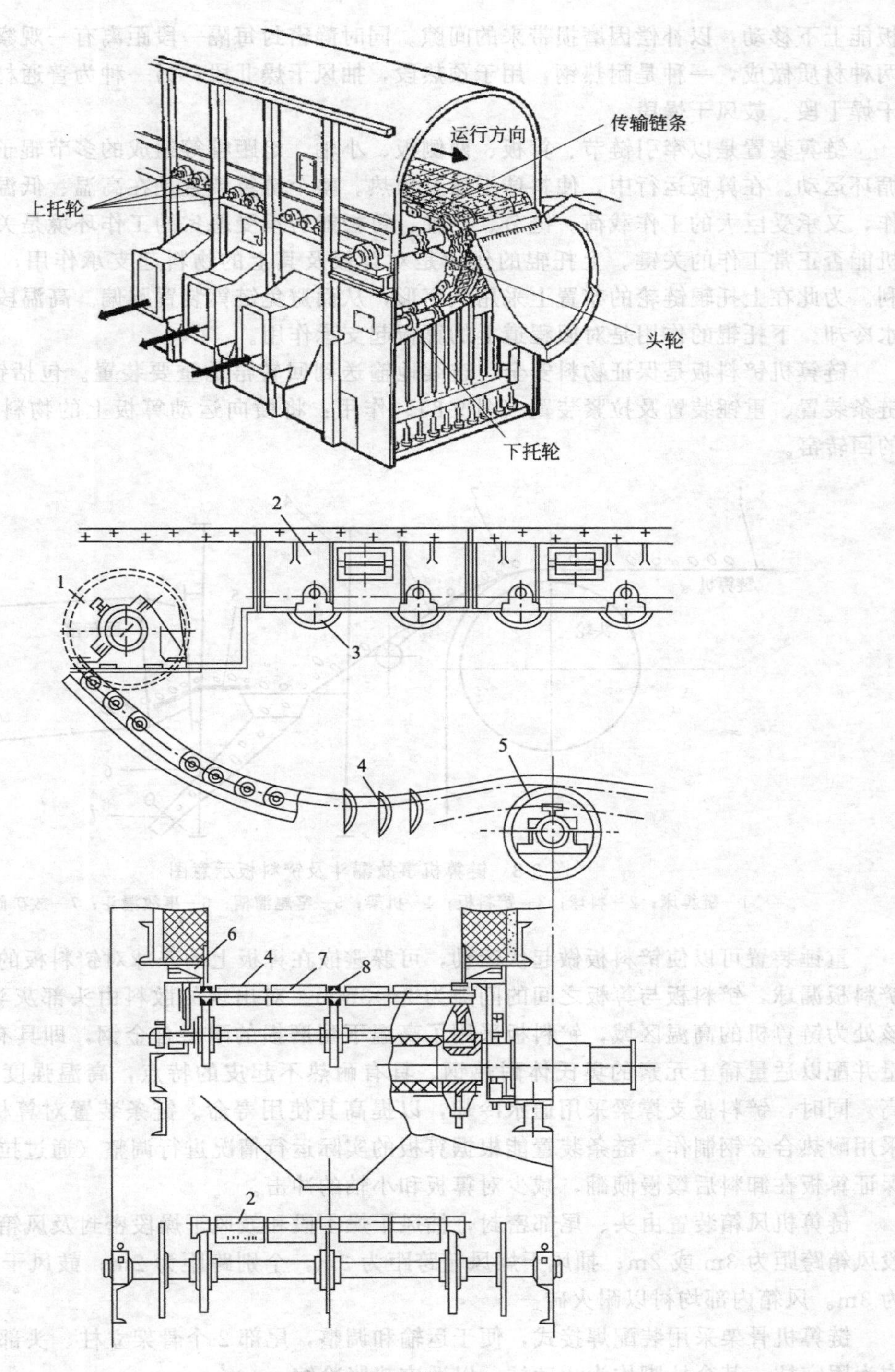

图 9-7 链箅机

1—传动链轮；2—侧挡板；3—上部托轮；4—链板；5—下部托轮；
6—侧挡板；7—链板连接轴；8—连接板

风干燥Ⅰ段、鼓风干燥段。

链箅机侧密封包括静密封和动密封。静密封固定在链箅机的骨架上。动密封由链箅装置的侧板所形成，侧板置于上滑道的上方，与滑道形成一个滑动密封。因侧板孔为长孔，故侧板能上下移动，以补偿因磨损带来的间隙。同时静密封每隔一段距离有一观察孔，侧密封用两种材质做成，一种是耐热钢，用于预热段，抽风干燥Ⅱ段；另一种为普通材质，用于抽风干燥Ⅰ段、鼓风干燥段。

链箅装置是以牵引链节、箅板、两侧板、小轴、定距管等组成的多节辊子链，呈带状做循环运动。在箅板运行中，使料球干燥及预热。整个链箅装置是在高温、低温交变环境下工作，又承受巨大的工作载荷。链节、小轴、箅板能否承受恶劣的工作环境是关系到整台链箅机能否正常工作的关键。上托辊的作用是对箅板及其上的物料起支承作用，保证其运行顺利。为此在上托辊链轮的布置上采用人字形，从而避免链箅装置跑偏。高温段上托辊轴为通水冷却。下托辊的作用是对回程道上的箅板起支承作用。

链箅机铲料板是保证物料安全、连续地输送到回转窑的重要装置。包括铲料板及支承、链条装置、重锤装置及拉紧装置（图 9-8）。作用：将横向运动箅板上的物料送入回转运动的回转窑。

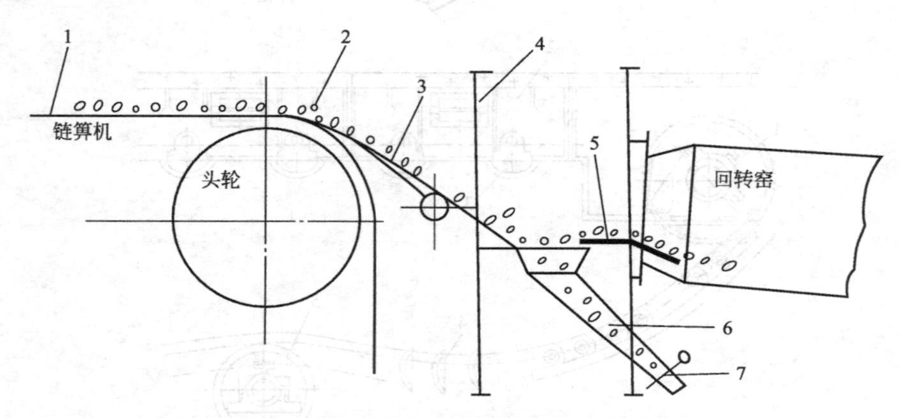

图 9-8　链箅机事故漏斗及铲料板示意图

1—链箅床；2—料球；3—铲料板；4—机架；5—窑尾溜槽；6—事故漏斗；7—放矿阀

重锤装置可以使铲料板做起伏运动，可躲避嵌在箅板上的碎球对铲料板的顶啃，可防止铲料板漏球，铲料板与箅板之间的间隙为 2～3mm。对出现的散料由头部灰斗收集并排出。该处为链箅机的高温区域，铲料板采用了高温下耐磨损的耐磨合金钢，即具有高 Cr、Ni 含量并配以适量稀土元素的奥氏体耐热钢。具有耐热不起皮的特点，高温强度与韧性都相当高。同时，铲料板支撑梁采用通水冷却，以提高其使用寿命。链条装置对箅板起导向作用，采用耐热合金钢制作，链条装置能根据箅板的实际运行情况进行调整（通过拉紧装置调整），保证箅板在卸料后缓慢倾翻，减少对箅板和小轴的冲击。

链箅机风箱装置由头、尾部密封，抽风干燥Ⅰ段和鼓风干燥段密封及风箱所组成。预热段风箱跨距为 3m 或 2m；抽风干燥风箱跨距为 3m，个别跨距为 2m；鼓风干燥段风箱跨距为 3m。风箱内部均衬以耐火砖。

链箅机骨架采用装配焊接式，便于运输和调整，尾部 2 个骨架立柱、头部 2 个骨架立柱均为固定柱，其余柱脚均为活动柱，以适应热胀冷缩。

链箅机下部灰斗装置的作用是收集散料。收集的散料通过灰箱出口落入工艺运输带上并被带走。

链箅机润滑系统为电动干油集中润滑，对链箅机轴承进行定时、定量供脂。链箅机润滑系统分为头部电动干油集中润滑系统和尾部电动干油集中润滑系统。

链箅机-回转窑法的生球在链箅机上利用从回转窑出来的热废气进行鼓风干燥、抽风干燥和抽风预热。其干燥预热工艺可按链箅机炉罩分段和风箱分室分类。按链箅机炉罩分段可分为：二段式，即将链箅机分为两段，一段干燥和一段预热；三段式，即将链箅机分为三段，两段干燥（第一段又称脱水段）和一段预热；四段式，即将链箅机分为四段，一段鼓风干燥、两段抽风干燥和一段抽风预热（图 9-9）。

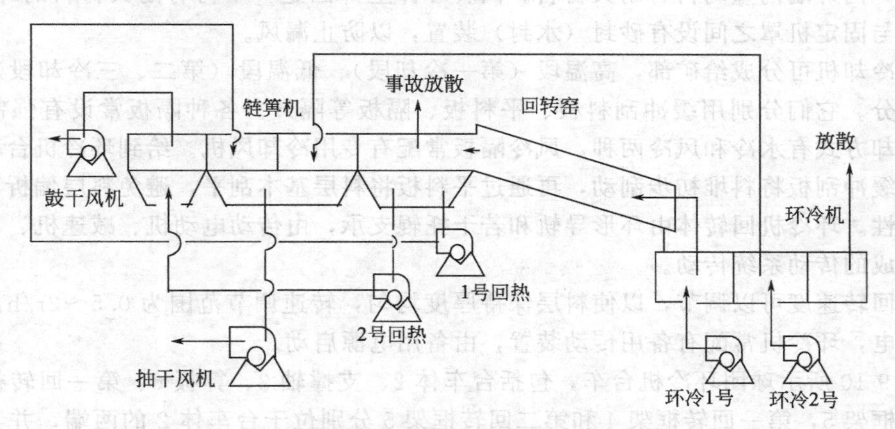

图 9-9 武钢程潮链箅机-回转窑球团风流系统图

按风箱分室又可分为：二室式，即干燥段和预热段各有一个抽风室，或者第一干燥段有一个鼓风室，第二干燥段和预热段共用一个抽风室；三室式，即第一和第二干燥段及预热段各有一个抽（鼓）风室。

链箅机处理的矿物不同，其利用系统也不同。链箅机利用系数一般范围：赤铁矿、褐铁矿为 25～30t/(m²·d)，磁铁矿为 40～60t/(m²·d)。链箅机的有效宽度与回转窑内径之比为 0.7～0.8，多数接近于 0.8，个别为 0.9～1.0。

链箅机的有效长度可以根据物料在链箅机上停留时间（干燥预热氧化）长短和机速决定。

链箅机的规格用其宽度与有效长度来表示。

链箅机的生产能力：

$$Q=60BH\gamma V \qquad \text{或} \qquad Q=24SK$$

式中 Q——链箅机小时产量，t/h；

B——链箅机有效长度，m；

H——料层厚度，m；

γ——球团堆密度；

V——机速，m/min；

S——链箅机有效面积，m^2；

K——利用系数，$t/(m^2 \cdot d)$。

链箅机是利用环冷机余热及回转窑排除的热气流对生球进行鼓风干燥及抽风干燥、预热氧化，送入回转窑焙烧，其工艺参数如链箅机长度及各段分配比例、干燥和预热的时间、要求的风量、风温和风速等，必须通过多次试验结合原料特性确定和优化。

以下为根据工业生产中链箅机的工作特点，模拟链箅机的结构和主要技术参数，利用程潮铁矿自产磁铁精矿，研究得到了的最佳生球的料层厚度、干燥温度、预热温度及风速等工艺参数。采用三段二室抽鼓相结合的干燥预热制度：链箅机料层厚度在 200～230mm 之间。鼓风干燥段：干燥温度 200℃，干燥时间 3min，风速 1.5m/s；抽风干燥段：干燥温度 400℃，干燥时间 6min，风速 1.5m/s；预热段：预热温度 950℃左右，预热时间 10min，风速 1.5m/s，烟气含氧量不低于 11%～12%。

9.1.3 环式冷却机

环式冷却机由支架、台车、导轨、风机、机罩及传动装置等组成。环式冷却机是一个环状槽形结构，由若干可翻转的台车组成环形工作表面，环形式中车两侧围有内外墙，构成环形回转体，内外墙内壁均衬有耐火材料。回转环体上部固定一个衬有耐火材料的环形机罩。回转环体与固定机罩之间设有砂封（水封）装置，以防止漏风。

环式冷却机可分成给矿部，高温段（第一冷却段）、低温段（第二、三冷却段）和排矿部等几部分。它们分别用缓冲刮料板、平料板、隔板等隔开。各种隔板常设有强制冷却措施，其冷却方式有水冷和风冷两种，风冷隔板常配有专用冷却风机。给到环冷机台车上的球团，先经缓冲刮板将料堆初步刮动，再通过平料板将料层基本刮平，避免料层偏析，以改善透气均匀性。环冷机回转体由环形导轨和若干托辊支承，由传动电动机、减速机、小齿轮和大齿轮组成的传动系统传动。

环体回转速度可以调节，以使料层保持厚度均匀，转速调节范围为 0.5～2r/h。为了应急事故停电，环冷机常配有备用传动装置，由备用电源启动。

如图 9-10 所示球团环冷机台车，包括台车体 2、支撑轴 3、箅板 6、第一回转框架 4 和第二回转框架 5，第一回转框架 4 和第二回转框架 5 分别位于台车体 2 的两端，并与装设于台车体 2 上的支撑轴 3 相连；第一回转框架 4 和第二回转框架 5 的下面装有球团环冷机的行走轨道 8；第一回转框架 4 和第二回转框架 5 上均装设有台车栏板 1；台车体 2 上的箅板结构为可拆卸的箅板 6；箅板 6 与台车体 2 通过连接件 7 连接。当台车体 2 上的箅板 6 有部分损坏时，只需拆卸损坏的箅板 6，并换上新的箅板 6，球团环冷机台车又可继续运行。球团环冷机台车的运动通过传动机构 10 和摇臂机构 9 来控制。第一回转框架 4 与传动机构 10 相连，第一回转框架 4 在传动机构 10 的作用下带动球团环冷机台车在水平面上作圆周运动；支撑轴 3 在第二回转框架 5 的一端还设有伸出段 31，伸出段 31 与摇臂机构 9 相连，摇臂机构 9 用来控制台车体 2 的装料和卸料，Ⅰ为密封。

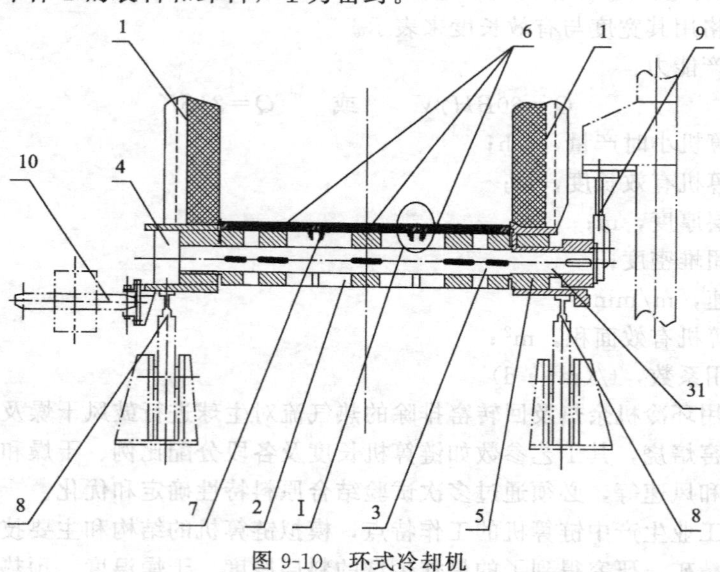

图 9-10 环式冷却机

环冷机的卸矿是在台车运行至卸矿曲轨（台车行车轮的导轨成向下弯曲的曲线段）时，尾部向下倾斜 60°角，边走边卸，卸完矿以后又走到水平轨道上，台车恢复到水平位置后又重新装料。另一种常用卸矿方式，在台车内侧装有一摇臂和辊轮，辊轮上部有压轨。在卸料区，压轨向上弯曲，当台车摇臂辊轮到A处时，辊轮脱离压轨，因台车偏重向下翻转，台车边卸矿边随环形转动框架前进，当遇到下部导轮时，即将台车托平强迫辊轮导入压轨，台车复位后又重新装矿（如图9-11所示）。

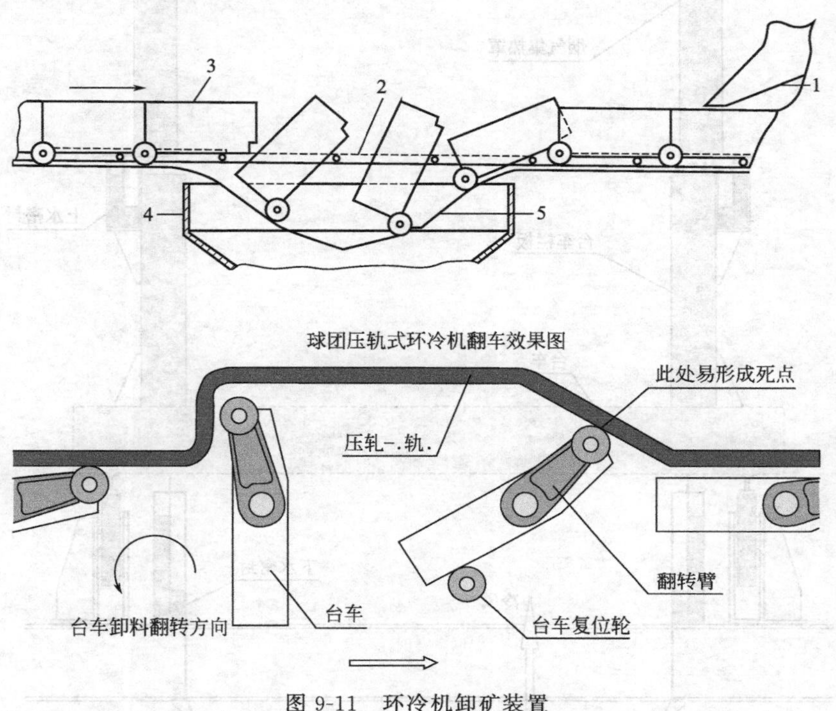

图9-11　环冷机卸矿装置

1—溜槽；2—传动架；3—台车；4—矿槽；5—曲轨

环冷机各段组成部分（包括内墙、外墙、隔墙、风罩等）均为钢制结构，视所承受的工作温度高低，衬以不同的耐火材料。日本加古川球团厂环冷耐火材料使用情况如表9-2所示。

表9-2　环冷耐火材料使用情况

耐火材料	使用地点	工作温度/℃
黏土质耐火砖	给矿部拱板	高温1000～1200
	回转环体侧壁	
	给矿部侧壁	
	绕冲刮板	
	平料板	
隔热耐火砖	隔墙侧板	高温1000～1200
黏土浇注料	内外墙固定板	高温约1000
	格筛溜槽	
	固定机罩顶部	
	回转窑二次风管	

环冷机设有密封装置的地方有两处：①回转体与固定机罩之间：常采用的有砂封、水封和耐热橡皮密封。②风箱与转动框架（回转环体）之间：由于环冷却机一般采用鼓风冷却，风箱温度低所以通常采用橡皮密封（图9-12）。

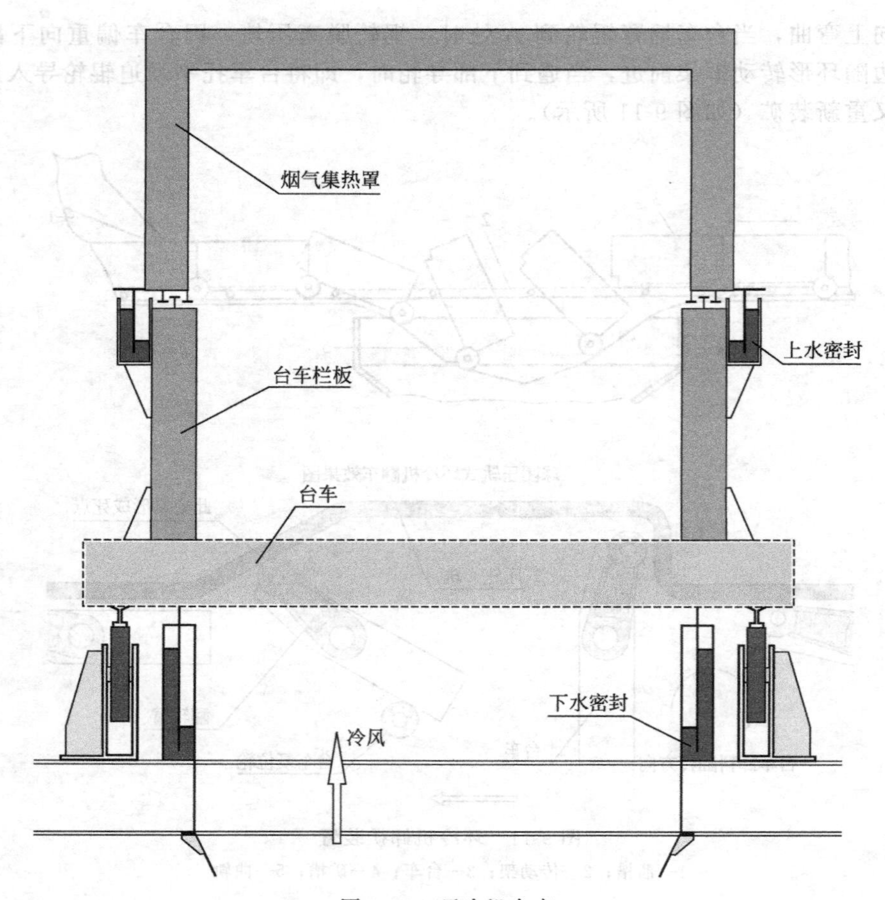

图 9-12　环冷机台车

环式冷却机的规格主要用平均直径（即环冷机的直径）和台车的宽度来表示。目前国外链算机-回转窑机组球团厂中最小环冷机（美国享博尔特厂）平均直径为 7.72m，台车宽度为 1.3m，最大的环冷机（美国蒂尔登厂）平均直径为 20.10，台车宽度为 3.10m（见表 9-3）。

表 9-3　部分球团厂环冷机工艺参数

厂　名	料层厚度/mm	冷却时间/min		风机风量/(m^3/min)	风机压力/kPa	风速/(m/s)	单位风量/(m^3/t)		球团最终温度/℃
		设计	实际				设计	实际	
享博尔物			623×2	2540	0.8	1794			
巴物勒	760	38	30			1.3	2011	1574	～120
亚当斯		60		2435×2		1.2	2104		
邦　格				5730×2			2292		
蒂尔登	762	28	27	10320×2	7340	2.0	2250	2190	65～68
诺布湖	760	26	26						
冯迪多拉	760	34	34	3481×2	6000	1.7	2139		
程潮球团	760	45	42	3000/2667	5880/5390	1.0	1888	1650	150

环冷机的能力通常按下式计算：

$$Q=60BH\gamma V$$

式中　Q——环冷机的处理能力，t/h；

B——台车宽度，m；

H——料层厚度，m；

V——环冷机台车移动的平均线速度，m/min；

γ——球团堆密度，t/m²。

环冷机台车速度（V，m/min）按下式计算：

$$V=\frac{\pi da}{t}=\frac{A}{tB}$$

式中　d——环冷机平均直径，m；

a——台车面积利用系数，一般取.074；

t——球团在台车上的停留时间，min；

A——环冷机台车有效面积，m²。

环冷机的有效面积（m²）计算公式：$A=\pi dBa$

环冷机转速一般按下式计算：$n=60V/\pi d$

环冷机工作时，1200℃左右的球团从回转窑卸到冷却机上进行冷却。目前各国链箅机-回转窑球团厂，除比利时的克拉伯克厂采用带式冷却机（21.0mm×3.48mm）外，其余均采用环式冷却机鼓风冷却。日本神户钢铁公司神户球团厂和加古川球团厂除用环式鼓风冷却外，还增加了带式抽风冷却机。环冷机分为高温冷却段（第一冷却段）和低温冷却段（第二冷却段），中间用隔墙分开。料层厚度为500～762mm，冷却时间一般为26～30min，每吨球团矿的冷却风量一般都在2000m³ 以上。

9.2　链箅机-回转窑球团工艺控制

9.2.1　烘炉和试车

烘炉的目的：炉体（耐火材料）结构不受或尽量少受到损坏，就必须使炉体在不同的温度阶段正常完成其物理、化学过程，使耐火材料不同的物理、化学反应阶段有适宜的温度及必要的保持时间和适宜的加温速度。

耐火材料升温过程中都有以下几个阶段：

重力水的蒸发：要控制在100℃或略高100℃时完成。

结晶水的脱除：控制在300℃左右完成。

碳酸盐的分解：控制在500～600℃范围内完成。

结晶相的转变：控制在800～900℃范围完成。

耐火材料的矿物组成，在高温条件下，发生高温化学反应或结晶转变（晶格常数也同时发生变化——体积发生变化），很多高温反应或晶格转换具有可逆性质，烘炉时必须为这种反应的顺利进行创造条件。耐火材料的导热性能一般均较差，隔热材料则更甚。另外炉体的耐火砌筑层一般都有相应的厚度，要使炉体的砌筑层得到均匀的受热，热量的传导就需有足够的时间。

炉子急剧升温，当升温速度大于耐火材料热传导速度时，就必然会使砌筑层内外温差很大，产生很大的热应力，当热应力大于耐火材料的结构强度时，造成耐火材料强度的破坏而炸裂，甚至炸裂成碎片。因此科学地烘炉操作是非常重要的。

烘炉所用热源一般无特殊要求，如煤气、热风、木柴、煤、重油和电热均可，但必须能够控制升温速度，避免局部过热。

窑衬砌筑完毕后，自然养生两天，养生期间窑门全开，开启链箅机放散阀，回转窑每两小时转 1/4 圈。

链箅机侧墙、拱顶、回转窑内衬、环冷机内衬、各通风管道全部为新耐火材料，为保证浇注料中的水分均匀缓慢地蒸发，防止水分过快蒸发造成捣打料剥落，对链箅机、回转窑、环冷机进行木柴烘炉，时间控制在 24h 之内。点位分别为：链箅机预热段，干燥段，窑内间隔 5～7m 各 1 堆，堆高 2～3m；环冷机冷却段各一堆。关闭窑门，开链箅机放散阀。

严格按耐火材料的升温制度规定升温，设备问题影响时，按时间顺延。木柴烘炉结束后，正式点火时窑中热电偶在正上方，点火 12h 后，关闭链箅机放散，开抽干风机，待回转窑停止喷油并达到规定温度时，再启动除尘系统。点火 30h 内，回转窑每小时转 1/3 圈；30h 后，进行慢速连续转窑，窑中温度在 600℃以上时进行转窑，窑速为 0.3r/min。某回转窑烘炉升温曲线如图 9-13 所示。

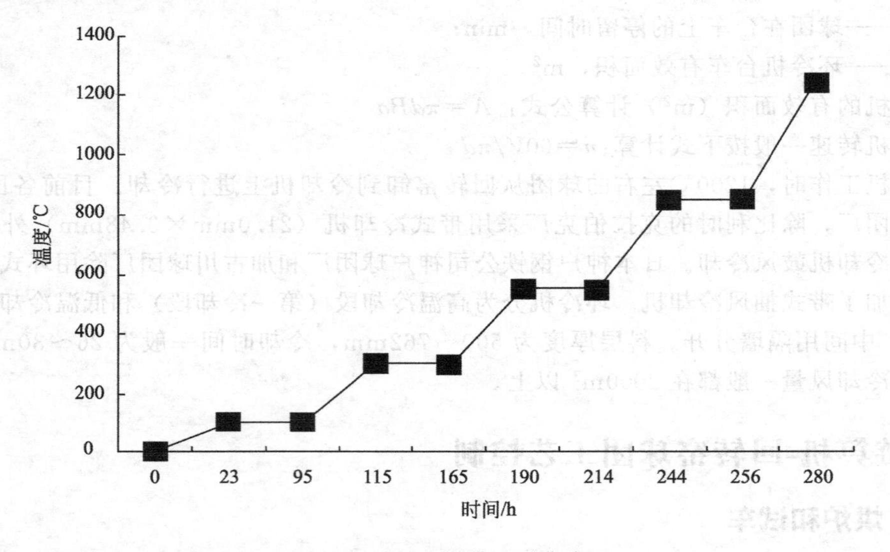

图 9-13 回转窑烘炉升温曲线图

抽风干燥一段烟罩温度 200℃时，链箅机连续慢转。点火前，打开放散。并通知制煤间开始制煤。在升温过程中，尽早实现油煤混喷，当窑中温度达到 1000℃以上时，根据温度需要，适当减低油压，及时调整煤枪的内外风量，将火焰温度移到窑中。

9.2.2 工艺过程

（1）精矿干燥　当造球用铁精矿水分偏高时（如磁铁精矿水分≥9.0%），造球效果差，生球质量难以满足链箅机-回转窑球团生产的要求，必须使铁精矿水分降低到合适的水平，如磁铁精矿 8%左右，精矿干燥的目的是利用环冷机热废气或其他热源，将精矿烘干，为提高造球效率作保障。

（2）高压辊磨　当造球用铁精矿粒度粗，比表面积小（≤1000cm²/g），一般采用高压辊磨工艺或润磨工艺，进一步改善磁铁精矿颗粒表面形状、表面粗糙度、表面塑性和亲水性，提高比表面积，改善精矿粒度，为改善物料成球性、提高生球强度作保障。

（3）造球　控制生球质量，分析质量波动原因，根据物料变化，调整造球机工艺参数；按照生产要求准确控制造球机台时能力。

（4）布料　链箅机布料是链箅机-回转窑球团生产控制最重要的环节之一，布料厚度达不到要求（一般为 180～220mm），不仅生产产量难以达到设计要求，还可能导致链箅机箅床长期在较高温度下运行，降低了使用寿命，甚至烧坏箅板；布料不均或断料，将可能使部分箅床直接暴露在高温下，造成热风偏抽，风机入口风温不稳定，影响了风机的使用效果。厚料部分生球得不到充分干燥和预热，球团质量不均匀，入窑粉末量增加。

（5）生球干燥、预热　生球干燥、预热过程控制的目的是使生球得到充分干燥，通过均匀预热使干球得到一定的强度，稳定干球焙烧质量。生球布到链箅机上后依次经过干燥段和预热氧化段，脱除各种水分，磁铁矿氧化成赤铁矿，球团具有一定的强度，然后进入回转窑。这个转运就是链箅机-回转窑系统的一个最薄弱的环节。预热球破碎，易造成回转窑结瘤或结圈，所以要求预热球具有一定机械强度。

窑尾废气达1000～1100℃，通过预热抽风机抽过球层。如果废气温度低于规定值，可在链箅机预热段用辅助热源补充加热。

温度过高或出事故时，用预热段烟囱放散调节。由预热段抽出的热风经除尘后，与球冷机低温段的热风混合，温度调到250～400℃，送往抽风或鼓风干燥段以干燥生球，废气经除尘、脱硫、脱硝等环保工序处理后，再经除尘等环保作业后排入大气。

（6）链箅机的热工制度　根据处理的矿石种类不同而不同。预热温度一般为1000～1100℃，但矿石种类不同，其预热温度也有所差异，磁铁矿在预热过程中氧化成赤铁矿，同时放出大量的热，生成Fe_2O_3连接桥而提高其强度。赤铁矿不发生放热反应，需在较高温度下才能提高强度，因此赤铁矿球团预热温度比磁铁矿球团高。

（7）焙烧固结　在链箅机-回转窑法中，球团的焙烧固结在回转窑内进行。生球在链箅机上经干燥（脱水）、预热受到初步固结，获得一定强度后即通过给料溜槽进入回转窑内进行焙烧固结。回转窑内的主要焙烧热源来自窑头烧嘴喷入的火焰及环冷机第一冷却段的热气流（燃烧用二次空气）。球团在回转窑内主要是受高温火焰以及窑壁暴露面的辐射热的焙烧；同时，由于球团料随着回转窑体的回转而不断瀑落滚动，使球团之间，球团与所接触的窑壁之间进行着热传递；此外，由于回转窑内的工艺气流逆料流方向从料面流过而对球团料层对流传递（图9-14）。

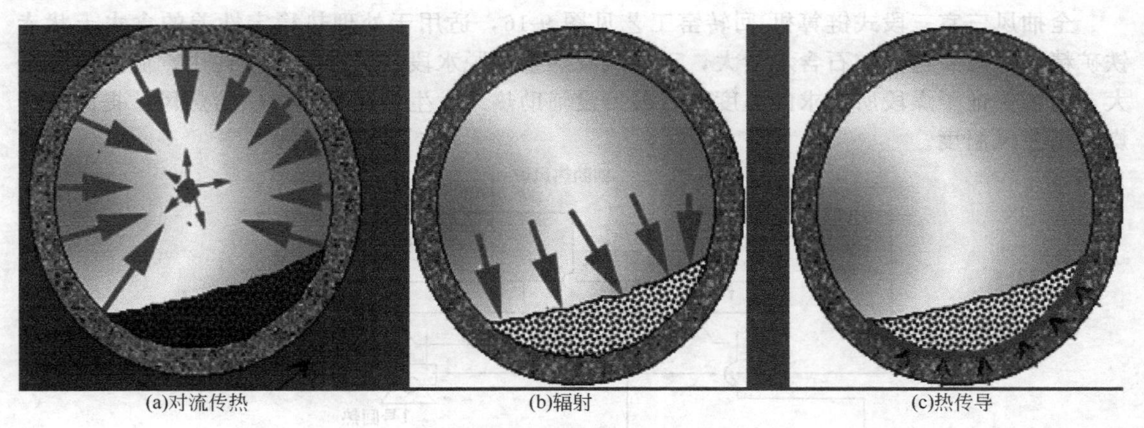
(a)对流传热　(b)辐射　(c)热传导

图9-14　回转窑内传热方式

（8）球团矿冷却　焙烧好的球团从窑头排出，经过设在窑头罩下部的格筛剔除脱落的结圈块之后给到冷却机上进行冷却，在冷却过程中球团内剩余部分（约25%）全部氧化为赤铁矿。回转窑排出的焙烧球温度在1250～1300℃，与冷却空气接触进行热交换，球团热量被冷却空气流带走，冷却到适宜皮带输送的温度（60℃以下）。与链箅机-回转窑配套通常采用环冷式冷却机，国外也有在环冷机之后还增加一台简易带式（抽风）冷却机的（如日本的神户和加古川球团厂）。环式冷却机用中间隔墙分为高温段、中温段和低温段，高温段排出的废气温度较高（1000～1100℃），作为二次助燃风给入回转窑。低温段排出的废气温度较低（400～600℃）采用回热系统供给链算机炉罩，作为干燥球团热源。第三段热废气干燥精矿。为了提高冷却效果要求料层保持均匀、稳定、透气性好。焙烧球团不应有较多的碎粉，否则不仅降低料层透气性，还会因碎粉熔融而使球团粘连成块，因此要求球团焙烧充分。

（9）冷却控制要求　球团矿冷却过程控制的目的是进一步提高球团矿物理强度，有效降低亚铁含量，使球团矿各种理化指标达到质量标准要求，温度达到输送要求。必须按规定的冷却控制参数要求，及时调整环冷鼓风机风量，保证各冷却段达到正常冷却温度。如出现红球较多的情况，要立即对环冷机鼓风机风量进行合理调整，保证球团矿均匀冷却，使球团矿冷却温度和质量达到标准要求。

9.2.3　链箅机-回转窑工艺形式

武钢程潮链箅机-回转窑-环冷机球团生产线风系统循环图见图 9-15，链箅机设计的为三室四段式，包括鼓风干燥段、抽干一段、抽干二段和预热氧化段。

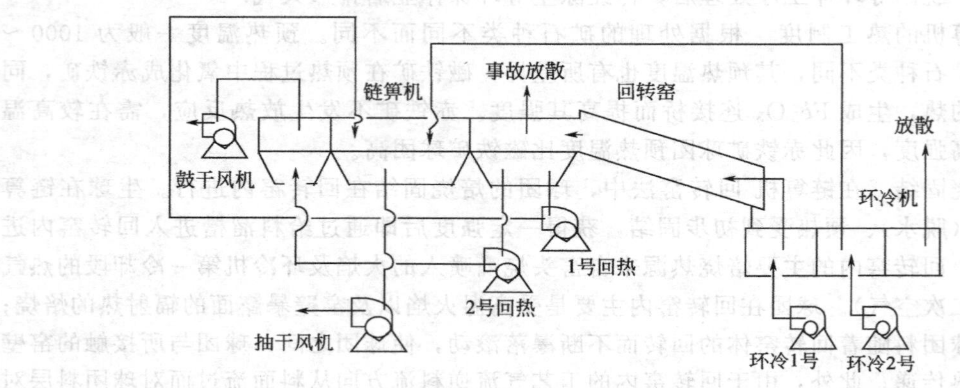

图 9-15　三室四段式

全抽风三室三段式链箅机-回转窑工艺见图 9-16，适用于处理热稳定性差的含水土状赤铁矿精矿球团。这类矿石含水量大，工艺风流热量在脱水段就已经被大量耗用，温度下降很大，为了保证干燥段所要求的温度，就需另设辅助热风发生炉往干燥段供给热风，提高（干燥）工艺风温度。

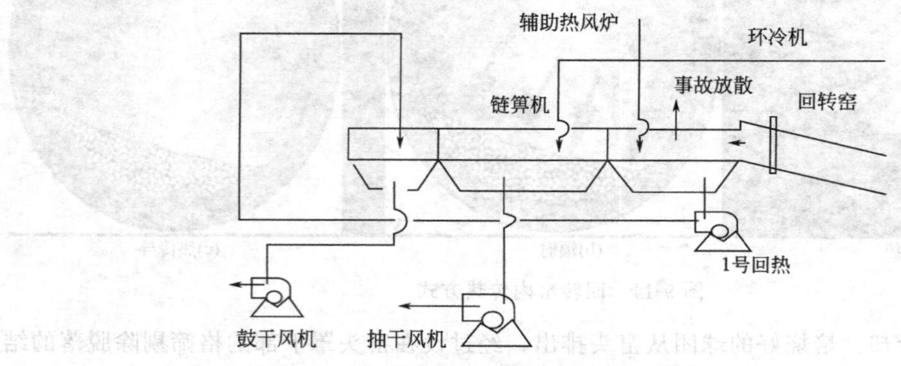

图 9-16　全抽风三室三段式

全抽风二室二段式链箅机气体循环流程见图 9-17，世界上第一座链箅机-回转窑球团厂——美国行博尔球团厂（A-C 公司设计）就是这种类型，最初用于处理浮选赤铁精矿球团。后来在预热段增设一个旁通管以保证预热温度，它可以用于处理磁铁精矿球团，磁铁矿的氧化大部分能在链箅机上完成。

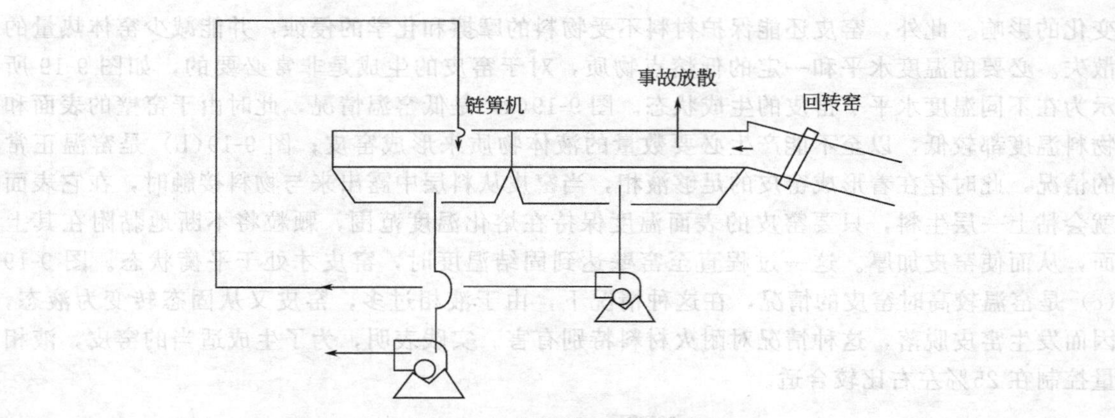

图 9-17　全抽风二室二段式

鼓风-抽风二室三段式（见图 9-18），第一段干燥采用鼓风的目的是避免抽风干燥中气流循环所引起的球层过湿碎裂。有些专家则认为由于链箅机采用的是薄料层操作，一般没有必要采用鼓风干燥，只有在处理塑性较大（含物理水）的生球时才有必要采用鼓风干燥循环。

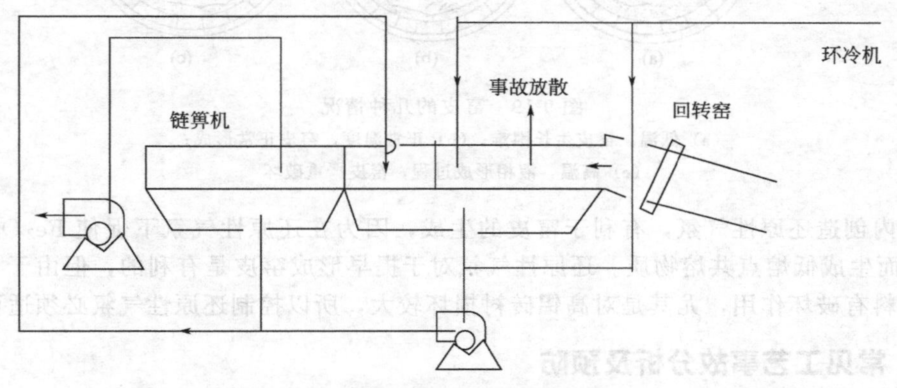

图 9-18　鼓风-抽风二室三段式

9.2.4 回转窑开炉

回转窑点火就是用引火物将焙烧燃料（柴油、煤气）引燃，使回转窑进入工作状态。点火用的物料有木柴、棉纱、废油、发生炉煤气等。其中以棉纱废油点火成本最低，操作简单，每次只需 2～3kg 棉纱废油。木柴点火每次却需要 300～1000kg，发生炉煤气点火则需要专门设备。

点火后即送入易燃烧燃料，并打开第一道烟囱。窑内温度逐渐升高，当窑内温度达到300℃左右时，打开加热风机，若回转窑烧煤粉，此时则送入煤粉并逐步减少气体或液体燃料的供应。然后让窑温缓慢地上升，并隔一定时间使回转窑做一定角度的转动。如此逐步升温，逐渐增加回转窑的转动量直至正常回转。

回转窑的升温速度和衬料的物理化学特性变化有极密切的关系，升温速度过快，由于衬料各部位膨胀不均，极易引起衬料的碎裂，因而会缩短衬料的使用寿命。反之，升温过慢虽然对保护衬料很有利，但对生产却会产生不利的影响。所以，每一个回转窑都应根据自身衬料的特性制订出一个合理的升温曲线，并根据这一升温曲线的要求缓慢而均匀地升温。

窑皮是在生产中由液相或半液相转变为固体熟料和粉料颗粒时在窑壁上形成的一种黏附层。窑皮形成以后对衬料起到保护作用，使其免受高温作用和回转窑每转一周所引起的温度变化的影响。此外，窑皮还能保护衬料不受物料的摩擦和化学的侵蚀，并能减少窑体热量的散失。必要的温度水平和一定的低熔点物质，对于窑皮的生成是非常必要的，如图 9-19 所示为在不同温度水平下窑皮的生成状态。图 9-19(a) 是低窑温情况，此时由于窑壁的表面和物料温度都较低，以至不能产生必要数量的液体物质来形成窑皮；图 9-19(b) 是窑温正常的情况，此时存在着形成窑皮的足够液相，当窑皮从料层中露出来与物料接触时，在它表面就会粘上一层生料，只要窑皮的表面温度保持在熔化温度范围，颗粒将不断地黏附在其上面，从而使窑皮加厚。这一过程直至窑壁达到固结温度时，窑皮才处于平衡状态。图 9-19 (c) 是窑温较高时窑皮的情况，在这种情况下，由于液相过多，窑皮又从固态转变为液态，因而发生窑皮脱落，这种情况对耐火材料特别有害。实践表明，为了生成适当的窑皮，液相量控制在 25%左右比较合适。

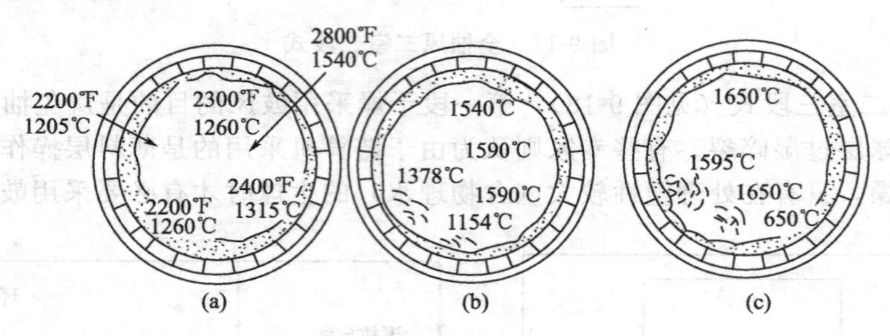

图 9-19 窑皮的几种情况

(a) 低温，窑皮生长困难；(b) 正常温度，窑皮正常形成；

(c) 高温，液相形成过程，窑皮严重破坏

在窑内创造还原性气氛，有利于窑皮的生成，因为在还原性气氛下促使 Fe_2O_3 还原成 FeO，进而生成低熔点共熔物质。还原性气氛对于提早形成窑皮是有利的，但由于 CO 对部分耐火材料有破坏作用，尤其是对高铝砖衬损坏较大，所以控制还原性气氛必须适可而止。

9.2.5 常见工艺事故分析及预防

9.2.5.1 造球过程中事故处理

(1) 处理停机、停水事故　在运转过程中，如造球盘突然停电要及时停止圆盘给料，如圆盘给料机停电，则将盘内料往外甩 3～5min 再停。在运转过程中，如突然停水要根据盘内来料水分及时调整小料量，如来料水分过小无法成球时，要立即停盘。

(2) 断水、断料的预防及处理　当发现球盘断水后，要根据来矿水分实际情况及时调整下料量，如来料水分过小形不成合格球时，要立即停盘。当发现断料时，首先检查圆盘下料口有无卡物，然后启动电振，振打料仓仓壁，并与供料系统联络。

(3) 造球操作过程中异常现象的处理方法　生球粒度偏大时，检查圆盘下料量是否正常，有无卡块现象，如有要及时处理，发现棚仓要及时开启电振器，造球增加下料量；检查原料水分是否正常，根据水分大小，调整盘内加水量，若以上两种方法还不能使粒度恢复正常就进行调整角度，缩短生球在盘内的停留时间。

物料不出造球盘，盘内物料运动轨迹不清时：

① 检查盘下料量是否增多，适当调整下料量；

② 适当增加盘内加水量；

③ 检查原料皂土配比是否正常，及时调整；

④ 检查底刮刀是否完好，底料床是否平整。

造球时盘内物料不成球：

① 检查物料的粒度是否合适，粒度大时，延长成球时间。

② 检查球盘转速是否过快，若快要降低转速。

③ 检查水分是否适宜，加水位置是否正常。

④ 检查膨润土配加量是否适宜，多时减皂土，少时加皂土。

9.2.5.2　回转窑事故

回转窑的热工制度根据矿石性质和产品种类确定，窑内温度一般为1300～1350℃。自熔性氧化镁球团矿，焙烧温度为1250℃。

球团生产中，北美多用天然气作燃料，其他国家多用重油或气、油混合使用。燃料燃烧所需要的二次空气，一般来自冷却机高温段，风温约1000℃左右。回转窑烧煤可能引起窑内结圈，如果选择适宜的煤种，采用复合烧嘴，控制煤粉粒度（－0.074mm占80%以上）及火焰形状，控制给煤量等可以防止窑内结圈。

据不完全统计，我国目前已建有90条大小不同的链篦机-回转窑生产线，回转窑结圈是普遍存在的一个问题。

每到球团生产现场，都能看到排除结圈清出的大垢块，有的在回转窑窑尾可见到火红的大块在回转窑内翻转，不同程度影响着生产，为了清理排除结圈，每次停窑检修过程还会有上百吨欠烧的粉色球在现场堆放，这无论对链箅机-回转窑工艺的产率和能耗都是一个很大的损失（图9-20）。

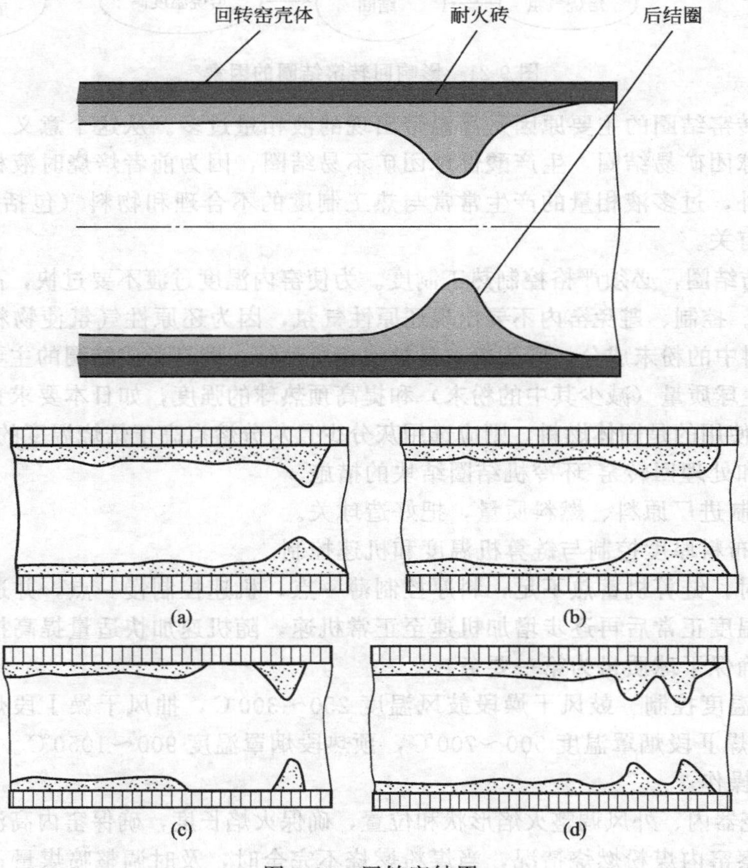

图9-20　回转窑结圈

(a) 断面呈三角形；(b) 断面呈梯形；(c) 与“窑皮”断开的圈；(d) 双道圈

回转窑结圈结块的原因主要是粉末和局部高温，产生粉末和局部高温的原因很多，但归根到底是链箅机-回转窑工艺尚未达到数字控制的时代，急需完善工艺技术和检测手段，使生产的各个环节进入数字控制的水平，及早解决回转窑结圈的问题。

原料、燃料质量、回转窑生产操作的好坏对结圈都有影响。具体原因是：①球团中粉末多；②气氛控制不好；③温度控制不当；④原料的 SiO_2 含量高等。影响回转窑结圈因素及相互关系见图 9-21。

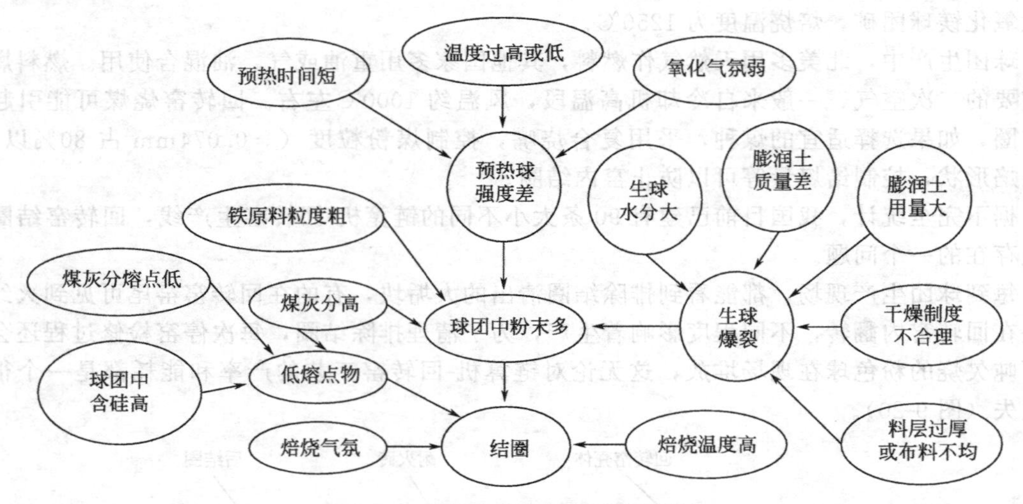

图 9-21　影响回转窑结圈的因素

大多数回转窑结圈的主要原因是高温带出现的液相量过多。从这个意义上讲，生产自熔性（高碱度）球团矿易结圈，生产酸性球团矿不易结圈，因为前者焙烧时液相量多。除了生产工艺条件而外，过多液相量的产生常常与热工制度的不合理和物料（包括燃料中的灰分）中低熔点物质有关。

减少或预防结圈，必须严格控制热工制度。为使窑内温度过渡不要过快，高温区不宜过于集中（或太短）。控制、避免窑内不要出现还原性气氛，因为还原性气氛使物料容易形成低熔物质。减少物料中的粉末成分，因为粉末是被液相所粘结，即是形成结圈的主要物质，减少粉末的措施提高生球质量（减少其中的粉末）和提高预热球的强度，如日本要求预热球强度大于 45kg/球。如果使用的是固体燃料，则应选用灰分少且灰分熔点高于焙烧温度的燃料。

（1）预防和处理回转窑-环冷机结圈结块的措施

① 严格控制进厂原料、燃料质量，把好造球关。

② 布料　布料厚度控制与链箅机温度和机速控制。

在初开机时，链箅机蓄热不足，料厚控制薄一点，机速控制慢一点，并适量减少鼓干和抽干排风量，温度正常后再逐步增加机速至正常机速，随机速加快适量提高抽风量，以确保链箅机温度、确保干球质量为第一要务。

③ 链箅机温度控制　鼓风干燥段鼓风温度 250～300℃，抽风干燥Ⅰ段烟罩温度 350～450℃，抽风干燥Ⅱ段烟罩温度 500～700℃，预热段烟罩温度 900～1050℃。

④ 回转窑操作

a. 通过燃烧器内、外风调整火焰形状和位置，确保火焰长度，确保窑内高温带分布均匀；

b. 即时观察窑内煤粉燃烧情况，当煤粉燃烧不完全时，及时调整喷煤量；

c. 应密切观察排料情况，对固定筛上未排下的大块粘结料，及时扒出冷却处理，避免大块物料堵塞隔筛或进入环冷机。

(2) 回转窑结圈、结块处理预案　结圈是回转窑生产中常见的故障。结圈多出现在高温带。如前所述，窑皮能保护衬料，并减少回转窑的热损失，但若在焙烧带结圈就会造成窑的断面减少，增加气体及物料运动的阻力。严重时结圈会像遮热板一样，使得燃料的燃烧热量不能顺利地辐射到低温冷端致使燃烧带温度进一步提高，形成恶性循环，其结果是结圈愈来愈严重，焙烧带的球团（物料）因此而形成大块，损坏设备，导致停产。

如因操作失误造成大量粉末进窑，应立即减少造球量，降低窑温，避免粉末结圈或大量排入环冷机，造成环冷机台车物料板结，而使整个焙烧过程形成恶性循环。应及时减少生球进球量，降低链箅机转速，避免情况恶化；尽量控制回转窑和链箅机转速，确保窑头排料畅通；将环冷机一、二段鼓风量开到最大，使物料尽量充分冷却，减少结块。

结圈处理：a.冷法除圈。采用风镐、钎子、大锤等工具，手工除圈的人工法。b.烧圈。ⅰ.冷烧及热烧交替烧法；ⅱ.冷烧，在正常生产时，在结圈部位造成低温气氛，使其自行脱落。c.机械除圈：不降温，采用机械清圈机处理。

(3) 红窑处理　回转窑调火岗位除经常观察窑内状况外，每小时检查窑体表面温度，窑体表面温度300℃左右时，没有危险；如果超过400℃，调火工必须严加注意，增加测温范围。温度达到400～600℃，在夜间可看出窑体颜色变化，若出现暗红色，即为红窑；当温度超过650℃时，窑体变为亮红，窑体可能翘曲。

处理办法：窑筒体出现大面积（超过1/3圈）红窑，立即降温排料。窑筒体局部（如一两块砖的面积）发红，判断为掉砖或掉浇注料，必须停窑。

(4) 意外停窑　回转窑生产时不可避免地会出现计划停窑或突然停电事故，如果处理不善，将产生窑体弯曲和耐火砖脱落的严重后果。

突然停电后，窑体不转，由于自重和窑体温度不均，炽热球团集中在下部，因而上下温差大，造成窑体弯曲，致使齿轮咬死或啮合不良。同时在停窑后，窑内温度下降快，耐火砖受急冷后脱落，造成无法再继续生产的后果。为了防止这类事故，厂内设有备用电源，遇突然停电时，就可以利用备用电源，将回转窑转速降低到正常转速的1/10或1/20，保持慢转。如果备用电源出现故障，则采取人工盘窑措施，保证回转窑的转动。

9.2.5.3　链箅机事故

链箅机故障停机的情况　机械故障；停（冷却）水；电器故障。

链箅机预热氧化段风箱温度过高及控制措施如下。

① 预热段根据工艺要求风箱温度应控制在300～400℃，如果风箱温度过高，最直接的影响就是对设备的影响即对箅板、链节和风机的烧损。一般根据设计要求预热段风箱最高温度不得高于500℃。

② 采取的措施　造球量不大，以低机速运行时，应减小回热风机的风门开度，在保证窑头弱负压的情况下，减小抽干风机的风门开度，减少风流量，但这种情况下均匀布料，厚度应控制在200mm以上即生球布在溜料板2/3以上。以平时操作观察链箅机以1.0m/min以下速度运行，回热风机的风门应控制在20%以下。造球稳定，链箅机能够以1.5m/min机速运行时，应增大回热风机的风门，控制在35%以上，抽干风机应增大风门，控制在50%以上，鼓干风机控制在75%以上的风门开度，保证干球的质量，避免风箱温度过低。如突发事件，链箅机停机时，应迅速打开放散，降低喷煤量，关闭回热风机风门，保证预热段风箱温度不致升高太快损伤设备。

9.2.5.4　环冷机事故

(1) 环冷机出红球　生球强度不够，大量粉末经回转窑进入环冷机，使料层透气性下降，阻力上升，焙烧球冷却不透，产生红球。回热风温低等原因可能导致链箅机温度不够，使生球爆裂，产生大量粉末经回转窑进入环冷机，使料层冷却不透，产生红球。环冷机布料不均，使冷却风从料层薄的地方通过，使料层厚的地方无法冷却。

对策：提高生球强度，减少粉末形成。合理控制链箅机各段温度，减少生球爆裂。一旦大量粉末入窑或进入环冷机，应减少生球进球量，降低链箅机转速，加快回转窑及环冷机转速，将环冷机第一段、第二段鼓风机风量调到最大。

(2) 环冷机主要故障及操作预案

固定筛漏水。固定格筛漏水时，窑头会产生大量蒸气，此时应打开窑头罩所有的门，及时停止喷煤和造球，窑转速降为 0.2r/min，待窑头罩温度≤800℃时，减少冷却水量；温度≤200℃时，进行固定格筛维修。

受料斗耐火材料脱落。受料斗冷却水出现故障，应立即停止链箅机布料，降低回转窑转速，加大环冷机转速，尽快排出受料斗中物料，组织抢修。

当冷却风机出现故障时，应立即减少产量50%以上，组织抢修，链箅机维持低速运转，保证生产。环冷机在正常运转时，如果突然停机，立即关闭主电动机，启动事故电源。

9.3 链箅机-回转窑球团质量控制

以武钢程潮铁矿球团厂年产 120 万吨氧化球团原料控制标准、质量标准和过程控制程序为例说明生产工艺质量控制原则：原料是基础，造球是关键，热工是手段（表 9-4～表 9-6）。

表 9-4 链箅机-回转窑球团生产原料质量要求

名 称	质量要求
铁精矿	水分(干燥后)：≤9%，粒度：-200 目≥80%，TFe≥67.5%
膨润土	水分：≤10%，吸蓝量：≥30g/100g，24h 吸水量：≥300%，-200 目：≥98% 膨胀倍数：≥10，胶质价：≥90mL/15g
烟煤	挥发分：17%～20%，灰分：≤5%，灰分熔点：≥1400℃，S：≤0.5%，发热值：≥18.6MJ/kg，水分：<8.0%，-200 目：70%～80%

表 9-5 某钢铁公司链箅机-回转窑氧化球团质量要求

项 目	项目名称	单位	一级品	二级品
化学成分	TFe	%	65±0.5	±1.0
	FeO	%	≤1	≤2
	R=CaO/SiO$_2$	倍	±0.05	±0.08
	S	%	<0.05	<0.08
物理性能	抗压强度	N/个	≥2500	≥1500
	转鼓指数(+6.3mm)	%	≥90	≥86
	抗磨指数(-0.5mm)	%	<5	<8
	筛分指数(-5mm)	%	<5	<5
冶金性能	膨胀率	%	<15	<20
	还原度指数(RI)	%	>65	>65
粒度组成	8～16mm 范围合格率	%	>95	>80

表 9-6　链箅机-回转窑球团（磁铁矿）生产工序过程质量要求

序号	工序项目	工序标准
1	铁精矿	TFe≥67.5%；水分：8.5%～9.0%；-0.074mm：≥75%
	精矿干燥	干燥前水分＜9.0%时，干燥后水分＜7%；圆筒干燥机开动率≥85%
	高压辊磨	比表面积：1000～1300cm²/g，排料比表面积：1600～1800cm²/g
	配料	混返矿配比量≤30%；膨润土配比误差：≤0.05%
2	造球	生球水分：8.6%±0.2%；生球粒度：(8～16mm)含量≥80%；落下强度：≥4次/0.5m
	生球筛分	返球量：≤20%
	干燥预热	布料厚度：220mm±5mm（生球质量差可适当降低，但要保证造球量） 干球强度：≥500N/个；AC转鼓-5mm＜10%；FeO含量≤10%；机头跑矿回收≥96%
3	焙烧	小时煤量消耗波动±0.4t/h（不含升、降温）；抗压强度≥2500N/个；FeO含量≤2.5%
	冷却	布粒厚度：760mm±10mm；出料温度：≤120℃
	成品球质量	平均抗压强度≥2500N/个；FeO含量≤1.0% 转鼓指数：(+6.3mm)≥90%；粒度：(8～16mm)含量≥90%
	煤粉制备	原煤水分＜8%；煤粉粒度(-200目)＞80%；水分＜1%

9.4　链箅机-回转窑球团新技术

9.4.1　实现链箅机均匀布料的新途径

用链箅机-回转窑法生产球团矿时，链箅机布料均匀与否，会直接影响焙烧效果，如果布料不匀，料层薄的部位由于风流阻力小将产生过烧和箅板烧损，料层厚的部位则透气性较差烧不透，造成入窑干球强度低，甚至在窑内破裂造成回转窑结圈。合理的布料方式应使布到链箅机箅床上的生球料层具有良好的均匀性和透气性。为满足这一要求，国内外一些厂家曾进行了很多试验，主要有以下几种布料方案：

① 大球筛—生球运输皮带—梭式布料器—宽皮带—小球筛—溜料板（首钢二期、程潮设计）。

② 大球筛—摆动皮带—宽皮带—小球筛—溜料板（首钢一期）。

③ 大球筛—梭式布料器—宽皮带—小球筛—溜料板（柳钢球团厂）。

④ 大球筛—小球筛—梭式布料器—宽皮带—溜料板（承钢）。

⑤ 梭式布料器—大球筛—宽皮带—小球筛—溜料板（武钢程潮铁矿改造后、美国雷普布利特厂）。

生产实践表明，方案①由于转运路线长，高差大，生球破坏严重，进入链箅机粉末量多，而且每台造球机均要配备大球筛，难以实现集中控制；方案②由于转运次数多，对生球强度要求太高，且容易造成箅床两侧料薄，影响抽风稳定；方案③要求空间太大，而且过大和过小返料难以集中，容易堵塞返料漏斗；承钢采用方案④的试验测定表明，生球变形率高，进入到链箅机中小于6.5mm的生球达到了3%以上，严重制约了链箅机干燥预热能力的发挥，且造成链箅机预热室回热风机叶轮的磨损，严重时一个风机叶轮只能使用7d。方案⑤是经过多次改造后形成的布料方法，我国武钢程潮铁矿和美国雷普布利特厂的使用经验表明，该方法具有布置空间小、转运次数少、返料集中、球型均匀、易于调节布料速度、布料均匀的优点，使布到链箅机上的生球直到离开布料机的最后一刻都在经受筛分，因此可保证生球布料干净，不带粉末；美国雷普布利特厂的生产实践表明，采用该方法布料，链箅机中小于 6.5mm 的生球碎粉降低到了 0.65%以下，球团的焙烧耗热量降低了 18980kJ/t，明显地延长了风机衬板和链箅机箅床的寿命。

9.4.2 回转窑前部网孔通入二次风技术

当链箅机-回转窑处理量超过了原设计水平，首先超负荷的设备是环冷机。以磁铁矿为铁原料的生产厂里，超负荷就意味着一次冷却必须完成欠烧球团的氧化，进而导致成品冷却时间的减少，使得高温球进入环冷机冷却二段，加重了冷却风机的负荷，最终导致热球得不到充分冷却，外排红球，影响生产。

一般从磁铁矿到赤铁矿的氧化过程 70%以上发生在链箅机上，只有 5%～10%发生在回转窑。

试验表明，在带孔回转窑里，空气由料层下方吹入，球团矿的氧化过程可在相对较短的区域完成，从而消除了限制产量提高的限制性环节——一次冷却不足。

带孔回转窑还有其他的好处，由于将氧化过程转移到回转窑，高温气体将用于预热链箅机，这将有利于减少回转窑里燃料燃烧放热，降低球团矿燃耗。带孔回转窑的使用，球团矿质量得到提高。在环冷机上，一些在料层底部的球团矿被冷却得太快，而不能完全氧化及达到足够的强度；当在回转窑上完成氧化过程时，球团矿不合格品将大大减少。美国国家铁矿球团公司对将回转窑前半部分带网孔通入二次风技术应用在该公司链箅机-回转窑上，并对其使用效果和试验结果进行了深入的研究。通过链箅机试验、通孔回转窑分批试验以及计算机模拟试验找出了影响球团氧化、产量、质量的因素。试验结果表明：回转窑前半部分带网孔通入二次风技术，对于减少环冷机约束是一个非常有效的选择。这样就可以优化其他环节，在保证球团矿质量的前提下提高产量。

9.4.3 回转窑液压驱动系统

现代大型链箅机-回转窑采用悬挂式“马达-齿轮”驱动方式，有别于一般的“电动机-减速机-齿轮”驱动。以程潮球团 $\phi 5\text{m} \times 33\text{m}$ 回转窑为例，其结构和特点大致如下：整个柔性传动齿轮箱和驱动装置依靠四个挂轮悬挂在回转窑大齿圈。驱动装置为两台额定扭矩为 283N·m 的液压马达，两台马达对称安装在减速箱初级轴两端，同时驱动初级轴旋转。两台马达由同一个液压动力站驱动。液压动力站由两套系统组成，一用一备。每套系统包括一台 200kW 西门子电动机，一台柱塞泵，一台补油泵、阀组和一副油箱。特点：

① 可实现无级调速，便于工艺控制。动力站驱动可以实现回转窑从 0～1.33r/min 的无级调速，便于生产工艺的控制。

② 液压驱动最大的特点就是适用于低速重载的环境。

③ 液压传动系统工作稳定，给传动系统带来的磨损小，从而提高了系统的可靠性和使用寿命。

④ 完善的保护系统，便于维护和操作。该套液压动力站共有 5 个保护点，包括油温保护（高油温、低油温）、补油压力保护、过滤器堵塞保护、油位保护。只要正常给系统提供液压油和冷却水，系统的维护工作量很小。

9.5 典型厂例

9.5.1 鞍钢球团厂

鞍钢弓长岭矿业公司球团一厂煤基链箅机-回转窑法氧化球团生产工艺，主要设计生产能力 200 万吨/a，工艺主要设备见表 9-7，占地面积 5.6 万平方米。2002 年 8 月 26 日正式开工，2003年10月5日点火烘窑，继而开始热负荷试车和试生产。经过近半年的调试和整改，目前已达到年产200万吨酸性球团矿的生产能力。2004年该厂又进一步攻关改造，到5月份，球团矿日产达6200t以上水平，相当于年产220万吨的规模，最高日产突破6500t，产量与质量均较好地满足了鞍钢高炉炼铁的需要（表9-8）。

表9-7 弓长岭矿业公司煤基链箅机-回转窑法氧化球团工艺主要设备

设备名称	规格型号	台数	能力
圆盘造球机	ϕ6m	10	65～75t/(台·时)
链箅机	4.5m×50m	1	350t/h
回转窑	ϕ6.1m×40m	1	315t/h
环冷机	中径22m	1	350t/h

表9-8 弓长岭球团厂成品球团矿质量指标

TFe /%	FeO /%	抗压强度 /(N/个)	粒度 /mm	转鼓强度 +6.3mm/%	耐磨(−5mm) /%	筛分(−5mm) /%	碱度 R /倍
64.58	0.68	2639	9～16	92.27	5.92	3.57	0.07

3h还原度 /%	还原粉化指标/%			还原膨胀指数 RSI/%
	$RDI_{+6.3}$	$RDI_{+3.15}$	$RDI_{-0.5}$	
68.88	64.42	83.26	11.33	9.26

全厂工艺设计特点：采用精矿部分干燥，使干燥精矿的比例可以灵活调整，在原料水分波动时亦能保证造球适宜水分。采用计算机控制自动配料，给料设备采用变频调速，提高配料精度。选用先进立式混合机，保证精矿和膨润土的混匀度。

重视生球质量：采用每台造球机对应一台辊式筛分机＋摆动皮带＋宽皮带＋辊式布料机联合筛分布料方式。摆动皮带采用周期变频调速，使摆动皮带布到宽皮带上的物料横向均匀，经辊式布料机摊开布到链箅机上的料层均匀平整。

气体循环系统与国内外先进流程相合，并做了改进，尽可能回收气体余热，节约燃料，降低能耗。

采用PLC控制系统，实现全厂自动化，提高劳动生产率。

结合国内外生产经验，将链箅机、回转窑、环冷机细部结构做相应改进，既延长使用寿命，又便于安装、检修和操作维护。

9.5.2 武钢矿业公司鄂州球团厂

该厂采用国外先进的链箅机-回转窑氧化球团生产工艺，其造球和焙烧部分由美国Metso矿物公司负责基本设计，并提供其相关技术与关键设备的制造安装。本工程主要工艺参数及主机设备规格：

链箅机　5.664m×67.26m

回转窑　ϕ6.858m×45.72m

环冷机　ϕ21.94m×3.65m

回转窑有效容积利用系数　10.32t/(m³·d)

链箅机利用系数　43.9t/(m²·d)

企业工作制度：年工作365d，连续工作制，每日3班，每班工作8h。工厂作业率：90.4%（即主机年作业时间为330d，7920h）。

造球系统（图 9-22）共设置了 6 个造球系列（其中 5 个系列工作，1 个系列备用），生球通过辊式筛分机分级，9～16mm 为合格产品送至下道工序；－9mm 小球通过返料皮带机送回本系列造球机重新造球（简称小循环）；＋16mm 大球经粉碎机打碎后，6 个系列的返料汇集至一条返料皮带机上，送至混合料缓冲槽再重新造球（简称大循环）。圆筒造球机规格 ϕ5m×13m，倾角 7°，转速 3.8～4.3r/min，设备处理能力 708t/h，合格生球生产能力 172t/h。

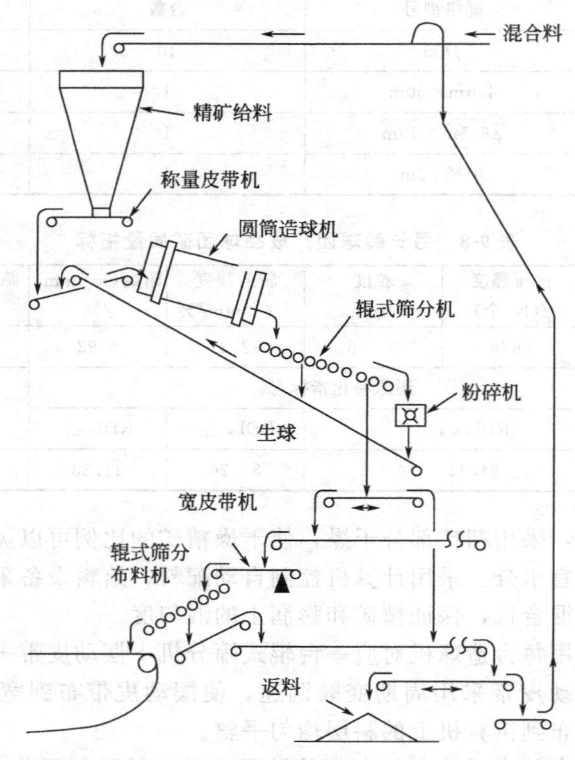

图 9-22　武钢矿业公司鄂州球团厂造球系统示意图

辊式筛分机规格 ϕ80～92mm 辊，辊长 3.2m，倾角 14°（可微调），设备处理能力 708t/h。6 个造球系列（圆筒造球机）的合格生球汇集至一条 B1400mm 的梭式皮带机上，通过梭式皮带机作往复运动将生球平铺至一条宽皮带机上，然后由该宽皮带机将其送至辊式布料机上，最终通过辊式布料机检查筛分后，将生球均匀地平铺至链算机算床上，生球布料高度 178mm。辊式布料机筛下返料汇同超大球一起送回混合料缓冲槽重新造球。梭式皮带机规格：宽 1400mm，长约 82m，行程 5.95m。

链算机炉罩分为四段：UDD（鼓风干燥）段、DDD（抽风干燥）段、TPH（过渡预热）段和 PH（预热）段。各段透过料层的气流温度（鼓风风箱或抽风烟罩）依次为：208℃、349℃、692℃、1199℃。生球进入链算机炉罩后，依次经过各段时被逐渐升温，从而完成了生球的干燥和预热过程。

链算机炉罩的供热主要利用回转窑和环冷机的载热废气。回转窑的高温废气供给链算机 PH 段，由于生球以赤铁矿为主，赤铁矿无氧化放热，因此在 PH 段炉罩设有重油烧嘴，以弥补热量的不足。从 PH 段排出的低温废气又供给 DDD 段，环冷机Ⅰ段的高温废气供给回转窑窑头作二次助燃风，Ⅱ段中温废气供给 TPH 段，Ⅲ段低温废气供给 UDD 段。先进的气流循环系统使热能得到了充分利用，从而大大降低了能源消耗。

各段面积分配：

UDD：5.664m×12.2m＝69.1m²

DDD：5.664m×12.2m＝69.1m²

TPH：5.664m×12.2m＝69.1m²

PH：5.664m×24.4m＝138.2m²

链箅机正常运行速度：5.28m/min；链箅机上物料正常停留时间：11.553min；链箅机有效面积利用系数：43.9t/(m²·d)。

武钢矿业公司鄂州球团厂基本流程见图 9-23，生球在链箅机上经过干燥、预热后送入回转窑内进行高温氧化焙烧，回转窑内控制温度在 1300～1350℃之间。一般而言，不同的原料焙烧温度各不相同，巴西 Carajas 矿系赤铁矿，结晶温度通常高于一般磁铁矿。但配加一定比例的磁铁矿后有助于降低焙烧温度和降低能耗。因此，配加 20%以上的自产磁铁精矿将十分必要。

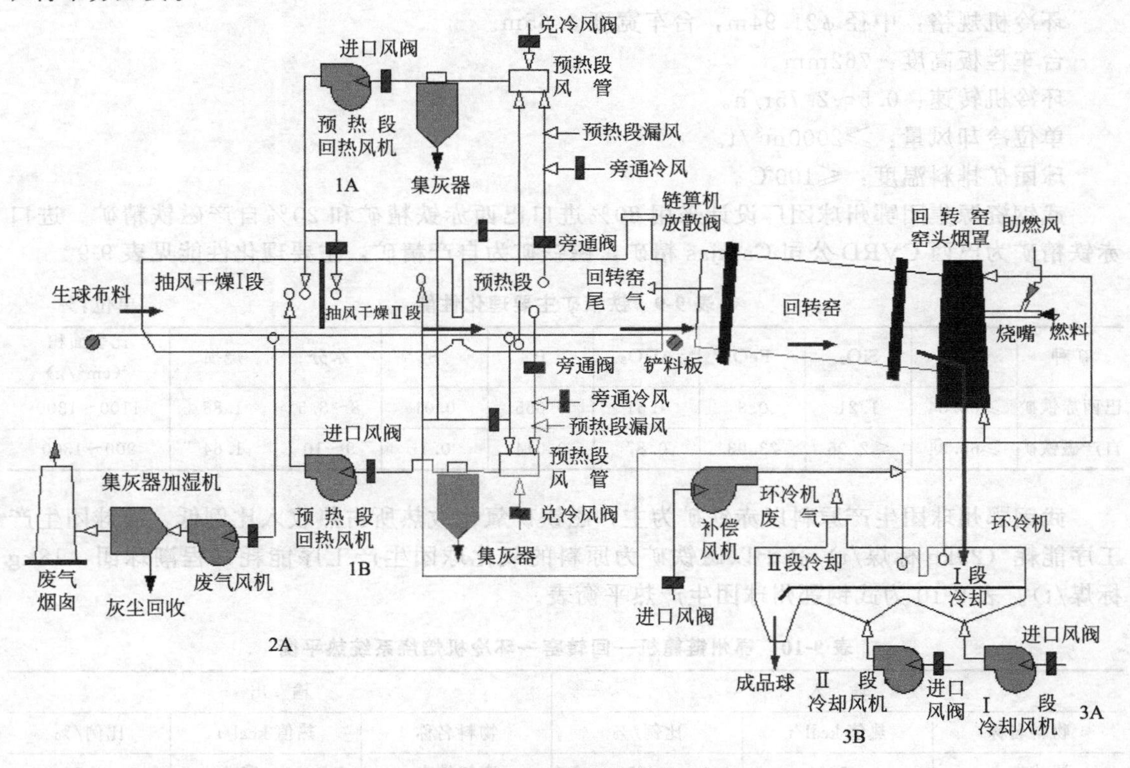

图 9-23　武钢矿业公司鄂州球团厂基本流程

回转窑采用烟煤供热，燃煤经磨细后从窑头（卸料端）用高压空气喷入。煤粉喷枪采用调焰性能好的四通道烧嘴，同时由来自环冷机一冷却段高温废气作为二次风，分为两股由烧嘴上方及下方平行引入窑内，为回转窑提供一个均匀稳定的温度场，既能保持较长的高温焙烧带又可防止局部超高温。加之球团在窑内不断翻滚使其得到均匀焙烧，从而达到 2500 N/个球以上的抗压强度。

回转窑规格及工艺参数：

回转窑规格：ϕ6.858m×45.72m。

回转窑斜率：4%。

回转窑转速：1.71r/min（调速范围 1.28～2.56r/min）。

回转窑内物料正常停留时间：约 20min。

回转窑有效容积利用系数：10.32t/(m^3 · d)。

从回转窑排出的球团温度 1250℃，必须冷却至 60℃以下方可进行储存和运输。高温球团的冷却采用风冷，在一台环式鼓风冷却机上完成。球团在进入冷却机前先经设在窑头箱内的固定筛将可能产生的大于 200mm 的大块筛除，再通过环冷机布料斗均匀布在环冷机台车上，球团布料高度 760mm。环冷机分为三个冷却段，各段配有 1 台鼓风机，球团矿从装料到卸料途经三段冷却后被冷却至 100℃以下。同时球团在冷却过程中残留的 FeO 得到了进一步氧化，使 FeO 含量降至 1%以下。

环冷机炉罩对应也分为三段，一冷段炉罩的高温废气（约 1171℃）引入窑内作二次风，二冷段炉罩的中温废气（约 716℃）被引至链箅机 TPH 段，三冷段炉罩的低温废气（约 226℃）供给链箅机 UDD 段，环冷机废气余热绝大部分得到回收利用。

环冷机规格及工艺参数：

环冷机规格：中径 ϕ21.94m，台车宽度 3.65m。

台车栏板高度：762mm。

环冷机转速：0.5～2.75r/h。

单位冷却风量：≥2000m^3/t。

球团矿排料温度：≤100℃。

武钢资源集团鄂州球团厂设计采用 80%进口巴西赤铁精矿和 20%自产磁铁精矿。进口赤铁精矿为巴西 CVRD 公司 Carajas 精矿，磁铁矿为自产精矿，主要理化性能见表 9-9。

表 9-9　铁精矿主要理化性能　　单位：%

矿种	TFe	SiO_2	FeO	Al_2O_3	P	S	水分	烧损	比表面积 /(cm^2/g)
巴西赤铁矿	≥66.54	1.21	0.8	1.51	0.055	0.01	8～8.5	1.88	1100～1300
自产磁铁矿	≥65.34	≤2.96	23.93	0.87	0.014	0.1	9～10	1.64	900～1300

武钢鄂州球团生产原料以赤铁矿为主，磁铁矿氧化放热所占热收入比例低，故球团生产工序能耗（29kg 标煤/t）高于以磁铁矿为原料的氧化球团生产工序能耗（程潮球团：18kg 标煤/t）。表 9-10 为武钢鄂州球团生产热平衡表。

表 9-10　鄂州链篦机—回转窑—环冷机焙烧系统热平衡

输　入			输　出		
物料名称	热值 kcal/t	比例/%	物料名称	热值 kcal/t	比例/%
湿球带入	4908	2.75	废气带走	72385	40.54
冷风带入	8486	4.75	水分蒸发	60591	33.94
氧化放热	21889	12.26	球团带走	5880	3.29
煤燃烧	108461	60.75	系统散热及其他	39688	22.23
重油燃烧	34800	19.49			
合　计	178544	100	合　计	178544	%

注：鄂州球团厂铁原料：80%进口巴西赤铁矿，20%自产磁铁矿

武钢鄂州球团厂产品为酸性球团矿，工艺流程见图 9-23，其主要质量及技术指标见表 9-11。

武钢鄂州球团厂生产的球团矿，其主要质量及技术指标见表 9-11。

表 9-11 鄂州球团氧化球团产品质量

粒度/mm	TFe/%	FeO/%	*R*	S/%	抗压强度/(N/个)	ISO转鼓(+6.3mm)	抗磨指数(−0.5mm)	含粉率(−5mm)	温度/℃
9～16	≥65	<1.0	自然	<0.02	≥2500	>92%	<5.0%	<3.0%	≤120

1. 如何进行烘炉操作?
2. 简述链箅机热工制度的特点。
3. 简述回转窑结圈结块的原因及处理办法。
4. 如何对回转窑进行停炉操作?
5. 简述链箅机-回转窑球团法工艺的特点。

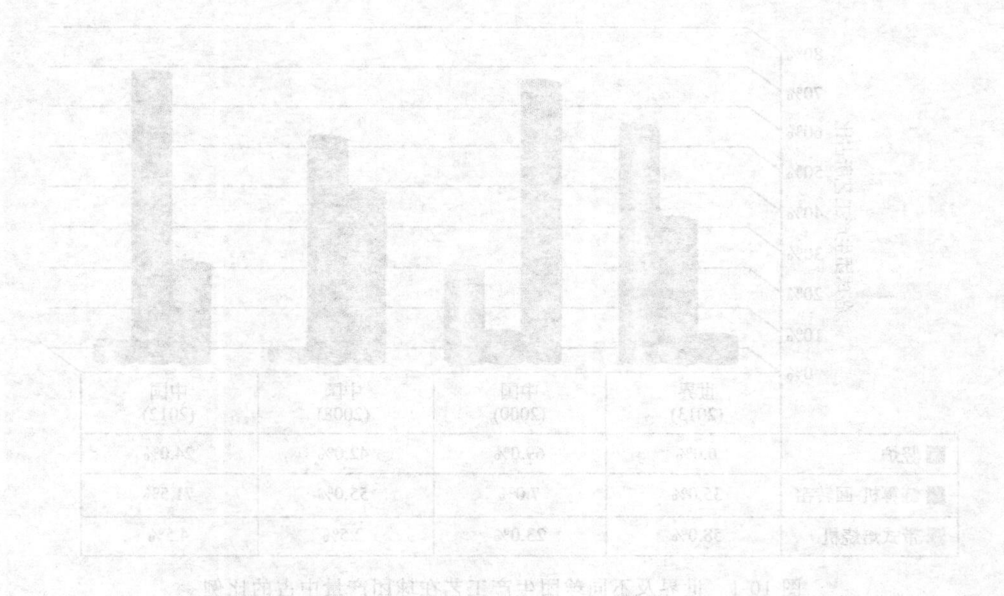

第 10 章 带式焙烧机

建设球团生产线需要根据业主需求和原料条件（矿粉及燃料来源）来选择合适的生产工艺，以达到长期低耗能、低粉尘、便于操作维护和稳定生产的目的。球团主流生产工艺中有竖炉，链箅机-回转窑、带式焙烧机三种工艺，三者各具特点。其中能够单机大型化的为带式焙烧机和链箅机-回转窑工艺。带式焙烧机和链箅机-回转窑工艺是目前氧化球团生产中的主流工艺，分别占球团生产的 58%和 35%（2013 年)。从全球角度看，带式焙烧机球团在这些工艺中占有较大份额，这集中体现在国外的球团生产；国内则相比国外存在较大差距。

发展球团就要瞄准世界先进水平。先进的球团生产工艺应该具备高效、稳定、优质、节能和环保的特点，单机大型化是改善指标的最有效措施之一。对比国外大量使用带式机现状，我国长期处于工艺相对单一的状况。在我国球团经过十多年高速发展后，我国带式机技术始终没有得到发展，两大主要球团工艺技术我们只掌握一种，不能实现两条腿走路的均衡发展。因此研究开发大型带式焙烧机技术，掌握核心技术，填补自主建设的空白显得非常迫切和必要，对我国球团发展转变增长模式具有非常重要的意义（图 10-1)。

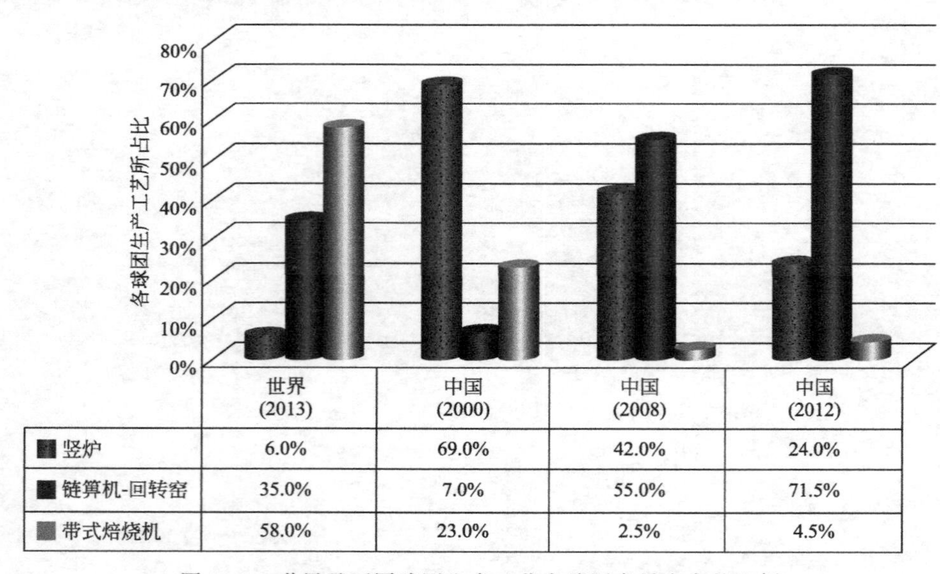

图 10-1　世界及不同球团生产工艺在球团产量中占的比例

带式焙烧机球团法是当今国际上大量采用的先进的球团焙烧工艺技术，与前两种设备相比较具有高效、低耗、产品品质高、占地面积小、环保等优点，是目前世界上球团矿生产的最先进技术之一。

10.1　带式机球团

带式焙烧机（grate pellet）不同于其他生产工艺，是一种十分成熟的工艺。通过类似机冷烧结机的设备并在上面设置焙烧炉，使干燥、预热、焙烧和冷却工艺过程在一台设备上完成。具备如下特点。

① 根据原料不同，可设计成不同温度、不同气体流量、不同气体速度和流向的各个工艺段。故带式焙烧机可用来焙烧各种原料的生球。可采用不同的燃料和不同类型的烧嘴，燃料的选择余地大。炉罩上设置多个烧嘴，焙烧区域较小，可以迅速而准确地调节和控制温度，具有热效率高，可靠耐用的特点，可以很好地适应现场操作简单灵活的要求。

② 生球料层较薄（200～400mm），可避免料层压力负荷过大，又可保持料层透气性均匀。整个工艺过程物料相对静止，没有倒运，球团破损少，始终保持完整，废气粉尘少，成品率高，环境更加清洁，同时也极少出现链箅机-回转窑工艺中经常出现的回转窑结圈现象。

③ 采用热气流循环，充分利用焙烧球团矿的显热，球团能耗较低。相对于链箅机-回转窑的三个主机设备，焙烧机全部工艺过程集中在一台设备上完成，距离短，回热效率高；炉罩是固定设备，耐火材料静止，保温隔热效果好，使用寿命长，有效降低热耗，符合节能环保要求。

④ 单机生产率高，有利于降低单耗。设备易于制作、安装和运输。目前最大处理能力可以达到 768 万吨/a，正在建设的达到 800 万吨/a，容易实现规模化生产，降低加工成本。

⑤ 采用铺底料保护台车，台车寿命较长，设备结构简单、耐用并且可以快速离线维修。

通过分析，我们发现链箅机-回转窑工艺遇到的一些问题，在使用带式焙烧机工艺后可以得到较好解决，比较适合目前我国球团生产条件，特别有利于全赤铁矿球团焙烧及熔剂球团焙烧，在我国有很大的需求和发展空间。

带式焙烧机球团工艺于 1951 年提出，1955 年 10 月，世界第一座带式焙烧机球团厂建成投产（美国里塞夫矿业公司），其基本结构是从带式烧结机演化而来。目前带式焙烧机单机规模已从最早的 94m² 发展到 704m²（巴西乌布角）以上；据介绍，最大的带式焙烧机设计单机面积达 1000m²（单机能力 600～800 万吨/a）。我国带式焙烧机工艺发展始于 1970 年，我国最早引进的第一条带式焙烧机生产线在包钢，主体设备来自日本，于 1973 年投产，经过长期技术攻关后，到 20 世纪 90 年代中期正常生产，设计年产球团矿 110 万吨；另一条生产线在鞍钢，其主体设备带式焙烧机本体是从澳大利亚克里夫斯矿山公司的罗布河球团厂购买的旧设备，于 1989 年投产，设计年产团矿 200 万吨。这两条线都是进口设备，所以国内没有完整的带式机工程设计经验，在国内完全自主设计建造带式机始终处于空白状态。带式机在工艺设计及设备设计方面的主要区别体现在焙烧段、成品和铺底料方面，需要在这些技术上有所突破，其他方面考虑到这些年我国链箅机-回转窑技术已经掌握比较成熟，可以充分借鉴，技术上有充分保障。

2008 年首钢京唐新建的年产 400 万吨带式焙烧机球团生产线，已于 2010 年投入运行。首钢京唐球团厂的建设，首次填补了我国自主建设带式焙烧机的空白。这是首钢国际工程公司继 2000 年开始率先在国内建设 100 万吨/a、200 万吨/a、240 万吨/a 链箅机-回转窑球团生产线之后又再次率先建设 400 万吨/a 的带式焙烧机工艺的球团生产线。首钢京唐球团厂 400 万吨/a 带式机生产线于 2010 年 8 月 8 日热试成功。设计的原料是赤铁矿 70%，磁铁矿 30%。目前的原料是秘鲁磁铁矿 90%，赤铁矿 10%，生产稳定，达到日产 1.2 万吨的设计能力。成品球的性能为：抗压强度 2934N/个，膨胀系数<5%。燃料为焦炉煤气，综合燃耗达到 22.56kg 标煤/t，工序能耗 24.59kg/t。

带式焙烧机球团工艺流程（图 10-2）是根据原料性质、产品要求及其输出方式等条件确定的。通常分为以下两类。

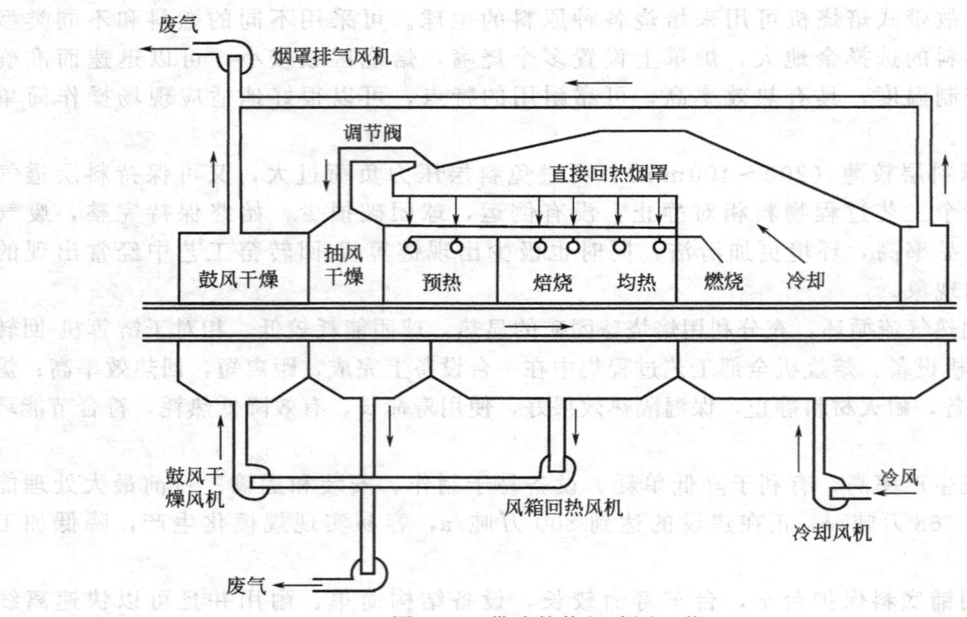

图 10-2　带式焙烧机球团工艺

(1) 以精矿为原料的球团厂的工艺流程一般包括：精矿浓缩（或再磨）、过滤、配料、混合、造球、焙烧和成品处理等工序。

(2) 以粉矿为原料的球团厂则设有原料中和及贮存、矿粉干燥和磨矿等，后面的工序与前一种流程基本相同。

10.2 带式机球团工艺过程及主要参数

带式焙烧机的工艺特点是：干燥、预热、焙烧、均热和冷却等过程均在同一设备上进行，球层始终处于相对静止状态。

带式焙烧机在外形上像带式烧结机，但是带式焙烧机的整个工作面被炉罩所覆盖，并沿长度方向被分隔成干燥（包括鼓干、抽干）、预热、焙烧、均热、冷却等六个大区（段）。

各段之间通过管道、风机、蝶阀等连成一个有机的气流循环体系。各段的温度、气流速度（流量）可以借燃料用量、蝶阀的开度等进行调节，这种工艺结构操作灵活、方便、调节周期短。

因此，带式焙烧机的焙烧制度是根据矿石性质不同和保证上下球层都能均匀焙烧来确定的。

(1) 布料　球层的厚度一般是通过试验确定。布料的基本要求是“铺平，布满”，即料层总厚度应与台车边板等高，无论是横断面还是纵断面都应该平整，做到不压料，保证整个断面透气均匀。如图 10-3 所示，生球在铺料之前（或同时）都要进行筛分，筛除碎球及粉末，有时还要筛除大块。

现代带式焙烧机毫无例外地都铺有铺底料、铺边料措施，底边料取自筛分后的成品球，经过皮带运输系统送至焙烧机上的铺底铺边料槽，然后分别通过阀门给到台车上，铺底料层厚度一般为 75～100mm。有如下优点。

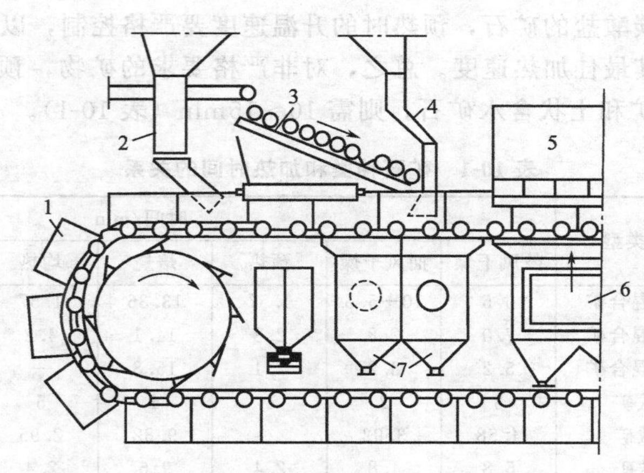

图 10-3　带式焙烧机布料系统示意图

1—台车；2—辅底料矿槽；3—辊式布料机；4—辅边料矿槽；
5—鼓风干燥炉罩；6—风箱；7—返料漏斗

解决了台车两侧球层烧不透和底层过湿现象；

保护了台车拦板和箅条，延长设备寿命，提高了作业率；

可减少边沿效应（两侧球烧不透现象）和底层球的烧不透及过湿现象，有利于提高球团矿质量，尤其是质量的均匀性。

(2) 干燥　现代化的带式焙烧机都采用先鼓风后抽风的混合干燥系统，这也是带式焙烧机工艺的重大革新之一。这种干燥流程能保证上下球层干燥均匀而避免出现过湿现象，提高料层的透气性，而且还将大大地延长箅条和台车的使用寿命（因为大大减少了过湿废气对箅条和台车的腐蚀）。

到 20 世纪 70 年代，干燥段的回热系统又作了两项重大改进：

① 鼓风干燥利用最终冷却段的不含有害气体的回流热风，而将原来鼓风干燥用的焙烧段回流热风给到抽风干燥段；

② 为改善干燥段的密封状况，在鼓风干燥段前面增加一个副风箱（原为一个副风箱）。

不同原料所需的干燥时间和干燥风温是不同的，应由试验确定。干燥时间与风温、风速有关，与生球中的原始水分，特别是与矿物是否含有结晶水关系更大；而风温取决于生球的热敏感性（热稳定性），即生球的爆裂温度。对于热敏感性差，含水 9%～10%的生球，干燥温度可达 350～400℃，每千克球所需风量为 1～2kg。对于易爆裂的含水 13%～15%的生球，干燥温度一般在 150～175℃，每千克球所需风量高达 7～8m^3。

从实践中得出，通常生球所需干燥时间、风温和风速在下列范围内。

a. 鼓风干燥：4～7min，风温 170～400℃；

b. 抽风干燥：1～3min，风温 150～340℃；

c. 风速：1.5～2.0m/s，或每平方米每分钟的流量为 90～120m^3。

干燥段废气排出温度应高于露点，以免冷凝、腐蚀风机或堵塞管道。当然废气温度过高也没有必要，而且还将带来热量消耗的增加。

(3) 预热氧化　预热的目的是使球团在焙烧机上逐渐升温至焙烧温度。升温速度，对不含结晶水或碳酸盐的矿物，要求一般不大严格，可以较快，焙烧磁铁矿时可以快速升温，以控制高温下完成磁铁矿氧化为赤铁矿的过程，使球层迅速达到焙烧温度，这样作可降低燃料消耗。

对人造磁铁矿（磁化焙烧—磁选精矿）球团则相反，这种矿石在低温（200～300℃）下便开始氧化成赤铁矿，升温过快球团表面容易生成赤铁矿外壳，故需放慢加热速度。

对含有结晶水或碳酸盐的矿石，预热时的升温速度要严格控制，以免球团爆裂。这种原料一般要由试验确定其最佳加热速度。总之，对非严格要求的矿物，预热时间可控制在1～3min；对于人造磁铁矿和土状含水矿石，则需10～15min（表10-1）。

表10-1 矿石种类和加热时间的关系

厂 名	矿石类型	时间/min						
		鼓风干燥	抽风干燥	预热	焙烧	均热	一冷	二冷
罗布河(澳)	赤、褐混合矿	5.5	10+5.5	1.57	13.36	1.57	13.75	3.53
格罗夫兰(美)	磁、赤混合矿	7.0	2.8	2.8	14.1	4.2	12.2	4.2
瓦布什(加)	磁、镜混合矿	5.2	3.2	2.1	15.8	—	13.7	—
马尔康纳(秘)	磁铁矿	3	2	4	4	5	9	—
包钢(中)	磁铁矿	4.58	3.92		9.82	2.95	9.82	3.92
鞍钢(中)	磁铁矿	5.8	4.8	2.4	9.6	2.4	9.6	4.0

（4）焙烧和均热　焙烧是球团固结的关键环节。焙烧的目的是使球团在高温作用下发生固相反应和生成适量的渣相，即生成各种连接键，球团焙烧必须达到晶粒发育和生成渣键所需的温度，并在这一温度下保持一定时间，使球团获得最佳的物理化学性能。

对磁铁矿而言，一般在1280℃左右，对赤铁矿而言则在1320℃左右。焙烧时间也不完全一样，一般在5～8min之间，对磁铁矿来说可以适当短一些，赤铁矿则需适当长一些。固结在保证球团矿质量的前提下，焙烧时间当然是越短越好，时间极限就是必须保证球团充分焙烧。

均热是带式机焙烧的一个重要阶段。所谓均热，就是使球团在最高焙烧温度下继续持续一段时间，一是使球团内部尚未完全反应的过程得到进一步反应，二是使球料层上下（尤其是下层）得到均匀的焙烧，以保证球团质量（图10-4）。在焙烧过程中带式焙烧机的上、中、下球层的加热时间和加热程度是不一样的（图10-5），图10-6为根据焙烧杯试验结果所提供的带式焙烧机的模拟焙烧特性曲线。

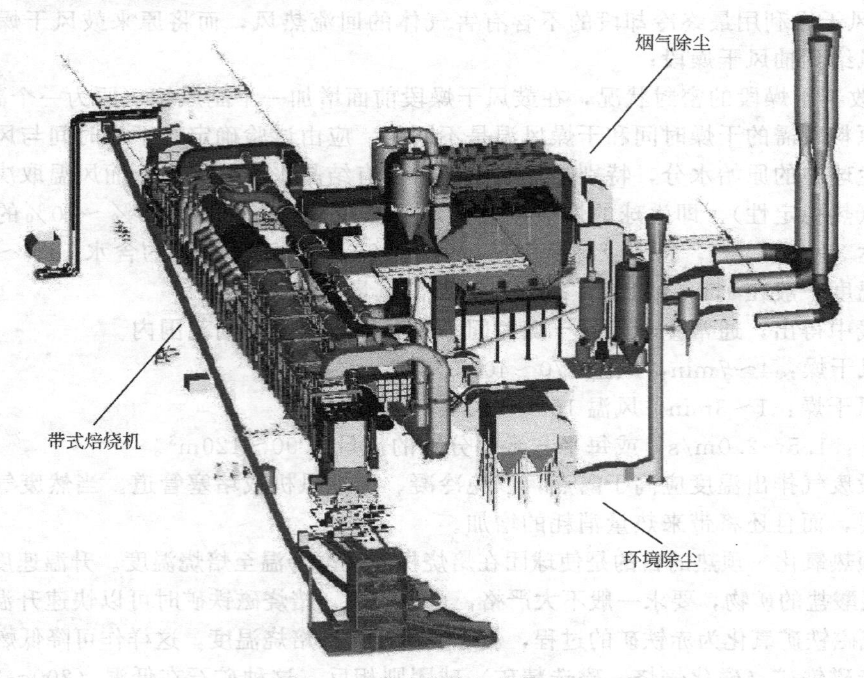

图10-4　带式焙烧机焙烧系统

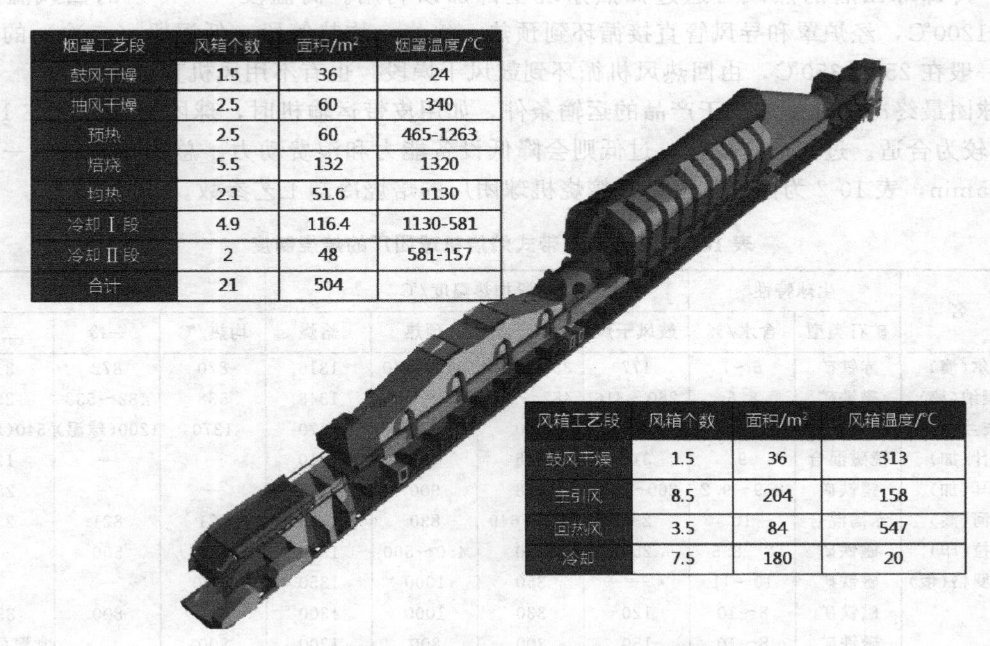

图 10-5　首钢京唐 400 万吨/a 带式球团焙烧机

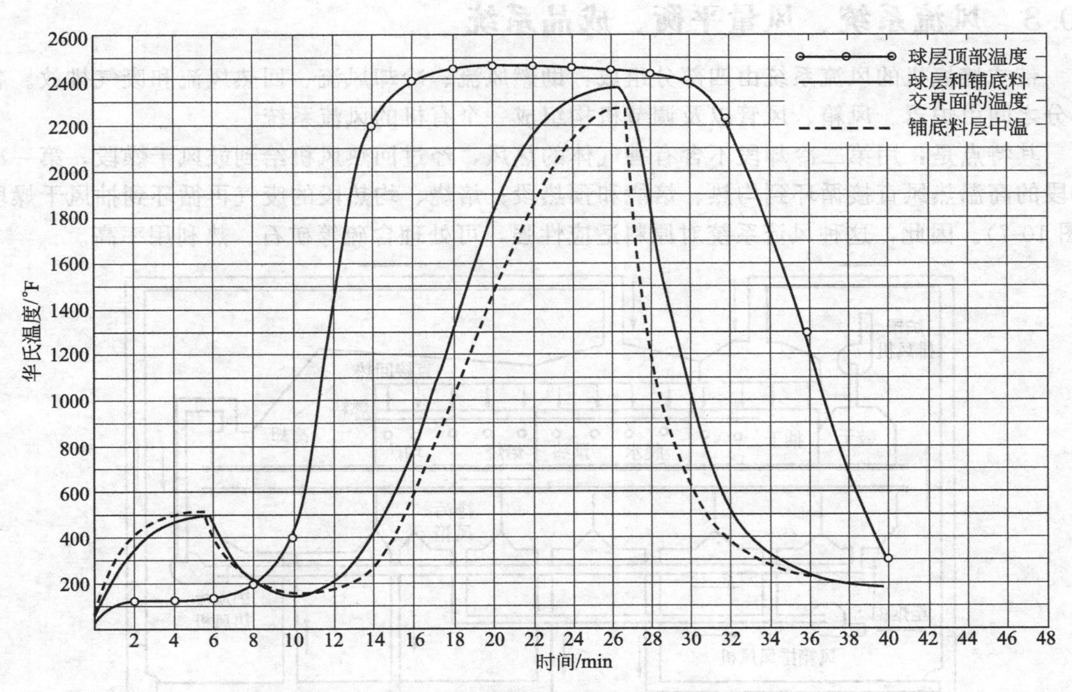

图 10-6　DL 型带式焙烧机的模拟焙烧特性曲线

焙烧温度一般在 1300～1340℃。要使球团焙烧均匀和提高机械强度，均热是必要的，高温及其持续时间都是重要的因素。均热温度通常较焙烧温度稍低一些，以降低燃料消耗。

(5) 冷却　除了早期的带式焙烧机外，目前大多数都采用分段鼓风冷却。冷却不但是球团运输和改善劳动环境的需要，也是利用球团余热的需要；此外，冷却过程中球团可进一步氧化。冷却球团后的热风可通过回热系统全部加以利用。高温段（一冷）的回风温度达 800～1200℃，经炉罩和导风管直接循环到预热、焙烧、均热等段；低温段（二冷）的回风温度一般在 250～350℃，由回热风机循环到鼓风干燥段，也有不用风机直接循环的。

球团最终冷却温度取决于产品的运输条件，如用皮带运输机时，球团平均温度在 120～150℃较为合适。过高会烧皮带，过低则会降低设备能力和浪费动力。总的冷却时间一般需 10～15min，表 10-2 为国外几个带式焙烧机球团厂的焙烧冷却工艺参数。

表 10-2 国外几个带式焙烧机球团厂的焙烧制度

厂 名	生球特性		各段加热温度/℃				冷却温度/℃		
	矿石类型	含水/%	鼓风干燥	抽风干燥	预热	焙烧	均热/℃	一冷	二冷
丹皮尔(澳)	赤铁矿	6～7	177	350～420	560～960	1316	870	872	316
马尔康纳(秘)	磁铁矿	8.6	260～316	482～538	982～1204	1343	538	482～538	260
格罗夫兰(美)	赤磁混合	9	426	540	980	1370	1370	1200(球温)	540(球温)
瓦布什(加)	镜磁混合	9	316	286	983	1310	—	—	120
卡罗耳(加)	镜铁矿	8.9～9.2	260～325	288	900	1316	—	—	288
罗布河(澳)	赤褐混合	10	232	204～649	830	1343	821	821	232
乔古拉(印)	磁铁矿	8～8.5	250	250	450～500	1350	500	500	—
克里沃罗格(俄)	磁铁矿	10～11	—	350	1000	1350	1200	—	—
	磁铁矿	8～10	120	330	1000	1300	800	800	330
	磁铁矿	8～10	150	300	800	1300	800		常温(风温)

10.3 风流系统、风量平衡、成品系统

带式焙烧机的风流系统由四部分组成：助燃风流、冷却风流、回热风流和废气排放。各部分之间由炉罩、风箱、风管以及调节机构组成一个有机的风流系统。

其特点是：用第二冷却段不含有害气体的热风，经过回热风机给到鼓风干燥段，第一冷却段的高温热风直接循环到均热、焙烧和预热段；焙烧、均热段的废气再循环到抽风干燥段（图 10-7）。因此，这种风流系统对原料适应性强，可处理含硫等矿石、热利用率高。

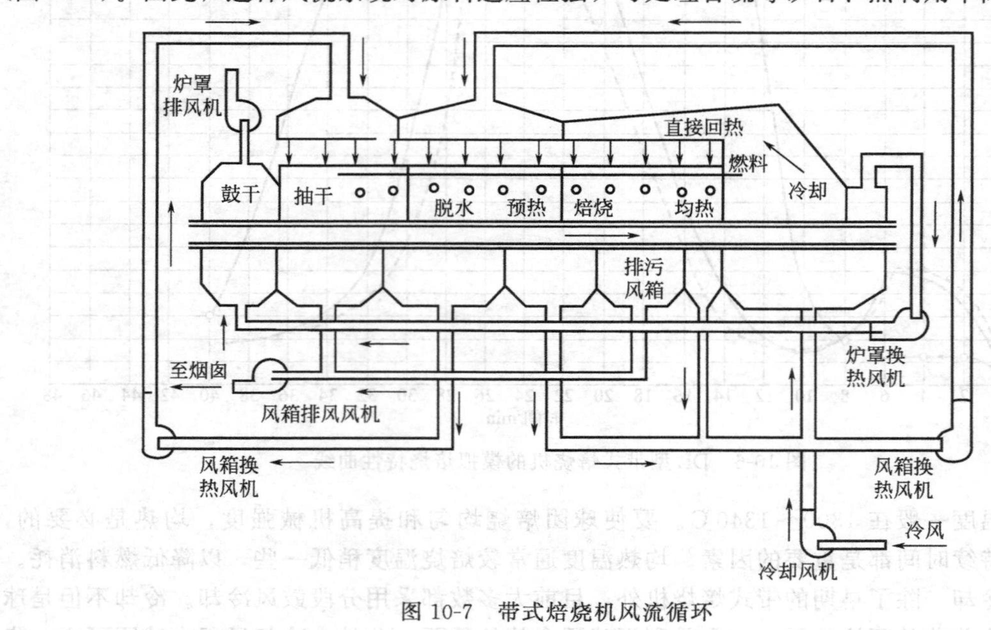

图 10-7 带式焙烧机风流循环

10.3.1 风量平衡

带式焙烧机各段的风量平衡是在下述前提下进行的。

① 干燥、预热、焙烧、均热和冷却等各段的温度是根据工艺要求给定的；

② 风是工艺过程的传热介质，因此风量的分配服从工艺过程的热量平衡。

风量平衡必须考虑到风流系统中的漏风率、阻力和风温风压的变化。在一个平衡系统中（图 10-8），从理论上说，供风和排气应该是平衡的（表 10-3），但实际上在确定风机能力时，其额定值应大于理论需要值，以便保证工艺过程的顺利进行和具有一定的调节范围。至于实际值应比理论值大多少合适，这要根据设备的性能和系统的密封情况、操作条件等因素，并结合类似生产厂的实际经验综合考虑确定。

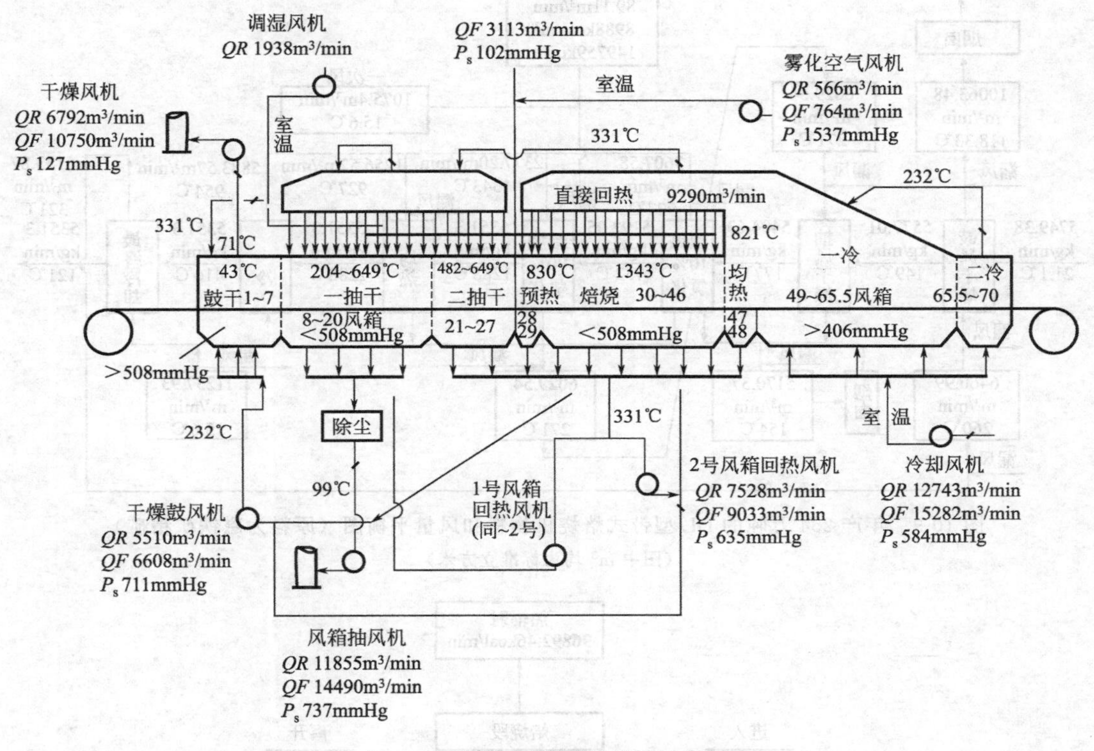

图 10-8 罗布河球团厂风量平衡团

（1mmHg＝133.322Pa，m^3 均为标准立方米，下同）

表 10-3 风量平衡

数值名称	回热系统				供风排气系统			
	排出 /(m^3/min)	给入 /(m^3/min)	排给差 /(m^3/min)	(排：给) /%	排气 /(m^3/min)	供风(一次) /(m^3/min)	排、供差 /(m^3/min)	(排：供) /%
设计值	25244	19775	5469	127.66	25244	19159	6085	131.76
理论值	18647	17304	1343	107.76	18647	15247	3400	122.30

10.3.2 热量平衡

带式焙烧机生产过程中，当生球质量一定时，成品球团产量、质量和单位热耗主要取决于供热制度，即热量的合理平衡。通过热平衡计算才能看出各工艺段热能分配比例和热利用效率，进而可以帮助找出增加产量和降低消耗的途径。为使理论计算比较准确地反映实际情况，就必须掌握平衡系统中物料的数量及其在工艺过程中的物理化学变化。热平衡计算步骤如下。

① 系统中物料平衡是热平衡的基础。物料平衡就是确定进入平衡系统和离开该系统的全部物料的数量和质量的变化及其温度的升降，并在平衡图上标示出来。

② 确定系统中的热收支项目和有关的计算参数，如比热、化学反应的热效应、热辐射和漏风率等。这些参数一般是通过热工测量或从有关资料查出，然后分系统进行计算。

10.3.3 实例分析

一台年产 254 万吨的带式焙烧机的物料和风量平衡如图 10-9～图 10-11 所示。在该平衡图中，焙烧段的热平衡计算比较复杂些，这里有燃料的燃烧、磁铁矿的氧化、焙烧机体的热辐射等放热、传热过程发生（表 10-4、表 10-5）。

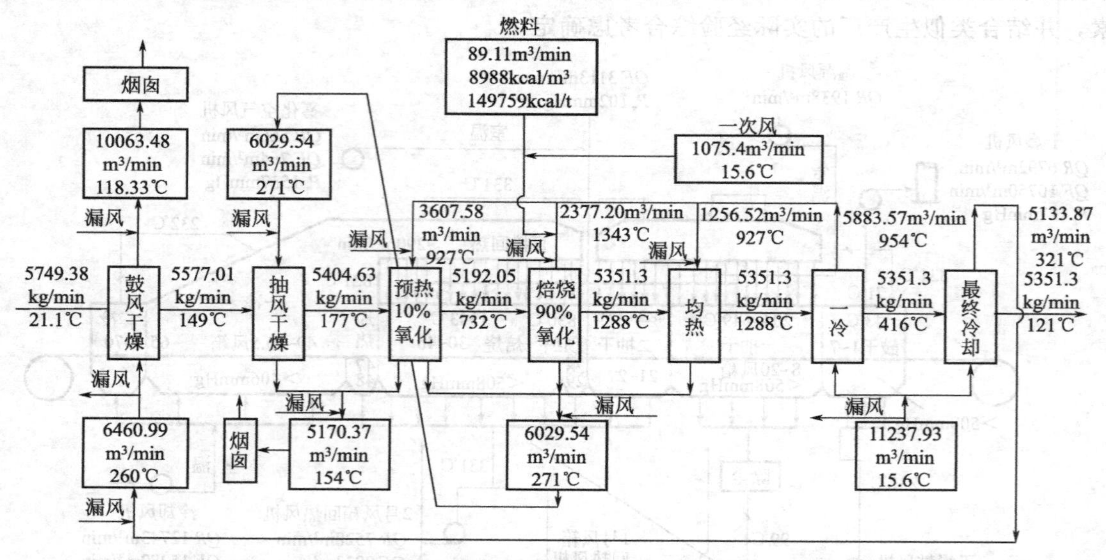

图 10-9 年产 254 万吨的 DL 型带式焙烧机物料和风量平衡图（原料为磁铁矿精矿）
（图中 m^3 均为标准立方米）

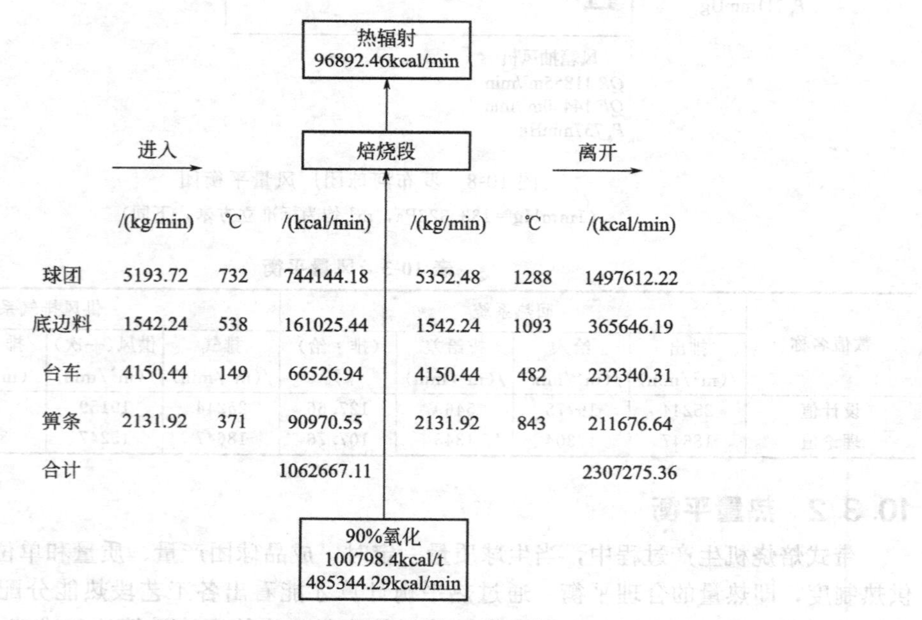

图 10-10 焙烧段固相（物料）热平衡

燃料	89.11m³/min	8988kcal/m³
一次风	1076.04m³/min	15.6℃
二次风	1201.55m³/min	290.11kcal/m³

进风

输入	成分	/%
962.2m³/min 1343℃ 1152648lcal/min	CO_2 H_2O N_2+H_2 O_2	3.74 7.48 76.05 12.73

焙烧

出风

输出	成分	/%
2259.69m³/min 327℃ 296095.3cal/min	CO_2 H_2O N_2+H_2 O_2	3.93 7.87 76.05 8.2

图 10-11　焙烧段气相热平衡（图中 m³ 均为标 m³）

表 10-4　焙烧段热平衡

热输入/(kcal/min)	热输出/(kcal/min)
球团　1062667.13 燃料　801347.28 二次风　351282.42 氧化　485344.29	球团　2307527.37 废气　296095.30 辐射　97018.46
合计　2700641.13	2700641.13

注：1kcal＝4.18×10³kJ，下同。

表 10-5　全机热平衡

热输入/(kcal/t)	%	热输出/(kcal/t)	%
氧化　100699.19 燃料　149808.64 生球显热　6944.77	39.1 58.2 2.7	辐射　37204.13 成品　36460.05 抽风段废气　98962.99 鼓风炉罩废气　84825.42	14.5 14.2 38.4 32.9
合计　257452.60	100	257452.60	100

10.3.4　成品系统

从焙烧机尾的成品矿槽开始以后的作业统称为成品系统。

目前，带式球团厂的成品系统一般包括：成品矿槽、振动给矿机、成品皮带机、铺底铺边料的筛分、成品堆场等。由于球团质量好，返矿少，多数厂已不设返矿筛分，而只分出底边料。底边料的粒度一般为 10～25mm。

10.4　带式焙烧机主要工艺类型

带式焙烧机的基本结构是在模拟烧结机的基础上发展起来的，但是带式焙烧机球团工艺发展至今天，与烧结机的烧结工艺已很少有相同之处，甚至可以说完全不同。自 20 世纪 50 年代中期起，先后出现了几种带式焙烧机工艺。目前有以下三种类型：

① 固体燃料鼓风带式焙烧机法；

② 麦基型带式焙烧机法（McKee 法）；

③ 鲁尔基-德腊伏型带式焙烧机法（Lurjie-Delef 法）。

其中，鲁尔基-德腊伏占绝大多数。我国包钢的 162m² 带式机及鞍钢的 315m² 带式机亦属于鲁尔基-德腊伏型。

鼓风带式焙烧机法的工艺系统见图 10-12。其具体生产过程为，首先在台车上铺上一层已焙烧好的球团矿，然后铺一层煤粉，采用抽风方式将煤粉点燃。紧接着将外滚煤粉的第一层生球铺到点燃的煤粉上面，料层厚约 200mm。这时将风流改为鼓风方式，第一层生球料层便被干燥和预热，生球所滚煤粉被点燃，随着鼓入的风流，火焰前峰向上推移。当火焰前峰到达料层表面时，再铺上一层生球，并继续鼓风。这种操作过程重复进行，直到料层厚度达到 800mm。在带式机机尾对球团矿进行冷却。由该段回流利用焙烧球团矿的部分余热，将温度约 450℃的冷却废气从台车下部鼓入。

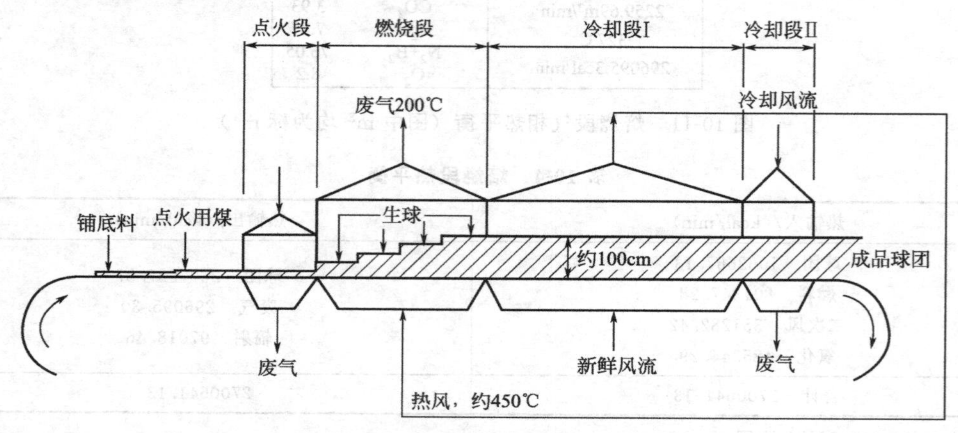

图 10-12　固体燃料鼓风带式焙烧机法

机尾排下的球团矿经过筛分，筛上物加以破碎。筛下物经细磨返回与精矿汇合一起重新造球。最终产品是球团与小球烧结矿的混合物。这种工艺的特点是台车与箅条始终不与赤热物料或高温气流直接接触。由于该法焙烧的球团矿质量不能满足用户要求。因此，该法目前已被淘汰。

10.4.1 McKee 型带式焙烧机

老式 McKee 型带式焙烧机限于处理磁铁矿（图 10-13），所需温度要比焙烧赤铁矿球团所需的温度低。

当生球表面滚上一层煤粉时，由一台带式输送机和一台振动筛组成的布料装置进行生球布料。其焙烧工艺与抽风烧结工艺基本相似，所不同的只是烧结机采用的是普通点火器，而带式焙烧机采用的则为较长的点火炉罩。焙烧机台车铺有边料和底料以防止过热。但是，即使台车的栏板和箅条采用特种合金材质，而最初产生的过热仍然会对设备带来极大危害。所以为了避免过大的热应力，这种带式焙烧机只限于处理磁铁矿，原因是焙烧磁矿球团所需温度要比焙烧赤铁矿球团所需温度低。

新式 McKee 型带式焙烧机（图 10-14）对此做了如下一系列的改进工作：

① 采用辊式布料器与辊筛，使料层具有较好透气性。

② 将抽风冷却改为鼓风冷却。

③ 所用燃料改为燃油或气体，不再使用固体燃料煤。这样明显地提高了球团矿质量，降低了燃料消耗。

④ 增大焙烧机有效面积。

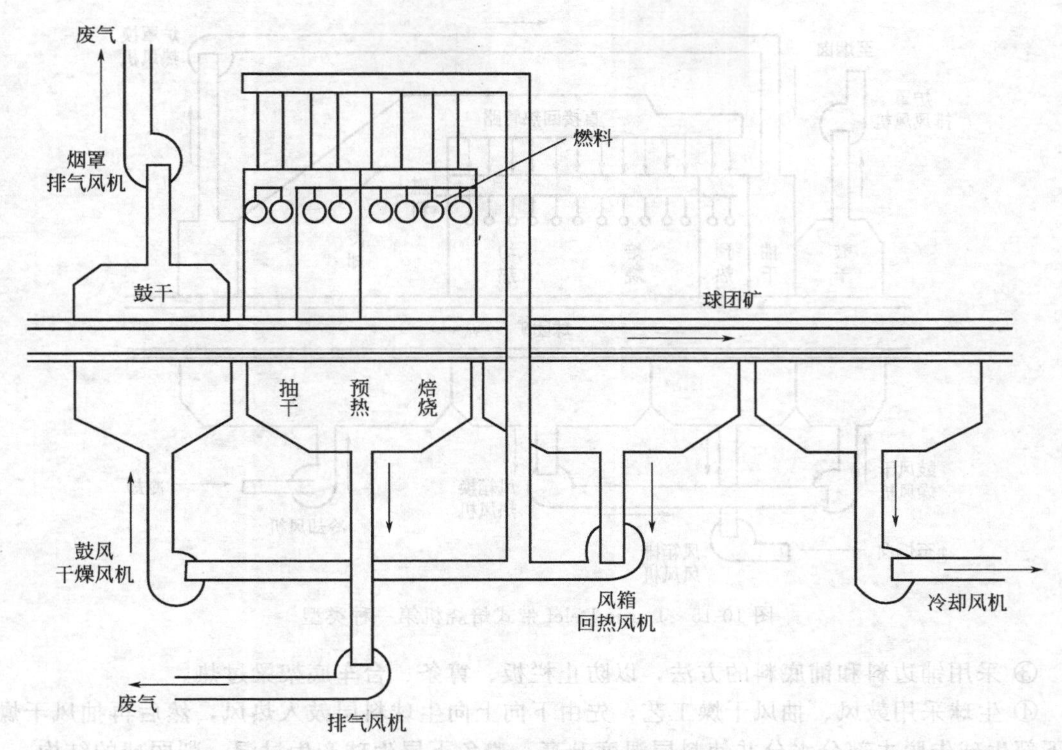

图 10-13　McKee 型带式焙烧机法

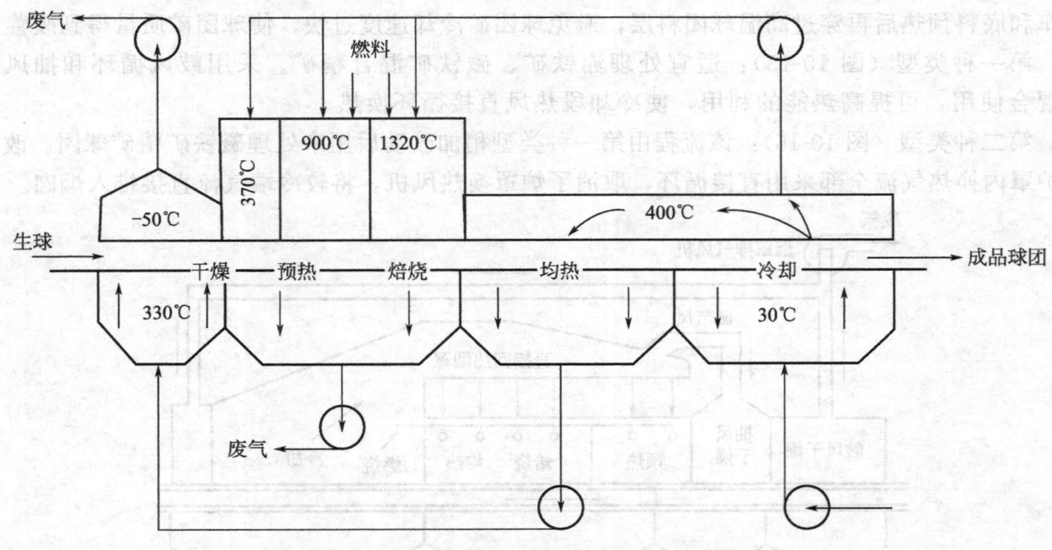

图 10-14　新式 McKee 型带式焙烧球团系统

10.4.2　Lurjie-Delef 型带式焙烧机

Lurjie-Delef 带式焙烧机工艺首先由德国 Lurjie 创立（图 10-15），至今成为世界上运用最广泛的带式焙烧机法。该工艺具有下列一些特点。

① 采用圆盘造球机制备生球。

② 采用辊式筛分布料机，对生球起筛分和布料作用，并降低生球落差，节省膨润土用量。

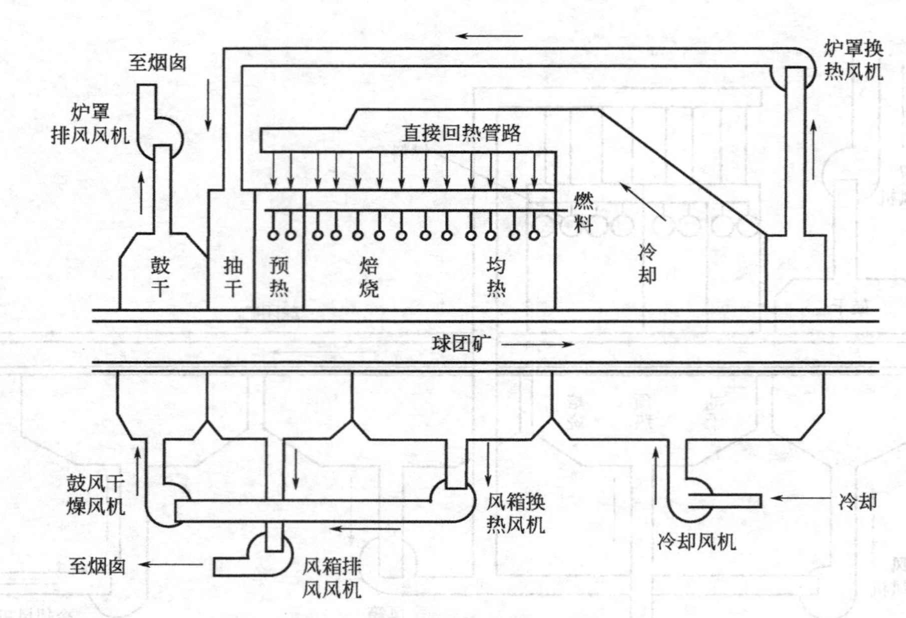

图 10-15　Lurjie-Delef 带式焙烧机第一种类型

③ 采用铺边料和铺底料的方法，以防止栏板、箅条、台车底架梁过热。

④ 生球采用鼓风、抽风干燥工艺，先由下向上向生球料层鼓入热风，然后再抽风干燥，使下部生球先脱去部分水分并使料层温度升高，避免下层生球产生过湿，削弱球的结构。

⑤ 为了积极回收高温球团矿的显热，采用鼓风冷却，台车和底料首先得到冷却，冷风经台车和底料预热后再穿过高温球团料层，避免球团矿冷却速度过快，使球团矿质量得到改善。

第一种类型（图 10-15）：适宜处理赤铁矿、磁铁矿混合精矿。采用鼓风循环和抽风循环混合使用，可提高热能的利用，使冷却段热风直接循环换热。

第二种类型（图 10-16）：该流程由第一种类型稍加改动后用来处理磁铁矿精矿球团。改动后炉罩内换热气流全部采用直接循环，取消了炉罩换热风机，将较冷端气流直接排入烟囱。

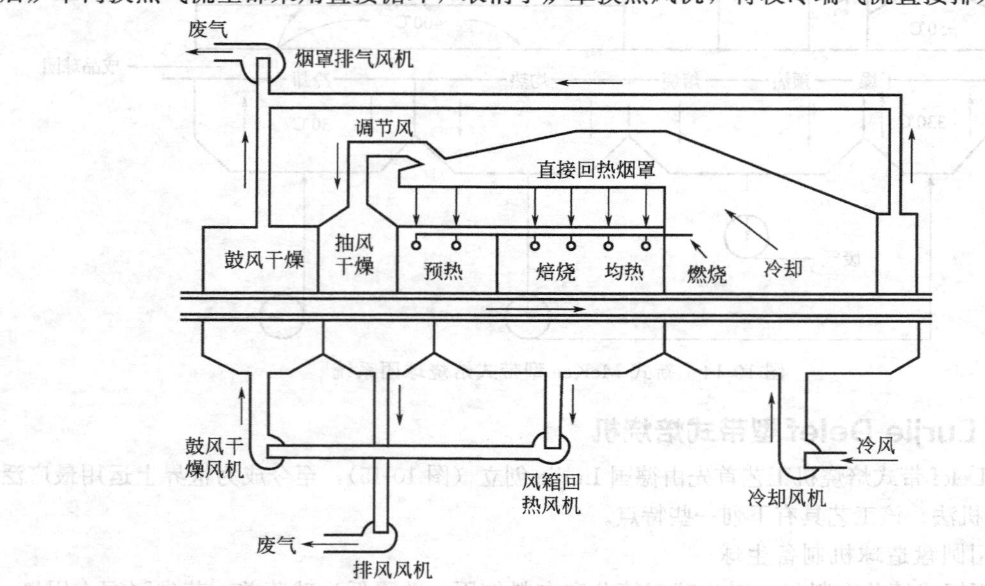

图 10-16　Lurjie-Delef 带式焙烧机第二种类型

第三种类型（图 10-17）：适于生产赤铁矿球团矿。为了满足该类生球需要较长干燥和预热时间的工艺，相应增大了焙烧机面积。同时增加抽风干燥和预热区所需的风量，以及炉罩换热气流全部直接循环。其特点是将抽风预热和抽风均热区的风箱热风引入干燥区循环，从而弥补抽风干燥所需增加的风量。

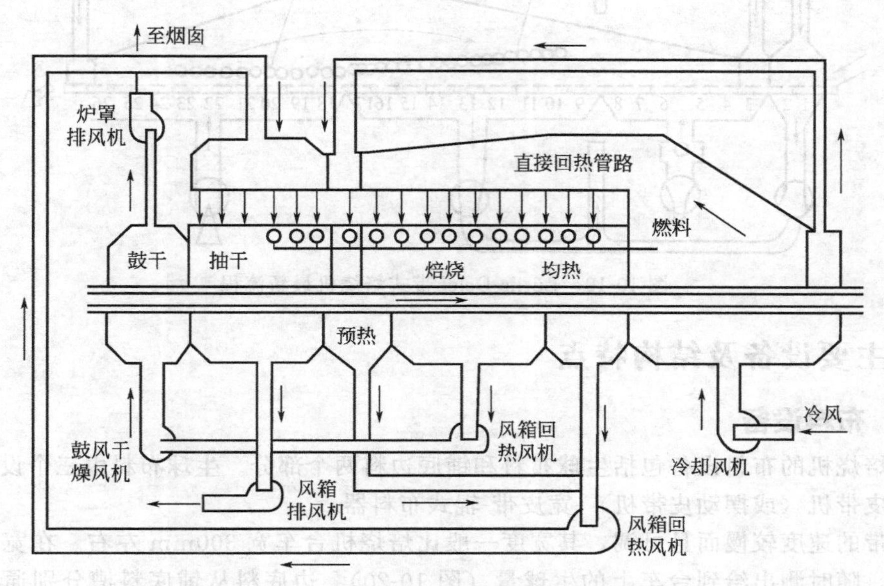

图 10-17　Lurjie-Delef 带式焙烧机第三种类型

第四种类型（图 10-18）：适于处理含有有害元素的铁矿石球团。可从高温抽风区排除废气，以消除某些矿物产生的易挥发性污染物对环境的污染，如砷、氟、硫等，亦处理含有结晶水的矿物。

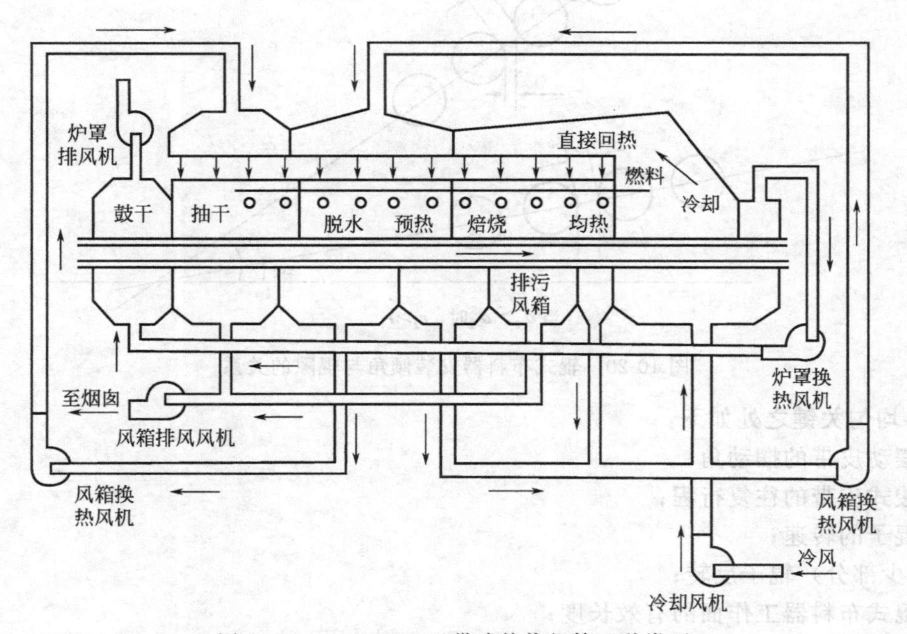

图 10-18　Lurjie-Delef 带式焙烧机第四种类型

Lurjie最新设计流程（图10-19），流程可使用100%的煤或煤气、燃油，亦可按任意一种比例混合使用三种燃料。

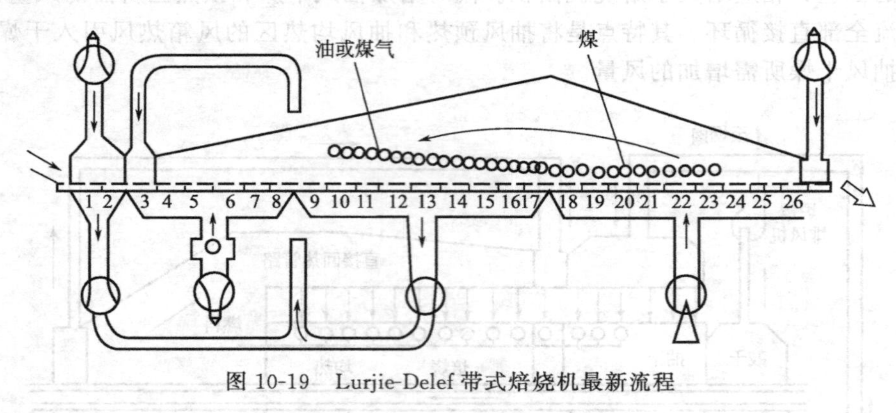

图10-19 Lurjie-Delef带式焙烧机最新流程

10.5 主要设备及结构特点

10.5.1 布料设备

带式焙烧机的布料设备包括生球布料和铺底边料两个部分。生球布料由三个设备联合组成：梭式皮带机（或摆动皮带机）-宽皮带-辊式布料器。

宽皮带的速度较慢而且可调，其宽度一般比焙烧机台车宽300mm左右。在宽皮带上装有电子秤，随时测出给到台车上的生球量（图10-20）。边底料从铺底料槽分别通过边底料溜槽给到台车上，并用阀门调节给料量。铺底料槽装有称量装置，控制料槽料位。

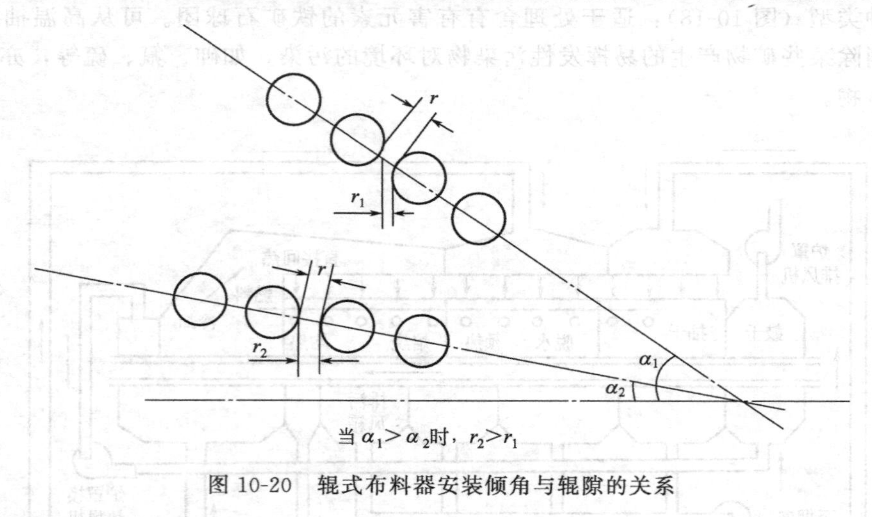

图10-20 辊式布料器安装倾角与辊隙的关系

布料均匀关键之处如下：

① 摆动皮带的摆动角；

② 梭式皮带的往复行程；

③ 辊子的转速；

④（少部分）辊子反转；

⑤ 辊式布料器工作面的有效长度；

⑥ 辊子表面光洁度；

⑦ 辊式布料器的安装倾角。

作为布料器而言，希望料流在布料器的（平均）厚度大一些为好，有利于料流的均匀；作为筛分机来说希望料流厚度薄一些为好，有利于提高筛分效率。因此在选择辊子转速时要尽量两者兼顾，一般来说料流（平均）厚度在2～3个球较为合适。辊式布料器的安装倾角一般都在10°～25°之间。角度小，料流速度慢，但有效筛分间隙大，因而不但有利于铺料均匀，也有利于提高筛分效率。带式机的辊式布料器的倾角一般都在18°以上，这主要是考虑便于布置粉球皮带和更换台车（当更换台车在机头上部弯道进行时）的吊车。当然倾角也不宜太小，过小亦使生球易顺流，因为生球要从两辊之间凹处爬到下一个辊子上，角度小这个坡的高度就越大，当生球与辊子间摩擦力小时就难于被辊子带上。承德钢厂球团就曾出现过这种现象，当把倾角提高之后这个现象也随之消失。

10.5.2 焙烧机结构

（1）焙烧机头部及其传动装置　焙烧机的传动装置由调速马达、减速装置和大星轮等组成（图10-21、图10-22）。台车通过星轮带动被推到工作面上，沿着台车轨道运行。

焙烧机的传动装置根据传动功率的大小，有单系统传动和双系统（两马达、两减速机）同步传动。变速马达一般采用电磁调速异步电机（又称滑差电机）。变速范围都比较宽。

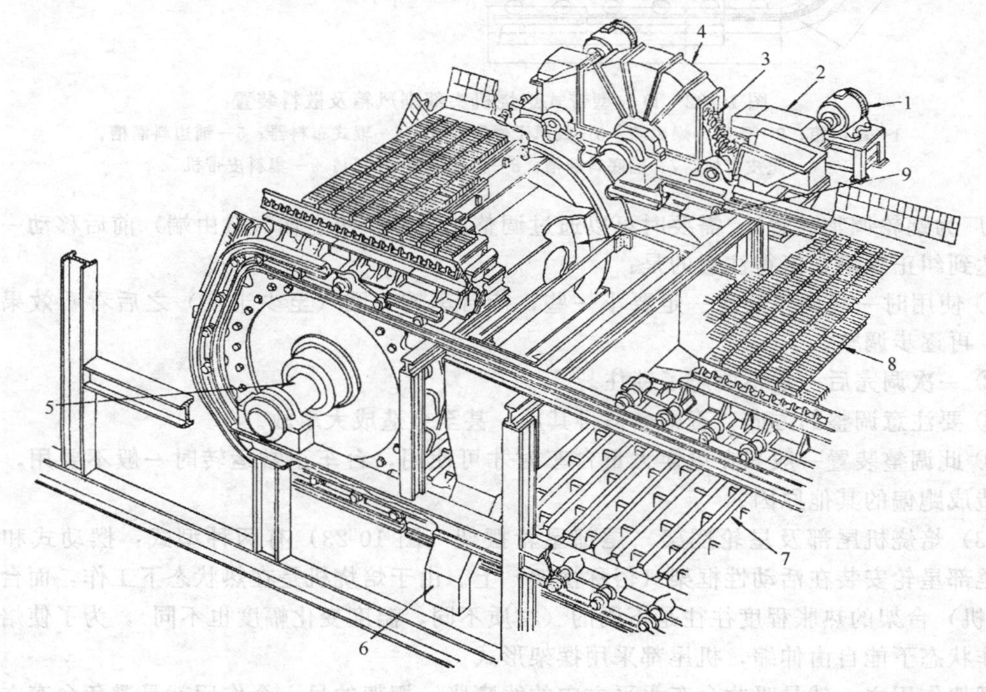

图10-21　DL型带式焙烧机传动装置

1—马达；2—减速机；3—齿轮；4—齿轮罩；5—轴；6—溜槽；7—返回台车；8—上部台车；9—扭矩调节筒

减速系统包括减速机、大小齿轮对等。减速机的减速比一般都比较大（例如，某钢厂减速比为1649∶1），这样可以使其后面的传动齿轮的运转速度放慢，其好处是不但运转平衡，而且磨损量也小，使用寿命长。

台车的驱动过程：马达带动减速机，减速机的输出轴带动（主动）小齿轮（同时带动大星轮），大星轮上的大牙啮住台车轱辘内侧的轱辘轴（外有一耐磨的套筒，即滚轮），将其从回车轨道通过弯道送到上行水平轨道。

（2）焙烧机跑偏纠防　为了防止跑偏，常在大星轮的自由轮（非传动）端设有调正装置

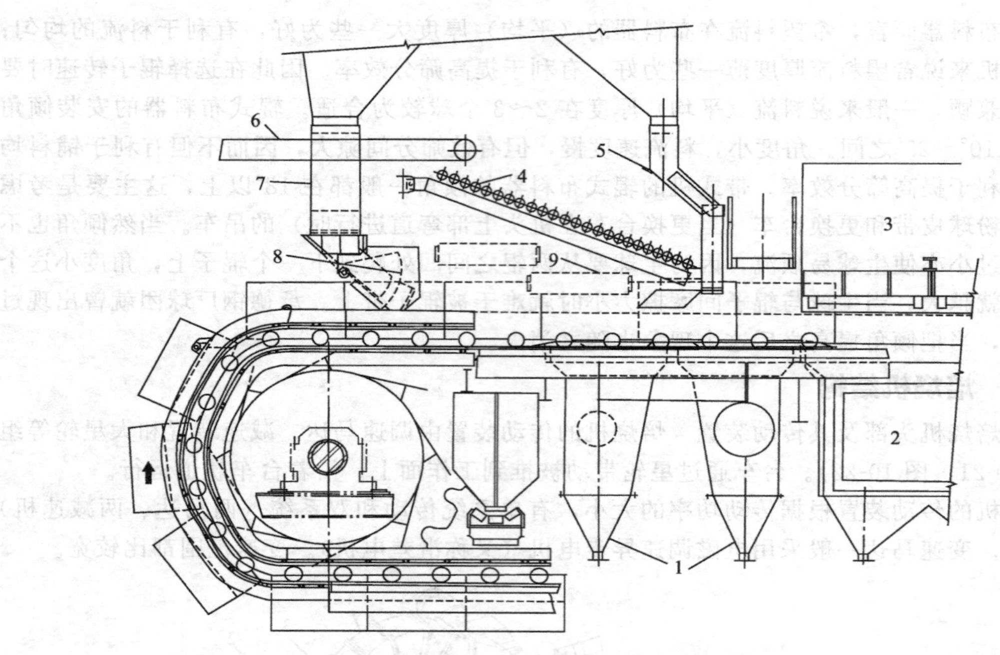

图 10-22　D-L 型带式焙烧机头部副风箱及散料装置

1—副风箱；2—干风干燥风箱；3—鼓风干燥段炉罩；4—辊式布料器；5—铺边料溜槽；6—宽皮带机；7—铺底料溜槽；8—铺底料溜槽阀门；9—集料皮带机

(某钢厂为蜗轮调整装置)。需要时可以通过调整此装置，使主轴（自由端）前后移动一定距离以达到纠正跑偏。值得注意的是：

① 使用时一次调整的量一定要小一些，待台车转一圈（至少半圈）之后看看效果，如需要，再逐步调整。

② 一次调完后一定不要忘了锁住。

③ 要注意调整的方向，否则会适得其反，甚至会造成大事故。

④ 此调整装置一般只在更换大量台车时才可使用，台车正常运转时一般不要用，而要查找造成跑偏的其他原因。

(3) 焙烧机尾部及星轮摆架　尾部星轮摆架（图 10-23）有两种型式：摆动式和滑动式。尾部星轮安装在活动性框架（俗称摆架）上。由于焙烧机是在热状态下工作，而台车与(焙烧机）台架的热胀程度往往是不同的（材质不同，温度变化幅度也不同)，为了使焙烧机在工作状态下能自由伸缩，机尾都采用摆架形式。

摆架作用之一就是吸收台车水平方向的线膨胀。摆架的另一个作用就是避免台车在尾部(由水平轨道向弯道和由弯道向水平轨道过渡之处）拉缝，消除了台车之间的冲击，而且也避免了球团及碎粒粉料的散漏和减少漏风。这是通过摆架的配重来实现的，由于配重的作用使台车（在水平段）始终保持紧密接触状态。为此，配重数量必须适量。

当台车受热膨胀时，尾部星轮中心随摆架滑动后移，在停机冷却后，由重锤带动摆架滑向原来的位置。卸料时漏下的散料由散料漏斗收集，经散料溜槽排出。

(4) 台车　在整个焙烧过程中，台车要循环经过装料、加热、冷却、卸料等过程，又要承受自重、料重和抽风负压的作用，尤其是要经长时间的反复高温作用，在这一点上比烧结机台车更为突出，台车最高温度通常在 900℃左右。

鲁奇公司带式焙烧机的台车分三部分组成：中部底架和两边侧部。边侧部分是台车行

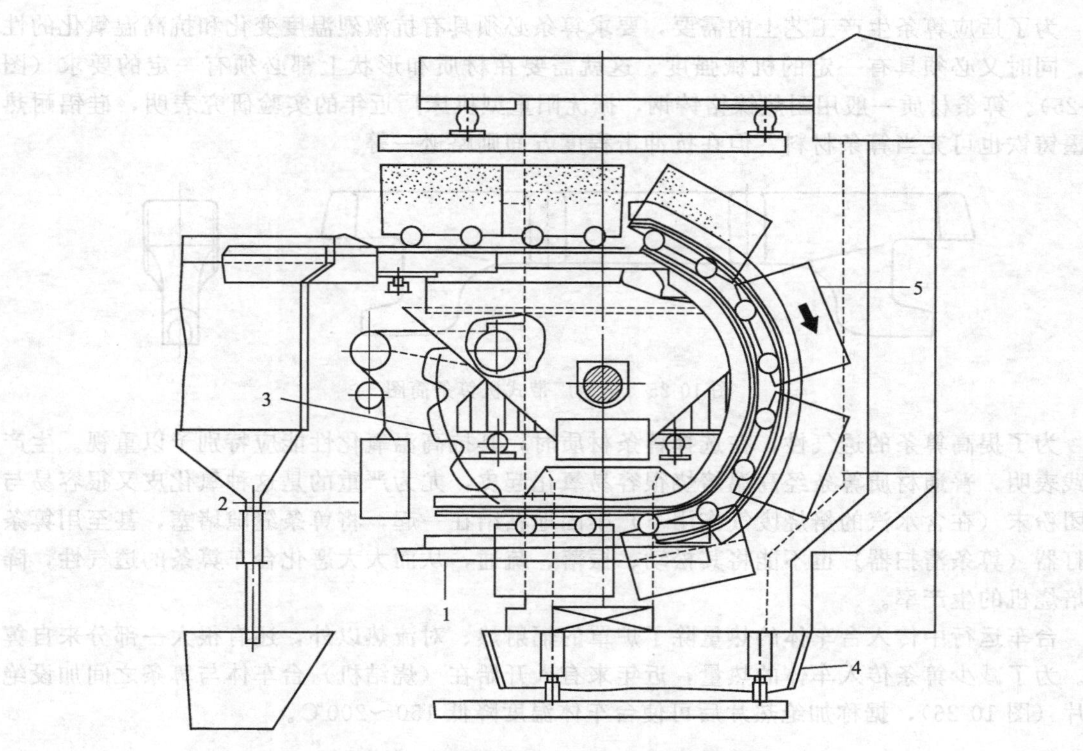

图 10-23　DL 型带式焙烧机尾部星轮摆架

1—尾部星轮；2—平衡重锤；3—回车轨道；4—漏斗；5—台车

轮、压轮和边板的组合件，用螺栓与中部底架连接成整体（图 10-24）。中部底架可翻转 180°。如丹皮尔厂使用的台车宽为 3.35m，新台车中段上拱 12mm，每生产 10 万吨球团时下垂 0.25mm，下垂极限为 12mm，然后取下校正后再用，该厂台车寿命达 8 年，台车栏板上段寿命较短，一般为 9 个月到一年。加拿大一些球团厂使用 3m 宽台车，台车中部底架约 7～8 个月翻转一次，三年平均翻四次。箅条寿命一般为 2 年。台车和箅条的材质均为镍铬合金钢。

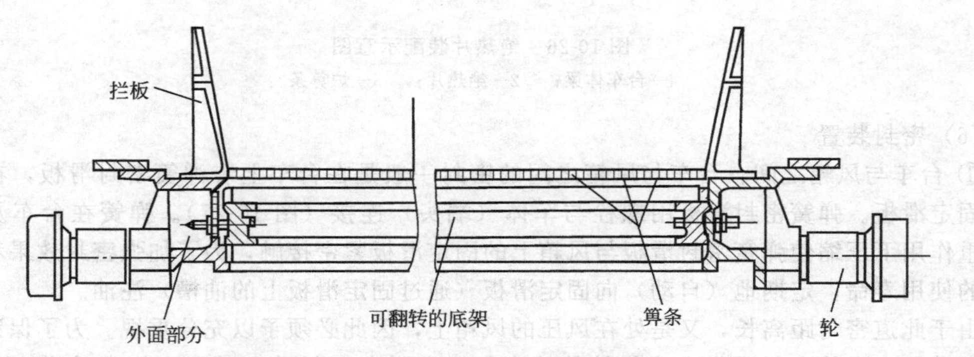

图 10-24　带式焙烧机可翻转的台车

（5）箅条　箅条也是长时间反复受高温作用，箅条所经受的最高温度比车体经受的最高温度更高。箅条的使用寿命对焙烧机的生产效率、经济效益影响很大，因为箅条的寿命不但直接决定箅条消耗量，而且还在很大程度上影响焙烧机作业率，尤其是箅条的有效透气性更影响焙烧机单位时间的生产率。

为了适应箅条生产工艺上的需要，要求箅条必须具有抗激烈温度变化和抗高温氧化的性能，同时又必须具有一定的机械强度。这就需要在材质和形状上都必须有一定的要求（图10-25）。箅条材质一般用耐热镍铬铸钢，据沈阳重型机床厂近年的实验研究表明，硅铝耐热球墨铸铁也可充当箅条材料，但在抗冲击程度方面则略逊一筹。

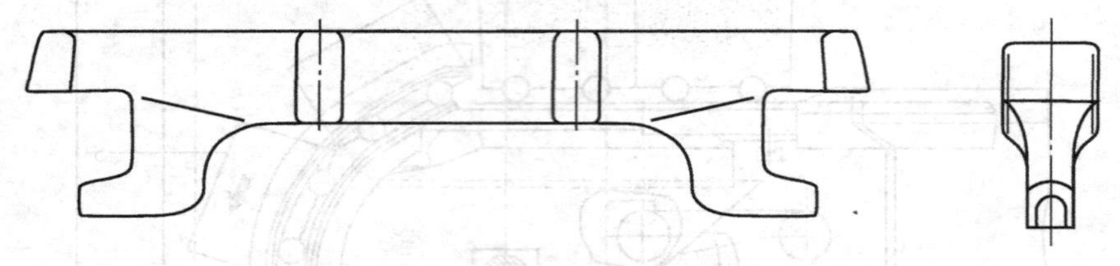

图 10-25　某钢厂带式机箅条简图

为了提高箅条的透气性，在选择箅条材质时，其抗高温氧化性能应特别予以重视。生产实践表明，普通材质箅条经高温焙烧很容易氧化起皮，尤为严重的是这种氧化皮又很容易与球团粉末（在含水汽的焙烧废气作用下）牢固地粘结在一起，将箅条缝隙堵塞，甚至用箅条振打器（箅条清扫器）也不能将其松动、振落、疏通，从而大大恶化台车箅条的透气性，降低焙烧机的生产率。

台车运行中传入台车体的热量除了炉罩的辐射热、对流热以外，还有很大一部分来自箅条。为了减少箅条传入车体的热量，近年来有人开始在（烧结机）台车体与箅条之间加设绝热片（图 10-26），据称加绝热片后可使台车体温度降低 150～200℃。

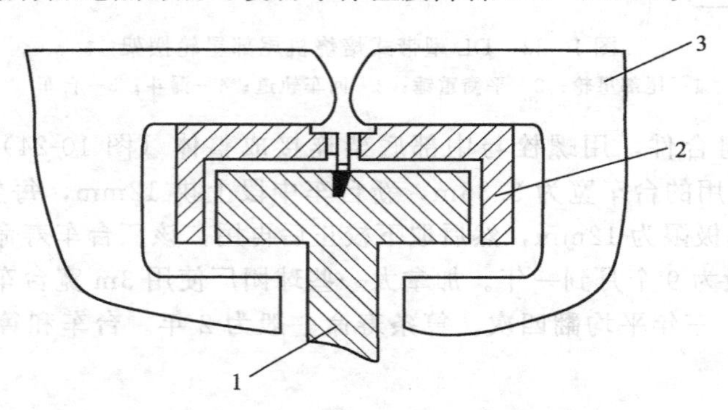

图 10-26　绝热片装配示意图

1—台车体梁；　2—绝热片；　3—炉箅条

（6）密封装置

① 台车与风箱之间：台车与风箱之间的密封一般是在台车上装弹簧密封滑板，在风箱上装固定滑板。弹簧密封滑板用螺栓与车体（端头）连接（图 10-27）。弹簧在台车及物料的自重作用下压缩使弹簧密封滑板与风箱上的固定滑板紧密接触，为了加强密封效果和延长密封的使用寿命，定期地（自动）向固定滑板（通过固定滑板上的油槽）注油。

由于此道密封距离长，又是处在风压的风箱上，因此必须予以充分重视。为了保证良好的密封效果，弹簧密封滑板应当保持伸缩自如，在脱离上行道之后即应能自动弹出密封板槽，否则要进行处理。一般用手锤轻轻敲打即可出槽，当敲打也不起来时则应当换下检修处理。

② 台车与炉罩之间：台车与炉罩之间的密封常采用落棒型式。其结构是在台车上装有密封板，落棒自由悬挂在炉罩的金属结构上，落棒靠自重压在密封板上，落棒的左右位置由弹簧调节，为了加强密封效果和延长密封的使用周期，同样向其间注润滑油。根据使用条件

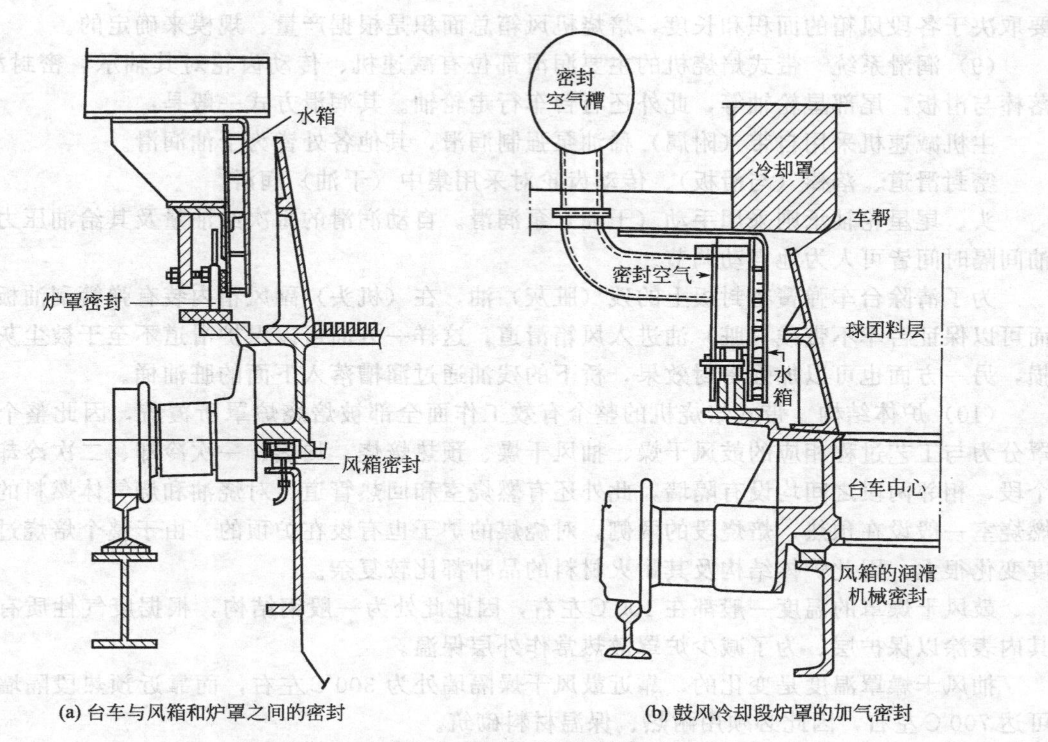

(a) 台车与风箱和炉罩之间的密封　　(b) 鼓风冷却段炉罩的加气密封

图 10-27　台车与风箱炉罩密封结构示意图

的不同又有采用单层落棒和双层落棒之分。鼓风冷却段一般为双层落棒。

为了防止冷却段的含尘热废气的逸出，还常在该段设有空气密封，原理是用（远远大于炉膛压力）干净的空气形成风幕（正压），从而阻挡炉内热气体的溢出。

为了提高落棒密封效果以及落棒不至于被台车上的密封板顶住（造成事故），要求所有台车上的密封板必须安装牢固，表面水平划一，同时落棒端头要有足够的弧形倒角。

（7）风箱隔板　焙烧机的工艺风流是两端鼓风（鼓风干燥、鼓风冷却），中间抽风（抽干、预热、焙烧、均热），在头、尾风箱及中间两处风流反向（鼓风与抽干、均热与冷却）处必须有密封装置。

机头、机尾采用单铰的弹簧密封隔板（机头、尾装配方向相反）。

中间两套密封为平座式弹簧密封隔板。

根据风箱（台车）的宽度不同隔板由若干块组成（3m 风箱为 6 块），两块间约有 5mm 的间隙，以便各自能单独自由升降。

弹簧的材质应能长时间承受气流的最高温度。为了减少机头（给料侧）的漏风，改善操作环境，在散料漏斗与鼓风干燥风箱之间设有 1～2 个副风箱，并在其中造成适当的负压（某钢厂带式机是用一管道与主烟道连通）。

弹簧隔板的安装过低起不到应有的密封效果，过高可能卡台车，甚至造成顶住台车这类恶性事故。

烟道的各放灰点也必须有锁风结构，一般采用双层放灰阀。大致结构及操作情况是这样的，在两层放灰阀中间有一存灰容器，放灰时上、下两阀交替动作，因此即便在放灰时也保证了烟道不与外面大气相通，放灰程序一般自动控制。

（8）风箱　带式焙烧机各段风箱分配比例是由焙烧制度所决定的。通过球层的风量、风速和各段停留时间，根据不同原料，通过试验确定。当机速和其他条件一定时，这些参数主要取决于各段风箱的面积和长度，焙烧机风箱总面积是根据产量、规模来确定的。

(9) 润滑系统　带式焙烧机的主要润滑部位有减速机、传动齿轮对其轴承、密封滑道、落棒与滑板，尾部星轮轴等，此外还有台车行走轮轴。其润滑方式一般是：

主机减速机采用自带（附属）稀油泵强制润滑，其他各处皆为干油润滑。

密封滑道、落棒（与滑板）、传动齿轮对采用集中（干油）润滑。

头、尾星轮轴承则采用手动（干油）泵润滑。自动润滑的每次给油量及其给油压力，给油间隔时间皆可人为地自动调节。

为了清除台车弹簧密封板上的残（脏灰）油，在（机头）副风箱内装有弹簧刮油板，从而可以保证台车不带残（脏）油进入风箱滑道，这样一方面可以保护滑道不至于被尘灰所磨损，另一方面也可以加强密封效果，桥下的残油通过溜槽落入下面的脏油桶。

(10) 炉体结构　带式焙烧机的整个有效工作面全部被焙烧炉罩所覆盖，因此整个焙烧罩分为与工艺过程相应的鼓风干燥、抽风干燥、预热焙烧、均热、一次冷却、二次冷却等六个段，相邻两段之间均设有隔墙，此外还有燃烧室和回热管道。对烧油和烧气体燃料的炉子燃烧室一般设在预热、焙烧段的两侧，对烧煤的炉子也有设在炉顶的。由于整个焙烧过程温度变化很大，因此炉体结构及其耐火材料的品种都比较复杂。

鼓风干燥罩的温度一般都在100℃左右，因此此处为一般钢结构，根据废气性质有时在其内表涂以保护层。为了减少炉罩散热常作外层保温。

抽风干燥罩温度是变化的，靠近鼓风干燥隔墙处为300℃左右，而靠近预热段隔墙处则可达700℃左右，因此必须用耐热、保温材料砌筑。

预热、焙烧段是最高温度区，使用温度通常在1350℃左右，因此该段的耐火材料要求较高，某钢厂选择高铝砖。

燃烧室是燃料燃烧的场所，是整个炉子温度最高的部位，当使用液体燃料时最高温度可达1700℃以上（据国外文献介绍，当燃烧煤粉时甚至可达2000℃以上），而且由于燃料或可燃混合物从燃烧器（油枪、烧嘴）喷出时常常具有很大的流速，对燃烧炉墙会有一定的冲刷力，因此在结构上，砖型选用上应予以高度重视。

均热罩（不设燃烧室）的热气体来自一冷段，因此该段的温度在1000℃左右。

一冷罩的温度是变化的，靠近均热隔墙处温度在1000℃左右，靠近二冷段的温度则在500℃左右（与一次冷却长度有关），整个一冷罩的气流温度一般在800～900℃。因此一冷罩上的总回热管（又称二次风总管）的温度也在800～900℃范围。

在二次风总管与燃烧室之间的管道（又称二次风支管），一般可使用黏土砖。由于二冷罩温度不高，正常时约500～200℃，因此该段的炉罩没有耐火材料，仅作简单的外保温处理。从某钢厂的实际使用来看发现靠近一冷的炉罩钢结构严重变形，可见此处的温度有时能大大超过500℃，该处炉罩（尤其是靠近一冷一方）也必须有耐火材料内衬。

(11) 箅条清扫器　台车在工作过程中，箅条之间的缝隙不可避免要夹持一些碎球和粉尘。由于新型焙烧机台车在卸料时运转平稳很少冲撞（这是保护台车的需要），因此箅条缝中所夹持的碎球、粉尘很难在卸料时卸下去。如果不随时予以清除，必然要影响箅条的实际透风面积，增加透风阻力，时间长了甚至会完全堵塞箅缝、严重地影响焙烧过程的顺利进行。为此，在台车返回道下面设置了箅条清扫器。原理是台车从清扫装置上方通过时，清扫器将台车箅条稍稍托起（箅条卡在台车横梁上有一定的空隙），而后放下，在托、放过程中使箅条得以松动，箅缝中的碎料掉下落入下面的散料漏子。设计安装时，托起的距离需很好地调整。

10.5.3　工艺风机

工艺风机是带式焙烧机的主要配套设备之一，它直接影响球团的焙烧质量、产量及球团矿的加工成本。带式焙烧机主要工艺风机有四种：

①废气风机；②气流回热风机；③鼓风冷却风机；④助燃风机。

此外，还有调温风机和用于气封的风机。按其风机的结构性能来分，带式焙烧机的工艺风机大多为离心式通风机，而鼓干罩的排风机则采用轴流式风机。风机性能要满足各工作部位的风量、风压和温度等工艺要求。

轴流式风机是利用叶片连续旋转推动气体，使气体加速并沿轴向流动。这种风机的特点是风量大而风压小，所以像鼓干罩的排废气风机多选用这种形式。

回转式风机是利用圆柱体壳内的旋转叶片把空气挤向出风口。这种风机的特点是风压较大，风量较小，但较稳定。多用于实验室，现场尤其是球团厂（车间）不曾使用。

离心式风机是利用轴上的叶轮高速旋转而产生离心作用，将气体从叶轮甩向叶轮与机壳之间空间（蜗壳），然后通过逐渐扩张的蜗壳和出风口送入空气管道。这种风机使用最广泛，带式球团厂内的工艺风机（除鼓干排废风机外）几乎毫无例外的属于这种风机。离心式风机又可分为离心式通风机和离心式鼓风机，一般压头在 1000mmH_2O（1mmH_2O＝9.81Pa，下同）以下的离心式风机多属于离心式通风机，因此球团厂用的风机通常是离心式通风机。

风机的主要参数为：转数（转/分），风量 Q、风压 H、功率 N 及效率。当转速一定时(实际运转的风机就是如此)。H、N、与 Q 之间有一定的关系，4-72No5 离心风机特性曲线如图 10-28 所示。这些关系可用风机的特性曲线来得到，风机的特性曲线要由实验测定。通常是：风压高时风量小，功率也小，而风压低时，风量大，功率也大。即风量与风压成反比，风量与功率成正比。

实际生产现场的风机又都是在前后有管网阻力的条件运转的，管网包括与风机连通的各管路和炉子等。风机在管网中运行情况则不仅与风机的性能有关，而且与管网的特性也有很大关系。

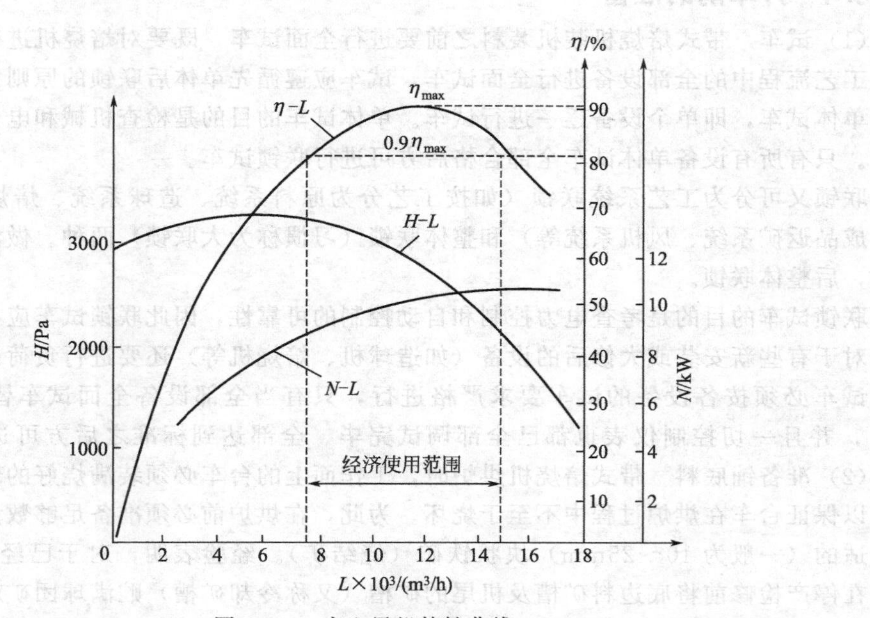

图 10-28　离心风机特性曲线

（1）风机运转点（工况）调节　风机运转点的风压（总压力）＝风管内各种阻力＋料层的阻力＋炉内必须剩余的风压。对正在运转中的风机进行风量或风压的调节：

① 在出风管路上设置节流闸阀，用改变闸阀的开启度（实质是改变管网阻力损失-管网特性曲线）以调节风量。这方法最简单，生产中（尤其是小型风机）使用最多，但不经济。

② 改变风机转速：改变风机转速也能改变风机风量和风压，由于改变转速比较麻烦，故不常用。某钢厂球团的循环风机就是用的这种方法，目的是为了在不同季节选用，冬天气温低时用低速运转，以降低功率确保风机的正常运转。

③ 在风机吸风管上装置（前导节流阀）节流闸阀，用改变风机性能曲线的办法来调节风量与风压，在大型风机中常用此法。此节流阀还便于远距离自动控制，如某钢厂球团风机则全部是在风机入口安装百叶窗式的闸阀。节流闸阀的开启增大或减小，风机入口的压力也按比例增大或减小。

（2）风机的并联与串联　当把两台两样型号的风机并联接入同一管路，同时运转往同一炉子送风（或抽风），叫风机的并联。理论上并联后风量应等于两台之和，风压不变，实际上是并联后风量小于两台之和，风压比单台高。并联的目的是为了解决风量的不足。

当把第 1 级风机的出口用管道接到第 2 级风机的入口运转时，叫做风机的串联。串联后的风机特性曲线理论上风压等于两台之和，风量不变，实际上是风压小于两台之和，风量略有增加。这种运转方式在带式机的鼓风干燥中常得以采用。如某钢厂带式机的鼓风干燥就是两台风机串联使用，第一台抽取焙烧后段（包括均热段）的废气，第二台将此风加压后鼓入干燥段用于生球的鼓风干燥。在这种情况下其风压损失集中在抽和鼓上，两风机之间连接管内严格保持为零压，可使两台风机合理分担负荷，不至于造成厂房内的污染（正压），或管道的振动（负压过大时）。

10.6 带式焙烧机的操作与控制

10.6.1 开车前的准备

（1）试车　带式焙烧机装机装料之前要进行全面试车，既要对焙烧机进行试车，也要对整个工艺流程中的全部设备进行全面试车，试车应遵循先单体后联锁的原则。

单体试车，即单个设备逐一进行试车。单体试车的目的是检查机械和电力拖动系统的可靠性。只有所有设备单体试车全部合格后方可进行联锁试车。

联锁又可分为工艺系统联锁（如按工艺分为原料系统、造球系统、焙烧系统、集尘系统、成品返矿系统、风机系统等）和整体联锁（习惯称为大联锁）两种。做法是先工艺系统联锁，后整体联锁。

联锁试车的目的是考查电力控制和自动控制的可靠性，因此联锁试车应在中央控制室操作。对于有些新安装或大修后的设备（如造球机、焙烧机等）还要进行负荷试车。

试车必须按各设备的试车要求严格进行，只有当全部设备全面试车皆达到正常运转要求，并且一切控制仪表也都已全部调试完毕、全部达到标准之后方可进行点火烘炉。

（2）准备铺底料　带式焙烧机烘炉时，工作面上的台车必须装满烧好的球团矿或块状铁矿，以保证台车在烘炉过程中不至于烧坏。为此，在烘炉前必须准备足够数量的球团矿或粒度合适的（一般为 10～25mm）块状铁矿（烧结矿）。经验表明，对于已经投产的焙烧机，只要在停产检修前将底边料矿槽及机尾的矿槽（又称冷却矿槽）贮满球团矿就足以供烘炉时的用量（因为设计底料矿槽容积时就已经考虑到了这一要求）。对于新安装的焙烧机则必须备 3～5 倍于焙烧机工作面上全部台车之容积的铁矿石（或球团矿），即有效面积×台车边板高度×（3～5），如 $162m^2$ 焙烧机则是 162×0.4×（3～5）=194～$324m^3$，设球团矿堆相对密度为 2.0，则必须备足 400～650t。原始底料量的多少在很大程度上还取决于底料的质量。底料质量好，在烘炉运转过程中损失量少，则可以少一些，反之则必须多准备一些。为此，也为了保护台车（箅条不被堵塞）及工艺风机（不受磨损），要求作为铺底料的球团矿或铁矿石必须粒度均匀、大小合适、强度好，粉末少，入炉前必须进行认真过筛。

（3）烘炉　一般分为两个阶段进行：第 1 阶段燃烧强度小，因此可以采用堆烧木材或使用煤气利用点火棒点燃；第 2 阶段：待炉膛温度升到一定高度时即可直接用炉膛（燃烧室）的烧嘴（点燃重油或煤气）烘炉。在第一阶段炉温较低，一般不开主轴风机。烘炉作业的具体操作过程如下。

① 将准备好的点火棒（一般由机尾或机头运进）从油枪杆入孔（油枪事先拔出）或燃烧室的窥视孔插入，用胶皮管把煤气引入管与点火棒（露出炉外部分），连接起来，点火棒（管）入燃烧室部分（根据点火棒长度决定）可用钢支架支承。点火棒的插入长度不得超出燃烧室。因此有孔部分的最大长度要小于燃烧室长度 1.0m 左右。

② 将底料循环系统及集尘、返矿系统投入动转。

③ 打开底料闸门使（其开度）料层与台车挡板高度相等（此时边料闸门不必开启，以免边料从台车边板溢出）。

④ 动转台车（即给焙烧机传动滑差电机以适当速度）。随着台车的向前行走，台车上被铺满底料，而从台车箅条缝等处漏下去的散料则通过集尘系统、返矿系统（或底料系统）运走。当第一块装满底料的台车到达机尾（即露出炉罩）时，可停止台车的运转。随后也可停止底料、集尘、返矿系统的运转。

⑤ 开启炉罩排废风机和助燃风机。

⑥ 点燃引火棒，用引火棒逐一点着（烘炉）点火棒。

⑦ 按烘炉曲线控制燃烧室温度。待燃烧室温度升至一定水平时（某钢厂为 600℃），启动主轴风机（或全部工艺风机），之前要将返矿、集尘、铺底料系统全部运转起来，而后点燃各燃烧室的烧嘴（最好是左右交叉进行）并要特别注意控制烧嘴的燃烧强度（火焰大小）防止炉温的大幅度升降。此时还要注意风箱温度的变化，当温度升高到一定程度时要慢慢运转台车。某钢厂经验是把风箱温度控制在 250～300℃以下，即只要一个风箱温度高于 300℃（冬天 250℃）时，台车就必须运转，当所有风箱温度皆低于 250℃（夏天可放宽到 300℃）即可停止运转。开始时台车是间断运转，逐步过渡到持续运转，随着温度的升高，运转速度由慢到快。当台车速度达到最快速度，风箱温度还不能控制在 300℃以下时，即开启造球系统，开始运转一个造球机（并控制适当给入料）向台车上铺一薄层生球，同时相应降低底料厚度，并开启边料闸门，随着炉膛温度的升高逐渐提高生球层的厚度（增加球机开动台数），降低底料厚度，直至达到正常生产条件（状态），烘炉过程即到此结束。

10.6.2　生产操作

（1）风、热的调节过程　当生球量（瞬时）增加时，台车速度加快，这时主轴风机入口废气温度须降低。当低于给定值（如 200℃）而影响焙烧质量时，其调节执行机构就自动开大吸入口闸阀，干燥段内的负压随之增大，为满足抽干罩内的压力，必须关小蝶阀。同时，由于吸入口闸阀的开大，焙烧段罩内的风压也将增大，从而使风机的闸阀开大，即鼓入炉内的风量增加。因此通过一冷罩内的风（即二次风）量增加。二次风量的增加，一方面使温度降低，另一方面要使燃烧室内的温度（炉膛）降低，受炉膛温度控制的各燃烧室的燃料（油）量及助燃风量就随之增大以保持炉膛温度为设定值。最后，使得每个被控制参数都与设定值相符时，则整个自动调节过程才算达到重新平衡。整个调节过程要求在很短的时间内完成，以避免出现控制过程的失调、失控，造成重大设备事故。

(2) 炉罩压力的控制　炉罩内各段压力影响炉气在罩内分布是否均匀，流向是否合理，炉气的利用效率，严重时甚至可造成炉体结构破坏，使用寿命缩短。

鼓风罩的负压过大，则抽干罩内部分热废气将通过鼓干与抽干之间的隔墙间隙被直接吸入到鼓风干燥罩内，由废气排风机排出，从而降低抽干段的抽干效应。

抽干罩的负压过大，鼓风干燥罩内含湿量很大，温度较低的废气将部分通过鼓干罩与抽干罩之间的隔墙（间隙）吸入到抽风干燥罩，甚至通过管道倒流入抽风干燥罩。此风与正常的抽风干燥热风混合，降低了抽风干燥热风温度，提高了抽风干燥热风中的湿含量，使在鼓风干燥过程中蒸发出来的水分第二次通过生球层，降低了（抽风）干燥效果，降低热的有效利用，还要因此增加抽风干燥段主抽风机的负荷。

抽风干燥的负压大于焙烧罩内的负压，焙烧罩内的高温热废气通过抽干罩与焙烧罩之间的隔墙流向抽干罩。其影响：①使抽干罩特别是预热段的温度控制偏高，升温速度过快，热稳定性差的球团出现炸裂。②焙烧罩内产生风流由后往前窜，打乱热废气的正常流动，造成各燃烧装置热负荷的不均。

对预热焙烧罩除应保持与其他各段压力相对平衡外，重要的是要绝对保证该罩必须有一定的负压，否则将出现热风溢至火焰的倒流，这不仅影响正常生产及热量有效利用，而且也将危害炉罩的寿命，造成炉罩耐热材料的严重损伤，以至倒塌。

(3) 热风倒流　若使带式焙烧机焙烧段的热风借助抽风机向下全部通过料层，则必须有足够的风机负压抽力，否则热风将向上流动。焙烧炉的一冷罩和鼓风干燥罩的上方分别设有放风管，它们分别通过闸阀或连接管与燃烧室相通。当风机抽力不足时，燃烧室的热风除正常向下通过料层外，还将有部分热风通过放风管向上排出。这部分非正常流向的热风，称之为倒流热风。很明显这种倒流不但对焙烧过程不利，而且对耐热材料也将造成破坏。

由上述分析不难得出，焙烧、预热罩内不允许正压操作。一般情况下，在不产生热气倒流的条件下，负压值越小越好，控制的极限值与放风管的高度和炉膛温度有关。防风管（烟囱）对热气体的拔力计算：

$$\Delta P = \Delta \mathrm{H}(\gamma_1 - \gamma_2)$$

式中，ΔP 为烟囱拔力；ΔH 为高度差；γ_1、γ_2 分别为空气和热气体的密度。

放风管越高，燃烧室的温度越高，要求所控制的负压应越大。根据某钢厂的生产实践，正常生产时，此负压不得高于$-3\mathrm{mmH_2O}$柱，为保险起见一般应控制在$-5\sim4\mathrm{mmH_2O}$柱。

焙烧罩内的负压受两种因素影响：冷却风机鼓入的冷风量和抽风机的抽力大小。二冷罩的压力一般不作严格控制，通常应控制为负压，这样可以避免含尘的热风气体逸出炉罩污染操作环境；但是也不宜将负压控制得太大，过大时易出现：①漏入的冷风量增加。尤其在料层较薄时，即降低热效率又增加抽风机的负荷；②热风中的含尘量增加，加快了风机叶片的磨损以及增加灰尘的循环量。

(4) 停炉操作

计划停炉：按停炉性质或停炉时间长短又可分为短时间停炉和长时间停炉两种。

1) 短时间停炉　由于停水停电、设备故障、操作失误或原料问题等原因所造成的临时停炉。也应按照停炉操作程序停炉。首先停冷风，止火，切断煤气，注意排料、熟球补炉，若遇突然停电，须首先关闭烧嘴风管及煤气管所有阀门；若遇煤气低压，必须立即切断煤气同时止火。建议设计煤气系统时，应该装设煤气低压自动切断装置及报警信号。

2) 长时间计划停炉（包括大修、中修）或长期停产

① 逐渐减少生球给入量和逐步减少球机的动转台数，相应开大底料闸门，提高底料厚度。

② 变底料槽料位自动控制为手动控制，装满底料矿槽，并注意随时保持。

③ 随着生球量的减少，把底料层厚度增加到与台车挡板等高度，此时应关闭边料闸阀，最后停止生球给料。

④ 解除各风机风门（闸阀）的自动控制，转为手动；在保持各炉罩的压力前提下尽量关小风机闸门；解除台车速度自动控制，转为手动；并使风箱内废气温度严格控制在极限（300℃以下），以保护台车车体。

⑤ 减少燃烧装置的燃烧量，使炉体按降温曲线降温。

⑥ 当炉膛温度降到 300～400℃，即可熄灭烧嘴，随后停止各工艺风机运转，并作适当时间的闷炉。

⑦ 台车必须继续运转到台车上的球团矿温度无损于台车时为止，某钢厂的经验是继续运转到所有风箱温度都低于 200℃时停止。

⑧ 当炉膛温度下降到 200℃以下时，可开启一冷罩上的放风阀门以加速炉体的继续冷却。

⑨ 全部降温过程中必须保持正常生产时各炉罩内的压力，防止热风倒流。

⑩ 按工艺方向停止其他运转设备。

事故停炉：操作方法视事故性质如发生部位、事故处理时间以及工艺流程方式的不同而异。

1）事故发生在布料系统以前

此时由于底料循环系统能正常运转，可采用以下方法进行操作。

① 立即开启底料闸门，使底料厚度满台车并同时停运成品运输系统，将台车卸下的料全部返回底料系统。

② 变焙烧机速度自动控制为手动控制，使台车速度和风机闸阀的开度既尽量照顾到已装入炉内的生球焙烧好、冷却好，又必须保证炉罩内各段风量的尽量平衡，合理流向。

③ 视处理事故所需时间，考虑是否需要降温。

2）事故发生在成品运输系统

① 视底料槽料位高低逐步停运球机台数，并同时开启底料闸阀，提高底料厚度，到底料槽满槽时全部停运球机系统，底料厚度达到与台车挡板等高。

② 变焙烧机速度自动控制为手动控制，风机闸阀为手动控制。台车速度及风箱温度逐渐按低限控制（减少燃料及电能消耗）。

③ 视事故大小，处理时间长短，考虑是否（按降温规程）降低。

3）焙烧机机身或底料循环系统

事故发生在焙烧机时，此种情况下应采用如下操作：

① 立即将所有燃烧器全部灭火。

② 把各风机闸阀关至最小。

③ 开启一冷罩的放风阀。

④ 打开焙烧、均热段的风箱人孔盖。

⑤ 在采取上述措施后风箱温度仍超过 300℃时，则应停运全部工艺风机。

事故发生在底料循环系统时，具体操作如下：

① 将底料厚度降到最低限度。

② 减少生球给入量，适当降低台车运行速度。

③ 关小各工艺风机的闸阀。

④ 适当降低预热、焙烧带温度。待事故处理好之后，重新恢复正常运转。

4）事故发生在返矿系统

可将筛下的返矿漏斗的皮带溜子卸下，将返矿暂放在返矿皮带尾部的地坪上，待事故处理好后再作处理。

10.6.3 工艺风机操作

工艺风机一般按启动顺序联锁运转。因此，只要一台停运，依启动顺序在该台风机之后的风机全部停运。在这种条件下一旦发生风机事故则须全部灭火，同时停止给入生球，开启底料闸门，将台车上铺满底料，保持台车在不使台车过热的速度下继续运转到将热球团矿全部排出为止。

10.6.4 发生停水事故

发生停水事故，按以下程序操作：

① 立即熄火。

② 立即停止给入生球，开启底料闸门将台车铺满底料。

③ 将各工艺风机关至最小

④ 继续运转台车，将台车的热球全部卸出。

⑤ 待热球全部卸出，停运各工艺风机。如果焙烧机为水冷式滑差电机，则应用人工打水冷却的方法让其运转。

10.6.5 焙烧机速度计算与控制

设台车的高度为 L_0（m）、铺底料厚度为 L（m）。则台车上生球层厚度为 L_0-L（m），台车的有效（除边料）宽度为 B（m）。

设生球的堆密度为 γ（t/m³），生球的给入量为 G（t/h），台车的速度为 V（m/min）。则上述参数之间存在着下述关系

$$\frac{G}{60\gamma}=(L_0-L)Bv$$

得 $v=\dfrac{G}{60(L_0-L)B\gamma}$ （m/min）

由上式可以看出：当铺底料厚度 L 一定，焙烧机速度 v 与生球给入量 G 成正比。B、γ 可视为常数。

假定 $B=3\text{m}$　$L_0=0.43\text{m}$　$\gamma=2.0\text{t/m}^3$

则 $v=\dfrac{G}{60(0.43-L)\times3\times2}=\dfrac{G}{360(0.43-L)}=K\times G$

即 $K=\dfrac{1}{360(0.43-L)}$

10.7 包钢 624m² 大型带式球团焙烧机

包钢500万吨球团生产线采用国际先进的带式焙烧机工艺（图10-29），采用1台有效面积为624m²的带式焙烧机，带式焙烧机宽度为4m，有效长度为156m。利用系数为1.01t/(m²·h)，正常产量为631.3t/h，布料厚度约为400mm；配备232块台车，台车宽为4m，长为1.5m；风箱主要采用6m大风箱，以减少漏风率。焙烧机是带式焙烧球团生产线的核心设备，包钢带式球团焙烧机分为鼓风干燥段、抽风干燥段、预热段、焙烧段、均热段、一冷段和二冷段共7个工艺段，通过台车顶部烟罩和底部风箱集7个工艺段为一体。该生产线工艺流程图如图10-29所示。

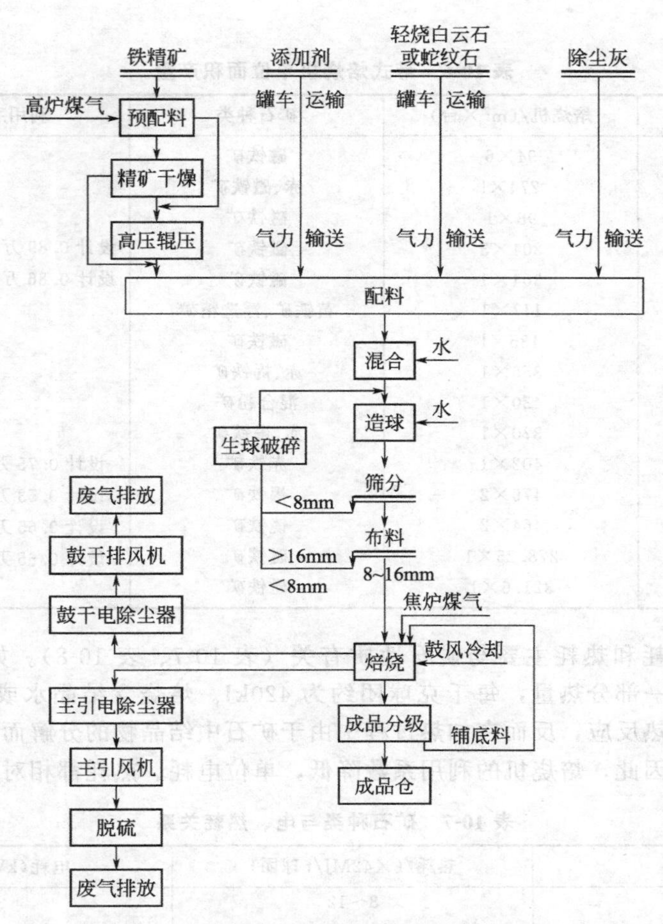

图 10-29　包钢带式球团焙烧机工艺流程

带式焙烧机焙烧燃料采用焦炉煤气，配备专用焦炉煤气烧嘴，两侧对称布置。每个烧嘴配自动调节装置，以便调节温度。冷却风机吸入环境空气鼓入一冷段和二冷段，二冷段的热风通过鼓风干燥引风机送到鼓风干燥段使用，一冷段的热风通过直接同流换热原理进入到均热、焙烧、预热段做助燃气体，均热、焙烧段的废气通过耐热风机循环到抽风干燥段使用，鼓风干燥段、抽风干燥段、预热段的废气由静电除尘器净化后通过烟囱排入大气。利用焙烧机的燃烧系统和风流系统，使生球完成从干燥到冷却的整个热工过程。通过合理风流系统的布置，各个焙烧工段的高温余热得到了最大程度的利用，有效降低了热耗，提高了能量循环利用率。

10.8　带式焙烧机球团厂主要技术经济指标

生产中常用的几个基本概念：

烧成率＝成品球团产量/生球产量（干）

成品率＝成品球团产量/（铁精矿＋粘结剂＋其他添加物）

焙烧机产量的计算，常以混合料为基础。即：产量＝干混合料量×烧成率

在现代球团厂流程中，各关键工艺过程中均有计量设施，因此生产过程中的各中间产品及最终产品产量，可直接从各有关的计量仪表中读出。

为了降低单位成本和生产费用，近年来带式焙烧机的单机能力迅速增长（表 10-6）。目前，最大的单机能力达年产球团 500 万吨以上。多数带式焙烧机球团厂投产后很快就达到或

超过设计能力。

表 10-6　带式焙烧机单位面积产量

厂名	焙烧机/(m^2×台)	矿石种类	利用系数/[t/m^2·h]
里塞夫(美)	94×6	磁铁矿	1.06
鹰山(美)	274×1	赤、磁铁矿	1.2
布莱克里佛(美)	98×1	磁铁矿	1.03
希宾(美)	304×3	磁铁矿	设计 0.89 万吨/(a·m^2),实际 1.14
米诺尔卡(美)	304×1	磁铁矿	设计 0.86 万吨/(a·m^2),实际 1.16
国际镍公司(加)	117×1	黄铁矿、浮选精矿	0.54
马尔康纳(秘)	135×1	磁铁矿	1.1
拉姆科(利比里亚)	356×1	赤、褐铁矿	0.76
艾莫伊登(荷)	430×1	混合粉矿	0.75
哈默斯利(澳)	370×1	赤、褐铁矿	0.68
丹皮尔(澳)	402×1	赤铁矿	设计 0.75 万吨/a·m^2,实际 0.94
罗布河(澳)	476×2	褐铁矿	设计 0.53 万吨/a·m^2,实际 0.68
锡伯克(加)	464×2	镜铁矿	设计 0.65 万吨/a·m^2,实际 0.86
西卡查(墨)	278.25×1	磁铁矿	设计 0.65 万吨/a·m^2,实际 0.94
鞍钢(中)	321.6×1	磁铁矿	0.886

球团厂单位电耗和热耗主要与矿石性质有关（表 10-7、表 10-8）。如焙烧磁铁矿球团时，氧化过程放出一部分热量，每千克球团约为 420kJ。焙烧含结晶水或碳酸盐的矿石时，不仅不产生氧化放热反应，反而在加热过程中由于矿石中结晶物的分解而大量吸热，并需要较长的加热时间。因此，焙烧机的利用系数降低，单位电耗、热耗都相对增加。

表 10-7　矿石种类与电、热耗关系

矿石种类	热耗/(×42MJ/t 球团)	电耗(kW·h/t 球团)
天然磁铁矿	8～12	23～27
磁、赤混合矿	13～20	25～30
赤铁矿	23～26	28～33
褐铁矿	30～45	35～40

表 10-8　几个球团厂电、热耗指标

厂名	投产年	原料种类	热耗/(MJ/t 球团)	电耗/(kW·h/t 球团)
艾莫伊登	1970	混合矿	714	19～20
希　宾	1976	磁铁矿	316.68	21
锡伯克	1978	镜铁矿	798	26.3
包钢	1973	磁铁矿	912	66.15
鞍钢	1989	磁铁矿	685	47.86

与焙烧机的回热系统合理与否和操作条件有关。如美国里塞夫球团厂初期使用的 94m^2 带式机，投产初期单位热耗为 1680MJ/t 球团，后来增加一段抽风干燥并进行了其他一些改革，热耗降低到 714 MJ。

(1) 球团工序能耗合计　指球团生产中各种能源实际消耗的总和，主要包括燃料和动力消耗。但由于它们消耗的能源种类不同，不能简单相加。为了进行能源的统计和比较，人为假设一种标准煤，其低发热量为 29271.9×10^3J/kg，在进行工序能耗计算时，首先要把各种燃料和动力消耗，全部都折算成标准煤，然后合计相加，各种燃料和动力折算成标准煤的参考系数见表 10-9。

表 10-9　各种燃料和动力折算成标准煤的参考系数

名称	燃烧煤	电	柴油	汽油	新水	压缩空气
单位	吨/吨	万千瓦时/t	吨/吨	吨/吨	万立方米/t	万立方米/t
折标系数	0.714	4.04	1.571	1.471	4.04	0.4

（2）利用余热量　指球团生产过程中回收利用的余热或余能，如：余热蒸汽、余热废气、余热电等。但必须是回收后实际得到利用的量（折算成标准煤），如果回收后又放散的，则按未回收利用。

（3）球团矿产量　指球团工序在消耗能源的同时所生产的成品球团矿的实际数量，不是加入高炉使用的数量。

（4）各种能源单耗　能源单耗是指生产每吨球团矿所实际消耗的某种能源数量（应折算成标准煤），计算公式：能源单耗＝某种能源的实际耗量/球团矿产量×折算标准煤系数。

（5）单位利用余热量　即生产每吨球团矿所实际回收利用的余热数量（应折算成标准煤）：

单位利用余热量＝回收余热实际使用量/球团矿产量×折算标准煤系数

思考题

1. 带式焙烧机球团有什么特点？

2. 带式焙烧机的操作与控制要注意的问题有哪些？

第11章 压团造块与复合造块

随着自然资源的日益减少，人类环保意识的提高，冶金生产中急剧增加的各类烟尘、浮渣、污泥、氧化铁皮和有色金属冶炼中间返料等粉状废弃物的处理受到社会的重视。然而这些粉料由于粒度较细，若直接回收入炉则会恶化炉况。因此，这些粉料在入炉之前需进行造块处理，以使其各项冶金性能如机械强度、孔隙率、密度、形状大小、化学活性和热稳定性等符合物料入炉冶炼所需的要求。但这些粉料粒度大小不一，在烧结、球团、压团三种造块方法中，采用压团造块法对其进行压团处理比较方便。压团造块所需设备结构简单、成本低，故广泛用在各种粉料成型领域。压团造块根据其成型温度的不同，可分为热压成型和冷压成型。

11.1 压团

压团法是在一定压力下，使含粘结剂的混匀铁精矿类细粒物料在模型中受压后成为具有一定形状、尺寸、密度和强度的团块方法。该法还广泛应用于有色冶金、煤炭工业、化工、耐火材料、建材工业等。

压团是冶金生产过程的一道重要工序，是使粉末密实成具有一定形状、尺寸、孔隙度和强度坯块的工艺过程。根据坯料含水量的不同，压团方法分为四种，如表11-1所示。由于注浆成形法一般用来制备形状复杂的产品，制备的试样形状相对较简单，因此不必用注浆成形法，而等静压成形法则太过复杂，可塑成形法制备的坯料含水量过大，综合考虑各方面因素，采用模压成形法制备球团是最简单实用的压团方法。

表11-1 成形方法

名称	坯料含水量
注浆法	30%～40%
可塑成形法	18%～26%
模压成形法	6%～8%
等静压法	1.5%～3%

11.2 冷压球团成型机理

压团就是利用外力破坏模具中由粉料颗粒之间的摩擦力和机械咬合力形成的“拱桥效应”，使粉料中各颗粒向着自己有利方向移动，重新排列，以减少粉料中颗粒之间的孔隙度，增大颗粒间接触面，使颗粒之间的相互作用力不断增加。随着外压力的增大，颗粒之间的相互作用力、团块的密度及强度也随之增大，最后形成具有一定大小、密度和强度的团块。根据被压物料的性质不同，颗粒间的作用力也不同。若是脆性物料，则在造块过程中物料将被压碎，所产生的细粉会充填空间，由于这些新产生的细粒物料上存在大量自由化学键，在外力作用下相互接触时能发生强烈的重新组合粘结。若是塑性物料，则在压制过程中发生塑性变形的颗粒会相互围绕着流动，此时颗粒之间会产生强烈的范德华力而粘结和联结。实际生产中，这两种力在颗粒之间并存。冷压球法的主要设备为压球机，其工作原理是：利用一对对滚的成型压辊将粉状原料压制成相应大小的球团，如图 11-1 所示。

压团工序完成好坏是球团获得较高加工性能的关键因素之一。

（1）压力下粉末的位移与变形　粉末经过压制之后所得到的预成形坯一般具有足够的强度，以致在搬运时不会破裂。预成形坯的强度与粉末的种类与所施加的压力有关。粉末成形大致可以分为如下三个阶段：

a. 粉末颗粒的重新排列阶段；b. 弹性变形与塑性变形阶段；c. 粉末颗粒断裂阶段。

（2）压制过程中力的分析　粉末预成坯之所以有一定的强度，是因为粉末颗粒之间的联结力作用的结果。粉末颗粒之间的联结力大致可分为两种：

a. 粉末颗粒之间的机械啮合力；b. 粉末颗粒表面原子之间的引力。

（3）粉末压制时压坯密度的变化规律　粉末体受压后发生位移和变形，在压制过程中随着压力的增加，压坯的相对密度出现有规律的变化，通常将这种变化假设如图11-2 所示。

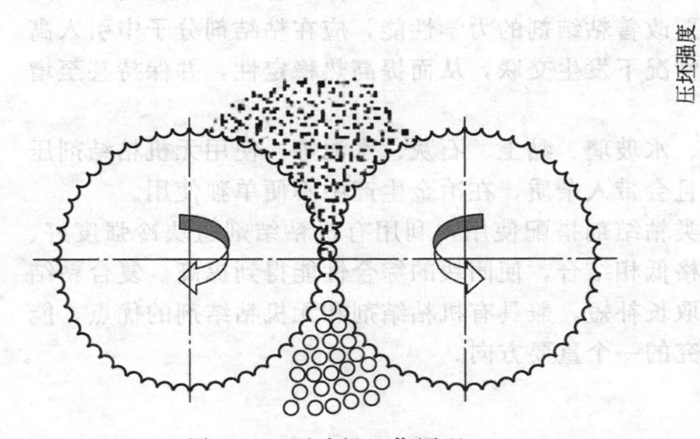

图 11-1　压球机工作原理

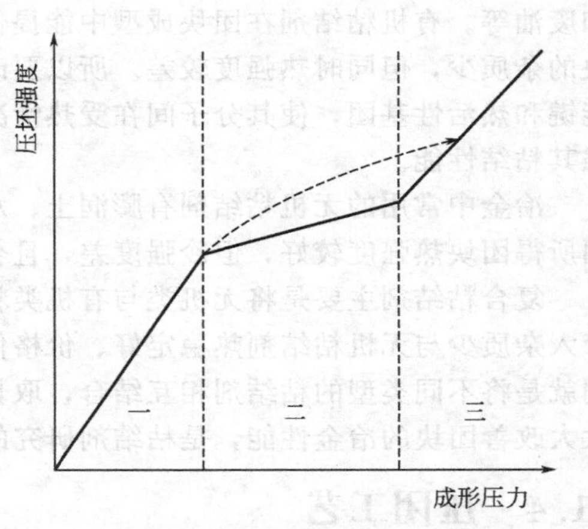

图 11-2　成形压力和压坯密度的关系

（4）保压　模压成形过程中的加压速度不仅影响到粉末颗粒间的摩擦状态和加工硬化程度，而且影响到空气从粉末颗粒缝隙间的逸出情况。如果加压速度过快，空气逸出就困难，使压坯中的孔隙增多。因此，压制过程应以缓慢加压为宜，在压制完成之后，进行保压，往往可以得到非常好的效果。

模压成形基本的压制方式有单向压制、双向压制、多向压制、浮动模压制等。

与烧结法和球团法相比，压团法具有以下特点：

①成品大小均匀，不需再做整粒处理；②经进一步加工后的成品，入炉冶炼时因几何形状特殊具有较大安息角，减少物料偏析；③压团法适用于很多粉料成型，且对粉料的粒径范围要求较宽；④压团所需设备简单、投资省、易于管理和能耗低，是节能环保的一种造块方法。对中、小规模的粉料成型具有重要意义。

在冶金工业中，冷压球团技术不仅广泛用于炼钢污泥和氧化铁皮、高炉烟尘、磁铁精矿粉和各类铁合金粉矿的造块处理，还广泛应用在有色冶炼中间返料的造块以及工业硅粉状还原剂造块等方面。总之，凡是处理规模小、粒度较宽的冶金粉料均可采用冷压球团法进行造块处理。

11.3 冷压球团粘结剂

根据所压物料中是否添加粘结剂，压团又可分为有粘结剂压团和无粘结剂压团。无粘结剂压团一般只用于本身具有一定黏性的物料，如型煤生产。冶金中主要使用有粘结剂压团，该方法关键是研发满足生产要求的粘结剂。粘结剂又分为无机粘结剂、有机粘结剂和复合粘结剂。冷压球生产线一般要给原料中加一定的粘结剂，其主要是增加原料之间的粘结性、吸附性、分散性。粘结剂主要分为无机粘结剂和有机粘结剂，性能良好的有机粘结剂应具有以下条件：

① 分子结构具有多个极性基，并且能够与精矿表面发生强烈的化学吸附作用；

② 具有增强矿物表面亲水的亲水基因；

③ 有足够的相对分子质量和黏度，本身链架不易断裂；

④ 分子链较长，支链较多；

⑤ 芳香结构优于脂肪结构。

冶金中常用有机粘结剂有腐植酸盐、沥青、淀粉类物质、部分高分子聚合物、纸浆废液和废油等。有机粘结剂在团块成型中能提供较好的冷强度，且在高温下易分解燃烧，带入团块的杂质少，但同时热强度较差。所以要改善粘结剂的力学性能，应在粘结剂分子中引入高能键和热活性基团，使其分子间在受热情况下发生交联，从而提高热稳定性，并保持甚至增强其粘结性能。

冶金中常用的无机粘结剂有膨润土、水玻璃、黏土、石灰、水泥等。使用无机粘结剂压团所得团块热强度较好，但冷强度差，且会带入杂质，在冶金生产中不便单独使用。

复合粘结剂主要是将无机类与有机类粘结剂搭配使用，利用有机粘结剂造块冷强度好、带入杂质少与无机粘结剂热稳定好、价格低相结合，使团块的综合性能得到提高。复合粘结剂就是将不同类型的粘结剂相互结合，取长补短，兼具有机粘结剂和无机粘结剂的优点，能大大改善团块的冶金性能，是粘结剂研究的一个重要方向。

11.4 压团工艺

压团工艺一般较简单，流程短和设备少是其特点。无论采用哪一种粘结剂时，其压团工艺流程原则是基本相似的。当添加粘结剂时，因其配入量较少，无论是干粉状或流体粘结剂，在选择混匀设备时应考虑到与矿物原料混匀效果并使之均匀黏附到每个颗矿粒表面上。然后再行揉制使压团料塑性化。影响压团过程因素如下。

(1) 细粒物料天然性质的影响　细粒物料的天然性质，即细粒物料的塑性、颗粒形状、粒度及粒度组成。

物料塑性愈大，愈易发生位移和变形，料层阻力越小，则可在较小团压压力下达到物料紧密，更好地发挥分子粘结力作用，团块强度较高。原料塑性除决定于本身主要矿物成分外，在很大程度上还取决于所含脉石成分。例如泥质氧化镍矿比硅质氧化镍矿更具有塑性的原料；含黏土或高岭土成分高的原料的塑性总是比含石灰石和二氧化硅的原料大。

细粒物料的颗粒形状对团块密度和强度影响正好相反。在压团压力相同条件下，球形颗粒物料因其表面相对比较光滑易位移，则成型团块密度较大，而多角形、树枝状和针状颗粒的物料因位移较困难，阻力大使团块密度小。相反，团块强度后者比前者高，因形状复杂的颗粒成型后在颗粒间的机械啮合效果增加。

研究结果证明，凡是能提高团块强度的因素，皆能使团块的“弹性后效”明显减少，颗粒形状的影响即是如此。

压团物料粒度的影响也很重要。粒度太细而均匀的物料，其松装密度小，不易压制，粒度太大而均匀的物料，其单个颗粒体积大，位移和变形也不易，故压制性也差。因此，太粗或太细而均匀的物料对提高团块的密度和强度都不利，并使“弹性后效”增加。

具有一定粒度组成的物料压团性最好。因为大小不一的物料，当遵循傅列尔粒度相对要求百分含量时，有利于小颗粒填充到大颗粒之间的孔隙中去，以达到颗粒的紧密排列和组合，可明显提高团块密度和强度，“弹性后效”亦大大减少。

(2) 添加物的影响　对压团性能差的细粒物料和团块强度要求高的情况下，通常选用适当的添加物以改善压团效果。有时，为改善冶炼过程，就应考虑加特定的添加物，尤其是粘结剂类物质。

一般来说，添加物对压团过程的作用有：

① 减少细料物料颗粒间及颗粒与模壁间的摩擦，以有利于压团过程的进行。

添加物多半为性软而易于变形的物质，甚至是液体。当加入添加物后，一方面使颗粒表面较均匀地包裹了一层薄的添加物起润滑作用，大大减少了颗粒表面的粗糙状况，使物料颗粒间摩擦状况得到改善；另一方面，当细粒物料相对于模壁运动时，同样起到润滑作用，以改善和减少颗粒与模壁的摩擦，使因摩擦而引起的压力损失大大减少，从而保证团块密度沿团块高度分布更加均匀，并可在较低团压压力下完成压团过程，如沥青、纸浆废液、水玻璃、膨润土、石灰等添加物皆可有上述特性。

② 能促进压团时细料物料迅速变形，并能减少由于密度分布不均匀和“弹性后效”造成的团块开裂。

添加物实际上指粘结剂类物质，其最大特点还在于增加压团物料的塑性，使其易于变形和增加颗粒间的黏附能力。例如添加消石灰或膨润土物质，因其比铁矿粉更软和更易塑性变形，使铁矿粉压制的团块强度远比无添加物的大得多，而且取得密度和强度同时增长的效果。

(3) 压团工艺条件的影响

压团过程中的工艺条件，如团压压力、加压方式、加压时间、加压速度等是影响团块强度的主要因素。

① 团压压力和压团时物料水分：对压团效果它们是起着决定性作用，尤其在无添加物压团中更为显著，而且是两个紧密相关又互为影响的因素。

这一关系是由压团过程的物理本质所决定的。在压团过程中随细粒物料逐渐紧密，孔隙率逐渐减少，其内的适宜水分则逐渐充满在孔隙中，从而减少颗粒间摩擦起润滑剂的作用，使颗粒靠拢而紧密。团压压力愈大，这一效果愈明显。物料含水量过多和过少则使团块强度降低，这一关系与团压压力的变化见图 11-3 所示。

但是由图 11-3 可知，对同一细粒物料可在任一团压压力下压团，均相应有一最适宜水分值使团块强度达最高值。团压压力愈大，最适宜水分值就愈低，团块密度愈大。若团压压力过高时，团块内的硬脆性颗粒若不能承受则发生开裂和破散，其新生成表面间的内聚力因很小，使原团块粘结的连续性结构部分被严重破坏，则团块反而失去强度。

② 加压方式、速度及加压时间：这些因素对那些脆而硬的物料压团效果尤为明显。例如磁铁矿粉加铸铁屑压团时，由于物料颗粒之间及颗粒与模壁之间存在十分严重的摩擦效应，若采用单向加压时，会使团压压力沿团块高度显著降低，团块密度沿团块高度差别较大；若单纯靠提高单向加压来提高团块下部密度，则会使团块上部易产生应力集中现象，而使团块沿高度分层和开裂，因此改用双向加压或对混合料多次加料方式，则团块沿高度的密

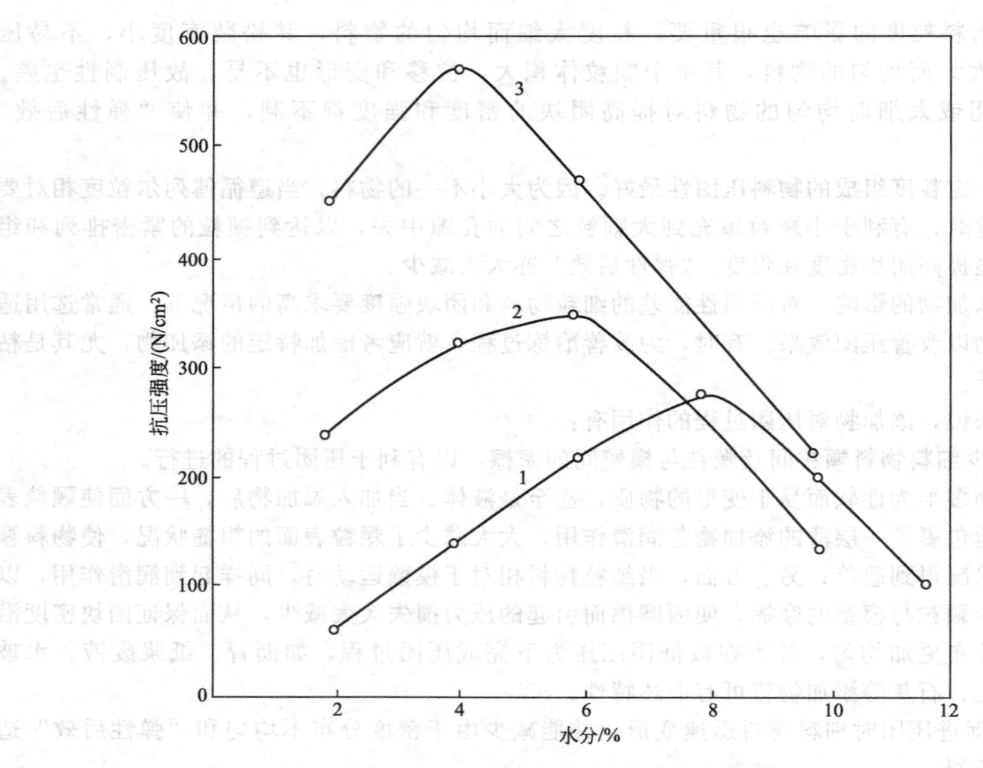

图 11-3　压力与水分对磁铁精矿生团块强度的影响

1—压力 2500N/cm²；2—压力 5000N/cm²；3—压力 1000N/cm²

度均匀性提高，相应可提高团块强度，而其团压压力保持在原值，可节省能耗。对那些硬度较高，流动性较差，粒度太粗的物料，采用减慢加压速度和延长加压时间有一定实际意义，因为这样可以使压力缓慢传递，促进细粒物料产生逐步位移和变形，颗粒达到重新排列和密集，孔隙率减少，使团块密度和强度提高。

在设备设计和实际工艺中，为获得牢固的团块重要的不仅是团压的总时间，还应考虑团压各阶段的时间分配，特别应注意到在最大团压压力下作用时间愈长，则团块愈牢固。因此设计应取团压最初阶段时间最短、最大压力时间最长，速度最慢，这样可使团块获得最大紧密，同时应选择双向加压方式压团。

③ 向压团啮合进料口加料方式：这是当前力求增大压料密度的有效措施。一般压团时进口物料体积与压成团块体积即可压缩比仅为 2.0～2.5。说明在同一体积中物料多时其密度大，当进口密度大时压出的团块强度才能尽可能提高。因此改一般使用的松散装料的重力加料方式为振动加料方式，这可使进口压团前物料密度有所提高，但提高幅度有限。为进一步提高进料密度，目前常采用强制加料方式（即预压），这可使团块强度获得最大提高。强制加料方式目前皆用螺旋强制设备，它可兼顾运输和预压作用。充分破坏物料自然堆料时的“拱桥效应”，排除细粒物料中孔隙内的气体，对物料产生初步位移紧密，可提高压团物料的密度，并减少团块脱模后的“弹性后效”。

图 11-4 为几种强制加料的螺旋加料（预压）器形式。这类设备不仅可将预压压力加到物料上，还可克服物料被反挤回到加料箱的现象，并可对辊式压团机设计作相应改进，如最佳型轮直径、成型压力等，这对设备设计总体尺寸和制造成本都有很大影响。

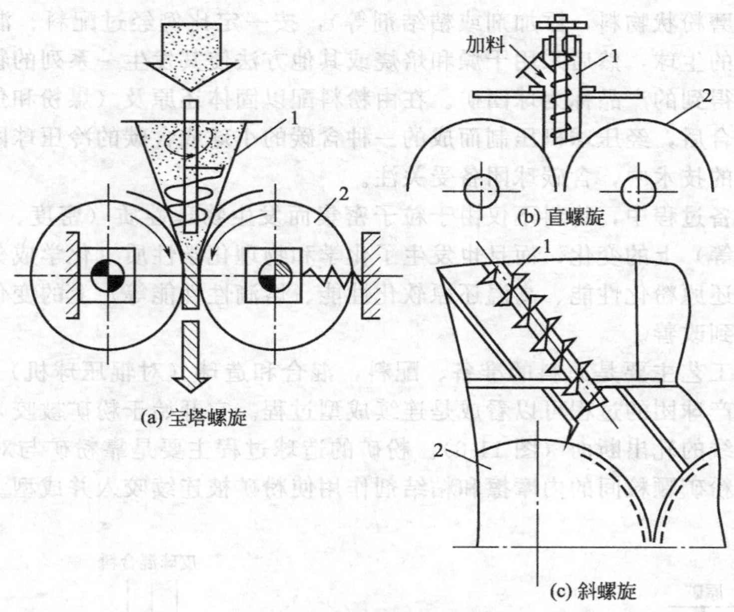

图 11-4　竖螺旋预压器
1—料斗；2—型轮

11.5　冷压球团干燥

冷压球团干燥是影响团块强度的因素之一。干燥是将生球与干燥介质接触，生球表面因受热而产生水蒸气，水蒸气被干燥介质连续不断地带走，生球内部水分不断减少，达到干燥目的。在生产中生球通过干燥脱去水分可使其强度得到大大提高。干燥方式按温度的不同可分为常温干燥和高温干燥两种。一般常温干燥所需时间长，能耗低；高温干燥所需时间短，能耗高。在实际生产中要根据生产实际情况来选择干燥方式。

生球在干燥过程中，生球表里会发生湿度差，从而引起表里收缩不均匀，便产生应力，使球产生裂纹，影响其强度。同时生球在干燥过程中生球内产生蒸汽，若蒸汽不能及时扩散到生球表面，球内蒸汽压增大，就会爆裂。生球干燥必须在不爆裂的条件下进行，其干燥的速度取决于下列因素：干燥介质的温度与流速、生球的结构与初始温度、生球的粒度、球层的高度和添加剂的种类和数量等。

构成生球原料的颗粒愈细，生球愈致密，则生球的爆裂温度就愈低。因细粒原料构成的球，其内部毛细管孔径非常小，水分迁移慢，容易形成干壳，内部蒸汽扩散阻力也大，因此，对这种球必须在较低的温度下进行干燥，在球团生产中干燥强度是非常重要的。因此，往往用细粒颗粒造球，通过添加粘结剂来提高生球爆裂温度，添加粘结剂是提高生球爆裂温度的有效措施。

常用干燥设备有转筒干燥机、隧道窑、竖炉、链箅机及固结罐等。研究表明，低温慢速升温的烘干方式可使团块的抗压强度大幅提高，高温干燥可以改善团块冶金性能。

11.6　冷压球团工艺及设备

冷压球团是将细磨精矿制成能满足冶炼压球的块状物料的一个加工过程，即在一定压力下，使粉末物料在模型中受压成为具有一定形状、尺寸、密度的轻度的块状物料。成块后一般还需要经过相应的固结，使之成为具有较高强度的团块。其过程为：将准备好的原料（细磨精矿或其他细磨粉状物料，添加剂或粘结剂等），按一定比例经过配料、混匀，由球团设备制成一定尺寸的生球，然后采用干燥和焙烧或其他方法使其发生一系列的物理化学变化而硬化团结。它所得到的产品称为球团矿。在由粉料配以固体还原及（煤粉和焦粉等）与适当的粘结剂充分混合后，经压球机压制而成的一种含碳的小球或含碳的冷压球团，称为含碳球团。在以煤代焦的技术中，含碳球团备受关注。

在球团矿制备过程中，物料不仅由于粒子密集而发生物理性质（密度、孔隙度、形状、大小和机械强度等）上的变化，而且也发生了化学和物理化学性质（化学成分、还原性、还原膨胀性、低温还原粉化性能、高温还原软化性能、熔滴性性能等）上的变化，从而使物料的冶金性能能得到改善。

球团的生产工艺主要是原料的准备、配料，混合和造球（对辊压球机）（图 11-5）。金属粉矿的压制生产球团的过程可以看成是连续成型过程。它开始于粉矿被咬入的截面，结束于两轧辊中心连线的轧出断面（图 11-6）。粉矿的造球过程主要是靠粉矿与对辊表面之间的摩擦力作用以及粉矿颗粒间的内摩擦和粘结剂作用使粉矿被连续咬入并成型。

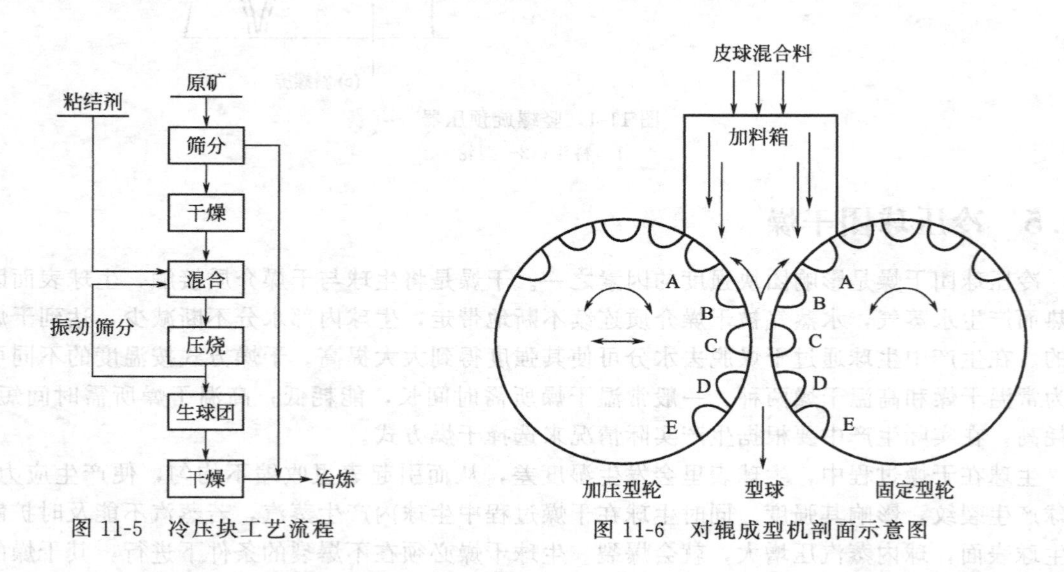

图 11-5　冷压块工艺流程　　图 11-6　对辊成型机剖面示意图

对于冷固结球团，通常采用的压球团机对辊成型机，它由一个加料箱和两个对辊型轮组成。在两个对辊型轮中，一个是固定型轮，另一个是加压型轮。成球混合料经加料箱在 A 处加入到球窝内，随着型轮转动，球窝内的物料在 B 处进行预压，到 C 处进行最终压制，压制好的球团处 D 处和 E 处脱模，从球窝中脱出。

11.7　复合造块

铁粉矿复合造块法是先将细粒铁矿粉单独分出制备成酸性球团，然后与粗粒的铁矿及其他原料混匀后布料到烧结机上进行烧结，生产出高碱度烧结矿包裹着酸性球团矿的优质复合炼铁炉料（图 11-7)。该复合造块烧结法能解决炼铁高炉内酸、碱炉料的偏析问题，能够生产中低碱度烧结矿、冶炼出高铁低硅产品，可以很好地处理超细矿粉、转炉灰等极难处理和利用的资源。可以使用该方法对传统的铁精矿、难处理和复杂矿经磨选获得的精矿、各种细粒含铁二次资源等原料与粘结剂混匀进行造球使用；基体料则是粒度较粗的铁粉矿、熔剂、燃料、返矿等烧结原料，当含铁原料中细精矿为主（比例超过 60%）时，基体料也可以使用部分细粒铁精矿。复合造块法于 2008 年在我国包头钢铁公司率先投入工业使用，取得了良好效果。包钢在超细精矿配比相同的情况下采用不同工艺的指标对比结果见表 11-2。复合造块法在我国属于一种比较成熟的技术，由于其在扩大一些难冶炼矿石方面和解决我国酸性料不足的问题方面的独特优势，很具有推广价值。

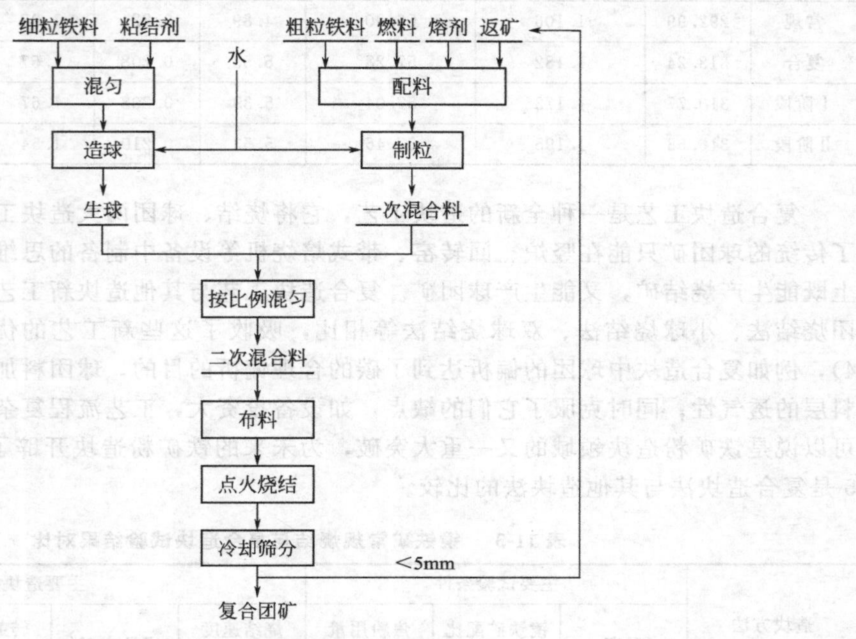

图 11-7　复合造块工艺流程

从为高炉提供优质炉料的角度出发，如图 11-8，MEBIOS 法（镶嵌式铁矿烧结：Mosaic Embedding Iron Ore Sintering）和复合造块法均是将球团料和烧结料分别制粒混合进行烧结，最终为高炉提供一种新型原料，前者的造球料主要是马拉曼巴粉等，后者以精矿粉为主；布料问题应是二者均面临的困难。与传统的烧结矿相比较，复合造块技术能够显著提高矿粉（在普通烧结过程中难以大量使用的）的使用效率（见表 11-2）。日本已对 MEBIOS 进行了大量实验室研究，取得了一些成果。通过把 MEBIOS 与我国中南大学的铁矿复合造块技术进行比较发现，该技术在实际生产中是可行的。我们应借鉴其技术思想，开发研究烧结中大量使用低价矿的技术，以降低生产成本，提高企业竞争力。

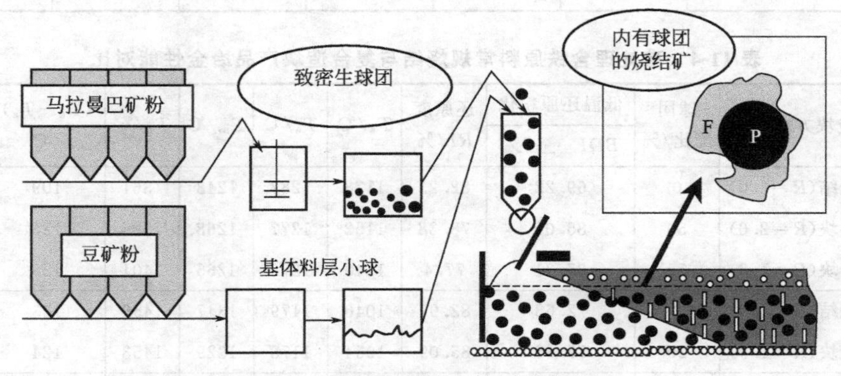

图 11-8　MEBIOS 概念性工艺示意图

表 11-2 常规烧结和复合造块烧结主要工艺指标对

工艺	台时产量/(t/h)	利用系数/[t/(m³·h)]	品位(TFe) w/%	$w(SiO_2)$/%	w(F)/%	碱度	转鼓指数/%	燃耗/(kg/t)
常规	292.99	1.106	56.90	4.89	0.221	1.93	75.97	56.63
复合	313.24	1.182	57.28	5.53	0.208	1.57	74.41	54.30
Ⅰ阶段	310.77	1.173	57.04	5.39	0.208	1.67	74.94	54.29
Ⅱ阶段	316.58	1.195	57.46	5.53	0.210	1.54	74.25	54.30

复合造块工艺是一种全新的造块工艺，它将烧结、球团两大造块工艺结合在一起，打破了传统的球团矿只能在竖炉、回转窑、带式焙烧机等设备中制备的思维，实现了在同一设备上既能生产烧结矿，又能生产球团矿。复合造块工艺与其他造块新工艺，如低温烧结法、球团烧结法、小球烧结法、双球烧结法等相比，吸收了这些新工艺的优点（表 11-3、表 11-4），例如复合造块中球团的偏析达到了碳的合理偏析的目的，球团料加入烧结料大大提高了料层的透气性；同时克服了它们的缺点，如设备投资大，工艺流程复杂等。复合造块新工艺可以说是铁矿粉造块领域的又一重大突破，为未来的铁矿粉造块开辟了一个新方向。表 11-5 是复合造块法与其他造块法的比较。

表 11-3 镜铁矿常规烧结与复合造块试验结果对比

造块方法	主要试验条件			主要造块指标			
	碱度	镜铁矿配比/%	焦粉用量/%	烧结速度/(mm/min)	成品率/%	转鼓强度/%	利用系数/[t/(m²·h)]
常规烧结	1.9	0	4.9	21.10	78.45	64.17	1.39
	1.9	10	4.9	18.58	73.53	63.01	1.10
	1.9	20	4.9	15.85	68.92	63.45	0.93
复合造块	1.9	20	4.9	23.73	79.32	66.47	1.57
	1.9	30	4.9	24.32	80.71	70.50	1.67
	1.9	40	4.9	24.98	81.33	71.12	1.71
	1.9	20	4.6	26.42	79.30	66.73	1.73
	1.9	20	4.3	27.27	77.05	66.00	1.76
	1.9	20	4.0	23.33	72.30	63.28	1.44

表 11-4 难处理含铁原料常规烧结与复合造块产品冶金性能对比

含铁原料	造块方法	球团配比/%	低温还原粉化 $BDI_{+3.15}$/%	还原度 RI/%	T_a/℃	T_s/℃	T_m/℃	T_d/℃	(T_s-T_a)/℃	(T_d-T_m)/℃
钒钛磁铁精矿	常规烧结(R=2.0)	0	69.22	82.23	1178	1287	1243	1361	109	118
	复合造块(R=2.0)	50	85.01	78.38	1152	1277	1268	1395	125	127
	复合造块(R=1.8)	50	85.31	77.4	1148	1273	1265	1401	125	136
镜铁矿	常规烧结(R=1.9)	0	72.68	82.97	1046	1179	1347	1459	133	122
	复合造块(R=1.9)	20	77.88	85.09	1054	1178	1329	1453	124	124
含铁粉尘	常规烧结(R=1.8)	0	76.13	80.84	1065	1195	1332	1461	130	129
	复合造块(R=1.8)	20	75.89	83.51	1072	1213	1328	1458	141	130

续表

含铁原料	造块方法	球团配比/%	低温还原粉化 $BDI_{+3.15}$/%	还原度 RI/%	T_a/℃	T_a/℃	T_m/℃	T_d/℃	(T_a-T_a)/℃	(T_d-T_m)/℃
高硅铁精矿	常规烧结(R=1.3)	0	85.02	81.21	1100	1358	1315	1424	258	109
	复合造块(R=1.3)	40	93.59	81.32	1096	1325	1308	1397	229	89
高镁铁精矿	常规烧结(R=1.8)	0	90.6	81.29	1090	1206	1218	1327	116	109
	复合造块(R=1.5)	40	91.5	80.13	1051	1167	1227	1325	116	98

表 11-5　复合造决法与其他造块法

比较项目	复合造块法	烧结法	球团法	HPS/小球烧结法	双层烧结/双球烧结
原料种类	粉矿、精矿、难利用含铁原料	粉矿、精矿	精矿	精矿/细粒粉矿	精矿/细粒粉矿
原料粒度范围	造球料−0.075mm 60%～90%粗粒料小 10mm	小于 10mm	−0.045mm 80%～90%	0～5mm	0～5mm
造球/制粒设备	圆盘造球机 圆筒混合机	圆筒混合机	圆盘造球机	圆筒混合机或圆盘造球机	圆盘造球机
造球/制粒后粒度	粗粒制粒至 3～10mm；细粒造球至 8～16mm；总粒级 3～16mm	所有原料制粒至 3～10mm	所有原料造球至 12～16mm	所有原料造球至 5～10mm	所有原料造至 1～5mm
燃料添加	全部内配	全部内配	外部热源	内配＋外滚	内配＋外滚
干燥段	无	无	有	有	无
产品	配性球团＋高碱度烧结矿	烧结矿	酸性球团矿	烧结矿	血溶性烧结矿
产品结构	酸性球团嵌入高碱度基体的不规则块状	不规则块状	球形	以点状连接的"葡萄状"小球聚集体	"葡萄状"熔融体
产品碱度	1.2～2.2	1.8～2.2	一般<0.2	<1.2 或 2.0	1.2～1.5
强度机理	熔融相粘结＋固相固结	熔融相粘结	固相固结	固相固结	熔融相粘结＋固相固结

复合团矿由高碱度烧结矿、酸性球团矿和过渡结构三种典型结构组成。高碱度烧结矿以铁酸钙为主要粘结相，高碱度中的铁酸钙与球团表面再结晶的 Fe_2O_3 胶接在一起，形成过渡带酸性球团外层以 Fe_2O_3 再结晶为主，内层则以 Fe_3O_4 再结晶为主。三者成为一个有机整体，保证了复合团矿具有较高强度。与传统的造块工艺相比，复合造块工艺具有以下一些主要特点和优势：

(1) 有利于合理、充分利用现有含铁原料　根据我国钢铁厂烧结原料以精矿与粉矿同时使用的特征，将原来烧结用的精矿作为酸性球团生产原料，而将粉矿作为碱性烧结矿基本原料，通过复合造块新工艺在一台烧结机上能够同时制备出由酸性球团矿和高碱度烧结矿组成的复合块矿，使不同类型的铁矿原料得到更加合理的利用。同时某些难以利用的含铁原料，如高炉灰、含铁粉尘、可烧性差的细粒铁精矿等，可通过复合造块工艺实现综合利用。

(2) 解决低碱度高炉炉料制备和高铁低硅烧结矿强度差的难题　在复合造块中，烧结矿和球团矿成矿机理不同，烧结矿主要以液相固结为主，球团矿则以固相固结为主，利用复合造块工艺可在不降低产品质量的条件下降低原料总碱度，在烧结机上实行低碱度炉料生产（$R=1.2\sim1.6$）。同时得到高碱度烧结矿和酸性球团矿，并且二者成为一个整体，保证了复合团矿具有较高的强度。

（3）显著提高料层透气性和烧结利用系数　复合造块新工艺克服了传统烧结工艺中精矿制粒效果差导致料层透气性差的缺点，显著改善燃结料层透气性，进而大幅提高垂直烧结速度和利用系数。

（4）大幅度降低烧结生产能耗　采用新工艺，由于能够显著改善烧结料层透气性，为进一步提高料层高度（800～100mm）创造了条件，又由于料层本身的自动蓄热作用，降低固体燃料的消耗。透气性的改善，负压的降低，电耗也大大降低。

（5）克服高炉炉料偏析问题　当同时使用烧结矿和球团矿时，由于二者运动速度不同，在高炉内会产生物料偏析，降低炉料透气性，恶化高炉指标。而采用复合造块新工艺，它的成品是复合团矿，形成一个整体，从根本上解决了单独使用球团矿时出现的偏析问题。

（6）节约建厂投资　新工艺在烧结机上同时制备高碱度烧结矿和酸性球团矿，一方面解决了球团矿短缺问题，另一方面无需再建设球团厂，可大大节约建厂投资。

1. 简述冷压球团成型机理。

2. 冷压球团干燥的影响因素有哪些？

3. 铁粉矿复合造块法有哪些优点。

第12章 烧结矿和球团矿质量评价

12.1 烧结矿理化性能

12.1.1 化学成分及其稳定性

入炉矿石含铁品位与高炉冶炼的关系：提高含铁品位1%，高炉焦比下降2%，产量可提高3%。允许波动：铁品位TFe±0.4%，碱度R±0.05，S和P是钢与铁的有害元素，S提高0.1%，高炉焦比提高5%，Cu、Pb、Zn、As、F及碱土金属对钢铁质量和高炉生产也有不良影响。高炉对高碱度烧结矿的质量要求见表12-1。

表12-1 高炉对高碱度烧结矿的质量要求（GB 50408—2007）

炉容/m^3	1000	2000	3000	4000	5000
铁分波动/%	≤±0.5	≤±0.5	≤±0.5	≤±0.5	≤±0.5
碱度波动/%	≤±0.08	≤±0.08	≤±0.08	≤±0.08	≤±0.08
铁分和碱度波动的达标率/%	≥80	≥85	≥90	≥95	≥98
含FeO/%	≤9.0	≤8.8	≤8.5	≤8.0	≤8.0
FeO波动/%	≤±1.0	≤±1.0	≤±1.0	≤±1.0	≤±1.0
转鼓指数(+6.3mm)/%	≥71	≥74	≥77	≥78	≥78

12.1.2 粒度组成与筛分指数

粒度组成检测尚未标准化，推荐采用六个级别方孔筛：5mm×5mm、6.3mm×6.3mm、10mm×10mm、16mm×16mm、25mm×25mm、40mm×40mm等。筛分指数测定方法是：取100kg试样，等分为五份，每份20kg，用筛孔为5mm×5mm的摇筛，往复摇动10次，以<5mm出量计算筛分指数。我国要求烧结矿筛分指数<6.0%，球团矿<5%。

12.1.3 烧结矿强度

(1) 落下强度

实验室试验，模拟生产中在冷却、转运、破碎、整粒、筛分过程中，烧结矿的破损，即经落下试验后，再进行筛分，转鼓强度测定。

试样量20kg±0.2kg，落下高度为2m，自由落到大于厚度20mm的钢板上，往复四次，用10mm筛孔的筛子分级，以大于10mm的粒级出量表示落下强度指标。

F=80%～83%为合格烧结矿；

F=86%～87%为优质烧结矿。

(2) 转鼓强度

转鼓强度是评价烧结矿或球团矿抗冲击和耐磨性能的一项重要指标。目前世界各国的测定方法不统一。国际标准 ISO 3271—75 获得广泛使用，我国的测定方法（GB 8029—87）是根据这一国际标准制定的。

目的：模拟高炉过程中含铁原料（烧结矿或球团矿）经受冲击、磨损的能力。

要求：装料 15kg，转 200 转，鼓后采用机械摇动筛筛分，筛孔为 6.3mm×6.3mm，往复 30 次。以＞6.3mm 的粒级含量表示转鼓强度。以＞0.5mm 的粒级含量表示耐磨指数。实验室试验，当烧结矿不足 15kg 时，可采用 1/2 或 1/5GB（重量）转鼓，其装料相对减少为 7.5kg 和 3kg（图 12-1）。

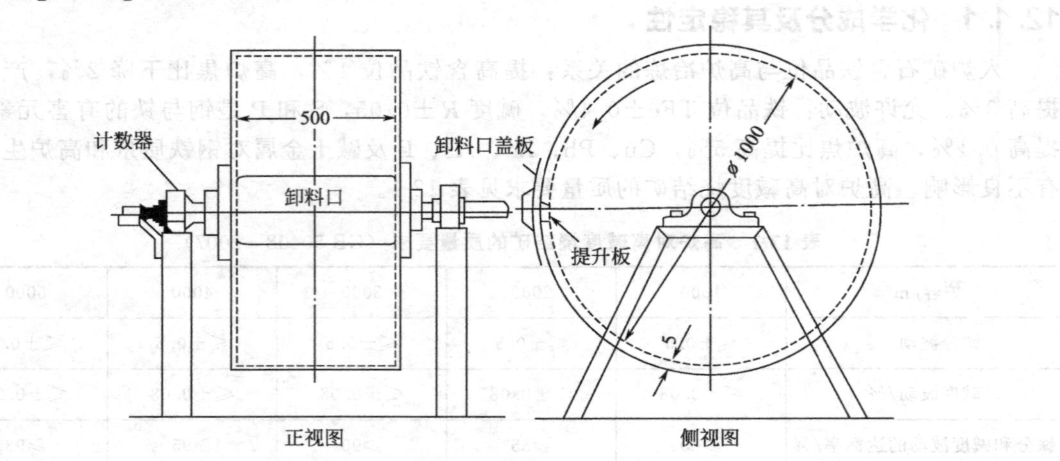

图 12-1　转鼓强度测定试验机（单位：mm）
直径 1000mm，宽 500mm
内设两块提升板，高 50mm，转速 25r/min

试验方法：取粒度为 6.3～40min 球团矿（15±0.15）kg 放入转鼓内，在转速为 25 r/min，转 200 转，将试样取出用机械摇筛分级。机械摇筛为 800mm×500mm，筛框高 150mm，筛孔为 6.3mm×6.3mm，往复次数为 20 次/min，筛分时间为 1.5min 共往复 30 次。如果使用人工筛，所有参数与机械筛相同，其往复行程规定为 100～150mm。测定结果表示如下：

转鼓指数：$T=\frac{m_1}{m_0}\times 100$　抗磨指数：$A=\frac{m_0-(m_1+m_2)}{m_0}\times 100$

式中　m_0——入鼓试样质量，kg；

m_1——转鼓后+6.3mm 粒级质量，kg；

m_2——转鼓后－6.3mm～+0.5mm 粒级质量，kg。

T、A 均取两位小数，球团矿要求 $T\geqslant 90.00\%$（烧结矿要求 $T\geqslant 70.00\%$），$A\leqslant 6.00\%$。误差要求：入鼓试样量 m_0 和转鼓后筛分分级总出量 $(m_1+m_2+m_3)$（m_3 为转鼓后－0.5mm 粒级质量，kg）之差不大于 1.0%，即 $\frac{m_0-(m_1+m_2+m_3)}{m_0}\times 100\%$ 不大于 1.0%，若试样损失量大于 1.0%，试样作废。

双试样：$\Delta T=T_1-T_2\leqslant 1.4\%$（绝对值）；$\Delta A=A_1-A_2\leqslant 0.8\%$（绝对值）

美国近年又提出一个“Q”指数，用以衡量成品球团在转运过程中的强度特性。“Q”指数的定义为：转鼓试验前与转鼓试验后大于 6.3mm 物料质量分数的乘积。现在北美各球团厂已经把"*Q*"指数列为评价成品球团的质量指标。

12.2　球团矿理化性能

12.2.1　生球质量标准及检验方法

优质生球必须具有适宜而均匀的粒度、足够的抗压强度和落下强度及良好的抗热冲击性(热稳定性)。为了保证球团生产过程的顺利进行，并且获得良好的成品球团矿质量，对生球质量有一定的要求。主要指标有落下强度、抗压强度、热稳定性、粒度组成和水分等五个方面。

(1) 生球落下强度　生球由造球系统运输到焙烧系统过程中所能经受的强度。生球要经过筛分和数次转运后才均匀地布于台车上，必须有足够的落下强度以保证生球在运输过程中既不破裂又很少变形。

生球落下强度的测定方法：生球是指湿球和干球（系干燥以后未经预热的球团）落下强度的测定用生球直径为10～16mm。数量：生产和一般试验，每次不少于10个球；重要试验，每次不少于20个球。落下高度为500mm，落到3～5mm厚的钢板上，规定到它出现裂缝或破裂成块时落下的次数为落下强度指标（包括出现裂缝或破裂的这一次在内），取其算术平均值（单位：次/个）。生球落下强度的要求因各球团厂的工艺配置方式不同而异的。一般要求的生球落下强度，湿球：不小于3～5次/个；干球：不小于1～2次/个。

(2) 生球抗压强度（湿球及干球）　生球在焙烧设备上，所能经受料层负荷作用的强度。生球必须具有一定的抗压强度，以承受生球在热固结过程中的各种应力、料层的压力和抽风负压的作用等。测定：选择直径为12.5mm左右的生球；数量：生产和一般试验，每次不少于10个球；重要试验，每次不少于20个球。抗压强度就是垂直加负荷于生球，压下速度不大于10mm/min，当生球出现裂缝时所加负荷的力，取其算术平均值，单位：N/个。

德国Luje公司研究所除了检验生球平均强度外，还检验生球的残余抗压强度，其方法是：选取10个粒度均匀的生球，在事先选择好的高度上（生球自此高度落下既不破裂也不变形）自由落下3次，然后做抗压试验，破裂时的压力作为残余抗压强度。美国Hanna公司球团厂虽不做残余抗压强度检验，但做生球荷重变形试验，即选择直径为12.5mm的生球，施加4.45N的压力测定其变形率。

生球抗压强度的要求同焙烧工艺与设备的类型有关。带式焙烧机和链箅机-回转窑，湿球：不小于11.82N/个；干球：前者，不小于35.28N/个，后者，不小于44.1N/个。竖炉焙烧料层较高，湿球抗压强度：＞9.8N/个，干球抗压强度：＞49.0N/个。Luje公司：生球落下3次后的残余抗压强度应大于原有强度的60%。Hanna公司规定生球在4.45N负荷下的变形率应小于5%～6%。对生球落下和抗压强度的要求，到目前还没有统一的标准。国内、外的球团厂均都根据自身的工艺过程、焙烧设备、原料条件制订标准要求。

(3) 生球热稳定性　生球的热稳定性，称之"生球爆裂温度"。是指生球在焙烧设备上干燥受热时，抵抗因所含水分（物理水与结晶水）急剧蒸发排出而造成破裂和粉碎的能力，或称热冲击强度。

在焙烧过程中，生球从冷、湿状态被加热到焙烧温度的过程是很快的，生球在干燥时便会受到两种强烈的应力作用——水分强烈蒸发所产生的应力和快速加热所产生的应力，从而使生球产生破裂式剥落，结果影响了球团的质量。

① 生球爆裂温度的测定　选用生球直径10～16mm，数量为20个，指标：产生裂缝球团的百分数，在管式炉中测定（图12-2）。

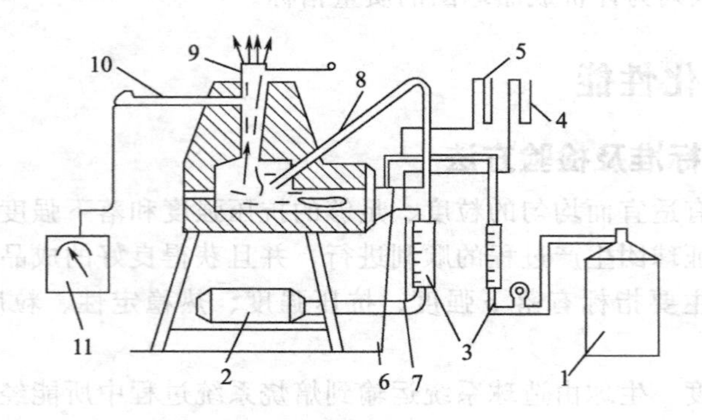

图 12-2　生球破裂温度试验装置

1—丙烷；2—通风机；3—流量计；4—空气压力计；5—丙烷压力计；
6—烧嘴；7—一次空气烧嘴；8—二次空气烧嘴；9—试样；
10—高温计；11—温度测量仪

② 试验方法

a. 静态法：在反应管中不通热风，只改变温度，所以得到的结果与生产实际相差较大，目前一般已不采用。

b. 动态法：在反应管中通入不同温度的热风，管中不仅有温度变化，而且有一定的气流通过。气流速度有 1.20m/s、1.60m/s、1.80m/s、2.0m/s 等几种（试验时应固定某一种流速）。具体方法是将生球（大约 20 个）装在如图 12-2 所示的容器里，然后以一定的气流速度（工业条件时的气流速度）向容器内球团层吹热风 5min。

试验一般从 250℃开始做起，根据试验中生球的情况，可以用提高或降低介质温度（±25℃）的方法进行试验。干燥气体温度可用向热气体中掺进冷空气的方法进行调节。破裂温度用试验球团有 10％出现裂纹时的温度来表示。此种方法要求对每个温度条件都必须重复做几次，然后确定出破裂温度值。

对生球的爆裂温度，无统一要求标准，一般要求愈高愈好。但对不同的焙烧设备，生球爆裂温度要求是不一样的，其中竖炉要求最高（表 12-2）。

表 12-2　球团生产工艺对爆裂温度的要求

焙烧设备	竖炉	带式焙烧机	链箅机-回转窑
爆裂温度(V=1.6m/s)	＞550℃	＞400℃	＞350℃

生球的热稳定性差，在干燥过程中易引起爆裂，则会使料层透气性恶化，导致焙烧机生产率降低和成品球质量下降，返矿增加。因为生球受到热稳定性的限制，不能用通常的提高干燥温度和干燥介质流速的方法，来强化干燥过程。因此，提高生球的爆裂温度，可强化或简化干燥过程，是提高焙烧机生产率和成品球团矿质量的关键。

（4）生球粒度　生球的粒度组成是衡量生球质量的一项重要指标，合适的生球粒度会提高焙烧设备生产率，降低单位热耗。近年来球团粒度逐渐变小，生产实践表明，粒度为 6.4～12.7mm 的球团较理想。它可使干燥温度由 315℃降低到 204℃，从而延长炉箅的寿命，提高产量，减少燃料用量。在高炉中由于球团粒度均匀，孔隙度大，气流阻力小，还原速度快，为高炉高产低耗提供了有利条件。

大多数生产厂家都以生产 6～16mm 的球团为目标。

生球粒度组成，可以使用计算机模型求出。

① 生球粒度的检测方法　我国规定>5mm 粗粒级的筛分测定采用方孔筛，规格有：5mm×5mm；6.3mm×6.3mm；10mm×10mm；16mm×16mm；25mm×25mm；80mm×80mm 六个级别，对球团来说，6.3mm、10mm、16mm、25mm 为必用筛。筛底的有效面积有 400mm×600mm 和 500mm×800mm 两种。筛分方法和设备，可用人工筛分和机械筛分，但机械筛分应保证精确度与严格手筛的结果相差不大于手筛结果的 1%。

② 最佳生球粒度的确定　对球团矿的还原性，在达到相同的还原度情况下，大球团所需的一定强度的生球，必须保持物料在造球机内的停留时间与原料的特性和粒度相适应，还原时间比小球团要长得多，小球团的还原性比大球团好。这意味着在高炉炉身上部可比的停留时间内，较小的球团比较大的球团更早地达到一定的金属化率。由于较高的金属化率意味着有较高的熔化温度，由此而产生一种有利于在高炉中形成良好软熔带的重要条件。根据试验结果，最佳的球团直径约为 10mm。鉴于球团厂现有的机械设备、操作条件，不可能得到统一的生球粒度，一般按照下列原则：10～16mm 的粒级含量最低不少于 85%。−6.3mm 的粒级含量最高不超过 5%。+16mm 的粒级含量最高不超过 5%。在 10～16mm 的粒级含量中，10～12mm 粒级含量应占 45%以上。球团粒度的平均直径不应超过 12.5mm。

(5) 生球水分　生球水分主要对干燥和焙烧产生影响。生球水分过大，表面形成过湿层，容易引起生球之间的粘结，降低料柱的透气性，延长生球的干燥和焙烧时间；过湿的生球在运输过程中还会粘结在胶带上，以上情况对于黏性较大的生球更为严重。生球水分偏低，会降低生球的强度，特别是落下强度。所以应有适宜的生球水分。适宜的生球水分与矿石的种类和造球料特性有关，对磁铁矿球团的生球水分，一般在 8%～10%为宜。

生球水分的测定方法：称取试样 200g（准确到 0.01g），放入干燥器内（干燥器有普通烘箱、鼓风干燥箱和红外线干燥箱等），干燥温度 105℃，连续干燥到恒重。干燥时间，普通烘箱 2h；鼓风干燥 1.5h；红外线干燥 30min 左右。干燥后立即称其全部质量，计算出水分值。

12.2.2　成品球团质量要求及标准

球团矿质量应包括化学成分、物理性能和冶金性能等三方面。各国内外应用的球团质量标准大致有：国际标准化组织（ISO）标准；各个国家的标准如美国材料与试验协会（ASTM）标准、日本工业标准（JIS）、德国钢铁研究协会（VDE）标准、英国标准协会（BSI）标准、前苏联国家标准（OCT）、中国国家标准（GB）等；其他标准如比利时国家冶金研究中心（CRM）标准、德国伯格哈特法标准等。

我国现行球团矿质量标准《高炉用酸性铁球团矿》是由包头钢铁稀土公司冶金研究所起草制定，1992 年 1 月执行 YB/T 005—1991，后修订为 YB/T 005—2005，现已修订为 GB/T 27692—2011。

同时包头钢铁稀土公司冶金研究所等八个单位参照相对应的 ISO 4695、ISO 4696、ISO/DP 4698 三个国际标准起草制定了符合我国国情的铁矿石还原性检验方法、低温还原粉化性能检验静态法、铁矿球团还原膨胀检验方法等三项国家标准。1990 年通过前冶金部的审定，1992 年 3 月由前国家技术监督局批准颁布实施。根据新标准（GB/T 27692—2011），我国具体质量标准见表 12-3～表 12-5，但实际执行中各厂不尽一致。

表 12-3　中国球团矿质量标准（1992）

项目		化学成分/%				物理性能				冶金性能		
名称	品级	TFe	FeO	碱度 $R=CaO/SiO_2$	S	抗压强度/(N/个)	转鼓指数(ISO)/%	抗磨指数(<0.5mm)/%	筛分指数(<5mm)/%	膨胀率/%	还原度指数(RI)/%	粒度(10～16mm)/%
指标	一	—	<1	—	<0.05	≥2000	≥90	<5	<5	<15	≥65	>90
	二	—	<2	—	<0.08	≥1500	≥86	<8	<5	<20	≥65	>80
允许波动范围	一	±0.5		±0.05	—	—	—	—	—	—	—	—
	二	±1.0		±0.1	—	—	—	—	—	—	—	—

表 12-4　铁矿球团化学成分、冶金性能技术指标（2011）

项目名称	品级	化学成分(质量分数)/%				冶金性能(质量分数)/%		
		TFe	SiO_2	S	P	还原膨胀指数(RSI)	还原度指数(RI)	低温还原粉化指数(RDI)(+3.15mm)
指标	一级	≥65.00	≤3.50	≤0.02	≤0.03	≤15.0	≥75.0	≥75.0
	二级	≥62.00	≤5.50	≤0.06	≤0.06	≤20.0	≥70.0	≥70.0
	三级	≥60.00	≤7.00	≤0.10	≤0.10	≤22.0	≥65.0	≥65.0

注：需方如对其他化学成分有特殊要求，可与供方商定。

表 12-5　铁矿球团物理特性技术指标（2011）

项目名称	品级	物理特性				
		抗压强度/(N/个球)	转鼓强度(+6.3mm)/%	抗磨指数(−0.5mm)/%	粒级	
					8mm～16mm/%	−5mm/%
指标	一级	≥2500	≥92.0	≤5.0	≥95.0	≤3.0
	二级	≥2300	≥90.0	≤6.0	≥90.0	≤4.0
	三级	≥2000	≥86.0	≤8.0	≥85.0	≤5.0

球团矿物理性能检验指标包括抗压强度、转鼓指数、抗磨指数、筛分指数和孔隙率等。

(1) 抗压强度　国际标准 ISO 4700 是把球团矿置于两块平行钢板之间，以规定速度把压力负荷加到每个球团上，直到球团矿被压碎时的最大负荷，其值为一批试验中所测试球的算术平均值。检测方法的主要参数：压力机的最大压力 10kN 或更大；压杆加压速度在 10～20mm/min 内取一定值；试样粒度 10.0～12.5mm；每次随机取样 60 个球做检验，也可取更多的球。每次取球团矿数量亦可用下式计算：

$$n=\left(\frac{2\sigma}{\beta}\right)^2$$

式中　n——每次测试球团矿个数；

σ——若干次预备试验的标准离差；

β——所要求的精确度（β=95%可信度下的标准离差）。

抗压强度指标以算术平均值计，或用标准离差来表示。对氧化球团矿而言，合格球的抗压强度不小于 2000N/个球，小高炉不小于 1500N/个球。

（2）筛分指数测定方法　取 100kg 试样，分成五份，每份 20kg，用 5mm×5mm 的筛子筛分，手筛往复 10 次，称量大于 5mm 筛上物出量 A，以小于 5mm 占试样质量的百分数作筛分指数。

$$筛分指数=\frac{100-A}{100}\times100\%$$

我国要求球团矿筛分指数不大于 5%。

（3）孔隙率　球团孔隙率高，有利于还原气体向内渗透，有利于还原反应的进行。孔隙率通常受熔化程度的影响。当熔化程度大时，则气孔生成量较少，FeO 含量增加；正常温度下球团矿则多生成微细气孔非常发达的结构，FeO 含量较低。在部分过熔而熔化程度不大时，则易生成封闭性大气孔的产品，这种气孔对还原气体的渗透并无大的作用。因此，对于球团矿而言应保证不发生过熔并呈微孔结构。孔隙率的测定通常用石蜡法进行。其堆密度测定程序见图 12-3。

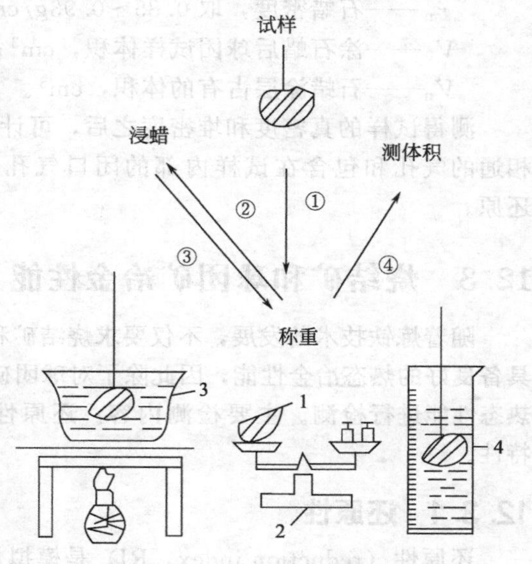

图 12-3　堆密度测定程序
1—试样；2—天平称重；3—石蜡浴锅；4—1000mL 量筒

孔隙率计算式如下：

$$\rho=\frac{r_0-r_1}{r_0}\times100=\left(1-\frac{r_1}{r_0}\right)\times100$$

式中　ρ——试样孔隙率，%；

r_0——试样真密度（磨细小于 0.1mm 的粉末），g/cm³；

r_1——试样块状时的视密度，g/cm³。

试样的真密度（r_0）的测定，是将试样磨细成粒度小于 0.1mm，取重 50g，并放入盛水的比重瓶中（用酒精代替水更易润湿物粒）。试样的质量与排出水量之比即为试样的真密度。其计算式为：

$$r_0=\frac{q}{V}$$

式中　q——试样细粉（小于 0.1mm）的质量，g；

V——试样排除水的体积，cm³。

堆密度（r_1）的测定　取球团矿试样 4～5 个，以绳系吊，称重后即为原试样质量。然后放入石蜡浴锅内浸蜡 1～2min，使试样表面完全涂上一层薄蜡后称量，此即为涂有石蜡表面层的试样质量。随即置于量筒内测定所排出水的体积，则原试样质量与排水量之比即为球团试样的堆密度（假密度）。其计算式为：

$$r_1=\frac{q_1}{V_0-V_n}\qquad V_n=\frac{q_2-q_1}{r_n}$$

式中　r_1——试样的堆密度，g/cm³；

q_1——未涂石蜡时，球团试样质量，g；

q_2——涂石蜡后，球团试样质量，g；

r_n——石蜡密度，取0.85～0.93g/cm³；

V_0——涂石蜡后球团试样体积，cm³；

V_n——石蜡涂层占有的体积，cm³。

测得试样的真密度和堆密度之后，可计算试样的孔隙率。这里计算出的气孔包括与外界相通的气孔和包含在试样内部的闭口气孔，有利于还原的是开口气孔，它愈多则愈利于还原。

12.3 烧结矿和球团矿冶金性能

随着炼铁技术的发展，不仅要求烧结矿和球团矿具有好的冷态强度等物理性能，而且要求具备良好的热态冶金性能，因此除了对球团矿的物理性能和化学成分进行常规检验外，还需对热态性能进行检测。主要检测内容：还原性、低温还原粉化性能、还原膨胀性、高温软熔特性。

12.3.1 还原性

还原性（reduction index，RI）是模拟炉料自高炉上部进入高温区的条件，用还原气体从球团矿中排除与铁结合氧的难易程度的一种度量。它是评价球团矿冶金性能的主要质量标准。测定炼铁原料的还原性的方法有许多种类（见表12-6）。

表12-6 各国还原性测定方法的有关参数

项目		国际标准 ISO 4695	国际标准 ISO 7215	中国标准 GB 13241	日本 JISM8713	西德 V·D·E
设备		双壁反应管 $\phi_{内}$ 75mm	单壁反应管 $\phi_{内}$ 75mm	双壁反应管 $\phi_{内}$ 75mm	单壁反应管 $\phi_{内}$ 75mm	双壁反应管 $\phi_{内}$ 75mm
试样	质量/g	500±1	500±1	500±1	500±1	500±1
	球团矿粒度/mm	10.0～12.5	10.0～12.5	10.0～12.5	12.0±1	10.0～12.5
还原气体	φ(CO)/%	40.0±0.5	30.0±0.5	30.0±0.5	30.0±1.0	40.0±0.5
	$\varphi(N_2)$/%	60.0±0.5	70.0±0.5	70.0±0.5	70.0±1.0	60.0±0.5
	流量(标志)/(L/min)	50	15	15	15	50
还原温度/℃		950±10	900±10	900±10	900±10	950±10
还原时间/min		直到还原度60% 最大240min	180	180	180	直到还原度60% 最大240min
还原性表示方法		(1)失氧量=时间曲线 R_t (2)RVI=$\left(\frac{dR}{dt}\right)_{40}$	R①	R_t②	同ISO 7215	同ISO 4695

① $R=\dfrac{W_O-W_F}{W_1\,[0.43w(\text{TFe})-0.112w(\text{FeO})]}\times 10^4\%$。

② $R_t=\left(\dfrac{0.11W_1}{0.43W_2}+\dfrac{m_1-m_2}{m_0+0.43W_2}\times 100\right)\times 100\%$，符号说明见正文。

还原度的计算是依据还原过程中失去的氧量与试样在试验前氧化铁所含总氧量之比的百分数表示，计算方法：

① 按还原过程中试样的失重；

② 按试验后试样中Fe的增量；

③ 按还原后废气中CO_2的含量；

④ 按试样在试验前后化学分析成分的变化。

第②、第③种计算方法的误差大，第④种方法所得结果较精确，第①种方法比较简便。工业生产测定中多用第①种。

铁矿石还原装置如图 12-4 所示，由还原气体制备、还原反应管、加热炉及称量天平四部分组成。还原气体是按试验要求在配气罐中配气，若没有瓶装 CO 气体，可采用甲酸（HCOOH）法或高温（1100℃）碳转化法制取 CO 气体。反应管置于加热炉内，加热炉应保证 900℃高温恒温区长度（高度）不小于 200mm，反应管为耐热不起皮的双壁管，试样在反应管内，还原过程的失氧量通过电子天平称量（感量 1mg）求得。

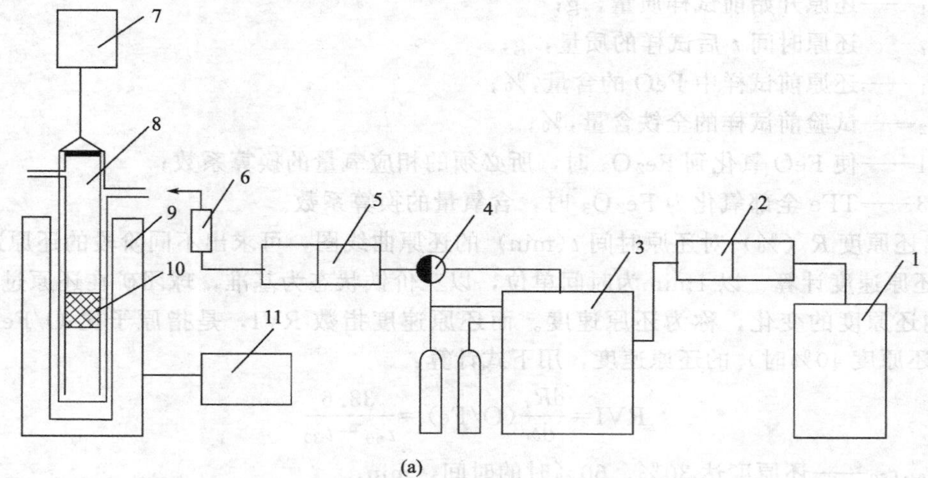

(a)

1—CO发生器；2，5—气体净化器；3—配气罐；4—三通开关；6—流量；7—称量天平；8—反应器；9—加热炉；10—试样；11—温度控制器

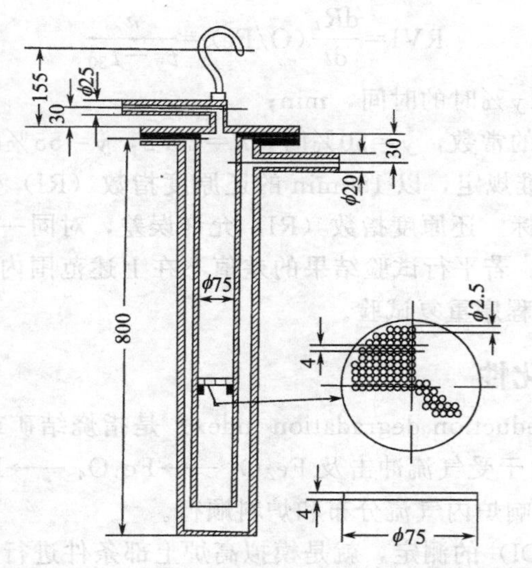

(b) GB/T 13241—91 双壁反应管（单位：mm）

图 12-4　铁矿石还原装置系统

球团矿还原性标准检验方法《铁矿石　还原性的测定方法》（GB 13241—91）是一种称重测定还原度的方法。将一定粒度范围的试样置于固定床中，用 CO 和 N_2 组成的还原气体，在 900℃下等温还原，以三价铁状态为基准，即假设铁矿石的铁全部以 Fe_2O_3 形式存在，并把这

些 Fe_2O_3 中的氧算作 100%，以还原 180min 的失氧量计算铁矿石还原度(R_t)，以及当原子比 O/Fe=0.9 时的还原速度(RVI)来表示。

① 还原度计算　用下式计算时间 t 后的还原度 R_t。还原度指数 RI 是以三价铁状态为基准，t 为 180min，用质量分数表示。

$$R_t=\left[\frac{0.11w_1}{0.43w_2}-\frac{m_1-m_t}{m_0\times 0.43w_2}\times 100\right]\times 100\%$$

式中 R_t——还原时间 t 的还原度，%；

m_0——试样质量，g；

m_1——还原开始前试样质量，g；

m_t——还原时间 t 后试样的质量，g；

w_1——还原前试样中 FeO 的含量，%；

w_2——试验前试样的全铁含量，%；

0.11——使 FeO 氧化到 Fe_2O_3 时，所必须的相应氧量的换算系数；

0.43——TFe 全部氧化为 Fe_2O_3 时，含氧量的换算系数。

作出还原度 R_t(%) 对还原时间 t(min) 的还原曲线图，可求出不同阶段的还原速率。

② 还原速度计算　以 1min 为时间单位，以三价铁状态为基准，球团矿在还原过程中单位时间内还原度的变化，称为还原速度。而还原速度指数 RVI，是指原子比 O/Fe 为 0.9（相当于还原度 40%时）的还原速度，用下式计算：

$$RVI=\frac{dR_t}{dt}(O/Fe)=\frac{33.6}{t_{60}-t_{30}}$$

式中 t_{30}，t_{60}——还原度达 30%、60%时的时间，min；

33.6——常数。

在某种情况下，试验达不到 60%的还原度，用下式计算较低的还原度：

$$RVI=\frac{dR_t}{dt}(O/Fe)=\frac{k}{t_y-t_{30}}$$

式中 t_y——还原度达到 y%时的时间，min；

k——取决于 y%的常数，y=50%时，k=20.2，y=55%时，k=26.5。

GB/T 13241 国家标准规定，以 180min 的还原度指数（RI）作为考核指标，还原速度指数（RVI）作为参考指标。还原度指数（RI）允许误差，对同一试样的平行试验结果的绝对值差，球团矿小于 3%。若平行试验结果的差值不在上述范围内，则应按 GB/T 13241 标准方法中的附录所规定的程序重复试验。

12.3.2　低温还原粉化性

低温还原粉化性（Reduction degradation index）是指烧结矿或球团矿进入高炉炉身上部在 500～600℃区间，由于受气流冲击及 $Fe_2O_3 \longrightarrow Fe_3O_4 \longrightarrow FeO$ 还原过程发生晶形变化，导致其粉化，直接影响炉内气流分布和炉料顺行。

低温还原粉化性（RDI）的测定，就是模拟高炉上部条件进行的。低温还原粉化性能测定有静态法和动态法两种。测定还原粉化的方法，根据还原温度可分为低温（500℃）还原粉化性和高温（900～1000℃）还原粉化性两种。

① 试验设备　还原装置和转鼓两部分。还原装置同 GB/T 13241，转鼓是一个内径为 ϕ130mm、长 200mm 的钢质容器，鼓内有两块沿轴向对称配置的提料板（200mm×20mm×2mm），转鼓转速 30r/min。

② 试验结果表示　还原粉化指数（RDI）表示还原后球团矿通过转鼓的粉化程度。分别用转鼓后筛分得到大于 6.3mm、大于 3.15mm 和小于 0.5mm 的质量分数表示，用下列公式计算

$$RDI_{+6.3}=\frac{m_{D_1}}{m_{D_0}}\times 100\%$$

$$RDI_{+3.15}=\frac{m_{D_1}+m_{D_2}}{m_{D_0}}\times 100\%$$

$$RDI_{-0.5}=\frac{m_{D_0}-(m_{D_1}+m_{D_2}+m_{D_3})}{m_{D_0}}\times 100\%$$

式中　m_{D_0}——还原后转鼓前试样的质量，g；

m_{D_1}——转鼓后大于 6.3mm 的质量，g；

m_{D_2}——转鼓后 3.15～6.3mm 的质量，g；

m_{D_3}——转鼓后 0.5～3.15mm 的质量，g。

本规定以大于 3.15mm 粒级的出量 $RDI_{+3.15}$ 作为低温还原粉化的考核指标，$RDI_{+6.3}$ 和 $RDI_{-0.5}$ 为参考指标。

12.3.3　还原膨胀性

烧结矿或球团矿在还原过程中，由于 Fe_2O_3 转化为 Fe_3O_4 时发生晶格转变，以及浮氏体还原可能出现的铁晶须，使其体积膨胀。球团若出现异常膨胀将直接影响炉料顺行和还原过程，球团矿的还原膨胀指数（reduction swelling index，RSI）已被作为评价其质量的指标，普通球团还原膨胀率：＜20％，优质球团＜12％。

球团矿所以产生热膨胀与球团含有 Fe_2O_3 有关。球团矿膨胀通常分为两步。第一步发生在赤铁矿还原为磁铁矿阶段，膨胀率在 20％以下。一般解释为赤铁矿的六面体结构转变为磁铁矿的立方体结构，氧化铁晶体结构破裂，造成体积膨胀。对于焙烧球团，最大膨胀率出现在还原度为 30％～40％之间。此种膨胀对于高炉操作影响并不大。对于磁铁矿制成的冷粘结球团，则没有这一步膨胀。第二步发生在浮氏体（Fe_xO）转变为铁时，膨胀十分显著，称之为异常膨胀，体积可增加 100％，甚至更多，严重时达到 300％～400％。异常膨胀时铁晶粒自浮氏体表面直接向外长出似瘤状物称为晶须（或称“铁须”）。此晶须的生长造成很大拉力，使铁的结构疏松从而产生膨胀，造成球团的高温还原粉化。

以相对自由膨胀率表示的球团矿膨胀性能的测定方法有多种，但无论哪种测定方法都应满足如下要求：①试样在还原过程中应处于自由膨胀状态；②应在 900～1000℃下还原到浮氏体，进而还原成金属铁；③应保证在密封条件下，还原气体与球团矿试样充分反应；④能充分反应还原前后球团矿总体积的变化。

国家标准 GB/T 13240 的检测方法是参照国际标准 ISO 4698 拟定的。

将一定粒度 10.0～12.5mm 的铁矿球团矿，在 900℃下等温还原，球团矿发生体积变化，测定还原前后球团矿体积变化的相对值，用体积分数表示。测定步骤分为球团矿还原和球团矿体积测定两部分。

采用 GB/T 13241 还原性测定同一装置，同时，为保证烧结矿或球团矿在还原过程处于自由状态，管内分三层放置由不锈钢板制作的试样容器。随机取 10.0～12.5mm 的无裂缝球 18 个，每层 6 个成自由状放在容器上。还原结束后，用 N_2 冷却球团矿至 100℃以下，从反应管内取出还原球团矿，测定球团矿体积（常用的有 OKG 法、排汞法、排水法）。

还原膨胀率（％）：$RSI=[(V_1-V_2)/V_0]\times 100\%$。

12.3.4 高温软熔特性

入炉原料在高温下还原时，若开始软化温度较低，软熔温度区间较宽，增加高炉中软熔带的透气性阻力，恶化块状带分配煤气流的机能，对炉内的还原过程有较大影响。为避免黏稠的熔化带扩大，造成煤气分布的恶化及降低料柱的透气性，尽可能避免使用软化区间特别宽及熔点低的球团矿及其他炉料。高炉内软熔带的形成及其位置，对炉内气流分布和还原过程产生明显影响。许多国家对铁矿石的软熔性能（reduction-softening behaviour）进行了广泛深入的研究。各种有关软熔性的测定方法相继出现（见表 12-7）。

表 12-7 几种铁矿石荷重软化及熔滴特性测定方法

项目		国际标准 ISO/DP 7992	中国 马钢钢研所	日本 神户制钢所	德国 亚琛大学	英国 钢铁协会
试样容器/mm		ϕ125 耐热炉管	ϕ48 带孔 石墨坩埚	ϕ75 带孔 石墨坩埚	ϕ60 带孔 石墨坩埚	ϕ90 带孔 石墨坩埚
试样	预处理	不预还原	预还原度 60%	不预还原	不预还原	预还原度 60%
	质量/g	1200	130	500	400	料高 70mm
	粒度/mm	10.0～12.5	10～15	10.0～12.5	7～15	10.0～12.5
加热	升温制度	1000℃恒温 30min >1000℃,3℃/min	1000℃恒温 0min >1000℃,3℃/min	1000℃恒温 60min >1000℃,6℃/min	900℃恒温> 900℃,4℃/min	950℃恒温>950℃, 3℃/min
	最高温度/℃	1100	1600	1500	1600	1350
还原气体	组成(CO/N_2)/%	40/60	30/70	30/70	30/70	40/60
	流量/(L/min)	85	1、4、6	20	30	60
荷重/980×10^2Pa		0.5	0.5～1.0	0.5	0.6～1.1	0.5
测定项目		ΔH、Δp、T	ΔH、Δp、T	ΔH、Δp、T	ΔH、Δp、T	ΔH、Δp、T
评定标准		R=80%时 Δp R=80%时 ΔH	T1%,4%,10%,40% T_S、T_M、ΔT	T10% T_S、T_M、ΔT	Ts、Tm、 ΔT	Δp-T 曲线 T_S、T_M、ΔT

一般以软化温度及软化区间、软融带的透气性、滴下温度及软融滴下物的性状作为评价指标。

（1）荷重软化——透气性测定 模拟炉内的高温熔融带，在一定荷重和还原气氛下，按一定升温制度，以试样在加热过程中的某一收缩值的温度表示起始的软化温度，终了温度和软化区间，以气体通过料层的压差变化，表示熔融带对透气性的影响。

表 12-7 列出了各国软熔性的测定装置、试验参数和结果表示方法。这些方法共同特点是将试样置于底部带孔的石墨坩埚中，在规定的荷重条件下，在加热炉内按一定的升温程序加热，同时从下部通入还原气体至软化-熔融滴落状态（图 12-5）。试验最高温度可达 1600℃，直至滴落终止。试验测定温度与收缩率 ΔH、软熔带的压力损失 Δp，还原度 R 的关系；测定滴落的温度区间以及收集滴落物进行化学成分和金相结构分析。

① 反应管为高纯 Al_2O_3 管，试样容器为石墨坩埚，其底部有小孔，坩埚尺寸取决于试样质量，从 ϕ48～120mm，推荐尺寸 ϕ70mm。装料高度 70mm。

② 加热炉使用硅化钼或碳化硅等高温发热元件，要求最高加热温度可达 1600℃，并采用程序升温自动控制系统。

③ 上部设有荷重器及荷重传感器记录仪。

④ 底部设有集样箱，用于接受熔滴物。

⑤ 设有温度、收缩率及气体通过料层时的压力损失等自动记录仪。

德国奥特福莱森研究院伯格哈特等研制的高温还原荷重——透气性测定装置（图 12-6）。由加热炉、荷重器、反应管及料层压力差、料层收缩记录仪组成。该装置采用带孔板的直径为

125mm 的反应管，试样置于孔板上的两层氧化铝球之间，荷重通过气体活塞传给试样，还原气体经双壁管被预热后从孔板下部进入料层。反应管吊挂在天平上，还原过程的质量变化可以从天平称量读出。

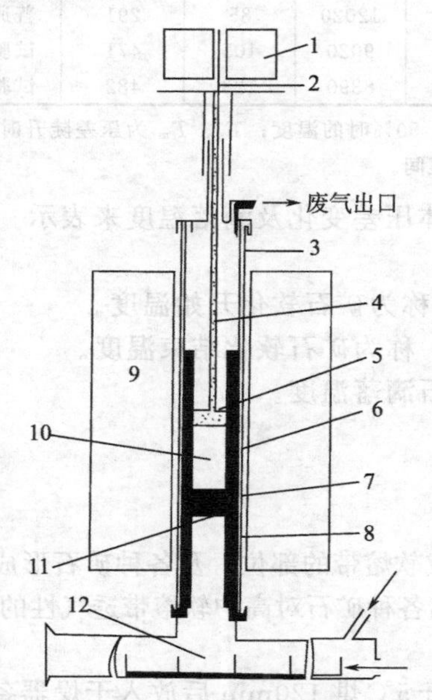

图 12-5　铁矿石熔融特性测定的试验装置

1—荷重块；2—热电偶；3—氧化铝管；4—石墨棒；5—石墨盘；6—石墨坩埚，ϕ48mm；7—焦炭（10～15mm）；8—石墨架；9—塔墁炉；10—试样；11—孔（ϕ8mm×5mm）；12—试样盒

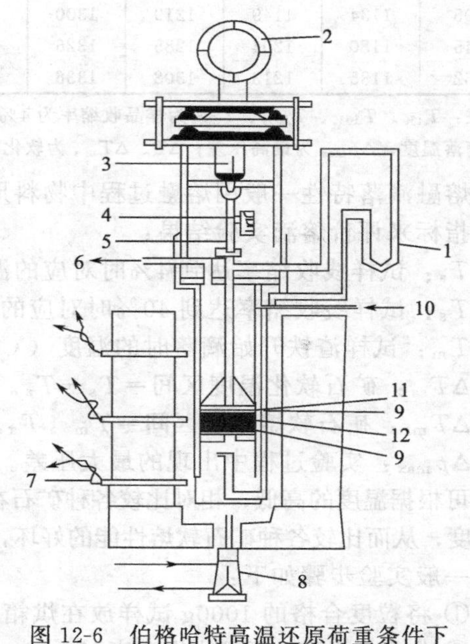

图 12-6　伯格哈特高温还原荷重条件下料层的透气性测定装置

1—压力表；2—秤；3，8—活塞汽缸；4—料层高度；5—活塞杆；6—气体出口；7—热电偶；8—活塞气缸；9—氧化铝球；10—煤气入口；11—带孔压板；12—试样

测定条件：试样 1200g，粒度 10.0～12.5mm，还原气体 CO/N_2 为 40/60，流量 85 L/min，荷重 5N/cm^2，等温还原温度 1050℃（1100℃）。

试验结果表示方法：①以还原度 80％时收缩率（ΔH）和压差（Δp）作软化性评定标准，②以下式作为还原性的评定标准。

$$\mathrm{RVI}=\left(\frac{\mathrm{d}R}{\mathrm{d}t}\right)_{40}$$

（2）荷重软化——熔滴特性测定　当炉料从软化带进入熔融状态时，试验温度仅为 1050℃（或 1100℃），已不能真正反映高炉下部炉料的特性。要求在更高温度（1500～1600℃）下，把测定熔化特性与熔融滴落特性结合起来考虑（见表 12-8 和表 12-9）。

表 12-8　含镁球团冶金性能

MgO/SiO_2	抗压强度 /(N/个球)	RDI(500℃)/%			RI(900℃) /%	还原膨胀率 /%
		−0.5mm	+3.15mm	+6.3mm		
0.45	2782.0	11.79	83.96	74.41	71.22	6.14
0.62	2553.0	11.21	87.00	78.50	74.98	8.76
0.73	1743.0	11.21	87.16	80.72	78.09	
0.89	2412.0				81.60	
0.92	2110.0					
0.05	3404.3	11.88	83.04	74.34	71.08	16.08

表 12-9　球团矿的软熔性能

MgO/SiO_2	$T_{4\%}$/℃	$T_{10\%}$/℃	$T_{40\%}$/℃	$T_{50\%}$/℃	T_s/℃	T_M/℃	Δp_{max}/Pa	ΔT/℃	$\Delta T_{m\text{-}s}$/℃	备注
0.05	1142	1175	1224	1255	1059	1348	13420	82	289	普通球团 1
0.05	1134	1149	1219	1300	1065	1356	12020	85	291	普通球团 2
0.45	1180	1204	1285	1326	1061	1532	9020	105	471	试验球团 1
0.62	1185	1213	1308	1336	1063	1545	8390	123	482	试验球团 2

注：$T_{4\%}$、$T_{10\%}$、$T_{40\%}$、$T_{50\%}$为样品收缩率为 4%、10%、40%、50%时的温度；T_s、T_m 为压差陡升时的温度及开始滴落温度；Δp_{max} 为最高压差；ΔT、$\Delta T_{m\text{-}s}$ 为软化和熔化的温度区间。

熔融滴落特性一般用熔融过程中物料形变量、气体压差变化及滴落温度来表示。暂时用下列指标来评价熔滴实验结果：

T_a：试样线收缩率达到 4%时对应的温度（℃），称为矿石软化开始温度。

T_s：试样线收缩率达到 40%时对应的温度（℃），称为矿石软化结束温度。

T_m：试样渣铁开始滴落时的温度（℃），称为矿石滴落温度。

ΔT_{sa}：矿石软化温度区间$=T_s-T_a$。

ΔT_{ma}：矿石软熔温度区间$=T_m-T_a$。

Δp_{max}：实验过程中出现的最大压差。

可根据温度的高低，相对比较各种矿石在高炉内形成软熔带的部位，及各种矿石形成软熔带的厚度，从而比较各种矿石软熔性能的好坏，由此分析出各种矿石对高炉软熔带透气性的影响。

一般实验步骤如下：

① 将粒度合格的 1000g 试样放在烘箱内于 105℃±5℃烘 120min 后放入干燥器备用。

② 先将焦炭装入石墨坩埚（高 15mm），称 200g 矿样装入石墨坩埚（高 50mm）。再装一层焦炭（高 25mm）在矿样上。下层焦的目的是防止滴下孔被堵，便于铁水渗透；上焦层的作用是使荷重均匀分布，防止石墨压块上的出气孔被堵。将石墨坩埚放在石墨底座上。装好石墨塞压杆，压块，调整至石墨压块能顺利地在石墨坩埚内上、下移动，装好滴落报警器。封好窥孔。

③ 装上压杆及砝码。安装电感位移计并将电感位移计的输出毫伏调整到零。

④ 接通气体管路及密封环圈的冷却水。检查空压机，煤气发生炉、洗气系统，流量计，气体出口等是否正常，各部位密封是否良好。

⑤ 开电源，启动计算机，升温到 500℃时开始通 N_2(5L/min)，900℃时通还原气体并点燃出口煤气。

⑥ 计算机自动记录压缩量为 10%，40%，ΔH_S 时相对应的温度及压差值。注意记下试样开始滴下时对应的温度及压差值。

⑦ 听到滴落报警器后，将熔滴炉的电源切断，将压杆上提 40mm 并加以固定。换气时先通 N_2(3L/min)，后停还原气体。冷却后旋转取样盘盖，收集滴落物。

⑧ 取出压杆及石墨坩埚，观察滴落物的情况，记下观察结果。用磁铁将滴落物的渣、铁分离。

⑨ 取出取样盘，观察滴落物情况，用磁铁将渣铁分离并分别称重。

1. 烧结矿高温软熔特性对高炉操作的影响有哪些？

2. 球团矿产生热膨胀的原因是什么？

3. 名词解释：还原性，球团热稳定性。

参考文献

[1] 傅菊英，姜涛，朱德庆. 烧结球团学［M］. 长沙：中南工业大学出版社，1996.

[2] 冶金工业部长沙黑色冶金矿山设计研究院. 烧结设计手册［M］. 北京：冶金工业出版社，1990：452-460.

[3] 付菊英，朱德庆. 铁矿氧化球团基本原理、工艺及设备［M］. 长沙：中南大学出版社，2004.

[4] 龙红明. 铁矿粉烧结原理与工艺［M］. 北京：冶金工业出版社，2010.

[5] 叶匡吾. 欧盟高炉炉料结构述评和我国球团生产的进展［J］. 烧结球团，2004，(4)：4-7.

[6] 徐矩良. 我国高炉合理炉料结构探讨［J］. 炼铁，2004，(4)：25-26.

[7] 范晓慧，代林晴，王祎，等. 我国球团矿生产技术进展［J］. 金属矿山，2006，(8)：73-78.

[8] 王维兴. 我国大高炉炼铁技术发展［J］. 本钢技术，2008，(5)：4-6.

[9] 赵云. 球团矿产量不断提高［N］. 世界金属导报，2007,9-11（5）.

[10] 张新兵，朱梦伟. 膨润土对我国球团生产的影响［J］. 烧结球团，2003，28（6）：3-5.

[11] 张克诚，田发超，潘建，等. 球团矿焙烧过程中铁品位的变化规律研究［J］. 湖南冶金，2003，31（4）：11-14.

[12] 孔令坛. 试论我国球团矿的发展［C］. 2008 年全国炼铁生产技术会议暨炼铁年会文集，2008.

[13] 韩志国. 大型带式焙烧机球团技术的研究与应用［J］. 世界金属导报，2013，8.

[14] 叶匡吾. 大力推进我国球团矿生产［J］. 冶金管理，2007，(10)：9-13.

[15] 徐亚军，李长兴，王纪英. 链算机-回转窑球团工艺的开发与应用［J］. 中国冶金，2005，15（4）:17-20.

[16] 胡志清，潘建，朱德庆，等. 铁精矿原料特性及其对成球性能的影响［J］. 烧结球团，2013，(8)：42-45.

[17] 何环宇，崔一芳，张晓锟，等. 冶金尘泥混合造球研究及参数优化［J］. 烧结球团，2014，39(2):37-41.

[18] 冯根生. 我国铁矿粉烧结技术发展思路及措施［J］. 山东冶金，2013，35（3）：1-6.

[19] 吴胜利，王代军，李林. 当代大型烧结技术的进步［J］. 钢铁，2012，47（9）：1-8.

[20] 许满兴. 我国球团生产技术现状及发展趋势［C］. 2012 年全国炼铁生产技术会议暨炼铁学术年会文集（上），2012：6.

[21] 李骞，杨永斌，姜涛. 菱铁矿和褐铁矿球团制备技术研究［J］. 矿冶工程，2009，29（2）：59-62.

[22] 赵民革. 以科技进步为基础、创新求发展——近几年铁矿粉造块技术发展综述［J］. 中国冶金，2011，21（9）：4-13.

[23] 王昆，戴惠新. 菱铁矿选矿现状［J］. 矿产综合利用，2012，(1)：6-9.

[24] 沙永志. 中国炼铁工业的发展前景及面临的挑战［C］. 2014 年全国炼铁生产技术会暨炼铁学术年会文集(上)，2014：39-48.

[25] 王艺慈. 烧结球团 500 问［M］. 北京：化学工业出版社，2010.

[26] 薛正良. 钢铁冶金概论［M］. 北京：冶金工业出版社，2008.

[27] 张汉泉，戚岳刚. 辊压机在改善铁矿球团质量中的应用［J］. 矿业工程，2005，3（1）：37-40.

[28] 汪凤玲. 磁化焙烧-磁选铁精矿反浮选性能研究［D］. 武汉：武汉工程大学，2012.

[29] 黄红，罗立群. 细粒铁物料闪速焙烧前后的性质表征［J］. 矿冶工程，2011，31（2）：61-64.

[30] Nasr M I，Youssef M A. Optimization of magnetizing reduction and magnetic separation of iron ores by experimental design［J］. ISIJ International，1996，(6)：631-639.

[31] 朱德庆，张汉泉. 国内外高铁低硅烧结进展［C］. 2002 年全国烧结球团技术交流年会论文集，2002：1-4.

[32] 张汉泉，汪凤玲. 赤褐铁矿磁化焙烧矿物组成和物相变化规律［J］. 钢铁研究学报. 2014,26(7):8-11.

[33] 张汉泉. 链算机-回转窑氧化球团热工操作分析［J］. 中国冶金，2006，16（2）:12-16.

[34] 张汉泉. 链算机-回转窑氧化球团结圈结块原因及预防［J］. 金属矿山，2005，349（7）：59-61.

[35] 张汉泉. 强化造球工艺技术及实践［C］. 中国金属学会 2004 年全国炼铁生产技术暨炼铁年会论文集，2004：242-246.

[36] 乐国彪，张汉泉. 烧结厂节能降耗的措施［J］. 烧结球团，2002，27（5）:37-40.

[37] 张汉泉. 膨润土在铁矿氧化球团中的应用［J］. 中国矿业，2009，18（8）:99-102.

[38] 张汉泉. 熔剂性球团的生产及发展［J］. 中国矿业，2009，18（4）:89-92.

[39] 姜涛. 烧结球团生产技术手册 [M]. 北京：冶金工业出版社，2014.
[40] 陈达士. 最新高炉炼铁新工艺、新技术实用手册 [M]. 北京：冶金工业出版社，2004.
[41] 罗艳红. 磁铁精矿氧化球团的基础研究 [D]. 长沙：中南大学，2011.
[42] 姜涛，傅菊英，李光辉. 我国铁矿造块六十年回顾与展望 [C]. 2016 铁矿造块与炼铁学术研讨会论文集，湖南长沙，2016.
[43] 肖兴国，马志，吕建华. 磁铁矿球团干燥过程动力学 [J]. 东北工学院学报，1990, 11 (4)：334-339.
[44] 刘文权. 对我国球团矿生产发展的认识和思考 [J]. 炼铁，2006，(3)：1-13.
[45] YoussefM. A.，Morsi M B. Reduction roast and magnetic separation of oxidized iron ores for production of blast furnace feed [J]. Canada Metallurgical Quarterly，1998, 37 (5)：419-428.
[46] 张汉泉. 大冶铁矿难选氧化铁矿多级循环流态化磁化焙烧工艺及机理研究 [D]. 武汉：武汉理工大学，2007.
[47] 张汉泉. 分流制粒强化高铁低硅烧结工艺及机理研究 [D]. 长沙：中南大学，2001.
[48] 许满兴. 微利下，球团矿应不应该发展 [N]. 中国冶金报，2014-01-16.
[49] 许满兴. 低耗高炉“爱”上优质球团 [N]. 中国冶金报，2013-08-08.
[50] 张一敏，陈铁军，张汉泉，等. 球团矿生产技术 [M]. 北京：冶金工业出版社，2005.
[51] 张一敏，王昌安，张汉泉，等. 球团矿生产知识问答 [M]. 北京：冶金工业出版社，2005.
[52] 臧疆文，王梅菊. 生球爆裂温度的影响因素及提高途径 [J]. 新疆钢铁，2004，91 (3)：13-16.
[53] 张锦瑞，胡力可，梁银英. 我国难选铁矿石的研究现状及利用途径 [J]. 金属矿山，2007，(11)：6-9.
[54] 张寿荣，于仲洁. 中国炼铁技术 60 年的发展 [J]. 钢铁，2014，49 (7)：8-15.
[55] 邱坤，白明华. Φ7.5m 圆盘造球机的设计 [J]. 起重运输机械，2009，(4)：28-31.
[56] 江新辉. ISP 工艺发展方向探讨 [J]. 南方金属，2013，(1)：23-26.
[57] 中华人民共和国环境保护部. GB 28662—2012 钢铁烧结、球团工业大气污染物排放标准 [S]. 北京：中国环境科学出版社，2012.
[58] 余绍付，焦淑芳. 爱利许 R24 立式混合机在程潮球团生产中的应用 [J]. 烧结球团，2015，40 (3)：31-34.
[59] 智谦，韩志国，易毅辉，等. 包钢 624m² 大型带式球团焙烧机设计创新与应用 [J]. 中国冶金，2017，27 (4)：61-66.
[60] 解海波. 带式焙烧机设计要点与球团矿产质量关系 [J]. 中国冶金，2015，25 (8)：28-35.
[61] 周卫. 带式焙烧机生产过程中预热焙烧优化控制 [J]. 冶金自动化，2014，38 (3)：72-75.
[62] 宁广成，张林威. 带式球团焙烧机成套装备的应用分析 [J]. 中国新技术新产品，2015 (12)：71.
[63] 万新宇，吕庆. 钒钛磁铁矿的复合造块新工艺 [J]. 钢铁，2014，49 (6)：12-17.
[64] 唐吉学. 粉状磷矿造块应用于钙镁磷肥生产 [J]. 磷肥与复肥，2003，18 (2)：20.
[65] 张元波，杜明辉，李光辉，等. 复合造块法在难处理含铁资源中的应用新进展 [J]. 烧结球团，2016，41 (4)：39-44.
[66] 杨永斌，钟强，李骞，等. 硅冶炼粉料冷压造块工艺研究 [J]. 矿冶工程，2014，34 (2)：87-90.
[67] 杨治平. 国内球团生产技术发展现状分析和思考 [J]. 安徽冶金科技职业学院学报，2004，14 (3)：5-7.
[68] 孙宝家，黄文斌，吴小江，等. 京唐球团提高造球工序稳定性的生产实践 [J]. 山西冶金，2017，(1)：65-66.
[69] 甘胤，王吉坤，包崇军，等. 冷压球团技术在冶金中的研究进展 [J]. 矿产综合利用，2014，(1)：10-15.
[70] 阳海彬. 磷精矿烧结法造块工艺基础研究 [D]. 重庆：重庆大学，2014.
[71] 李咸伟. 浅述冷固结造块生产工艺 [J]. 宝钢技术，1996，(2)：60-64.
[72] 栾颖. 浅谈钢铁渣及化工渣的造块技术 [J]. 矿业工程，2014，12 (6)：36-38.
[73] 王纪英. 球团生产工艺和球团技术发展展望 [J]. 工程与技术，2011，(1)：3-8.
[74] 杨晓东，张丁辰，刘锟，等. 球团替代烧结——铁前节能低碳污染减排的重要途径 [J]. 工程研究-跨学科视野中的工程，2017，9 (1)：44-52.
[75] 朱刚，陈鹏，尹媛华. 烧结新技术进展及应用 [J]. 现代工业经济和信息化，2016，(5)：57-60.
[76] 胡宾生，熊飞武. 蛇纹石种类和粒度对烧结过程的影响 [J]. 烧结球团，2010，35 (5)：23-26.
[77] 提高炼铁炉料中球团矿配比的效益 [J]. 烧结球团，2014，(5)：42.
[78] 于恒. 铁矿粉复合造块过程中的气体力学及成矿行为研究 [D]. 长沙：中南大学，2011.
[79] 胡宾生. 铁矿粉造块工艺的进步和发展 [J]. 江苏冶金，1992，(1)：29-32.
[80] 杨玉巍，曲迪，王晓辉. 铁前系统工艺及高炉炉料研究 [J]. 中国金属通报，2016，(9)：106-107.
[81] 利敏，王纪，英李祥. 我国带式焙烧机技术发展研究与实践 [J]. 工程与技术，2011，(2)：3-8.
[82] 张惠宁，李希超，曾名贞. 我国锰矿石造块的发展及工艺的合理选择 [J]. 中国锰业，1991，(1)：20-24.

[83] 刘文权，郜学.我国烧结球团现状和发展趋势［J］.中国钢铁业，2009,（10）：25-27.
[84] 阪本升，李益慎.新型造块法［J］.武钢技术，1989,（10）：11-15.
[85] 赵民革.以科技进步为基础、创新求发展——近几年铁矿粉造块技术发展综述［J］.中国冶金，2011，21（9）：4-13.
[86] 叶匡吾.印度的铁矿及其造块工业［J］.烧结球团，1984,（5）：61-67.
[87] 王海风，裴元东，张春霞，等.中国钢铁工业烧结/球团工序绿色发展工程科技战略及对策［J］.钢铁，2016，51（1）：1-7.
[88] 朱德庆，黄伟群，杨聪聪，等.铁矿球团技术发展［C］.2017年全国烧结球团技术交流年会，烧结球团（增刊），2017，5：1-7.
[89] GB/T 27692—2011 高炉用酸性铁球团矿［S］.